Molekularbiologie
Medizin
Philosophie
Wissenschaftsentwicklung — Essays

Molekularbiologie
Medizin
Philosophie
Wissenschaftsentwicklung — Essays

Prof. Dr. med. Dr. phil. Dr. h. c. *Samuel Mitja Rapoport*
Institut für Physiologische und Biologische Chemie,
Bereich Medizin der Humboldt-Universität, Berlin

Prof. Dr. sc. med. *Sinaida Rosenthal*
Zentralinstitut für Molekularbiologie der Akademie
der Wissenschaften der DDR, Bereich Bioregulation,
Berlin

Prof. Dr. sc. nat. *Hans-Alfred Rosenthal*
Lehrstuhl Virologie, Bereich Medizin
der Humboldt-Universität, Berlin

Prof. Dr. phil. habil. *Klaus Fuchs-Kittowski*
Sektion Wissenschaftstheorie und -organisation
der Humboldt-Universität, Berlin

AKADEMIE-VERLAG · BERLIN 1978

Erschienen im Akademie-Verlag, 108 Berlin, Leipziger Straße 3–4

Lizenznummer: 202 · 100/544/78
P 220/77
Gesamtherstellung: VEB Druckhaus „Maxim Gorki“, 74 Altenburg
Bestellnummer: 762 582 5 (6496) · LSV 1314/0155
Printed in GDR
DDR 28,– M

Samuel Mitja Rapoport wurde am 27. November 1912 in Woloczysk, Rußland, geboren. Die Familie übersiedelte nach Wien, wo er die Schule besuchte und anschließend die Universität bezog. Von 1932 bis 1936 studierte er Medizin und war am Medizinisch-chemischen Institut der Wiener Universität bei O. von Fürth tätig. 1936 promovierte er zum Dr. med. Die heraufziehende Nacht des Faschismus zwang ihn, 1937 Österreich zu verlassen. Vom gleichen Jahr an bis 1950 arbeitete er an der Biochemischen Abteilung der Universität Cincinnati (USA). Dort promovierte er 1939 im Fachgebiet Biochemie zum Dr. phil. An der Universität Cincinnati hatte er Professuren in Biochemie und Klinischer Biochemie auf dem Fachgebiet Pädiatrie inne.

Im Jahre 1950 kehrte S. M. Rapoport nach Wien zurück und nahm 1952 einen Ruf an die Humboldt-Universität Berlin an. Seit dieser Zeit ist er Direktor des Instituts für Physiologische und Biologische Chemie an dieser Universität und Professor mit Lehrstuhl.

Von 1969 bis 1971 war S. M. Rapoport Dekan der Biowissenschaftlichen Fakultät der Humboldt-Universität. Er ist Mitglied der Akademie der Wissenschaften der DDR, Mitglied des Präsidiums des Rates für Planung und Koordinierung der medizinischen Wissenschaften beim Ministerium für Gesundheitswesen. Er ist Mitglied des Forschungsrates der DDR und lange Jahre Leiter der Gruppe Biologie des Forschungsrates, Mitglied des Wissenschaftlichen Rates der Humboldt-Universität und Mitglied der Kommission für das einheitliche Bildungswesen.

Verschiedene in- und ausländische wissenschaftliche Gesellschaften zählen ihn zu ihren Mitgliedern, wobei die Ehrenmitgliedschaft in der Tschechoslowakischen Medizinischen Gesellschaft Purkynje seit 1962 besonders hervorzuheben ist. Seit mehreren Jahren ist er Vorsitzender der Biochemischen Gesellschaft der DDR und vertritt sie in der Föderation der Europäischen Biochemischen Gesellschaften (FEBS).

Im November 1969 wurde ihm von der Budapester Medizinischen Universität „Ignaz Semmelweis“ die Ehrendoktorwürde verliehen.

Die wissenschaftlichen Leistungen dieses international hochgeachteten Biochemikers können hier nur angedeutet werden:

Bereits in den USA hatte er sich mit dem Stoffwechsel phosphathaltiger Verbindungen in den roten Blutkörperchen, insbesondere der Phosphoglyzerinsäuren unter normalen und pathologischen Bedingungen und bei der Blutkonservierung beschäftigt. Mit diesen Arbeiten wurde er zu einem Pionier neuer Methoden der Blutkonservierung. Für seine bahnbrechenden Arbeiten, die im zweiten Weltkrieg für die in der Anti-Hitler-Koalition kämpfenden amerikanischen Truppen große Bedeutung hatten, erhielt er den Preis des Präsidenten der Vereinigten Staaten. Unter Beibehaltung des Objekts der roten Blutzelle wandte sich S. M. Rapoport in Berlin vor allem Fragen der Gesetzmäßigkeiten von Stoffwechselveränderungen bei der Differenzierung und Reifung dieses Zelltyps zu. Ausgehend von der Auffassung, daß der Stoffwechsel die Grundlage sowohl für die strukturellen als auch die funktionellen Eigenschaften der Zelle bildet, wurde eine Reihe von Stoffwechselveränderungen bei der Zellreifung untersucht. Die von S. M. Rapoport geleiteten Arbeitsgruppen fanden, daß im jugendlichen roten Blutkörperchen der Zitronensäurezyklus und die vollständige Atmungskette wirksam sind, während diese Enzymsysteme im ausgereiften Erythrozyten nur eine kleine Aktivität aufweisen. Als Ursache dieses Atmungsabfalls wurde ein Hemmstoff entdeckt, der seiner Natur nach ein Metallproteid ist.

In den letzten Jahren wurden auch zunehmend molekularbiologische Fragestellungen am gleichen Objekt bearbeitet. Es konnten wichtige Befunde über die Entwicklung der roten Blutzelle aus unreifen Stammzellen erhoben werden, vor allem Daten über die Gesetzmäßigkeiten der Abschaltung der makromolekularen Synthesen (Nukleinsäuren und Proteine).

Seit 1952 führte S. M. Rapoport eine große Zahl von Studenten und jungen Wissenschaftlern zur Promotion. Besonders hervorzuheben sind die unter seiner Anleitung und Beratung entstandenen 27 Habilitationsschriften (Promotion B). Von ihnen sind 6 Arbeiten von Frauen und 3 von Ausländern verfaßt worden. 14 Mitarbeiter und Schüler von S. M. Rapoport sind zu Professoren ernannt worden und üben heute leitende Funktionen im wissenschaftlichen Leben der DDR aus.

Die Zahl der Publikationen hat jetzt 400 überschritten. Ganz besonders zu nennen ist das 1962 erstmals und seitdem bereits in der 7. Auflage erschienene Lehrbuch „Medizinische Biochemie“. Es ist auch in einer russischen Übersetzung in der UdSSR herausgekommen. Ein weiteres Lehrbuch hat bereits 6 Auflagen erlebt. Ein populärwissenschaftliches Buch „Blut“ ist in Deutsch, Französisch und Portugiesisch erschienen. 1974 wurde unter maßgeblicher Mitarbeit von S. M. Rapoport in Japan das Buch „Molecular Biology of Erythrocytes“ publiziert.

Im Verlauf von 25 Jahren veranstaltete S. M. Rapoport gemeinsam mit F. Jung in

Berlin 8 große internationale Symposien über die Struktur und Funktion der roten Blutzellen, die sogenannten Erythrozyten-Symposien, die sich in aller Welt eines guten Rufs erfreuen und stets unter starker internationaler und nationaler Beteiligung stattfinden.

Als Forscher, Hochschullehrer und Wissenschaftsorganisator wurde S. M. Rapoport vielfach ausgezeichnet:

1959 Vaterländischer Verdienstorden der DDR in Bronze
1959 Hufeland-Medaille in Silber
1960 Nationalpreis II. Klasse für Wissenschaft
1962 Arthur-Becker-Medaille des Zentralrates der FDJ in Gold
1964 Banner der Arbeit
1973 Vaterländischer Verdienstorden der DDR in Silber
1976 Verdienter Hochschullehrer
1978 Vaterländischer Verdienstorden in Gold.

Sein ganzes bewußtes Leben hindurch hat er politisch auf Seiten der kämpfenden Arbeiterklasse gestanden. 1934, im Alter von 22 Jahren, trat er der KPÖ bei; seit 1957 ist er Mitglied der SED. Seine mehr als 43jährige Zugehörigkeit zur revolutionären Arbeiterbewegung weist aus, daß für ihn der politische Kampf und die wissenschaftliche und hochschulpädagogische Arbeit stets eine Einheit darstellen.

Der 65. Geburtstag dieses hervorragenden Gelehrten ist seinen Schülern und Freunden Anlaß zu dem Wunsch, daß S. M. Rapoport noch viele Jahre seine Erfahrungen in den Dienst unserer gemeinsamen Sache stellen möge.

Vorwort

Dieses Buch enthält eine Sammlung der wichtigsten Vorträge und Aufsätze zu erkenntnistheoretischen und wissenschaftsstrategischen Problemen der Biologie und der Medizin, die in den letzten 10 Jahren von Samuel Mitja Rapoport und z. T. auch gemeinsam mit uns, seinen Schülern, gehalten bzw. verfaßt worden sind. Obwohl es sich um ganz verschiedene Anlässe handelt, ist diesen Arbeiten der Ursprung der in ihnen geäußerten Gedanken gemeinsam: Mitte der 60er Jahre erging an Samuel Mitja Rapoport als Mitglied des Forschungsrates der DDR und Vorsitzenden der Gruppe Biologie dieses Gremiums der Auftrag, eine Prognose der Biologie auszuarbeiten. Damit war für ihn und ein großes Kollektiv der Anstoß gegeben, sehr allgemeine, aber auch sehr konkrete Fragen der Entwicklung dieser Wissenschaft und ihrer gesellschaftlichen Relevanz zu formulieren und zu beantworten. Sie reichen von den philosophischen Problemen bis zu den Bereichen der direkten Forschungsthemen und der Ausbildung. Der durchgehende Gedanke ist die Realisierung der Erkenntnis, daß die moderne Biologie zu einer unmittelbaren Produktivkraft geworden ist, deren Bedeutung in der Zukunft stark zunehmen wird, woraus sich eine besondere Verantwortung der auf diesem Gebiet arbeitenden Wissenschaftler ergibt. Der besondere Charakter der Biologie besteht aber darin, daß sie darüber hinaus zur Selbsterkenntnis des Menschen beiträgt.

Warum äußern sich speziell Biochemiker, Virologen, Wissenschaftstheoretiker und Philosophen zu den aktuellen Problemen der Biologie? Zweifellos stehen Biochemie und Molekularbiologie heute im Zentrum des Fortschritts und Erkenntniszuwachses der biologischen Wissenschaften. Eine herausragende Rolle haben in den letzten Jahrzehnten bestimmte Modellviren für unser Verständnis der Vererbungsprozesse gespielt. Man kann sagen, daß Biochemie und Biophysik gemeinsam mit Virus- und Bakteriengenetik die Molekularbiologie begründet haben. Mit der Herausbildung der Molekularbiologie tauchten neue Fragen erkenntnistheoretischer Art auf, deren adäquate Beantwortung nur im Verein mit der Philosophie des Marxismus-Leninismus möglich ist. Die zentralen Probleme stellten sich folgendermaßen dar:

1. Erlaubt die Untersuchung der molekularen Prozesse einer Zelle einen Rückschluß auf das komplexe biologische Geschehen dieser Zelle oder sogar eines vielzelligen Organismus?

2. Welcher Art sind die evolutionären Prozesse? Ist alle Entwicklung *präformiert*, d. h. allein *notwendig* bestimmt, oder entsteht nicht vielmehr auf der Grundlage *zufälliger* Prozesse der genetischen Variabilität echt Neues? Welchen Anteil haben daran notwendige Vorgänge? War das Auftreten des Menschen einem reinen Zufall zuzuschreiben,

oder war es das Resultat eines *möglichen* Prozesses als Ausdruck dialektischer Beziehungen zwischen Zufall und Notwendigkeit?

3. Hat die Widerspiegelung der objektiven Realität im Gehirn des Menschen bzw. höher organisierter Tiere molekularbiologische Grundlagen, und ist Widerspiegelung daher eine allgemeinere Eigenschaft biologischer Materie?

4. Welche Perspektiven hat die Humangenetik? Welches sind biologische Wurzeln menschlicher Eigenschaften und Verhaltensweisen? Welchen Beitrag kann die Biologie für die Zukunft der Menschheit im Kommunismus leisten?

Durch viele Vorträge ziehen sich wie ein roter Faden Probleme der Wissenschaftsstrategie in den Biowissenschaften. Es geht dabei insbesondere um ein richtiges Verhältnis zwischen Grundlagen- und Anwendungsforschung, um die Orientierung der Forschung auf gegenwärtig wissenschaftlich lösbare und gesellschaftlich wichtige Forschungsprobleme. Dem Leser wird auffallen, daß dabei auch von der Spezifik der verschiedenen Entwicklungsperioden und Altersstufen des Menschen ausgegangen wird. Die Schlußfolgerungen aus diesen Überlegungen gingen größtenteils in die Empfehlungen der Gruppe Biologie des Forschungsrates und des Präsidiums des Rates für Planung und Koordinierung der medizinischen Wissenschaften ein.

Die Vorträge und Aufsätze befassen sich auch noch mit weiteren Fragen, so z. B. werden historische Daten über die Beziehungen sowjetischer und deutscher Biologen, die Entwicklung der Wissenschaften in der DDR nach dem Zusammenbruch des Faschismus und die Entwicklung des akademischen Lebens in der DDR erörtert.

Es schien uns an der Zeit, die Gelegenheit des 65. Geburtstages dieses in der ganzen Welt geachteten Biochemikers dafür zu nutzen, die z. T. noch niemals veröffentlichten Materialien bekannt zu machen bzw. in zusammengefaßter Form vorzulegen. Wir glauben, damit am besten unseren Dank an unseren Lehrer und Genossen abstatten zu können, den wir ihm für die langjährige, fruchtbare Zusammenarbeit schulden.

Sinaida Rosenthal
K. Fuchs-Kittowski
H. A. Rosenthal

Inhaltsverzeichnis

I. Medizin und Wissenschaftsentwicklung

II. Molekularbiologie und Philosophie

I. Medizin und Wissenschaftsentwicklung

Die Rolle der biologischen Wissenschaften in der wissenschaftlich-technischen Revolution und der Aufbau der sozialistisch-kommunistischen Gesellschaft[1])

S. M. Rapoport

Bekanntlich hat die Bedeutung der Wissenschaft für die Gesellschaft in einem früher unvorstellbaren Maße zugenommen und befindet sich noch immer im Wachsen. Der stürmische Fortschritt der Wissenschaft mit seinen vielen neuen qualitativen Zügen rechtfertigt es, von einer wissenschaftlich-technischen Revolution zu sprechen. Sie ist gekennzeichnet u. a. durch stürmische Fortschritte in der Grundlagenforschung, durch die Durchdringung aller Seiten der menschlichen Praxis durch die Wissenschaft und durch die Vervielfachung der Zahl der auf dem Gebiet der Wissenschaft Tätigen. Vielfach wird angegeben, daß die heute lebenden Wissenschaftler 9/10 aller Wissenschaftler, die je gelebt haben, ausmachen. Die Biologie und die ihr verwandten Wissenschaften haben schon im 19. Jahrhundert eine grundlegende Rolle bei der Formierung der modernen Wissenschaft gespielt. Ich erinnere nur an die Äußerungen von F. Engels, der die Evolutionstheorie von Darwin als eine der drei fundamentalen Entwicklungen des 19. Jahrhunderts kennzeichnete. Aber erst in den letzten Jahrzehnten ist die Biologie auf Grund ihrer theoretischen und praktischen Fortschritte zu einem wesentlichen Bestandteil der wissenschaftlich-technischen Revolution geworden. Alle an der Erforschung von Lebensvorgängen beteiligten wissenschaftlichen Disziplinen sind zu einem Komplex der Biowissenschaften zusammengewachsen. Ihr Gegenstand ist der gesamte Bereich der belebten Materie, der mit spezifischen biologischen Methoden und unter Anwendung der naturwissenschaftlichen Grundlagenwissenschaften Mathematik, Physik und Chemie sowie anderer naturwissenschaftlicher und technischer Disziplinen bearbeitet wird. Mit deren Anwendungen umfassen die Biowissenschaften wesentliche Bereiche der Gesellschaft, besonders das Gesundheitswesen, die chemische Industrie, die Landwirtschaft und Nahrungsgüterwirtschaft, die Forst- und Wasserwirtschaft. Ihr umfassendes Ziel ist die Erforschung und Beherrschung der Lebensvorgänge beim Menschen, bei Tieren, Pflanzen und Mikroorganismen unter normalen und krankhaften Bedingungen. Dabei werden die elementaren Grundlagen der Lebensvorgänge im molekularen Bereich, die Prozesse in Organismen und die Wechselwirkungen zwischen Organismen und ihrer gesellschaftlichen und natürlichen Umwelt untersucht. Die Zahl und die praktische Auswirkung der Errungenschaften der Biowissenschaften ist schon jetzt von großer Bedeutung für die Entwicklung der menschlichen Gesellschaft. Zu ihnen gehören 1. die Erhöhung der Lebenserwartung des Menschen auf mehr als das Doppelte, 2. die Ausmerzung einer Reihe von Erkrankungen sowohl durch Prophylaxe wie durch Therapie, 3. die prinzipielle Be-

[1]) Vortrag anläßlich eines Freundschaftstreffens der Humboldt-Universität und der Lomonossow-Universität in Moskau 1972

herrschung der Möglichkeiten einer optimalen Ernährung, 4. die Erhöhung der tierischen und pflanzlichen Produktion durch genetische und züchterische Maßnahmen, durch Beeinflussung der Ernährung von Pflanze und Tier und durch den Schutz vor Schädlingen.

Die wissenschaftlich-technische Revolution hat auch einen bisher noch nie dagewesenen Grad der Ausbeutung der Natur und des Verschleißes der natürlichen Ressourcen mit sich gebracht. Der Grund dieser Ausbeutung nimmt gegenwärtig in steigendem Maße zu. Gleichzeitig steigt die Belastung der Natur durch die Abfallprodukte der gesellschaftlichen Tätigkeit im bedrohlichen Umfang. Es ist vorauszusehen, daß eine derartige Entwicklung nicht unbegrenzt weitergehen kann. Die Erkenntnis muß bei allen einziehen, daß die gesamte Erde ein geschlossenes biologisch-geologisches System darstellt mit begrenzten Ressourcen und mit beschränkten Kapazitäten und Geschwindigkeiten zur Regeneration. Die Aufrechterhaltung und Wiederherstellung des ökologischen Gleichgewichts im Sinne einer Optimierung für die Zukunft der Menschheit wird zur praktischen Aufgabe der Gestaltung der menschlichen Gesellschaft in allen ihren Aspekten, u. a. Art und Menge der produzierten Güter, der Technologie, ihrer Erzeugung, der Gestaltung der Konsumtion, Menge, Art und Wiederverwertung der Abfallprodukte sowie in der Qualität der Biosphäre und der gesellschaftlichen Umwelt, in der wir leben.

Die Entwicklung der Biologie wirft eine Reihe neuer ideologischer Fragen auf, die einen wesentlichen Aspekt in der Klassenauseinandersetzung zwischen sozialistischen und kapitalistischen Weltsystemen darstellen. Der Kampf um die Erhaltung der Natur, der Lebenssphäre der Menschheit, ihr Schutz vor Vernichtung durch Atomwaffen, durch menschheitsbedrohende meteorologische, chemische und biologische Kriegsführung ist ein wesentlicher Teil der Friedenspolitik des sozialistischen Lagers. Immer stärker setzt sich die Menschheit gegen den Raubbau des Imperialismus an den natürlichen Ressourcen zur Wehr. Die biologischen Wissenschaftler als Humanisten können nicht anders, als die Politik der friedlichen Koexistenz zu unterstützen auf der Grundlage ihrer wissenschaftlichen Einsicht in die Einheit der Biosphäre.

Die Ausnutzung und Beherrschung der wissenschaftlich-technischen Revolution und ihre Verbindung mit den Vorzügen der sozialistischen Gesellschaftsordnung wurde durch den 24. Parteitag der KPdSU und den 8. Parteitag der SED als Aufgabe gestellt. Für die Lösung dieser Aufgabe ist eine umfassende Entwicklung der biologischen Wissenschaften unerläßlich.

Die Anerkennung der Rolle der Biologie durch die Partei- und Staatsführung der DDR fand ihren Ausdruck darin, daß im Jahre 1966 an die Gruppe Biologie des Forschungsrates der Auftrag erteilt wurde, eine Prognose sowie einen langfristigen Plan der Biologie und ihrer Anwendungen in Medizin, Landwirtschaft, Lebensmittelindustrie und chemischer Industrie für den Zeitraum bis 1980 auszuarbeiten. Diese Aufgabe wurde unter Mitwirkung einer großen Zahl von Wissenschaftlern bearbeitet. U. a. ging es darum, die spezifischen Bedingungen für Entwicklung und Anwendung der Biologie in der DDR zu definieren, eine klare Einschätzung unseres eigenen Entwicklungsstandes im Verhältnis zum internationalen zu gewinnen und konkrete Vorschläge an verschiedene staatliche Organe zu machen.

Die spezifischen Bedingungen der DDR bestehen darin, daß wir ein hochentwickelter Industriestaat mit begrenzten natürlichen Ressourcen an Boden, Wasser und geringen Naturschätzen sind, mit einer auf lange Sicht nahezu konstanten Bevölkerung, mit einem großen Anteil alter Menschen und einem hohen Anteil von Frauen unter den Berufstätigen, und daß wir als Grundlage von Wissenschaft und Praxis ein umfassendes

Bildungs- und Weiterbildungssystem besitzen. Auf dem Gebiet des Gesundheitswesens ist die DDR in die erste Reihe der Länder mit hoher Lebenserwartung und niedriger Säuglingssterblichkeit vorgerückt. Während einige bakterielle und viröse Infektionskrankheiten völlig ausgemerzt oder stark zurückgedrängt sind, stellen andere, insbesondere die epidemische Hepatitis, noch ernste Probleme dar. An erster Stelle stehen Herz- und Kreislaufkrankheiten, die sicherlich zu einem hohen Anteil ernährungsbedingt sind. An zweiter Stelle stehen die Geschwulstkrankheiten. Nahezu 2% der Bevölkerung leiden an Diabetes mellitus. Die veränderten Lebens- und Arbeitsbedingungen bringen Probleme der erhöhten Inanspruchnahme der psychoneuralen Regulationssysteme mit sich. Familienplanung und Konzeptionsregelung sind zu einem Bedürfnis der Gesellschaft geworden und stellen die Grundlage für ein weiteres Fortschreiten in der Gleichberechtigung der Frau und in der optimalen Gestaltung der Familie dar. Die zunehmende Industrialisierung, die eine intensive Nutzung aller natürlichen Ressourcen in Boden, Wasser, Luft und Pflanzendecke erfordert, verlangt intensive und umfassende Untersuchungen aller Aspekte der Toxikologie. Die Aufgabe, den Eigenbedarf an Nahrungsmitteln weitgehend aus eigenem Aufkommen zu sichern, verlangt den Übergang zur industriemäßigen Produktion in der Landwirtschaft und eine Erhöhung in der Produktivität der Verarbeitung ihrer Produkte. Das erfordert u. a. die Anwendung biochemischer und mikrobiologischer Verfahren. Das Ziel einer gesundheitsfördernden Ernährung bringt die Aufgabe mit sich, neue fettarme Lebensmittel zu entwickeln. Von großer volkswirtschaftlicher Bedeutung ist auch die Anwendung nichtlandwirtschaftlicher Rohstoffe, um die Lücke im Eiweißangebot für die Tierernährung zu schließen. Eine traditionsreiche Industrie von biologisch aktiven Verbindungen, insbesondere Arznei- und Pflanzenschutzmitteln, dient sowohl der Diagnose und Therapie von Erkrankungen und einem erhöhten Aufkommen an landwirtschaftlichen Produkten als auch dem Export.

Neben diesen gesellschaftlichen Erfordernissen spielte aber auch eine Einschätzung der langfristigen Entwicklung der Grundlagenforschung eine wichtige Rolle in der prognostischen Arbeit. Eine Beurteilung der vorhandenen großen Zersplitterung der Kräfte, die trotz beachtlicher Einzelleistungen ein Zurückbleiben hinter der internationalen Entwicklung erkennen ließ, führte zur Einsicht, daß eine Konzentration des Forschungspotentials auf ausgewählte Forschungsrichtungen insbesondere mit möglicher gesellschaftlicher Relevanz unerläßlich ist. Diese Konzentration ist die Voraussetzung für die Schaffung eines wissenschaftlichen Vorlaufes für die gesellschaftliche Praxis. Das Entwicklungstempo einzelner Disziplinen zeigt Unterschiede. Besonders stürmisch ist der Fortschritt auf den Gebieten der Biochemie, der Genetik, der Biophysik, der Neuro- und Regulationsphysiologie, der Immunbiologie und der Pharmakologie. Daraus wurden auch Vorschläge für die Dimensionierung und Akzentuierung in der Ausbildung von Biologen abgeleitet.

Unter Berücksichtigung dieser Aspekte wurden die aussichtsreichsten Forschungsrichtungen ausgewählt, auf ihrer Grundlage Forschungsvorhaben, insbesondere der Akademie der Wissenschaften, der Akademie der Landwirtschaftswissenschaften, dem Ministerium für Gesundheitswesen und dem Hochschulwesen vorgeschlagen. Schließlich wurde das komplexe Forschungsvorhaben Molekulare Grundlagen der Entwicklungs-, Vererbungs- und Steuerungsvorgänge gebildet, das auf eine multivalente Anwendung der Grundlagenforschung orientiert ist. Dabei stützten wir uns auf die Wissenschaftspolitik der DDR, die auf eine komplexe koordinierte Entwicklung der Forschungskapazitäten der Akademien und des Hochschulwesens orientiert.

Auf dieser Grundlage werden folgende Forschungsrichtungen auf längere Sicht bearbeitet:

1. Die „maßgeschneiderte" Ernährung mit traditionellen und neuen Nahrungsmitteln. Unter dem Begriff „maßgeschneidert" ist Verschiedenes zu verstehen: sowohl die spezifische Ernährung entsprechend der Altersgruppen als auch für verschiedene Tätigkeitsbereiche und letztlich für das Individuum entsprechend seinen genetischen und funktionellen Bedürfnissen.

2. Auf der Basis der Erforschung molekularer Wirkungsmechanismen die Entwicklung neuer Wirkstoffe gegen Viren und Tumoren, gegen Herzkreislauferkrankungen, von Mitteln zur positiven Beeinflussung von geistigen Aktivitäten, von Wachstumsregulatoren von Pflanzen und von Schädlingsbekämpfungsmitteln.

Eine besondere Rolle werden in Zukunft die Fragen der Wechselwirkungen zwischen biologisch aktiven Verbindungen und ihren Rezeptoren darstellen. Noch harrt das Problem der Beziehung zwischen Struktur und Funktion biologisch aktiver Verbindungen einer grundsätzlichen Klärung. Bekanntlich werden jährlich etwa hunderttausend neue chemische Verbindungen synthetisiert. Der Anteil derer mit gewünschter biologischer Wirkung sinkt ständig. Es ist abzusehen, daß die rein empirischen Methoden der Suche immer unökonomischer werden. Jeder Schritt auf dem Wege des theoretischen Verständnisses der Beziehungen zwischen Struktur und biologischer Wirkung läßt eine Vervielfachung der Effektivität in der Suche nach neuen Wirkstoffen erwarten. Diese Aufgabe kann nur gemeinschaftlich von Chemikern und Biologen gelöst werden. Ein wesentliches Element zum Verständnis der Wechselbeziehungen zwischen aktiver Substanz und Zelle ist die Erforschung der biologischen Membran, die darum zu einem Brennpunkt des wissenschaftlichen Interesses geworden ist. In der Bearbeitung dieser Frage vereinen sich Physiker, Chemiker, Biochemiker, Elektronenmikroskopiker und andere.

3. Entwicklung von Methoden, die in Sieb- und Feldtesten an Bevölkerungsgruppen durchgeführt werden können zur Diagnose von Prädisposition und Frühstadien von genetischen und Stoffwechselerkrankungen. Dabei spielen insbesondere biochemische Methoden mit Hilfe von Enzymen und die Untersuchung von subtilen Unterschieden und Veränderungen der Eiweiße im Organismus eine entscheidende Rolle.

4. Die Entwicklung von Grundlagen zur Anwendung biologischer Verfahren zur Stoffproduktion und der Erzeugung von Stoffen biologischer Herkunft wie Enzyme, Vitamine, Aminosäuren.

5. Die Anwendung biologischer Prinzipien in anderen Bereichen. Hierher gehören Forschungen auf dem Gebiet der Erkenntnis der katalytischen Wirkung von Enzymen und auch der Anwendung der Bionik. Bekanntlich zeichnen sich Enzyme durch ihre ungeheure Spezifität und ihre katalytische Kraft aus, d. h. durch eine Beschleunigung chemischer Reaktionen um viele Größenordnungen. Bis heute ist uns das Geheimnis dieser Eigenschaften noch unbekannt. Der ungeheure Fortschritt der Wissenschaft, der zur Reinigung von Hunderten von Enzymen geführt hat, zur Aufklärung der Raumstruktur von 20 von ihnen und zur subtilen Analyse der Zwischenstufen enzymatischer Reaktionen und ihrer Kinetik, erlaubt die sichere Prognose, daß auch dieses Problem in nicht allzu ferner Zukunft gelöst werden wird. Die voraussehbaren Auswirkungen dieses grundsätzlichen Fortschritts sind ungeheuer. Gelingt es, die Prinzipien der enzymatischen Katalyse auf die Umwandlung von chemischen Stoffen in der chemischen Industrie anzuwenden, so gehen wir der Epoche einer kalten Chemie mit unvergleichlich

verringertem Bedarf an Energie und mit der möglichen Vermeidung fast aller Abfälle entgegen. Es wäre eine technologische Revolution ersten Ranges.

6. Ausgewählte Aufgaben der Ökologie und Toxikologie. Die von mir genannten Probleme stellen eine Verbindung von praxisorientierten Aufgaben mit grundlegenden theoretischen Problemen dar, die ohne eine umfassende Entwicklung der Grundlagenforschung nicht zu lösen sind. Allerdings gilt es, auf Grund der beschränkten Kapazitäten in der DDR in wissenschaftlicher und volkswirtschaftlicher Hinsicht eine kluge und sehr beschränkte Auswahl zu treffen, ohne die Initiative zu neuen Forschungen und zu neuen Arbeitsrichtungen zu ersticken. Hier wurden für Akademie und Hochschulwesen durch die Beschlüsse von Partei und Regierung dieses Jahr erweiterte Möglichkeiten für eine Initiativforschung geschaffen.

Die Lösung der genannten Aufgaben kann nicht durch biologische Wissenschaftler allein erfolgen. Sie erfordern engste Zusammenarbeit mit anderen Fachwissenschaftlern. Unsere engsten Partner dabei sind die Chemiker; denn Biologisierung und Chemisierung der Volkswirtschaft sind ebenso eine Einheit wie biologische und chemische Vorgänge in lebenden Systemen. Aber auch Vertreter anderer Fachgebiete wie Physiker, Mathematiker, Ingenieure, Psychologen u. a. haben dabei eine wichtige Rolle zu spielen.

Der Fortschritt der Biologie kann nur durch internationale Zusammenarbeit aller Wissenschaftler erfolgen. In ständig steigendem Maße sehen wir die Entwicklung einer internationalen Kooperation, wie dies auf dem Gebiet der Physik schon seit Jahrzehnten eingetreten ist. Gegenwärtig bestehen günstige Bedingungen, um die Kooperation zwischen den sozialistischen Ländern auf der Grundlage des Komplexprogramms des RGW noch enger zu gestalten. Besonders geeignete Probleme für eine internationale, komplexe Bearbeitung sind Fragen der Ökologie, der Bekämpfung von Krankheiten sowie die Entwicklung von Grundlagengebieten der Wissenschaft, die in besonders hohem Maße theoretische und experimentelle Voraussetzungen erfordern wie die Biophysik, die Enzym- und Nukleinsäureforschung und die Genetik. Die gemeinsame Bearbeitung von wissenschaftlichen Augaben bringt es mit sich, auch an neue, qualitativ höhere Formen der Zusammenarbeit zu denken, so wie sie auf dem Gebiet der Atomwissenschaften in Dubna und im Interkosmosprojekt vorgezeichnet sind. Man sollte an die Bildung von internationalen Laboratorien und Instituten auf dem Gebiet der Biologie denken. Gerade für kleinere sozialistische Länder wären gemeinsame RGW-Projekte essentiell. Nur so können ihre Kapazitäten zur Wirkung kommen, nur so öffnen sich ihnen die Möglichkeiten, sich an der sogenannten Großforschung zu beteiligen.

Die wichtigste Kooperationsbeziehung für uns ist aber die Zusammenarbeit mit der SU. Hier sind ausgezeichnete Voraussetzungen durch verschiedene zweiseitige Verträge, insbesondere durch die Abkommen zwischen den Akademien der Wissenschaften unserer Länder geschaffen worden. Auf Grund der besonderen Verantwortung der Akademien der Wissenschaften für die gesamte Grundlagenforschung ist durch das enge Zusammenwirken von Einrichtungen der Akademie und des Hochschulwesens die Möglichkeit der Ausschöpfung aller Potenzen im gegenseitigen Austausch gegeben.

Das schwierigste Gebiet der Biologie ist zweifellos die Funktion des Gehirns. Um die Frage der Möglichkeit der Erforschung der Gehirnvorgänge tobt seit Jahrzehnten ein philosophischer Kampf. Auch hier haben die Biologen durch das Zusammenwirken von physiologischen, pharmakologischen, biochemischen und elektronenmikroskopischen Methoden sowie denen der Genetik und Zellzüchtung erstaunliche Fortschritte aufzuweisen. Eine Reihe von Stoffen sind bekanntgeworden, die innerhalb des Nervensystems

Informationen übertragen, den Zustand des Gehirns modifizieren und somit die Möglichkeit eröffnen, sowohl die vegetativen wie auch die höheren emotionellen und geistigen Funktionen des Gehirns in positiver Richtung zu beeinflussen. Auch hier zeigt sich der Januskopf der Wissenschaft. Diese Errungenschaften eröffnen die Möglichkeit der Steigerung und Stabilisierung menschlicher Leistungen, aber auch ihrer Manipulation zu menschenfeindlichen Zielen.

Allgemein bekannt sind die gewaltigen Fortschritte der Molekularbiologie auf dem Gebiet der Vererbung. Die ungeheure Konstanz des Vererbungsmaterials, seine anscheinende Unabhängigkeit von allen äußeren Bedingungen führten vielfach zu einer fatalistischen Einstellung bezüglich der Möglichkeiten, genetische Informationsbestände in gezielter Richtung zu beeinflussen. Auch auf diesem Gebiet ist eine ungeheure Umwälzung im Gange. Prinzipiell ist es heute denkbar, genetische Bestände zu verändern, neue Gene einzuführen und Schäden zu beheben. Aber auch hier ist jeder Schritt mit den Möglichkeiten des Mißbrauches und der unerwünschten, oft vielleicht sehr schwer vorauszusehenden Auswirkungen belastet. Gerade die sozialistisch-kommunistische Gesellschaft bietet die Gewähr, daß jeder Schritt auf diesem Wege vom Standpunkt des Humanismus unter maximaler Kontrolle und Schutz für die Menschheit durchgeführt wird.

Die Generallinie der kommunistischen Arbeiterparteien, insbesondere der 24. Parteitag der KPdSU und der 8. Parteitag der SED haben als Hauptaufgabe die umfassende Befriedigung der materiellen und geistigen Bedürfnisse gestellt. Im Rahmen dieser langfristigen gesellschaftlichen Aufgabe fällt den biologischen Wissenschaften offensichtlich eine Schlüsselrolle zu. Einer der Schwerpunkte der zukünftigen Entwicklung ist die Optimierung der menschlichen Lebensprozesse in allen ihren Phasen. Dies schließt ein die Erkenntnis der genetischen Faktoren, der optimalen Bedingungen für die Entwicklung des Individuums von der Befruchtung an, im Säuglings- und Kindesalter, eine Ausschöpfung aller Potenzen für eine lange Leistungsperiode sowie Vorbeugung und Einschränkung vorzeitiger und vermeidbarer Erkrankungen. Dazu gehören die Erkenntnis der Verflechtung und der Wechselwirkungen der biologischen, psychologischen und soziologischen Faktoren. Diese umfassende Aufgabe erfordert neue Erkenntnisse der verschiedensten Biowissenschaften, u. a. der Genetik, der Biophysik und Biochemie, der Physiologie und Neurobiologie, aber auch eine enge Verflechtung mit den Gesellschaftswissenschaften. Zum Teil geht es darum, erste theoretische Einsichten und einen Vorlauf zu schaffen. Gleichzeitig stehen aber auch schon komplexe Probleme der Anwendungsforschung auf der Tagesordnung.

Die Aneignung der natürlichen und gesellschaftlichen Umwelt durch die Gesellschaft dient letztlich ihrer Erhaltung und Weiterentwicklung. Sie wird in starkem Maße determiniert durch die Bedürfnisentwicklung. Damit wird die Erforschung der menschlichen Bedürfnisse zu einer wesentlichen Voraussetzung der optimalen Gestaltung der Wechselbeziehungen des Menschen mit seiner Umwelt. Ein großer Teil der menschlichen Grundbedürfnisse ist biologisch und gesellschaftlich begründet und bildet eine dialektische Einheit von Objektivem und Subjektivem. Sie sind auf Grund ihres objektiven Charakters erkennbar und können daher prognostiziert und geplant werden. Zweifellos gibt es aber auch vermeintliche Bedürfnisse, die nicht nur wissenschaftlich unbegründet, sondern für das Einzelindividuum oder für die Gesellschaft sogar schädlich sind. Somit entsteht die komplexe Aufgabe, die wissenschaftliche Begründung unserer Bedürfnisse zu erkennen, diese Erkenntnis zu verbreiten und zu einem Bestandteil des Wissens und der Praxis jedes einzelnen Staatsbürgers und des Staates zu machen.

Das Gebiet der Ernährung liefert uns besonders klare Beispiele. Hier steht die eindeutige Aufgabe der Erziehung zur gesunden Ernährung auf der Grundlage der wissenschaftlichen Erkenntnisse, die Vermeidung einer überhöhten Zufuhr von Kalorien und von Fetten und die Überwindung von ungerechtfertigten Tabus; gleichzeitig damit auch die Aufklärung gegen Mißbräuche, wie z. B. Alkohol. Gleichzeitig befähigen uns unsere Kenntnisse, aus einer Vielzahl von Primärquellen Nahrungsstoffe für Mensch und Tier zu erzeugen und ihnen gewünschtes Aussehen, Textur und Konsistenz zu verleihen. Allerdings sind die Geheimnisse des Geschmacks, der Geschmacksgebung und der Ausbildung von Geschmacksrichtungen noch ungeklärt.

Ein Katalog der Grundbedürfnisse mit ausgeprägter biologischer Komponente enthält neben der Ernährung die Gesundheit, Fortpflanzung, geistige und körperliche Tätigkeit und Erholung. Letztlich erfordert jedes dieser Bedürfnisse eine ebensolche wissenschaftliche Fundierung, wie es auf dem Gebiet der Ernährung schon gelungen ist. Eine nüchterne Beurteilung unseres Wissensstandes zwingt uns zuzugeben, daß wir uns erst am Anfang des Verständnisses befinden, wenn es darum geht, die Gesundheit in allen Phasen des Lebens vorbeugend zu erhalten, daß wir über Biologie, Psychologie und Soziologie der Fortpflanzung und über die Humangenetik noch allzu wenig wissen, und daß wir noch weit davon entfernt sind, die Gesetzmäßigkeiten für eine optimale Gestaltung der geistigen und körperlichen Tätigkeit oder der Erholung zu erfassen. Noch breiter und umfassender sind die Aufgaben, wenn wir die Zukunft der gesamten Menschheit betrachten. Hier geht es letztlich darum, daß die Menschheit ihre eigene Natur erkennt und begreift, ihre eigenen Bedürfnisse wissenschaftlich fundiert und zur Grundlage ihrer gesellschaftlichen Praxis macht, ein dynamisches Gleichgewicht in der Entwicklung der Zahl der menschlichen Bevölkerung herstellt und ein dauerhaftes Gleichgewicht zwischen Menschheit und der Biosphäre durch umfassende Erkennung der gegenseitigen Wechselbeziehungen und ihrer Beherrschung erreicht.

Dieser Weg bringt nicht nur ungeheure Aufgaben für Wissenschaft und Technik mit sich, die weit über die Biologie hinausreichen. Seine Umsetzung in die gesellschaftliche Praxis ist nur durch die Lösung fundamentaler Widersprüche in der Gesellschaft denkbar. Zu ihnen gehören der allseitige Sieg der sozialistisch-kommunistischen Gesellschaftsordnung auf dem ganzen Erdball, die Aufhebung der Ungleichheit zwischen industriell fortgeschrittenen und zurückgebliebenen Ländern in allen Aspekten, die Überwindung der Schäden der imperialistischen Ausbeutung und einer nur von Profitmotiven vorangetriebenen hemmungslosen Urbanisierung u. a. m.

Die Aufgabe der Wissenschaftler besteht nicht nur darin, umfassend und präzis den Vorlauf für eine solche Zukunft der Menschheit zu schaffen, sondern auch sich voll und ganz in den Kampf um die sozialistische Zukunft der Menschheit einzureihen. Wir können gewiß sein, daß dann die schönen prophetischen Worte von Friedrich Engels zur Wahrheit werden: „Und so werden wir bei jedem Schritt daran erinnert, daß wir keineswegs die Natur beherrschen, wie ein Eroberer ein fremdes Volk beherrscht, wie jemand, der außer der Natur steht — sondern daß wir mit Fleisch und Blut und Hirn ihr angehören und mitten in ihr stehen, und daß unsre ganze Herrschaft über sie darin besteht, im Vorzug vor allen andern Geschöpfen ihre Gesetze erkennen und richtig anwenden zu können.“ In ihnen ist umfassend die gesellschaftliche Aufgabe für die Biologie dargelegt.

Wissenschaft und Wissenschaftspolitik in der DDR[1])

S. M. Rapoport

Sehr verehrte Damen und Herren!

Zunächst möchte ich mich für die Einladung, die an mich ergangen ist, auf das herzlichste bedanken. Soviel ich weiß, bin ich innerhalb der Serie über Wissenschaft und Wissenschaftsentwicklung der erste Vertreter eines sozialistischen Staates. Dieser Umstand bringt es mit sich, daß ich im Verlaufe meiner Ausführungen einiges Programmatische sagen werde, um die Wesenszüge, die dem sozialistischen System im allgemeinen eigen sind, zu akzentuieren. Ich will mich aber hauptsächlich auf die DDR und ihre Eigentümlichkeiten beschränken. Gestatten Sie mir auch einige Worte zur Abgrenzung meines Themas.

Wie Sie wissen, sind Wissenschaft und Bildung auf das engste verknüpft. Daher wird es nicht zu umgehen sein, daß ich auch auf einige Aspekte der Bildungspolitik eingehe. Wissenschaft und Technik bilden in jeder Hinsicht ein zusammenhängendes Ganzes. Zeit und Begrenztheit des eigenen Wissens werden mich veranlassen, überwiegend die sogenannte Grundlagenwissenschaft zu erörtern.

Der schwere Anfang

Die DDR ist, wie Sie wissen, ein junger Staat. Sie feierte vor vier Monaten ihren 25. Geburtstag. Der eigentliche Beginn der neuen Entwicklung war das Jahr 1945, die Befreiung vom Hiltlerfaschismus, dessen unseliger Krieg nicht nur ein materielles, sondern auch ein geistiges Chaos hinterließ. Neben vielen großen und komplizierten Aufgaben stand auch die, Wissenschaft, Bildung und Kultur von Grund auf neu zu gestalten. Es ging einmal darum, die zerstörten Bildungs- und Forschungsstätten wieder herzustellen und damit ein materielles Fundament, das weitgehend zerstört war, zu errichten. Eine fast noch kompliziertere Aufgabe bestand darin, die Verwirrung in den Köpfen vieler Wissenschaftler zu überwinden und ihrer Arbeit neue, friedliche und humanistische Ziele zu geben. Abgesehen von den schweren Verlusten an Menschenleben mußte auch ein großer Teil der Lehrer und Angehörigen der Hochschulen ersetzt werden, die sich durch ihre Verstrickung in die faschistische Schuld disqualifiziert hatten. Und dennoch nahmen schon im Jahre 1945 die Universitäten und die Akademie ihre Arbeit wieder auf. 90% aller gegenwärtig tätigen Hochschulabsolventen der DDR wurden nach 1946 ausgebildet. Dieser schwere Beginn war getragen von jenen Persönlichkeiten, die

[1]) Vortrag im Rahmen des Collegium Generale der Universität Bern am 28. Januar 1975

mit ihrer ganzen Kraft für die demokratische Erneuerung eintraten und sich erfolgreich bemühten, das wissenschaftliche und kulturelle Leben mitzugestalten. Eine wesentliche Rolle spielten auch fortschrittliche Wissenschaftler, die aus politischen oder rassischen Gründen das faschistische Deutschland verlassen hatten oder nach dem zweiten Weltkrieg aus politischen Gründen ihre Länder verlassen mußten. Sie fanden die größte Unterstützung bei den Vertretern der damaligen sowjetischen Besatzungsmacht, der Akademie der Wissenschaften der UdSSR und der sowjetischen Hochschulen. Mit ihrer Tätigkeit verbündeten sie sich mit der Arbeiterklasse. Damit wurden die politischen Voraussetzungen, d. h. Kontinuität und Stabilität für die Entwicklung von Wissenschaft und Bildung, geschaffen.

Gestatten Sie mir nun, in aller Kürze die Entwicklung seit den damaligen düsteren Tagen zu skizzieren. Betrachten wir vorerst das System der Universitäten und Hochschulen. Nach dem zweiten Weltkrieg existierten 13 Hochschulen, schon fünf Jahre später waren sechs weitere gegründet worden. 1973 betrug ihre Zahl 54. Dazu kommen nahezu 200 Ingenieur- und Fachschulen. Dieser Entwicklung entsprechend hat sich die Zahl der Studenten vervielfacht und beträgt gegenwärtig 160000, d. h. 90 je 10000 der Bevölkerung. Noch stärker stieg die Zahl der Lehrkräfte.

Für die Akademie der Wissenschaften stand die Aufgabe, aus einer Gelehrtengesellschaft zu einer Forschungsakademie sich zu wandeln. Während bis 1945 die Akademie im wesentlichen aus ihren Mitgliedern, deren Zahl etwa 80 betrug, bestand und eine geringe Zahl wissenschaftlicher Mitarbeiter aufwies, hat sie heute über 100 Institute bzw. Arbeitsstellen mit ca. 16000 Mitarbeitern, von denen 2000 Wissenschaftler sind. Insgesamt sind jetzt über 150000 Menschen in der DDR in Forschung und Entwicklung tätig, davon entfallen etwa 10% auf die Akademie der Wissenschaften. Es existieren weitere Akademien, darunter die Akademie der Landwirtschaftswissenschaften und die Akademie der Pädagogischen Wissenschaften. Bei der Neugründung der Universitäten, Hochschulen und Forschungseinrichtungen war u. a. das Prinzip maßgebend, Kristallisationspunkte des wissenschaftlichen und kulturellen Lebens auf dem Territorium der DDR zu verteilen, um die vorher bestehende ungesunde Überzentralisierung zu überwinden und allen Regionen eine enge Verbindung zu Wissenschaft und Kultur zu ermöglichen.

Zur Bildungspolitik der DDR

Gestatten Sie mir nun einige Worte zu unserer Bildungspolitik. Ein entscheidender Aspekt war und ist es, allen Klassen und Schichten der Bevölkerung den Zugang zu allen Bildungsstätten zu eröffnen. Während vor 1945 5% oder weniger der Studierenden Arbeiter- und Bauernkinder waren, sind es seit Mitte der 50er Jahre etwa 55%. Die gleichberechtigte Stellung der Frau widerspiegelt sich auch im Anteil der weiblichen Studenten, der gegenwärtig etwa 50% beträgt. Allerdings ist das Verhältnis bei den Lehrkräften wesentlich ungünstiger.

Die Entwicklung der Universitäten und Hochschulen weist drei markante Etappen auf, entsprechend den Veränderungen unseres Staates.

In der 1. Etappe ging es darum, eine antifaschistisch-demokratische Ordnung an unseren höchsten Bildungsstätten zu errichten und allen Schichten der Bevölkerung den Weg zu ihnen zu öffnen. Das Kernstück der 2. Hochschulreform war es, den Wesenszügen der sozialistischen Ordnung Geltung zu verschaffen und dabei die Erfahrungen der sozialistischen Länder, insbesondere der Sowjetunion, aber auch andere moderne Entwicklungen zu nutzen. Damit war ein Sichlösen vom Rückständigen der deutschen Tradition bei Bewahrung ihres humanistischen Erbes verbunden.

Die Akzente der 3. Hochschulreform liegen in zwei Richtungen:

1. in einer Erhöhung des theoretischen Niveaus und
2. in einer stärkeren Verbindung mit der Praxis.

Dabei soll die schöpferische Eigentätigkeit der Studenten wesentlich stimuliert werden. Im Sinne dieser Entwicklung wurden umfangreiche Maßnahmen ergriffen, u. a. Fortbildung für die Hochschullehrer sowohl in ihrem eigenen Fach als auch auf dem Gebiet des Marxismus-Leninismus und der Hochschulpädagogik, Investitionen für die Errichtung von Technikumsanlagen und Schaffung anderer Möglichkeiten für eine produktive Tätigkeit der Studenten. Die Leitlinie des 8. Parteitages, die Arbeits- und Lebensbedingungen aller Bevölkerungsschichten zu verbessern, wird auch für die Studenten wirksam. Studentenwohnheime und Mensen werden in erhöhtem Maße errichtet, Vergünstigungen für junge Studentenfamilien wurden geschaffen, für studierende Mütter und auch alleinstehende Väter werden besondere Fürsorgemaßnahmen ergriffen. Bei allen Entwicklungen an den Hochschulen, von den ersten Tagen der Entrümplung an, waren Hochschullehrer und Studenten durch ein echtes, enges Partnerschaftsverhältnis verbunden. Die Entwicklung an den Hochschulen ist dadurch gekennzeichnet, daß die Verantwortung der Studenten gewachsen ist. Das drückt sich u. a. in ihrer Mitwirkung an allen Leitungsentscheidungen und in ihrer Vertretung in allen Gremien der Universitäten und Hochschulen aus.

Vor etwa 10 Jahren wurde ein Bildungssystem konzipiert und verwirklicht, das die allgemeinbildende 10klassige Schule umfaßt und von der Krippe bis zur ständigen Weiterbildung reicht. Dieses Prinzip ermöglicht den Zugang zu den Fach- und Hochschulen auf verschiedenen Wegen. In letzter Zeit hat das System der Weiterbildung große Dimensionen angenommen. Zuerst fand es seine Verwirklichung in der neuerdings obligatorischen Facharztausbildung jedes Absolventen medizinischer Hochschulen. Es wird nun schrittweise unter Mitwirkung der wissenschaftlichen Gesellschaften und der Kammer der Technik auf allen anderen Gebieten, insbesondere auf technischen, ökonomischen und pädagogischen Schwerpunktsgebieten, durchgeführt.

Grundkonzeptionen der Entwicklung der Wissenschaft in der DDR

Ich kehre zurück zu meinem Hauptthema. Welches sind die Grundkonzeptionen der Entwicklung der Wissenschaft? Vorerst möchte ich die Frage beantworten, welche grundsätzliche Position unsere Staatsmacht zur Wissenschaft einnimmt. Die Stellung der Sozialistischen Einheitspartei zur Wissenschaft ist nicht von tagespolitischen oder pragmatischen Erwägungen bestimmt. Sie ergibt sich folgerichtig aus dem wissenschaftlichen Charakter sowie dem revolutionären und humanistischen Geist des Marxismus-Leninismus. Die Vertreter des Marxismus-Leninismus betrachten sich nicht nur als Freunde oder lediglich Förderer der Wissenschaften, sondern als Wissenschaftler, die den Aufbau des Sozialismus als eine gesellschaftswissenschaftliche Aufgabe betrachten. Aus dieser Grundposition ergibt sich, daß die Wissenschaft als gesellschaftlich relevant betrachtet wird und daß die Gesellschaft eine Verantwortung für die Entwicklung der Wissenschaft trägt. Umgekehrt ergibt sich daraus die Forderung an die Wissenschaft, gesellschaftliche Verantwortung zu tragen.

Der Bereich der Wissenschaft ist umfassend. Er beinhaltet nicht nur Naturwissenschaften, sondern auch Gesellschafts- und Geisteswissenschaften und auch den gesamten Bereich der Technologie. Dementsprechend ist wissenschaftliche Tätigkeit kein Vorrecht nur von Menschen mit Hochschulbildung. Diese Einstellung findet ihren Ausdruck in der Förderung der Neuererbewegung und der wissenschaftlich-technischen Betätigung der Jugendlichen, die jährlich in der „Messe der Meister von morgen" ihre Erfindungen und Rationalisierungsvorschläge ausstellen.

Aus dieser Konzeption ergibt sich, daß es keine scharfen Grenzen gibt zwischen reiner Grundlagenforschung und Technologie und daß in diesem Kontinuum der Wissenschaft vielfältige Wechselwirkungen existieren und kein Bereich für sich ein Monopol an wissenschaftlicher Kreativität beanspruchen kann. Auch die Grundlagenforschung hat wichtige gesellschaftliche Aufgaben zu erfüllen; ihre Erkenntnisse bilden den langfristigen Vorlauf für gesellschaftlich nützliche Anwendungen, sie sind essentieller Bestandteil von umfassenden Theorien, die letztlich ihre praktischen Auswirkungen haben, und tragen wesentlich zur Erweiterung und Bereicherung eines wissenschaftlichen Weltbildes bei. Hinzu kommt, daß nicht selten im Verlauf von Grundlagenforschungen sich zum Teil unvorhergesehene Nutzanwendungen ergeben.

Wenn die Wissenschaft einen festen Platz in der Gesellschaft hat, dann ist es folgerichtig, daß auch die Wissenschaftsplanung Teil der gesellschaftlichen Planung ist. Natürlich ist die Planung von Wissenschaft kein Monopol sozialistischer Staaten. In irgendeiner Form wird Wissenschaft überall, unabhängig von der Gesellschaftsordnung auf verschiedenen Ebenen geplant — mag es sich um Wissenschaftsbauten, Geräteentwicklungen, Zulassungszahlen zu Hochschulen handeln oder um persönliche Pläne von Wissenschaftlern oder Wissenschaftlergruppen. Dies ist natürlich den Astronomen schon lange bekannt, die ihre Forschungen über Generationen hin planen. Nach meiner Ansicht steigt der Anteil langfristiger Forschungen auf allen Gebieten. Ich erinnere nur an die modernen langfristigen Forschungen in der Physik und der Molekularbiologie. Überall, wo größere Mittel verausgabt werden, natürlich auch für wissenschaftliche Aufgaben, treten die Fragen auf: wofür, wann, welches Ergebnis ist zu erwarten, wie ist das Geld zu verteilen?

Worin liegt nun die Spezifik der Planung in einem sozialistischen Land wie der DDR?

1. Die Planung der Wissenschaft ist eingebettet in die der Gesamtgesellschaft. Dieser Umstand ermöglicht es, die Hauptrichtungen der Wissenschaft in die Gesellschaftsplanung einzuordnen.

2. Die Zielsetzung der sozialistischen Gesellschaft ist allen Staatsbürgern bekannt. Es geht ihr um die Entwicklung der materiellen, geistigen und kulturellen Bedürfnisse der Menschen in ihrer komplexen Einheit.

3. Die von mir schon erwähnten Bestrebungen zur Wissenschaftlichkeit in allen Bereichen des Lebens schaffen eine günstige Atmosphäre und ein tiefes Verständnis für die Anliegen der Wissenschaft.

4. Die Planung erfolgt nach dem Prinzip des demokratischen Zentralismus; das bedeutet einen kontinuierlichen Dialog zwischen übergeordneten Instanzen und denjenigen, welche die Planung zu verwirklichen haben; das bedeutet die grundsätzliche Einbeziehung weiter Kreise von Wissenschaftlern in die Diskussion.

5. Eine fundierte Planung erfordert Weitsicht, die durch kontinuierliche Prognosetätigkeit vermittelt wird. So ist es nur natürlich, daß sich unsere Staatsführung im

gegenwärtigen Augenblick sehr intensiv mit der Entwicklung der Gesellschaft bis zum Jahre 1990 beschäftigt. Dabei wurden kürzlich zwei Dokumente beraten, und zwar eine Konzeption zur Entwicklung von Naturwissenschaft und Technik und ein Dokument über die langfristige Entwicklung der Grundlagenforschung im Bereich der Akademie der Wissenschaften und des Ministeriums für Hoch- und Fachschulwesen. Beide Dokumente liefern eine Grundlage, die Möglichkeiten der wissenschaftlich-technischen Revolution besser für die Gestaltung der sozialistischen Gesellschaft in der DDR zu nutzen.

Mit der wachsenden wissenschaftlichen Kraft der DDR ist es möglich geworden, ständig steigende Mittel für Wissenschaft und Technik zur Verfügung zu stellen. Im Gründungsjahr der DDR vor 25 Jahren waren es nur 100 Millionen Mark, jetzt übersteigt die Zahl das 60fache; allein in den letzten 10 Jahren ist der Anteil der Ausgaben für Wissenschaft und Technik am Nationaleinkommen von etwa 2 auf 5% gestiegen. Dabei werden etwa 70% der Mittel durch die volkseigenen Betriebe selbst erwirtschaftet und entsprechend dem Plan eingesetzt; aus dem Staatshaushalt werden 30% für die Realisierung von Aufgaben bereitgestellt, die für die Gesamtgesellschaft von Bedeutung sind, darunter auch jene für die Grundlagenforschung.

Bei aller Betonung der Orientierung auf Schwerpunkte ist es auch ein Bestreben, die Belange der Wissenschaft und Kultur im Rahmen der Möglichkeiten auf Gebieten zu fördern, die von einer praktischen Nutzung weit ab liegen. Hierher gehören ebenso die traditionellen Vorhaben der Akademie auf astronomischen, archäologischen und sprachkundlichen Gebieten, wie auch ein umfangreiches System von Museen, Naturschutzgebieten, Biologischen Stationen etc. Auch an den Universitäten war es das Bestreben, keine noch so kleine Spezialrichtung einer Wissenschaftsdisziplin zu verlieren, wenn auch eine sinnvolle Zusammenführung angestrebt wurde. Es geht auch darum, wertvolle Ideen nicht zu verlieren, selbst wenn sie nicht in den großen Rahmen staatlicher Vorhaben passen. So wurde beim Minister für Hochschulwesen ein Forschungsfonds geschaffen, dessen Zweck es ist, eine sogenannte Inititativ- oder Hochschulforschung zu finanzieren.

Über einige Erfahrungen in Prognose und Planung von Wissenschaft

Gestatten Sie mir nun einige Bemerkungen über die spezifischen Rahmenbedingungen der DDR. Es handelt sich um ein kleines Land mit sehr begrenzten natürlichen Ressourcen, selbst das Wasser ist bei uns knapp. Es ist ein Industriestaat mit einem hohen Grad der Urbanisierung mit ausgeprägten Ballungsgebieten. Die Industrialisierung betrifft selbst die Landwirtschaft, die überwiegend industriemäßig in großen Komplexen betrieben wird. Auf lange Sicht ist mit einer konstanten Bevölkerung mit einem hohen Anteil alter Menschen zu rechnen. Die Frauen stellen einen großen Prozentsatz der Wirtschaft dar mit den Problemen, die sich aus ihrer doppelten Lebenssphäre — Beruf und Familie — ergeben. Entsprechend diesen Grundvoraussetzungen können die gesellschaftlichen Ziele, d. h. die Befriedigung der materiellen und kulturellen Bedürfnisse nur mit Hilfe von hohen Steigerungsraten der Arbeitsproduktivität erfüllt werden. Der Hauptweg dazu ist die maximale Nutzung der Erkenntnisse von Wissenschaft und Technik. Daraus ergibt sich ein ständig zunehmendes Gewicht von Wissenschaft und Technik. Eine große Bedeutung hat für uns die Gemeinschaft der sozialistischen Länder, die in allen Bereichen einen Einfluß auf unsere Entwicklung ausübt. Nur auf diesem Wege ist es uns möglich, uns an großen wissenschaftlichen und wissenschaftlich-technischen Projekten zu beteiligen, mag es sich nun um Kosmosforschung, die Erforschung der Ozeane, der Erde, der Kernphysik oder viele andere Probleme handeln.

Vielleicht wird einiges, was ich sagte, lebendiger durch einen Rückgriff auf eigene Erfahrungen. Vor etwa zehn Jahren wurde im Forschungsrat der DDR, dem beratenden Gremium des Ministerrates, zu Fragen von Wissenschaft und Technik das Problem der Entwicklung der biologischen Wissenschaften aufgeworfen. Ich erhielt den Auftrag, eine Bestandsaufnahme des Standes dieser Wissenschaften vorzunehmen und eine Prognose vorzulegen. Bei diesem Vorhaben beteiligten sich in Form von verschiedenen Diskussionsgruppen und wissenschaftlichen Gremien über 1500 Wissenschaftler. Ehrlich und kritisch wurden die Unvollkommenheiten und Rückstände in der Orientierung und Durchführung der biologischen Wissenschaft ausgesprochen, der Versuch einer Bewertung der internationalen Entwicklung vorgenommen und letztlich daraus Schlußfolgerungen für eine mögliche positive Entwicklung im Rahmen der Bedingungen der DDR konzipiert. Diese prognostische Konzeption enthielt Vorschläge für Schwerpunktgebiete, ebenso für die dazu benötigten wissenschaftlichen Kräfte. Man begnügte sich nicht damit, reine Grundlagenthemen vorzuschlagen, vielmehr wurde auch eine Reihe von Projekten den Ministerien für Gesundheitswesen und Landwirtschaft empfohlen. Es wurden weiterhin interessante Vorstellungen zur Entwicklung der Gemeinschaftsforschung ausgearbeitet, die letztlich darin mündeten, ein Großforschungsvorhaben zu bilden, um der Komplexität der molekularbiologischen Probleme gerecht zu werden. Die Vorschläge umfaßten auch die Modernisierung der Ausbildung der Biologen, Vorstellungen über deren notwendige Zahl und Gedanken zur Entwicklung des wissenschaftlichen Lebens. Schließlich wurden auch Empfehlungen über die materiell-technische Entwicklung auf dem Gebiet der Biowissenschaften unterbreitet.

Diese durch und durch demokratische Beteiligung der Wissenschaftler fand eine positive Aufnahme durch die Regierung. Praktisch alle Vorschläge wurden akzeptiert. Mit ihrer Realisierung wurde vor vier Jahren begonnen. Natürlich ist die Zeit noch zu kurz, um die Ergebnisse gründlich bewerten zu können, dennoch haben alle Beteiligten das Gefühl, eine für die Gesellschaft, sie selbst und für ihre wissenschaftlichen Nachkommen eminent nützliche Arbeit geleistet zu haben. Es ist auch befriedigend für uns, daß das Prestige der biologischen Wissenschaften sowohl innerhalb der Wissenschaftlerkreise als auch in weiten Kreisen der Gesellschaft stark gewachsen ist. Die Teilergebnisse der wissenschaftlichen Arbeiten sind so ermutigend, daß es jetzt außer Frage steht, daß auf der Grundlage der Prognose von 1968 das nächste Jahrzehnt der Wissenschaftsplanung ohne Bruch sich kontinuierlich anschließen kann.

Im Rahmen der Konzeption über die langfristige Entwicklung der Grundlagenforschung nimmt das Programm der Biowissenschaften einen würdigen Platz ein. Ich möchte hier nicht ausführlich auf die 14 verschiedenen Hauptrichtungen des biowissenschaftlichen Programms eingehen. Sie umfassen selbstverständlich u. a. Probleme der Genetik, der Enzymforschung, der Neurobiologie, der Immunologie, ökologische und Ernährungsprobleme. Kennzeichnend ist der interdisziplinäre Charakter der Forschungskomplexe sowie die enge Verbindung zwischen Einrichtungen des Ministeriums für Hoch- und Fachschulwesen und jenen der wissenschaftlichen Akademien. Große Bedeutung wird den methodischen Fortschritten und der Geräteentwicklung beigemessen, Gebiete, auf denen zweifellos Rückstände bestehen, die uns zwingen, relativ umfangreiche Importe vorzunehmen. Die Vorbereitung für den 1976 anlaufenden neuen Fünfjahrplan ist in vollem Gange, und die Wissenschaftler können sehr befriedigt sein, daß schon jetzt feststeht, daß der Anteil der Grundlagenforschung innerhalb eines kontinuierlich wachsenden Nationaleinkommens ebenfalls steigen wird. Diese Zuversicht ist natürlich auch eine große Befriedigung für den Hochschullehrer, der an die Zukunft des wissenschaftlichen Nachwuchses denkt.

Zum Problem des Nutzeffekts von wissenschaftlichen Maßnahmen

Wie kann man den Nutzeffekt von wissenschaftspolitischen und wissenschaftsorganisatorischen Maßnahmen bewerten? Die Schwierigkeit der Beantwortung dieser Frage ist jedem, der sich mit ihr beschäftigt hat, bekannt. Am unzugänglichsten erscheint sie auf dem Gebiet der Grundlagenforschung. Hier ist es sicher ebenso verfehlt, Nobelpreise abzuzählen oder durch Umfragen eine Pseudoobjektivierung zu erreichen, wie einen nackten, nüchternen Ökonomismus walten zu lassen, der den Nutzeffekt in Geldsummen ausdrücken will. Mir scheint am ehesten die Analsyse von Forschungszielbäumen, d. h. von bestimmten Sequenzen geeignet, die von einer Erkenntnis bis zu ihrer breiten gesellschaftlichen Anwendung gegangen sind, mit folgender Fragestellung:

Welchen Einfluß hat die Wissenschaftsorganisation auf die Verkürzung der Zeitspanne zwischen Erkenntnis und gesellschaftlicher Nutzung, wie breit wurde die Erkenntnis nutzbar? Unsere Erfahrungen auf diesem Gebiet weisen viel Positives, aber auch kritische Probleme auf.

Ich rechne mit Ihrem Verständnis, wenn die von mir gewählten Beispiele aus meinem eigenen Kenntnis- und Erfahrungsbereich kommen, d. h. dem der Medizin. Wie Ihnen bekannt ist, wurde die aktive Impfung gegen Poliomyelitis in den USA von Salk und Sabin entdeckt. Ihre durchgehende, durch Gesetz garantierte Anwendung in der DDR und noch früher in der Sowjetunion erfolgte Jahre eher als in den USA oder in der BRD. Ähnliches gilt für die Anwendung der Masernimpfung. Die Erkenntnis über die mögliche Beeinträchtigung der Gesundheit durch Kalorien- und Fettreichtum in der Nahrung wurde vor allem durch die von Ancel Keys initiierten vergleichenden Studien der Weltbevölkerung gewonnen. Sie ist für die DDR Anlaß zu einem umfassenden System von Aktivitäten und Maßnahmen. Sie schließen eine intensive Aufklärung und Erziehung der Bevölkerung durch alle Kommunikationsmedien ein, die durch ein Komitee unter Leitung des Ministers für Gesundheitswesen koordiniert werden. An dieser Tätigkeit hat die wissenschaftliche Gesellschaft für Ernährung einen wesentlichen Anteil, die auch eine eigene populärwissenschaftliche Zeitschrift herausgibt. Zum anderen sind Forschungen und Investitionen für die Erzeugung kalorienarmer Nahrungsmittel angelaufen. Die kalorienarmen Nahrungsmittel wurden zu einer Serie von Produkten zusammengefaßt, die durch ein attraktives Etikett gekennzeichnet und in vielen Lebensmittelgeschäften auf eigenen Verkaufsflächen ausgestellt sind. Erzeuger und Ernährungsforscher haben einen Kooperationsrat gebildet. Eine interessante Prognose über den wachsenden Anteil kalorienarmer Nahrungsmittel wurde ausgearbeitet und stellt die Grundlage für die Investitionen der nächsten Jahrzehnte dar. Schließlich gehört dazu auch die Förderung der körperlichen Tätigkeit für alle Menschen, beginnend mit dem Kleinkind, sowohl durch Erziehungsmaßnahmen als auch durch den Bau von Sportstätten, Förderung der Touristik etc. So soll das Bedürfnis nach körperlicher Bewegung zu einem Lebenselement jedes einzelnen werden. In diesem System sind die sportlichen Spitzenleistungen nur ein Element, der Spitze eines Eisberges vergleichbar.

Ich nenne ein letztes Beispiel: Die Bedeutung der mutagenen Wirkung von Arzneimitteln wurde durch die unselige Contergan-Affäre Allgemeingut. Für unsere Genetiker war dies Anlaß, neben ihrer erkenntnisorientierten Arbeit sich mit dem Aufbau eines effektiven Mutagenitätstest-Systems zu befassen. Der erfolgreiche Abschluß dieser Aufgabe hat unmittelbare Konsequenzen; von nun an wird der Zentrale Gutachterausschuß für Arzneimittel beim Ministerium für Gesundheitswesen von allen neu eingeführten Arzneimitteln auch den Nachweis der Ungefährlichkeit in diesem Testsystem verlangen. Soviel ich weiß, sind wir auf diesem Gebiet Pioniere.

So erfolgreich wir bei der Überführung von Erkenntnissen im Gesundheitswesen und auch auf dem Gebiet der Erzeugung von Nahrungsmitteln gewesen sind, so müssen wir eingestehen, daß auf vielen anderen Gebieten die Überführung von Erkenntnissen in die Produktion Schwierigkeiten bereitet und mit zeitlichen Verzögerungen belastet ist. Die Lösung dieses Problems ist Gegenstand intensiver Anstrengungen von seiten der Forscher wie auch der Industrie und des Staates.

Probleme der Wissenschaftler in der DDR

Damit komme ich zu einem Fragenkomplex, der immer von Interesse ist, wenn sich Vertreter verschiedener Länder begegenen. Was bewegt die Gemüter unserer Wissenschaftler? Natürlich ist es schwer für einen einzelnen, eine exakte Aussage zu treffen Ich habe keine soziologischen Erhebungen gemacht. Aber aus vielfältigen Kontakten kann ich folgende Probleme nennen:

Wie Sie wissen, ist ein Wesenszug des Sozialismus ein gesellschaftlicher Optimismus, d. h. das Vertrauen, daß es möglich ist, durch koordinierte gemeinsame Anstrengungen die Lebensbedingungen zu verbessern, die Bedürfnisse in steigendem Maße zu befriedigen und in dieser Entwicklung auch das Gute in den Menschen hervorzubringen und das Schlechte zurückzudrängen, kurzum, auch die menschliche Natur positiv zu beeinflussen, ohne in einen Illusionismus zu verfallen. Ein wesentlicher Bestandteil dieser Grundorientierung ist das Vertrauen in die Entwicklung der geistigen Bedürfnisse des Menschen. Daher sind uns Stimmungen des Pessimismus oder des Katzenjammers in bezug auf die Perspektive der Bildung und Forschung fremd. Diese Orientierung ist auch eine wesentliche Grundlage für das Gefühl der gesellschaftlichen Sicherheit, das unsere jungen Menschen haben. Alle Wissenschaftler haben ein waches Interesse an der gesamten Entwicklung der Volkswirtschaft, in deren Rahmen die Wissenschaft gestaltet wird. Bei aller Übereinstimmung im Grundsätzlichen bleiben noch viele Fragen, die Gegenstand von Auseinandersetzungen sind. Wurden die Proportionen der wissenschaftlichen Entwicklung richtig gewählt? Stimmt die Bewertung von eigenen und fremden Ergebnissen? Wie kann man die Effektivität und Intensität der Forschung erhöhen? Hier geht es vor allem auch um die Sicherung einer Atmosphäre, welche die Kreativität anregt, um die Zeit maximal für wissenschaftliches Arbeiten zu nutzen. Wie gelingt es, das theoretische Niveau und die Qualifikation von jungen Wissenschaftlern zu erhöhen und Mittelmäßigkeit und Genügsamkeit zu bekämpfen? Dabei spielt eine wesentliche Rolle, daß die Sicherheit des Arbeitsplatzes neue Bedingungen schafft. Nichtmaterielle Faktoren, wie etwa Wertschätzung von Berufskollegen, Stolz und Ehrgefühl gewinnen dabei eine besondere Bedeutung. Wie kann man die Züge des Formalismus in Planung und Organisation der Arbeit verringern? Natürlich spielen auch materielle Fragen eine Rolle. Sie sind aber weniger auf dem Gebiet der Einkommen zu suchen, denn insgesamt beträgt die Gehaltsspanne zwischen jungen Assistenten und Altprofessoren oder Akademiemitgliedern nur etwa 1:4. Dafür spielen aber Probleme der Wohnungsfindung, des gemeinsamen Arbeitsorts von Mann und Frau und die günstige Versorgung vor allem von Krippenkindern bei den jungen Wissenschaftlern eine wichtige Rolle.

Damit komme ich zum letzten Thema, das ich anschneiden möchte — die gesellschaftliche Tätigkeit des Wissenschaftlers. Ich möchte sie unter drei Aspekten erörtern: Tätigkeit, Verantwortung, Belastung. Aus der eingangs von mir geäußerten These der gesellschaftlichen Verantwortung des Wissenschaftlers und seiner Einbettung in die Gesellschaft ergibt sich, daß kaum ein Wissenschaftler sich begnügt, sich allein der Forschung zu widmen und sich vom gesellschaftlichen Leben zu isolieren. Was bedeutet das? Er kann nicht umhin, wenn er aufgerufen wird, in der Planung, Prognose oder Bewertung der Wissenschaft mitzuwirken und aus seinem Wissen Rat zu geben, diesem Ruf zu folgen. Das bedeutet natürlich Beratungen und Exposé, kurzum eine Tätigkeit, die ihn vom Labortisch oder aus dem stillen Kämmerlein wegführt. Als Kompensation für diesen Zeitaufwand gewinnt er zweifellos einen weiteren gesellschaftlichen und wissenschaftlichen Horizont und das Bewußtsein, mitzuarbeiten und mitzuregieren. Als demokratischer Mensch kann er nicht umhin, sich eins zu fühlen mit den anderen Mitgliedern seines Arbeitsbereiches. Er ist auf das Verständnis ihrer Probleme angewiesen, ebenso wie sie von ihm erwarten, daß er sie über Ziel und Konsequenzen seiner wissenschaftlichen Tätigkeit informiert. Der Rahmen dafür ist die Gewerkschaft. So spielt das gewerkschaftliche Leben in wissenschaftlichen Einrichtungen eine bedeutende Rolle. Dazu kommt, daß durch Gesetz die Mitverantwortung der Gewerkschaft in allen Einrichtungen garantiert ist. Ist er Hochschullehrer, so ist für ihn die ständige Kommunikation, die Partnerschaft mit dem Studenten essentiell. Daraus ergibt sich der ständige Kontakt mit der Jugendorganisation. Hängt er dem Ideal an, Wissenschaft in das Volk zu tragen, so findet er den Rahmen dazu in der Urania, einer großen Gesellschaft zur Verbreitung wissenschaftlicher Kenntnisse, die in vielen tausend Vorträgen und durch eigene Zeitschriften sowie im Fernsehen der Bevölkerung auf verschiedenste Weise die Wissenschaft nahebringt. Liegt ihm die Entwicklung seines eigenen Faches, das wissenschaftliche Leben, die Förderung des Nachwuchses am Herzen, so nimmt er aktiv Anteil an der Arbeit der wissenschaftlichen Gesellschaft seines Gebietes. Er hat dabei die Gewißheit, daß den wissenschaftlichen Gesellschaften bedeutende Rechte eingeräumt sind in der Beratung des Ministeriums für Hoch- und Fachschulwesen und anderer Fachministerien, in der Gestaltung des wissenschaftlichen Lebens und in der Qualifizierung sowie der postgraduellen Ausbildung. Besonderes Interesse finden ethische und philosophische Probleme. So erfreuen sich das regelmäßige Kühlungsborner Symposium über die Verantwortung des Wissenschaftlers und die philosophischen Kolloquien eines Zuspruchs, der uns selbst überrascht.

Weltoffenheit der Wissenschaft der DDR

Wissenschaftler und Regierung der DDR sind sich des internationalen Charakters der Wissenschaft voll bewußt. Sie beteiligen sich nach Maßgabe der Möglichkeiten am internationalen wissenschaftlichen Leben und dessen Organisationen. Wir sind bemüht, die persönlichen Kontakte zu pflegen und auszubauen. In unseren Bestrebungen fühlen wir uns eng verbunden mit humanistischen Wissenschaftlern, deren Gedankengänge in vieler Hinsicht unseren verwandt sind. So sind wir in voller Übereinstimmung mit den Aussagen des Forschungsberichtes des schweizerischen Wissenschaftsrates über die Zielsetzung staatlicher Maßnahmen: „Das Ziel, auf das sich alle Maßnahmen auszurichten haben, besteht darin, unserem Land unter Aufwendung zumutbarer Mittel ein Forschungspotential zu sichern, das bestmöglich zur Erfüllung seiner Doppelaufgabe — Beteiligung am weltweiten Erkenntnisfortschritt und Bereitstellung der wissenschaftlichen Unterlagen zur Verbesserung unserer Lebensbedingungen — geeignet ist."

Die Dialektik zwischen schöpferischer Freiheit des Forschers und wissenschaftlicher Verantwortung ist Ihnen ebenso bekannt wie uns. In einem Aufsatz von Prof. Aebi heißt es: „Das Recht des Forschers auf Freiheit, das Privileg, unbeeinflußt von außen kreativ tätig sein zu dürfen, ist unlösbar verknüpft mit seiner Verpflichtung gegenüber der Allgemeinheit und sich selbst. Andererseits zwingt auch in der Forschung die wachsende Diskrepanz zwischen Wünschbarem und Realisierbarem zu einem konzentrierten Einsatz der Mittel. In diesem Sinn schließen sich auch die heute vielzitierten Begriffe Freiheit und Planung gegenseitig keineswegs aus." Diese Schlußfolgerungen drücken auch unsere Gedanken aus.

Zu den Anfängen der Entwicklung der medizinischen Wissenschaft in der Sowjetunion[1])

S. M. Rapoport

Für jeden unbefangenen Beobachter stellt sich heute die Sowjetunion dar als eine Weltmacht mit einem ungeheuren ökonomischen, wissenschaftlichen, kulturellen und militärischen Potential. Es ist das Land, das den ersten Sputnik in den Weltraum entsandte und damit das Zeitalter der Kosmosforschung eröffnete. Hand in Hand mit der dadurch bezeugten großartigen Entwicklung von Technik, Physik und Astronomie ging aber auch einher die Entwicklung von Medizin und Biologie. Auf vielen Gebieten hat die Sowjetunion eine führende Stellung in der Wissenschaft. Man denke nur an die Geowissenschaften, an die großartigen Vorhaben zur Umgestaltung der Erde, an die Systeme der Wasserwerke, die gewaltigen Vorhaben der Be- und Entwässerung, die zweifellos die Umwelt und die Lebensbedingungen von Bevölkerungen wesentlich verbessern werden. Diese Vorhaben sind keineswegs auf die Sowjetunion beschränkt. Die großen Errungenschaften werden den sozialistischen Bruderstaaten und jungen Nationalstaaten übermittelt. So werden Nil und Euphrat, die Flüsse, an denen die Wiege der menschlichen Kultur stand, neu gestaltet und Gebiete, die zu Wüsten wurden, erneut fruchtbar. Die Sowjetunion ist in die Reihe der Länder mit geringer Säuglingssterblichkeit und hoher Lebenserwartung gerückt und besitzt die größte Zahl der Ärzte, etwa 1/4 aller Ärzte der Erde.

Man könnte eine solche Aufzählung fortsetzen und würde trotzdem Wesentliches nicht erfassen. Wir sind Zeugen eines historischen Wettlaufs zwischen sozialistischen und kapitalistischen Systemen und können aus eigener Erfahrung und eigenem Mitwirken sagen, daß die Sowjetunion schrittweise auf einem Gebiet nach dem anderen die führenden kapitalistischen Länder einholt und überholt. Aber das allein führt noch nicht zum Verständnis der historischen Bedeutung der Errungenschaften der Sowjetunion. Man würde nicht begreifen, warum 3/4 der Erdbevölkerung, die kolonialen und rückständigen Völker, bei jeder neuen sowjetischen Errungenschaft Stolz und Freude empfinden. Die Völker identifizieren sich mit der Wandlung eines Staates, der rückständig und arm war, wie sie es sind, zu einem Staat, der auf menschliche Gerechtigkeit aufbaut und viele Potenzen entfaltet hat. Sie sehen in der epochalen Entwicklung der Sowjetunion ihre eigene Entwicklung vorgezeichnet. Um die volle Größe der Erfolge der Sowjetunion würdigen zu können, muß man wissen, wie das Rußland vor der Revolution oder genauer noch in den letzten Jahren vor dem ersten Weltkrieg ausgesehen hat.

Es war dies ein Land der äußersten Gegensätze. In großen Teilen, bis weit nach Europa

[1]) Vortrag auf der Festsitzung der Humboldt-Universität aus Anlaß des 50. Jahrestages der Großen Sozialistischen Oktoberrevolution 1967

hinein, war es der Zustand einer asiatisch-feudalen Rückständigkeit. 70% der Bevölkerung waren Analphabeten. Im Lande tobten ständig Epidemien, welche die Bevölkerung dezimierten. So waren im Jahre 1914 10% der gesamten Bevölkerung an schweren Seuchen erkrankt. 3 Millionen Menschen litten an Malaria. Die Zahl der Pockenfälle betrug 1—2 Millionen pro Jahr. Ebenso hoch war die Zahl der an Bauchtyphus und Dysenterie Erkrankten. Mehr als eine halbe Million Menschen starb jährlich an Tuberkulose. Große Teile der Bevölkerung des asiatischen Rußlands waren vom Trachom befallen mit einem hohen Prozentsatz an Erblindungen. Die Säuglingssterblichkeit betrug im Jahre 1913 ebenso wie 50 Jahre vorher 27%. Diese Zustände rechtfertigen vollauf die Feststellung der LENINschen Partei im Jahre 1912, daß die Existenz des russischen Volkes durch seine Zurückgebliebenheit und durch die mangelnde Hygiene gefährdet war. Und trotzdem war dies Land auch ein bestimmender Faktor des internationalen geistigen Lebens. Geniale Einzelpersönlichkeiten und hervorragende Menschengruppen, „mächtige Häuflein", traten hervor auf den verschiedensten Gebieten der Wissenschaft und der Kultur. Der russische Roman prägte in seiner radikalen, tiefschürfenden Analyse der gesellschaftlichen Verhältnisse und der menschlichen Persönlichkeit das internationale geistige Leben auf Generationen hinaus. Wir denken an GOGOL, TURGENJEW, TOLSTOI, DOSTOJEWSKI und TSCHECHOW. Auf dem Gebiet der Naturwissenschaft waren es Riesen wie MENDELEJEW, SETSCHENOW, PIROGOW, PAWLOW, VEDENSKI, TIMIRJASEW und METSCHNIKOW. Für alle diese Menschen war kennzeichnend Kühnheit und Vorbehaltlosigkeit in der Fragestellung und Radikalismus und Konsequenz in der Antwort. Sie wagten sich an die schwierigsten Fragen der Gesellschaft, der Natur und der Medizin heran und scheuten nicht vor großen Verallgemeinerungen zurück. Woher stammte diese geistige Haltung? Sie hatte ihre Ursache in dem Einfluß des philosophischen Radikalismus der Schriften von HERZEN, DOBROLJUBOW und PISSAREW ebenso wie TSCHERNICHEWSKI. Diese Strömungen fanden ihren Niederschlag in der Literatur, in der die Vertreter des Radikalismus mit Bewunderung und Abscheu geschildert werden, wie Basarow in TURGENJEWS „Väter und Söhne" und „Die Teufel" bei DOSTOJEWSKI. DOSTOJEWSKI charakterisiert diese Menschen in dem erwähnten Roman „Die Teufel": „Diese Fähigkeit, der Wahrheit gerade ins Auge zu sehen, ist nur der russischen Natur zu eigen". Diese Jugend wandte sich dem Radikalismus in Wissenschaft, Literatur und Politik zu. Nirgendwo anders wurde DARWIN mit solcher Konsequenz vertreten, der philosophische Materialismus eines FEUERBACH bis an die Grenze des Marxismus geführt und der Marxismus selbst mit äußerster Konsequenz angewendet. Auf diesem Boden entstand die konsequenteste marxistisch-kommunistische Partei.

Die tieferen Quellen der Haltung der russischen Intelligenz waren die ungeheuren Gegensätze und sozialen Spannungen, die in der Jugend das Gefühl der großen Verantwortung und Liebe zum eigenen Volk weckten. Auf diesem Boden entstanden auch soziale Reformen, die m. E. bisher zu wenig Würdigung fanden. So wurde im Jahre 1864, vier Jahre nach der Befreiung der Leibeigenen, die Semstwo-Medizin eingeführt, ein öffentliches Gesundheitswesen für ländliche Bezirke. Das geschah fast 20 Jahre vor der Einführung der ärztlichen Versicherung in Deutschland. Freilich waren die Wirkungsmöglichkeiten und materiellen Bedingungen für die Ausübung der Medizin ungünstig und beschränkt, wie man aus mancher Schilderung bei TSCHECHOW entnehmen kann. Das Leben eines Semstwo-Arztes war ein opferreiches und kärgliches Dasein, ständig von Gefahren bedroht. So blieb bei Flecktyphus kaum ein Arzt von der Krankheit verschont und gebietsweise erreichte die Sterblichkeit der Ärzte bis zu 70%. Das Dasein eines solchen Arztes wird von Vera Figner in ihrem autobiographischen Werk „Nacht über Rußland“ wie folgt geschildert: „Ich trat die Erfüllung meiner Pflichten an. Achtzehn Tage im Monat war ich auf Reisen in Dörfern und Flecken und hatte Gelegenheit, das abgründige Leid und Elend des Volkes kennenzulernen. Ich stieg gewöhnlich in der sogenannten ‚Ortsunterkunft‘ ab. Sofort strömten Kranke, vom Dorfschulzen zusammengeklingelt, herbei. Im Nu füllten 30–40 Patienten das Zimmer. Alte und junge, viele Frauen, noch mehr Kinder jeden Alters, die das Zimmer mit Schreien und Wimmern erfüllten. Es war unmöglich, angesichts dieser Kranken gleichgültig zu bleiben. Schmutziges, ausgemergeltes Volk, die Krankheiten alle verschleppt, bei den Erwachsenen meist seit 15 Jahren, fast bei allen Hautkrankheiten (nur in einzelnen Dörfern gab es Bäder, sonst wusch man sich an einem russischen Ofen); unheilbare Magen- und Darmkatarrhe, Bruströcheln, mehrere Schritte weit vernehmbar, Syphilis bei Leuten jeglichen Alters, Geschwüre und Eiterbeulen ohne Ende. Und all das in unglaublichem Schmutz von Wohnung und Kleidung, bei schlechter und karger Nahrung. Man faßte sich an den Kopf; ist das das Leben von Tieren oder Menschen? Oft vermischten sich meine Tränen mit den Mixturen und Tropfen, die ich für diese Unglücklichen bereitete. Ihr Leben erschien mir keineswegs besser als das der Millionen indischer Parias.“

Die beschränkten Möglichkeiten der rein medizinischen Einwirkung führten notwendigerweise viele Ärzte zu einer kritischen Einschätzung der ärztlichen Tätigkeit und zu einer Hinwendung zur politischen Aktivität, um die gesellschaftlichen Bedingungen, die ihnen entscheidend erschienen, zu verändern. Dazu schreibt Vera Figner: „In meiner Weltanschauung ging ebenso wie bei den anderen eine große Umwälzung vor sich. Was früher das Ziel erschien, war jetzt zum Mittel geworden; die Tätigkeit des Mediziners, Agronomen, Technikers als solche verlor in unseren Augen ihren Sinn, erschien nur als eine Art von Wohltätigkeit, als ein Palliativ. Wir wollten nicht die Krankheitssymptome heilen, sondern ihre Ursachen beseitigen. Wir meinten jetzt, wenn wir das Volk auch noch so viel mit Arzneien, Pollen und Mixturen behandeln würden, könnte man günstigenfalls nur eine vorübergehende Besserung herbeiführen. Die Krankheiten würden nicht abnehmen, da das Milieu, die ungünstigen Wohnungs-, Ernährungs- und Bekleidungsverhältnisse der Kranken unverändert blieben. Das Berufsziel, das uns als so edel und hoch vorgeschwebt hatte, war in unseren Augen herabgewürdigt zu einem — noch dazu unnützen — Handwerk. Wohin den Blick richten, woran die Kräfte wenden? Was sollte der Mensch anfangen, der seinen Tätigkeitsdrang im gesellschaftlichen Interesse befriedigen wollte? Das ganze Übel — sagten uns unsere neuen Eindrücke — wurzelt in den bestehenden wirtschaftlichen Verhältnissen.“

Charakteristisch ist das Leben von Wladimirski, der in seinen letzten Lebensjahren Volkskommissar für das Gesundheitswesen der RSFSR wurde. Schon als junger Student wurde er mehrfach inhaftiert und verbannt. In der Emigration verband er sein Studium mit illegaler Tätigkeit für die Iskra. Bei seiner Rückkehr nach Rußland wurde er Landarzt und setzte gleichzeitig seine politische Tätigkeit fort, um im Jahre 1905 eine leitende Funktion im bewaffneten Aufstand einzunehmen. Wieder folgte ein Jahrzehnt Emigration. Er kehrte 1917 zurück, wurde Teilnehmer der bewaffneten Aktionen in der Oktoberrevolution und später Deputierter und Mitglied des Zentralkomitees.

Nach der Oktoberrevolution stürzte der Bürgerkrieg das Land in einen noch schlimmeren Zustand als er vordem herrschte. Eine Flecktyphusepidemie mit über 2 Millionen Toten und mit Hungersnöten bedrohten die Wurzeln der Existenz des ganzen Landes. Lenin schrieb über diese Zustände: „... und der dritte Schlag gegen uns wird noch geführt von der Laus und dem Fleckfieber, die uns ganze Armeen dahinmähen. Und da ... muß man sich das Scheußliche vorstellen, wenn man in den Orten ist, die vom Fleckfieber heimgesucht werden, wo die Bevölkerung entkräftet und geschwächt ist, wo es keine materiellen Mittel gibt, wo das ganze Leben, die ganze Geselligkeit wie ausgestorben erscheint. Trotzdem sagen wir ,Genossen, alle Aufmerksamkeit gerade zu dieser Frage', entweder siegt die Laus über den Sozialismus oder der Sozialismus bekommt die Oberhand über die Läuse!"

Unter diesen unermeßlichen Schwierigkeiten unternahm der junge sowjetische Staat vom ersten Tag seines Bestehens an die Umgestaltung der Gesellschaft. Dazu gehörten die Dekrete über Arbeits- und Gesundheitsschutz, Mütter- und Kinderschutz, über die Bildung von Erholungsheimen und die Bekämpfung von Seuchen, die zu den ersten der Sowjetmacht zählen. Am 11. Juli 1918 wurde das Volkskommissariat für das Gesundheitswesen gegründet, das erste derartige Ministerium der Welt. Die Grundsätze dieses vorbildlichen Gesundheitssystems waren schon in Parteidokumenten der Sozialdemokratie der Jahre 1903 und 1912 festgelegt worden. Es entstanden die Grundzüge des sowjetischen Gesundheitssystems.

Es sind dies:

1. sein staatlicher Charakter,
2. seine Planmäßigkeit,
3. die Kostenlosigkeit und Zugänglichkeit,
4. prophylaktische Orientierung als Ausdruck der staatlichen Verantwortung um die Gesundheit der Bevölkerung in Gegenwart und Zukunft,
5. die enge Verbindung der medizinischen Wissenschaft mit dem Gesundheitswesen und
6. der umfassende Anteil der Gesellschaft am Aufbau des Gesundheitswesens.

Das multinationale Riesenland ging daran, seine ökonomische und kulturelle Rückständigkeit zu überwinden und allseitig das Niveau eines kultivierten Staates zu erreichen. Gerade auf diesem Gebiet war der Erfolg ungeheuer. Es wurde gezeigt, was erreicht werden kann durch Veränderung der sozialen Verhältnisse, welche ungeheure Wirkung die Umgestaltung äußerer Faktoren hat.

Die Völker der Welt konnten schon in den ersten Tagen sehen, daß die proletarische Revolution nicht nur Zerstörung des Alten bedeutete, sondern die Errichtung eines neuen Lebens. Besondere Aufmerksamkeit widmete der junge Sowjetstaat den Kindern und der Jugend. Breshnew schreibt dazu: „Der Sozialismus ist eine Gesellschaft, in der es keine privilegierten Klassen und Stände gibt. Ein Teil der Bevölkerung jedoch wurde schon mit den ersten Tagen der Sowjetmacht privilegiert: das sind unsere Kinder, unsere Jugend. Die Fürsorge der Gesellschaft für die Gesundheit und die Erziehung der heranwachsenden Generation bekommt jeder neue Bürger der UdSSR buchstäblich schon am Tage seiner Geburt zu spüren."

Die schwierigen Bedingungen veranlaßten viele russische Wissenschaftler, ihr Heimatland zu verlassen. Aber die genialsten und bedeutendsten, wie Pawlow, Timirjasew u. a. blieben. Volksverbundenheit, Liebe zur Wissenschaft, ein tiefes Verständnis für das humanistische Anliegen der Bolschewiken und die Kühnheit des sozialistischen Experiments verband sie eng mit der Sowjetmacht. Seine Einstellung drückt Pawlow in folgenden Worten aus: „Ich bin von Kopf bis Fuß ein Experimentator. Mein ganzes Leben bestand aus Experimenten. Unsere Regierung ist ebenfalls ein Experimentator, jedoch ein Experimentator unvergleichlich höherer Kategorie.“ Eine wesentliche Triebfeder war für Pawlow der Patriotismus. In den schweren Zeiten des Bürgerkrieges und der Hungersnot waren seine Arbeitsmöglichkeiten stark beeinträchtigt. Es gab Angebote aus dem Ausland. Entgegen dem Standpunkt, daß es für einen Wissenschaftler das Wichtigste sei, Arbeitsmöglichkeiten zu haben, ganz gleich wo immer, antwortete Pawlow: „Nein, gerade dieses ist wichtig. Die Wissenschaft hat ein Vaterland und der Wissenschaftler muß ein Vaterland haben. Ich bin Russe und mein Vaterland ist Rußland.“ Dabei standen für ihn die Bedürfnisse der Wissenschaft im Vordergrund. Auf die Frage von Gorki, der ihn im Auftrag des Rates der Volkskommissare aufsuchte, welche Hilfe er brauche, antwortete Pawlow: „Wir wollen nur Hilfe für die wissenschaftilche Arbeit, keine persönliche Unterstützung.“ Und diese Unterstützung wurde auch gegeben. U. a. drückte sie sich darin aus, daß im Jahre 1923 eine Prachtausgabe der Werke Pawlows erschien. In jenen Jahren, als man mit allem sparen mußte, bewilligten Partei und Regierung für die Entwicklung der Volksbildung, der Wissenschaft und Kultur Mittel in einer Großzügigkeit, wie kein kapitalistisches Land sie sich leistete. Schon in den Jahren des Bürgerkrieges wurden 16 neue medizinische Fakultäten gegründet und damit der Grundstein für die Entfaltung des sowjetischen Gesundheitswesens gelegt. Bemerkenswert ist, daß in der schweren Zeit in den Jahren 1918—1920, da die bloße Existenz der neuen Gesellschaftsordnung in Gefahr war, eine Reihe wissenschaftlicher Institutionen für reine Grundlagenforschung an den wichtigsten Abschnitten der Naturwissenschaften gegründet wurde. Lenin war klar, daß es schnellstens eine breite Front von Naturwissenschaften zu entwickeln galt, die zur theoretischen Grundlage für die Entwicklung des künftigen großen Landes des Sozialismus werden sollte. Es gehörten große Kühnheit, Festigkeit und Weisheit dazu, die wenigen Wissenschaftler auf die Schaffung einer großen schöpferischen Wissenschaft zu orientieren und nicht nur auf die Lösung zahlreicher technischer Teilaufgaben. Diese Maßnahmen der Sowjetunion lösten unter den jungen ebenso wie bei den alten Wissenschaftlern große Begeisterung aus. Wenn heute die Sowjetunion mit ihren großartigen Leistungen auf allen Gebieten der Wissenschaft und der Kultur die Welt so tief beeindruckt, dann ist es vor allem für junge Nationalstaaten von großer Wichtigkeit zu wissen, wie die Grundlagen für diese Errungenschaften gelegt wurden.

In dieser Zeit fand eine allseitige Auseinandersetzung auf ideellem und organisatorischem Gebiet statt. Die verschiedensten Ideen wurden aufgenommen und erprobt, neue Organisationsformen geschaffen. Zweifellos wurden dabei auch Irrtümer und Fehler begangen. Breshnew sagt dazu: „Um jedoch den zurückgelegten Weg objektiv einzuschätzen, muß man stets daran denken, jeder Schritt war für uns ein Suchen, jeder Fortschritt wurde in beharrlichem Kampf gegen die Feinde innerhalb und außerhalb des Landes errungen.“ Für die Nachwelt sind diese Erfahrungen des Aufbaus eine Schatzkammer der Erfahrungen, die es immer wieder lohnt zu studieren.

Ärztliche Kunst und medizinische Wissenschaft[1])

S. M. Rapoport

Ich möchte mich im wesentlichen mit einem Problem beschäftigen, das im Prinzip im Referat schon behandelt wurde: mit dem Verhältnis zwischen ärztlicher Wissenschaft und ärztlicher Kunst.

Ist die ärztliche Praxis nur angewandte Wissenschaft? Wenn ja, dann wäre es unter anderem vielleicht auch denkbar, daß der Arzt letzten Endes durch einen wissenschaftlichen Apparat, vermutlich kybernetischer Art, der prophylaktische Maßnahmen, Diagnose und Therapie vereinigt, ersetzt werden könnte. Nun, das glaubt wohl keiner von uns ganz.

Die nächste Frage ist: Worin besteht die ärztliche Kunst, von der soviel geredet wird? Diese Frage ist wichtig, um gar keinen Platz für Mystik, um gar kein Alibi für Denkfaulheit oder für etwas Unerkennbares, für eine Intuition (im schlechten Sinne) zu lassen, für eine Intuition, die dann letzten Endes praktisch alles einer angeborenen Gabe und wenig dem, was erlernbar ist, zuschreiben ließe. Auf was trifft der Ausdruck „ärztliche Kunst" in diesem Zusammenhang überhaupt zu? Er trifft sicherlich dort zu, wo vieles noch nicht erkannt ist, die allgemeine Erfahrung noch nicht genügend theoretisch verarbeitet ist und der persönlichen Erfahrung dabei große Bedeutung zukommt. Unter diesen Bedingungen finden sich dann sehr große individuelle Unterschiede. Der eine Arzt vermag aus einer bestimmten Erfahrung sehr viel, der andere nur wenig zur praktischen Nutzung zu entnehmen. Wir sagen dann, der eine ist ein Künstler und der andere ein Stümper.

Aber ich glaube, wir können von einer Kunst auch dann sprechen, wenn eine ausgearbeitete und umfassende Theorie vorliegt. Hier ist ein Vergleich mit dem Schachspiel am Platz: Wir haben eine sehr systematisch durchgearbeitete Theorie der Spiele, und dennoch ist es in einem Turnier, in einem Zweikampf eine Kunst, den Gegner zu besiegen. Der Gegner für den Arzt ist die Krankheit. Und es ist eine Kunst, sie zu besiegen. Wodurch wird es eine Kunst? Weil die Zeit begrenzt ist, weil die Möglichkeiten begrenzt sind, weil die Bedingungen es nicht gestatten, das gesamte Wissen in einem bestimmten Augenblick heranzuführen. Der Arzt hat keine Bibliothek bei sich, er hat nicht sämtliche Forschungsinstrumente zur Hand. Seine Aufgabe ist es, auf der Grundlage eines theoretisch gesicherten Wissens, auf der Grundlage der Wissenschaft zu extra- und intrapolieren, auf Grund weniger bekannter Tatsachen, weniger Informationen ein Maximum

[1]) Diskussionsbemerkung in „Arzt und Philosophie, Humanismus — Erkenntnis — Praxis". Herausgeber: F. Jung, G. Klaus, A. Mette und S. M. Rapoport. VEB Verlag Volk und Gesundheit, Berlin 1961

an Wissen zum Nutzen des Patienten anzuwenden. Dazu gehört eine Gabe der Kombinatorik, dazu gehören gut ausgearbeitete Assoziationen und alles übrige, das man dann gerne als Intuition bezeichnet. Aber dies alles ist erlernbar.

Zu dieser Frage gehört auch die Ausnutzung der besonderen spezifischen Wechselwirkungen zwischen Mensch und Mensch. Ärztliches Tun ist ein gesellschaftliches Tun. Arzt und Patient treten einander in einem gesellschaftlichen Rahmen gegenüber. Das hat auch eine Rückwirkung auf die maximale Wirksamkeit des Arztes. Ich will folgende Frage stellen: Welcher Arzt wird wirksamer sein, der, der den Patienten bisher nicht kennt, ihn zum ersten Male sieht und sehr viel kombinieren muß, womöglich gar nicht seine Sprache spricht, nicht seinem Kulturmilieu angehört, oder der Arzt, der mit dem Volk voll verbunden ist, den Patienten schon lange kennt, der die Vorgeschichte und auch die Konstitution kennt, der mit ihm Sprache, Kultur und gesellschaftliche Ziele gemein hat? Ich glaube, Sie werden mir antworten, daß unter diesen Bedingungen der Nutzen, der therapeutische Erfolg bei einer Konsultation des letzteren von diesen beiden Ärzten größer sein wird. Die Grundlage für seine maximale Wirksamkeit sind eine nationale Verwurzelung und eine lokale Verwurzelung im Betrieb, in der Familie, auf dem Lande, überall dort, wo Menschen zusammenleben. Hier haben wir, glaube ich, auch eine der Grundlagen für das, was wir als Ziel unseren jungen Ärzten vor Augen führen, auch ein Profil für das, was wir uns unter dem Bereichsarzt, dem Familienarzt neuer Prägung, der seinem Bereich verhaftet ist, vorstellen.

Trotzdem gehört auch der Internationalismus zu einem guten Arzt. Das ist kein Gegensatz. Worin besteht dessen Prinzip? Das wesentlichste Element des ärztlichen Internationalismus ist es, die Ausnutzung der Errungenschaften der medizinischen Wissenschaft in internationalen Maßstab, allen Völkern, über alle Grenzen hinweg, in jeder Gemeinschaft zu ermöglichen.

Über die Dialektik der Beziehungen von Grundlagen- und Anwendungsforschung in der Medizin[1])

S. M. Rapoport

Gestatten Sie mir vorerst einige allgemeine Aussagen zur Bedeutung experimenteller Medizin für die Gesellschaft. Zweifellos ist ihre erste Aufgabe die Schaffung eines multivalenten Vorlaufes, wobei die Nutzung in der medizinisch-gesellschaftlichen Praxis häufig mittelbar erfolgt, indem Prinziplösungen angeboten werden. Dabei kann es sich um neu entdeckte Hormone, Arzneimittel oder Verfahren zur Diagnostik handeln. Die methodischen Fortschritte, welche unter Ausnutzung physikalischer, physiologischer und biochemischer Erkenntnisse erfolgen, führen grundsätzlich zu einem tieferen Verständnis der Prozesse, die Gesundheit und Krankheit bedingen. Sie bilden die Grundlage für ein kausal begründetes Verhalten und Handeln des Arztes, mag er am Krankenbett oder fern davon seine Funktionen ausüben. Nicht selten führt der Erkenntnisprozeß zu einer verfeinerten Klassifizierung der Krankheiten, aber auch umgekehrt zu Verallgemeinerungen, so daß vieles, was getrennt betrachtet wurde, unter einem höheren Gesichtspunkt zusammengeführt wird.

Eine zweite Seite der Wirkung experimenteller Medizin besteht in ihrem Beitrag zu einem wissenschaftlich rigorosen und disziplinierten Denken und Handeln des Arztes. Gemeinsam mit seiner gesellschaftswissenschaftlichen Bildung wird somit ein wissenschaftliches Weltbild gestaltet, das sich von jeder Mystik und Enge freimacht und seinen Horizont weitet. Daraus ergibt sich auch die Rolle der experimentellen Disziplinen in der Formung der medizinischen Persönlichkeit im Ausbildungsprozeß. Um diese Rolle der Grundlagenwissenschaften aber richtig zu bewerten, haben wir uns auf die Hegelsche Analyse zu besinnen. Lenin schreibt dazu: „Dadurch, daß das Denken vom Konkreten zum Abstrakten aufsteigt, entfernt es sich — wenn es richtig — nicht von der Wahrheit, sondern kommt ihr näher. Die Abstraktion der Materie, des Naturgesetzes, die Abstraktion des Wertes usw., mit einem Wort alle wissenschaftlichen Abstraktionen spiegeln die Natur tiefer, getreuer, vollständiger wider“. Auf diese Weise nähert sich und verschmilzt die Biologie mit der Physik und der Chemie. Allerdings ist die Verselbständigung solcher Tendenzen eine echte Gefahr, die letztlich dazu führen könnte, daß die experimentellen Gebiete ihre Beziehungen zur Medizin lockern oder sogar verlieren. Wo eine solche Verselbständigung auftritt, ist sie nicht selten begleitet von einer Tendenz, sich den gesellschaftlichen Verantwortungen zu entziehen, und sie führt zur esoterischen Einstellung. Nur eine richtige Orientierung, eine umfassende ideologische Erziehung kann diese Tendenz wirksam bekämpfen.

[1]) Vortrag in Tatranska Lesna anläßlich des gemeinsamen Kolloquiums des Koordinierungsrates der Medizinisch-Wissenschaftlichen Gesellschaften der DDR mit der Purkinje-Gesellschaft der CSSR, 21.—25. April 1975

Ein weiteres Problem innerhalb der experimentellen Medizin ist die Rolle der Grunddisziplinen bei der zunehmenden Spezialisierung des Wissens, die als objektive Gesetzmäßigkeit vorausgesetzt sei. Die Spezialisierung vollzieht sich sowohl innerhalb der Grunddisziplinen als auch vor allem an der Grenze zwischen Grundlagen- und anwendungsorientierter Forschung. Eine weitere Dynamik besteht in der gegenseitigen Durchdringung der Wissenschaften, wobei die Hauptbewegung durch das Eindringen der Mathematik in alle Gebiete sowie der Biophysik und Biochemie in die anderen biologischen Disziplinen gekennzeichnet ist. Zweifellos müssen neue anwendungsorientierte Spezialgebiete etabliert und gefördert werden, wie etwa Pathobiochemie, Pathophysiologie, Immunologie und Medizingenetik. Dennoch muß aber an dem Ensemble Grundlagenwissenschaften als Kern der experimentellen Medizin festgehalten werden. Warum? Ihre Qualität ist es, die das Niveau des akademischen Nachwuchses, der zukünftigen Leiter und Forscher in den Anwendungsgebieten gewährleistet. Ihre Ausstrahlungskraft entscheidet, inwieweit sich die Spezialgebiete ständig den Kontakt mit den Fortschritten an der unmittelbaren Front unseres Erkenntniszuwachses halten. Daraus ergibt sich die besondere Aufgabe der Grundlagengebiete, durch Fortbildungstätigkeit und durch die Pflege eines wissenschaftlichen Lebens Kristallisationspunkte zu bilden. Sie müssen gleichsam Mutterinstitutionen darstellen, die ihre auch weiter entfernten Angehörigen zu den Familienzusammenkünften anziehen.

Nun zu der Dialektik zwischen den experimentellen und den klinischen Gebieten. Dieses Verhalten ist nur ein Teilaspekt der allgemeinen Beziehungen zwischen Grundlagen- und anwendungsorientierten Wissenschaften. Es stellt ein Spannungsfeld dar, das ebenso den Boden konstruktiven Zusammenwirkens wie unfruchtbaren Streites bilden kann. Ich möchte eine These vortragen, nicht etwa als eine Patentlösung, aber als eine Grundposition, nämlich die, daß dieses objektiv begründete Spannungsfeld von beiden Seiten respektiert werden sollte. Jeder der Kontrahenten, sei er Grundlagenwissenschaftler oder der anwendungsorientierte Partner, muß seiner Grundaufgabe treu bleiben und von dieser Position aus der anderen Seite zustreben. Das bedeutet, daß der Theoretiker und Experimentator unablässig die mögliche klinische oder anderweitig praktische Relevanz seines Denkens und Handelns im Auge behalten sollte, ohne dabei sein Wesen zu verleugnen. Dies ist seine spezifische Form der Anwendungsorientiertheit. Aus einer derartigen Haltung entspringt keineswegs ein Verlust an theoretischem Niveau, vielmehr ist sie der konkrete fachspezifische Ausdruck seiner gesellschaftlichen Verantwortung. Das Denken an mögliche gesellschaftliche Auswirkungen, an vorstellbaren praktischen Nutzen und Überführung bestimmt schon die Auswahl der Forschungsrichtungen. Darüber hinaus führt sie zu konkreten termingebundenen überführungsorientierten Aufgaben und zur gemeinsamen Arbeit mit den Anwendern. Die klare Erkenntnis der gesellschaftlichen Entwicklungsbedingungen, welche die Anwendungen bestimmen, verbunden mit der humanistischen Grundhaltung, führt zur Herausbildung des Profils eines sozialistischen Grundlagenforschers.

Spiegelbildlich läßt sich die Position des Klinikers umreißen. Er müßte unablässig auf der Suche nach Partnern in der Grundlagenforschung sein. Sein Spürsinn sollte ihn dazu führen, Grundlagenwissen so früh wie möglich für seine Zwecke zu nutzen. Das erfordert seinerseits eine Reihe von Eigenschaften:

1. Eine ihn stets anspornende Unzufriedenheit mit dem Stand des klinischen Wissens, die genährt wird durch eine kritische und selbstkritische Einschätzung seiner Tätigkeit,
2. ein unversiegbares Bedürfnis nach kausalen Antworten,

3. ein unermüdliches Bestreben, sich zu bilden und sich über die Ergebnisse der Grundlagenwissenschaften zu informieren.

Von beiden Seiten ist ein Einfühlungsvermögen in die unterschiedlichen Denkweisen und Grundpositionen notwendig. Wir wären schlecht beraten, wenn der Grundlagenforscher seine Denkweise verlöre und sich nur der Anwendung dienstbar machte. Ein Absinken des wissenschaftlichen Niveaus auf lange Zeit wäre unvermeidlich. Ebenso verkehrt wäre der Gedanke an einen Kliniker, der seine Hauptberufung im Erkenntnisgewinn und nicht in der medizinischen Betreuung in umfassendem Sinne sähe.

Die Entwicklung der experimentellen und klinischen Medizin ist eingebettet in die wissenschaftlich-technische Revolution. Ich sehe deren herausragendes Merkmal darin, daß alle Bereiche der menschlichen Tätigkeit von Wissenschaft durchdrungen werden, selbst solche, die seit jeher die Domäne von traditioneller Empirie gewesen sind. Mit der Vervielfachung der Kenntnisse und Informationen sind wir bekanntlich mit dem Problem der Informationsflut konfrontiert. Es entsteht der Eindruck, als ob die Information zum führenden Element des Fortschritts geworden sei und daß alle Forscher, vor allem in den Anwendungsgebieten, in eine höchst unbefriedigende Lage geraten sind. Sie sind im ständigen Rückstand in bezug auf letzte Informationen. Sie haben Sicherheit und Selbstbewußtsein verloren und glauben, befürchten zu müssen, daß die nächste Information ihr bisheriges Tun und Denken umstürzen könnte, kurzum, sie befinden sich in einem ständigen Zustand des Stresses. Meiner Meinung nach ist eine Rückbesinnung erforderlich, bei der die Grundlagenforschung eine wichtige Rolle zu spielen hat. Bei aller Dichte und Breite der Informationen bleibt es doch dabei, daß ein solides Gebäude des Wissens von absoluten und objektiven „Wahrheiten“ existiert und neue grundsätzliche Erkenntnisse nicht häufig sind. Je besser man die Grundlagen der Entwicklung erkennt, je tiefer man eindringt in deren Prinzipien, um so weniger wird man das Opfer von oft widersprechenden Einzelinformationen und um so weniger neigt man dazu, die neueste Information für die letzte Wahrheit zu halten. Die Vielzahl von überwiegend rein phänomenologischen Daten verführt dazu, mittels automatisierter Korrelationsrechnungen, die gar keine eigene Denkarbeit erfordern, zu versuchen, Zusammenhänge herzustellen, die in der Realität gar nicht existieren. Im Grunde ist diese phänomenologische Arbeitsweise nur eine Tünche für ein grundsätzliches Unverständnis der wesentlichen Zusammenhänge. Ähnlich liegen die Dinge, wenn von allgemeiner Prävention ohne Spezifizierung gesprochen wird. Der Hauptweg des medizinischen Fortschritts kann nur in einer Orientierung auf gezielte, auf das Wesen der Prozesse gerichteten Diagnostik, Therapie und Prävention liegen. Je besser man die langfristigen Entwicklungen erkennt, um so eher ist man in der Lage, die zukünftige Entwicklung zu bestimmen. Auf diesem Gebiet liegen die besonderen Vorzüge des Sozialismus. Er gewährleistet eine weit vorausschauende stabile Entwicklung der Gesellschaft, eine Stabilität der wissenschaftlichen und sozialen Strukturen, er basiert auf der umfassenden theoretischen Grundlage des Marxismus-Leninismus. Nützen wir dabei die Möglichkeiten der Integration der sozialistischen Staaten, so werden sich unsere Kräfte vervielfachen und uns in dem Wettbewerb der Systeme einen entscheidenden Vorteil sichern.

Medizinische Genetik und wissenschaftlicher Humanismus[1])

H. A. Rosenthal und S. M. Rapoport

In letzter Zeit tauchen in einigen Ländern, vor allem in den USA und in der BRD, erneut Theorien auf, die Forderungen nach einer Art Ausmerzung unwerten Lebens stellen und begründen. Dies erfolgt zwar jetzt nicht mehr in der Fratze des Rassenwahns, sondern unter dem Schild der Fortschritte der Molekularbiologie und Genetik, doch bleiben diese Theorien nach wie vor unwissenschaftlich und antihumanistisch.

Es kann bei einer Erörterung der Probleme der medizinischen Genetik mit Sicherheit davon ausgegangen werden, daß die experimentell gesicherten Gesetze der Genetik in ihren allgemeinen Formulierungen in der gesamten Biosphäre gültig sind. Die epochalen Entdeckungen der letzten Jahrzehnte, die vorwiegend an einfachen biologischen Modellen gemacht wurden, haben die molekularen Grundlagen der Vererbungsvorgänge aufgeklärt. Damit sind die Prinzipien erkannt, nach denen die Eigenschaften der Individuen, deren Konstanz, Variabilität und Reaktionsbreite sowie ihr Verhältnis zur Umwelt gegeben sind und reguliert werden. Man hat auch erste Einblicke in die molekularen Mechanismen von Evolutionsprozessen gewonnen.

Viele Fragen, deren Beantwortung gerade für eine medizinische Genetik von größtem Interesse wäre, sind jedoch noch ungeklärt. Die Entstehung von Punktmutationen und ihre Konsequenzen sind uns zwar bekannt, nicht aber die molekularen Mechnismen anderer Möglichkeiten der Entstehung von Mutanten, ebensowenig die Ursachen der Häufung von Mutationen an bestimmten Stellen eines Chromosoms. Wir beginnen erst zu verstehen, welcher Art die Mechanismen sind, die schädliche oder fehlerhafte Veränderungen des genetischen Materials korrigieren. Die extrachromosomale Vererbung ist noch kaum erforscht. Eingangs betonten wir die Universalität der Gesetze der Molekularbiologie, d. h., daß auch für den Menschen im Prinzip die gleichen Gesetzmäßigkeiten wie für ein Bakterium gelten. Es wäre jedoch ein verhängnisvoller Fehler, wollte man außer Betracht lassen, daß höhere Organismen im Verlaufe der Evolution zusätzliche Regulations- und Schutzreaktionen herausgebildet haben können und daß für sie kompliziertere Verhältnisse gelten, die bisher noch nicht erforscht sind. Für eine wissenschaftlich fundierte medizinische Genetik sind gesicherte Fakten auf molekularem und epidemiologischem Niveau eine unbedingte Voraussetzung. Über Mutationsraten der menschlichen Bevölkerung und über die mutagenen Faktoren ist z. B. bis heute nichts Sicheres bekannt.

Bei der Beurteilung der genetischen Situation der menschlichen Gesellschaft darf da-

[1]) Zeitschrift für ärztliche Fortbildung **62**, 208—209, 1968, Vortrag auf dem Nationalen Symposium „Sozialismus, wissenschaftlich-technische Revolution und Medizin" Berlin 1969

von ausgegangen werden, daß die Populationen im allgemeinen genetisch weitgehend durchmischt sind und zwar keinesfalls nur hinsichtlich äußerer Merkmale, sondern bis hin zur Zusammensetzung vieler Arten von Proteinen, z. B. von Enzymen. Die Existenz dieser Polymorphie beweist, daß die ihr zugrunde liegende ausgedehnte Heterozygotie und -allelie ihren Trägern einen Selektionsvorteil gegenüber einer durchgehend homozygoten Population verschafft. In der menschlichen Bevölkerung treten eine Vielzahl von letalen Mutationen auf, die uns als Mißbildungen und genetisch bedingte Erkrankungen gegenübertreten. Auch diese Gene sind in der Bevölkerung stabil, was nichts Anderes bedeutet, als daß diese Gene im heterozygoten Zustand einen Selektionsvorteil bieten aus Gründen, die natürlich vom speziellen Gen und den Umweltbedingungen abhängen.

Als Beispiel möge die Phenylketonurie dienen. Der Homozygote war, bisher unbehandelt, da er keine Nachkommen hatte, praktisch eine letale Mutante. Das verantwortliche Gen verhielt sich also wie ein rezessives Letalgen, der heterozygote Genträger zeigt keine Symptome der Krankheit. Es stellte sich nun heraus, daß in Irland und Westschottland heterozygote Genträger 4mal so häufig vorkommen wie z. B. in Südengland, homozygote 16mal so häufig. Daraus kann mit Woolf nur der Schluß gezogen werden, daß in den betreffenden Gegenden der Besitz dieses Gens im heterozygoten Zustand einen irgendwie gearteten Vorteil mit sich bringt. Wie anders sollte man das Persistieren und gehäufte Vorkommen dieses Gens über lange Zeiträume erklären? Dieses Beispiel zeigt, welche Vorsicht gegenüber voreiligen Schlußfolgerungen hinsichtlich sogenannter eugenischer Manipulationen mit menschlichen Bevölkerungen am Platze ist.

Die Befürworter solcher Maßnahmen vertreten die These, daß bei Fehlen einer natürlichen Selektion, woran insbesondere die humanistischen Bestrebungen der Medizin schuld haben sollen, die Zahl der letalen Gene zunimmt. Abgesehen von dem eben genannten Beispiel möchten wir eine weitere Antithese formulieren, nämlich die der positiven Auswirkungen der Entwicklung der menschlichen Gesellschaft, insbesondere der Medizin und Technik.

Dazu einige Beispiele:

1. Bekanntlich haben Hämoglobin-Mutationen und die durch Mutation verursachten Glukose-6-Phosphat-Dehydrogenase-Defekte einen positiven Selektionswert im Falle einer malariaverseuchten Umwelt. Die Beseitigung dieser Umwelt durch den Sieg über die Malaria macht den Selektionsvorteil verschwinden, und es ist vorauszusehen, daß innerhalb von vielleicht 100 Generationen die Zahl der Genträger wesentlich zurückgehen wird.

2. Die derzeitig verbreitete Verwendung fossiler Brennstoffe wie Kohle, Öl usw. bringt eine Belastung mit kanzerogenen und mutagenen Stoffen mit sich, die mit der in absehbarer Zeit zunehmenden Verwendung von Atomenergie für friedliche Zwecke merklich abnehmen und vielleicht sogar ganz verschwinden wird.

3. Nicht unterschätzt werden darf eine ähnliche Belastung durch bestimmte herkömmliche Verfahren der Nahrungsgüterherstellung wie Räuchern, Pökeln usw. Auch die Verpilzung mancher Lebensmittel stellt wegen der dabei auftretenden stark kanzerogenen Toxine, die vielleicht auch Mutagene sind, eine Gefahrenquelle dar. Eine moderne Technologie in der Nahrungsgüterwirtschaft wird viele solcher Gefahren beseitigen können, und eine langfristige toxikologische Forschung wird uns in den Stand setzen, auftretenden neuen Gefahren vorzubeugen. Wir dürfen daraus den Schluß ziehen, daß uns

viele Möglichkeiten gegeben sind, genetische Belastungen zu vermeiden und hinsichtlich der Vorteile einzelner Gene auf die weitere Entwicklung einen positiven Einfluß zu nehmen. Es ergeben sich aus dem Gesagten einige Konsequenzen.

1. Notwendig ist die genetische Durchforschung der Bevölkerung der DDR als Teil einer umfassenden Epidemiologie. Dies sollte unter der Verantwortung des Ministeriums für Gesundheitswesen erfolgen und würde die Verwirklichung eines Teils der Biologieprognose des Forschungsrates der Deutschen Demokratischen Republik bedeuten. Die anzuwendenden Verfahren müßten ein breites Spektrum einschließen, nämlich morphologische, biochemische und populationsgenetische Methoden. Dringend erforderlich ist der Ausbau qualifizierter Arbeitsgruppen.

2. Notwendig ist ferner der Aufbau eines genetischen Beratungsdienstes, der von Ärzten und Genetikern durchgeführt werden sollte und der gleichzeitig die Forschung wesentlich erweitern würde.

Die sozialistische Gesellschaft stellt sich die Aufgabe, jedes ihrer Mitglieder zur bewußten Gestaltung seiner Zukunft zu befähigen. Das bedeutet in der Medizin auch, daß jeder seine genetischen Verhältnisse und die seiner Nachkommen erkennen kann und in die Lage versetzt wird, nach Beratung verantwortungsbewußte Entscheidungen zu treffen. In diesem Sinne erscheint uns die These, daß ein „genetischer Fatalismus" unangebracht ist, vollkommen richtig.

Zur Prognose der Pädiatrie vom Standpunkt der Molekularbiologie[1])

S. M. Rapoport

Ich danke sehr herzlich für den an mich ergangenen ehrenvollen Auftrag, die Relevanz gegenwärtiger und zukünftiger biochemischer und molekularbiologischer Forschungen für die Pädiatrie darzustellen. Es ist eine gute und schöne Tradition klinischer Tagungen, Vertreter der Grundlagenforschung zu Worte kommen zu lassen. Für diese ist eine solche Gelegenheit nicht nur eine große Ehre, sondern auch eine bedeutende Verpflichtung und Verantwortung, wenn sie die so oft postulierte und in der Praxis so schwer zu realisierende Einheit von Theorie und Praxis, von Grundlagen und Anwendung nachhaltig fördern wollen. Das mir gestellte Thema ist zweiffellos besonders anspruchsvoll und schwierig, und wenn ich dennoch den Versuch wage, so geschieht das, weil ich glaube, daß ein unvollkommener Versuch besser ist als eine vornehme Zurückhaltung. Ich hoffe auf Ihre Sympathie und Bereitschaft zu einer Diskussion über die von mir vorgetragenen Gedanken.

Vom Standpunkt des Grundlagenforschers hat die Pädiatrie in Einheit mit der Perinatologie eine besondere Attraktion, sind doch die Vorgänge von der Befruchtung, der Embryogenese, der postnatalen Entwicklung bis zur sexuellen Reife klassische Gebiete der Entwicklungsbiologie. Sie stehen heute im Mittelpunkt der molekularbiologischen Forschung. Nachdem die wesentlichen Grundzüge der Molekularbiologie der Vererbungsvorgänge bei den einfachsten Organismen, den Viren und Prokaryonten aufgeklärt sind, wendet sich die Molekularbiologie in immer stärkerem Maße den Problemen der vielzelligen Organismen zu. Hier geht es zum einen darum, die offensichtlich viel komplizierteren Vererbungsvorgänge aufzuklären, zum anderen, die Prozesse der Differenzierung zu erforschen. Diese sind nichts anderes als die Regulation der Expression des genetischen Materials, die zweifellos in äußerst komplexer Weise durch innere und äußere Faktoren erfolgt. So betrachtet, ist Normo- und Pathologie des heranwachsenden Menschen eine spezifische Entwicklungsbiologie und stellt das wichtigste Gebiet der gesellschaftlichen Anwendung der molekularbiologischen Erkenntnisse dar.

Ich habe nicht die Absicht, alle denkbaren Auswirkungen molekularbiologischer Forschungen, welche für die Pädiatrie nicht spezifisch sind, hier zu erörtern. Daher verzichte ich auf die Diskussion solcher Fragen wie Stand und Aussichten der Bekämpfung von bösartigen Tumoren, wenngleich zweifellos gewisse spezifische Akzente im frühen Kindesalter existieren. Ich gehe auch nicht ein auf die gegenwärtigen und zukünftigen Entwicklungen auf dem Gebiet der Virologie und antiviraler Prinzipien. Vielmehr möchte ich mich auf den durch meine Eingangsbemerkungen gesteckten Rahmen der Entwicklungsbiologie beschränken. Hier stehen im Vordergrund die genetischen Probleme. Hin-

[1]) Vortrag auf der Jahrestagung der Pädiatrischen Gesellschaft der DDR, Berlin, 22. Mai 1974

sichtlich der Möglichkeiten, die dem Arzt gegeben sind, haben wir zwei Wirkungsbereiche zu unterscheiden:

1. die Ebene der Vererbung der Gene,

2. die Beeinflussung jener Prozesse, die durch die Genprodukte hervorgerufen werden und die ich hier als epigenetische Ebene bezeichnen möchte.

Die Probleme der Vererbung berühren primär den Arzt, welcher in moderner Sicht den Hausarzt alter Prägung darstellt, d. h. jenen, der eine Familie betreut. Informiert und beraten durch Medizingenetiker, ist er am ehesten in der Lage, die beste Art der Prophylaxe zu betreiben. Sehr häufig wird diese Aufgabe vor allem, wenn schon ein auffälliges Kind in der Familie geboren worden ist, vom Pädiater erfüllt werden. Der spezifische Beitrag des Pädiaters kann gar nicht genügend unterstrichen werden. Je besser seine Beobachtungsgabe, je gründlicher seine Information über die Eltern und Anverwandten, je besser er über die medizinische Genetik informiert ist, um so eher kann er die entscheidende Rolle spielen, die ihm meines Erachtens zukommt. Daraus ist abzuleiten, daß in der Facharztausbildung der Pädiaters Probleme der Familienberatung aus medizinisch-genetischer Sicht eine wichtige Rolle spielen sollten.

Ich wende mich jetzt den epigenetischen Problemen zu. Das ist gegenwärtig und sicherlich auch in Zukunft das Hauptgebiet der pädiatrischen Forschung und Tätigkeit. Es handelt sich um ein weites Feld, das u. a. die Vielzahl der manifesten genetisch bedingten Stoffwechseldefekte, der Anomalien einzelner wichtiger Eiweiße (wie Hämoglobin, Immunglobuline und andere) umfaßt, und dessen Kenntnis auf den Errungenschaften der Biochemie fußt. Es hat sich zu einem Standardgebiet entwickelt, das in allen Ländern zur hochspezialisierten Betreuung gehört. Das Niveau der Erkennung, Erfassung und Betreuung von genetischen Defekten ist zweifellos eines der objektiven Kriterien, um die wissenschaftliche Qualität eines Gesundheitswesens zu bewerten. Damit ist auch impliziert, daß es hier weniger auf einzelne mehr oder minder zufällig entdeckte Anomalien ankommt als darauf, durch ein umfassendes und effektives System die Bevölkerung, vor allem die Neugeborenen und in geringem Umfang in Risikofällen die Ungeborenen, zu erfassen. Hier liegt der Schwerpunkt in der Leistungsfähigkeit von zentralisierten klinisch-chemischen Laboratorien, die durch kluge Anwendung neuer biochemischer, biologischer und physikalischer Prinzipien und einer ausgereiften Automatisierung die Grundlagen für die klinische und genetische Tätigkeit liefern müssen.

Welches sind nun die offenen Probleme? Wie gewinnen wir einen Zugang zur Erkennung und Beeinflussung von Dispositionen für bestimmte Erkrankungen, die erst beim Erwachsenen und u. U. erst im fortgeschrittenen Alter manifest werden? Nehmen wir als Beispiel die zweifellos partiell genetisch und partiell exogen bedingte Disposition zur Ausbildung des Diabetes mellitus. Welchen Einfluß hat der Anteil der Kohlenhydrate in der Nahrung in der frühen Kindheit oder gar die nicht selten stoßweise erfolgende Zufuhr von leicht resorbierbaren Disacchariden und von Glukose? Wie frühzeitig entwickelt sich die Tendenz zur Hypertriglyzeridämie und inwieweit ist sie durch Zusammensetzung, Zubereitungsart und Frequenz der Nahrung bedingt? Welchen Anteil haben Ernährungsfaktoren und mittelbar durch sie beeinflußte hormonelle Komponenten am Akzelerationsprozeß, der in allen Phasen der kindlichen Entwicklung zu beobachten ist? Ist dieser Akzelerationsprozeß nur positiv zu bewerten oder bestehen Korrelationen zum Auftreten von Abweichungen, welche Leistungsfähigkeit und sogar Lebenserwartung im fortgeschrittenen Alter beeinträchtigen? Der Katalog dieser Fragen ließe sich fast beliebig fortsetzen. Mit Sicherhiet ist die Periode der Kindheit eine Strecke der Entscheidung, in der die zukünftige körperliche und geistige Entwicklung gebahnt wird. Von ihr hängt es wahrscheinlich ab, ob ein harmonisches Zusammenwirken der Organsysteme, der geistigen und körperlichen Beweglichkeit und ein optimales, erfülltes Leben zustande kommen. Unsere bisherigen Kenntnisse der Differenzierungsvorgänge lehren uns, daß die Entwicklung im großen und ganzen in irreversibler Weise nach einem strengen Programm erfolgt. Innerhalb dieser Abfolge sind Teilprozesse partiell reversibel und unterliegen der Wirkung äußerer Einflüsse.

Diese kritischen Perioden der Beeinflußbarkeit treten nicht nur während der intrauterinen Phase auf, sondern auch zu verschiedenen Zeitpunkten postnatal. Sie sind ebenso bedeutungsvoll für Fehlentwicklungen wie auch für die Prägung von Konstitution und Verhaltenstyp eines Individuums. Sie herauszufinden, in ihrer spezifischen Bedeutung zu erkennen und zur positiven Entwicklung eines heranwachsenden Menschen auszunutzen, ist eine wichtige Aufgabe der Zukunft.

Wenngleich wir glauben, einige Prinzipien der gesunden Lebensführung mit gutem Gewissen propagieren zu können, muß doch eine nüchterne wissenschaftliche Kritik eingestehen, daß ein großer Teil der Maximen nicht wirklich wissenschaftlich belegt ist. Die so oft gerühmte Übereinstimmung zwischen unseren Anschauungen und den hippokratischen Überlieferungen ist vielleicht weniger ein Zeugnis für die Weisheit unserer medizinischen Vorfahren als vielmehr der Ausdruck dessen, daß wir noch nicht viel weiter gekommen sind in der wissenschaftlichen Durchdringung der Qualität der Lebensweise.

Die Schlußfolgerung, die sich aufdrängt, besteht darin, daß longitudinale Untersuchungen, die die gesamte menschliche Lebensspanne umfassen, unabdingbar sind. Somit entstehen Aufgaben, die Forschungen über Generationen hinweg verlangen. Sie bedürfen einer großen Komplexität. Zweifellos kann manches durch das Studium geeigneter kurzlebiger Tiermodelle gewonnen werden. Keineswegs kann man jedoch durch Tiermodelle die Erfahrungen am Menschen ersetzen. Solche Fragen zu untersuchen, bedeutet ein Zusammenwirken von Pädiater, Internist und Gerontologen und eine Komplexität der Untersuchungen, die soziologische, psychologische und physiologische ebenso wie molekularbiologische und biochemische Aspekte umfassen müßten. Die Länge der zu untersuchenden Zeitspanne, welche das Arbeitsleben des Untersuchers übersteigt, erfordert eine gleichzeitige koordinierte Untersuchung fraktionierter begrenzter Zeitspannen. Darüber hinaus ist eine neue Dimension des ärztlichen Ethos erforderlich. Sie müßte die Schranke der unmittelbaren Betreuungsaufgaben weit überschreiten und durch eine Vision der entfernten Zukunft ergänzt werden. Sie erfordert eine Hingabe an die Aufgaben, wie wir sie von den Astronomen kennen, die sich ihrer Forschung weihen in der sicheren Erkenntnis, daß ihre Ergebnisse erst von ihren wissenschaftlichen Nachfahren genutzt werden können. Schon jetzt ist es sinnvoll, wenn der Pädiater an der Analyse der Morbidität des Erwachsenen- und Greisenalters teilnimmt, um daraus Ansätze abzuleiten für die Erkennung der Bedingungen für spätere Entgleisungen des Organismus. Ich bin überzeugt, daß solche langfristigen Programme, in denen die Untersuchung sowohl genetischer als auch äußerer Faktoren wichtig sein wird, in der zukünftigen Medizin und insbesondere in der Kinderheilkunde eine Schlüsselrolle spielen werden.

Nun zurück zur Embryonal- und Fetalperiode. Auch hier gilt, daß neben den genetischen Anlagen eine große Rolle dem Milieu zukommt, das vom Organismus der Mutter geschaffen wird. Die Einheit von Mutter und Fet drückt sich darin aus, daß die Ernährung und der Hormonstatus der Mutter in früher ungeahnter Weise sich auf die embryonale Entwicklung auswirken. Die frühere Auffassung, daß die Entwicklung des Feten von der Natur selbst gegen schwerste Beeinträchtigungen der Mutter weitgehend abgesichert ist, bedarf wesentlicher Einschränkungen. Nur allzu bekannt sind die Feststellungen, daß kalorische, Vitamin- und Mineralmängel der Mutter sich in Hypotrophie des Neugeborenen, im verringerten Kopfumfang und Körpergewicht, in verlangsamter und begrenzter geistiger Entwicklung auswirken. Die Zufuhr von Fremdstoffen, u. a. von Arzneimitteln, deren Zahl ja fast unübersehbar ist, bringt neue Gefahren mit sich; direkte und indirekte Einflüsse erzeugen komplizierte, reaktive Veränderungen im Kinde. Der Plazenta kommt eine entscheidende Bedeutung bei der Versorgung des Feten mit allen Stoffen zu. Beeinträchtigungen ihrer Funktionen können schwerste Ernährungsmängel des Feten bedingen, unabhängig vom Ernährungs- oder Kreislaufstatus der Mutter. Darüber hinaus ist die Plazenta ein Organ mit hochspezifischem Stoffwechsel und endokrinen Funktionen. Ihre Bedeutung für die Entwicklung des Feten ist noch in vieler Hinsicht eine terra incognita, die einer vertieften und breiten Erforschung harrt. All diesen Faktoren kommt deswegen eine so vorrangige Bedeutung zu, weil ihre Erkenntnis die Möglichkeit einer positiven Beeinflussung in sich schließt und sich nicht auf einen Erkenntnisgewinn beschränkt. Mit Veränderungen der sozialen Bedingungen, u. a. in Lebensweise und Aktivität der Mutter, der Atmosphäre in der Familie, der Anwendung von konzeptionsverhütenden Mitteln, neuen Arzneimitteln, Nahrungsmitteln, Rauchen u. a. möglicherweise schädlichen Genußmitteln und bisher noch unbekannten Faktoren entstehen ständig neue Probleme, die dieses Gebiet offen halten. Sie können nur in engster Gemeinsamkeit vom Kinderarzt, Geburtshelfer und experimentellen Forscher bearbeitet werden.

Ein kritischer Punkt im Leben jedes Menschen ist die Geburt. Der Übergang zur ersten Selbständigkeit bedeutet eine umfassende Adaptation in allen Aspekten des Stoffwechsels. Hier verbinden sich die Interessen des Grundlagenforschers an den verschiedenen Induktionsprozessen, die in gesetzmäßiger Weise während der perinatalen Periode ablaufen, mit den praktischen Fragen der Kliniker. Von der Natur sind dem Neugeborenen gewisse Schutzmechanismen verliehen, deren Kenntnis uns vielleicht die Möglichkeit gäbe, sie noch besser auszunutzen oder positiv zu beeinflussen. Unter ihnen ist von besonderer Wichtigkeit der naturgegebene Schutz des Gehirns des Neugeborenen gegen eine anoxische Schädigung. Die Ursache dieses wohlbekannten Phänomens ist noch ungeklärt und ebenso ist wenig bekannt, ob dieser Schutz variabel ist und beeinflußt werden kann. Nach meiner Überzeugung handelt es sich um ein aktuelles, gegenwärtig und in naher Zukunft erforschbares Problem. Die schönen Erfolge bei der Anwendung der medikamentösen Induktion zur Bekämpfung der Hyperbilirubinämie oder der Induktion der Synthese der Surfactant-Faktoren durch Behandlung der Mutter mit Glukokortikoiden legen Zeugnis davon ab, wie gut Ärzte und insbesondere Pädiater molekularbiologische Kenntnisse schon anzuwenden wissen. Zweifellos wird die Untersuchung der Induktionsvorgänge, die noch keineswegs eine große Breite erreicht hat, weitere Möglichkeiten bieten. So ist es denkbar, die Entfernung toxischer Produkte, z. B. von Galaktose-1-Phosphat, das sich bei der Galaktosämie anhäuft, zu induzieren. Dies wäre ein Spezialfall der Umgehung blockierter Stoffwechselwege. Dieser Effekt läßt sich auch durch geeignete Wahl von Nahrungsstoffen, die auf der profunden Kenntnis des Zwischenstoffwechsels beruht, erreichen.

Wenn von der Anwendung molekularbiologischer Kenntnisse die Rede ist, wird fast immer auch die Möglichkeit des Ersatzes von Genen und Enzymen erwähnt, also von molekularbiologischen Prothesen. Diese zwei Arten biochemischer und molekularbiologischer Prothesen sind sehr verschieden zu bewerten. Die Publizität, die im Zusammenhang mit der Möglichkeit eines Gentransfers entstanden ist, steht in fast umgekehrtem Verhältnis zu dessen Realisierbarkeit. Jedem mit der Problematik Vertrauten ist es klar, daß wir über die Vorgänge der genetischen Rekombination und der Integration von Episomen selbst bei den einfachsten Systemen der Bakterien erst ganz am Anfang sind. So reizvoll es wäre, eine kausale Therapie zu betreiben, so muß doch eingestanden werden, daß wir bei der größten Zahl der über 1500 vermutlich monogenetischen menschlichen Erkrankungen nicht einmal wissen, wo der Gendefekt zu lokalisieren ist, geschweige denn, daß wir wüßten, wie man ein geeignetes Gen erzeugt, in die Zelle bringt oder wie die Regulation der Genexpression vor sich geht. Ganz anders stehen die Dinge bezüglich eines möglichen Ersatzes ausgefallener Enzyme. Hier lassen sich Wege ersinnen, Enzyme in geeingneter Weise nicht nur in die Körperflüssigkeiten, sondern auch in die Zelle zu bringen, z. B. durch künstliche Lysosomen, so daß eine phänotypische Kausaltherapie ein durchaus erstrebenswertes und in Einzelfällen ein in absehbarer Zukunft erreichbares Ziel sein könnte.

Der Stoffwechsel von Spermien und Eizelle sowie die Befruchtungsvorgänge sind in steigendem Maße Gegenstand moderner biologischer, insbesondere auch biochemischer Forschungen. Trotz vieler schöner Einzelerkenntnisse befinden wir uns hier erst am Anfang. Die Forschungen werden vorangetrieben nicht nur durch den unablässigen Drang zur Erkenntnis; vielmehr sind es massive Interessen der modernen Tierzüchtung, die eine optimale Ausbeute der Befruchtung, womöglich Mehrlingsgeburten anstrebt, ebenso wie ein von ökonomischen Interessen diktiertes Geschlechtsverhältnis.

Heute sind uns schon Verfahren zugänglich, menschliche Spermien entsprechend dem Besitz von x- oder y-Chromosomen aufzutrennen. Inwieweit solche Prozeduren, wenngleich sie dem Wunsch eines einzelnen Paares entgegenkommen mögen, gesundheitspolitisch zu bejahen sind und in einem sozialistischen Staat allgemein zugänglich gemacht werden sollten, ist sehr zu bezweifeln. Ebenso ist es fraglich, ob es im gesellschaftlichen Interesse liegen würde, Erkenntnisse anzuwenden, welche uns die bisher ungeklärte Frage beantworten, wodurch die weitaus höhere Absterberate männlicher verglichen mit weiblichen befruchteten Eiern zustande kommt.

Ich gestatte mir einige Bemerkungen zu der Frage, inwieweit vom gesundheitspolitischen Standpunkt große Aufmerksamkeit und bedeutende Aufwendungen für seltene Krankheiten gerechtfertigt sind. Wie Sie wohl wissen, unterscheiden wir verschiedene Stufen der demographischen Entwicklung von Bevölkerungen. Die primitive ist durch hohe Geburtlichkeit und ebenso hohe Sterblichkeit gekennzeichnet. Die Übergangsform ist mit einer Bevölkerungsexplosion vergesellschaftet. Sie ist charakterisiert durch gleichbleibend hohe Geburtlichkeit bei sinkender Sterblichkeit. Der reife Typ der Bevölkerung, dem wir angehören, stellt ein neues dynamisches Gleichgewicht dar, welches durch ebenso niedrige Geburtlichkeit wie Sterblichkeit definiert ist. Diese Phase ist gekennzeichnet durch die Beseitigung der massenhaften Epidemien und der groben Ernährungsmängel. In dieser Stufe gewinnt das Schicksal jedes einzelnen entstandenen Lebens ein viel größeres Gewicht als ehedem. Jetzt kommt es auf jedes einzelne geborene Individuum an. Die Gesellschaft erwartet, daß jedes Leben die maximal mögliche Leistungs- und Lebensspanne erreicht. Das bringt mit sich, daß eine hochspezialisierte Betreuung zur Routine wird und daß der Pädiater sich darauf einstellt, jede einzelne Entgleisung frühzeitig zu erkennen und positiv zu beeinflussen. Wenngleich die einzelne Entgleisung sehr selten ist, so stellt ihre Summe einen wachsenden Anteil am gesamten Krankengut der Neugeborenen- und Kindheitsperiode dar. Dies erfordert ein Höchstmaß an koordinierter Anwendung von Verfahren der Siebtestung, der höchst spezialisierten Diagnostik mit biochemischen, zytologischen und anderen Techniken, eine tiefe Kenntnis der Molekularbiologie und der Stoffwechselregulationen und somit ein enges Zusammenwirken von Kliniker, Biochemiker und Genetiker. Die Verwirklichung eines solchen Systems kann nur im Gesamtrahmen der DDR und über die DDR hinaus im Rahmen der sozialistischen Gemeinschaft erfolgen. Im Dienst einer solchen Aufgabe wird die Gemeinsamkeit zwischen Grundlagen- und Anwendungsforschung, zwischen Molekularbiologie und Kinderheilkunde sich zweifellos weiterentwickeln zum Nutzen der erhöhten Gesundheit zukünftiger Generationen.

Ernährung und Gesundheit[1])

S. M. RAPOPORT

Der enge Zusammenhang zwischen Ernährung und Gesundheitszustand ist fast jedem Menschen geläufig. Seitdem wir überhaupt von einem Arzttum sprechen können, d. h. seit den Frühzeiten der Menschheitsgeschichte, ist die Ernährung als ein wichtiger Faktor zur Vorbeugung von Krankheiten und als Teil der Gestaltung einer gesunden Lebensführung von Ärzten gewürdigt und angewandt worden. Schon dem großen griechischen Arzt HIPPOKRATES werden viele vernünftige Regeln für eine gesunde Ernährung zugeschrieben, die sicherlich auf vielfältigen Erfahrungen fußten. Man möchte also meinen, daß diese jahrtausende alte Tradition eine gesicherte Grundlage für die Gestaltung einer gesundheitsfördernden Ernährung gewesen wäre. Und doch müssen wir sagen, daß bis vor wenigen Jahrzehnten in verschiedenen Teilen der Welt wie auch bei uns unerkannte Ernährungsmängel weit verbreitet waren und zu einem großen Teil auf falsche Ursachen zurückgeführt wurden. Ich nenne nur als Beispiel Rachitis, Skorbut, Pellagra. Heute wissen wir, daß diese Erkrankungen auf Vitaminmängel zurückzuführen und völlig vermeidbar sind und längst zu einer überwundenen Epoche in der Geschichte der Menschheit gehören sollten. Diese und andere Erkenntnisse sind die Frucht einer großen Entwicklung der Ernährungswissenschaft, die im neunzehnten Jahrhundert einsetzte und wesentlich durch die Entwicklung der Biochemie bestimmt war.

Sie ist gekennzeichnet durch 2 Hauptrichtungen:

1. Durch die Aufdeckung der Bedeutung der Hauptnährstoffe, der Eiweiße, Fette und Kohlenhydrate als Energieträger und

2. durch die Entdeckung des essentiellen, d. h. lebensnotwendigen Charakters einer Reihe von Nahrungsbestandteilen, die der menschliche Körper selbst nicht erzeugen kann.

Es handelt sich um rund 50 solcher unabdingbarer Stoffe, die teils als Bestandteil von Eiweiß und Fett, teils als Wirkstoffe in kleinen Mengen erforderlich sind. Zu ihnen gehören auch die verschiedenen Vitamine, Mineralien und Spurenelemente. Heute können wir sagen, daß alle lebensnotwendigen Nahrungsbestandteile voll erkannt sind. Jetzt können wir unabhängig von der verschiedenartigen äußeren Gestalt die Nahrung in bezug auf ihre Zusammensetzung und Wertigkeit beurteilen, sie in richtiger Kombination entsprechend ernährungswissenschaftlichen Grundsätzen zusammenstellen und unter Umständen, wenn es nötig ist, auch eine vollsynthetische Nahrung erzeugen. Kurzum, auch auf diesem Gebiet hat der wissenschaftliche Fortschritt keinen Platz mehr für mysti-

[1]) Ernährungsforschung **17**, 45—58, 1972. 4. Nationale Konferenz über Gesundheitserziehung, Berlin, November 1971

sche und irrationale Vorstellungen gelassen und uns andererseits in die Lage versetzt, nicht nur bisher bekannte, sondern auch neue Nahrungsmittel herzustellen.

Damit ist eine neue Epoche der breiten praktischen Anwendung der Erkenntnisse der Ernährungswissenschaft angebrochen. Wie wurden diese Erkenntnisse gewonnen? Der entscheidende Fortschritt wurde durch die breite Anwendung von Tierversuchen als experimentelle Modelle herbeigeführt. Durch die Benutzung von schnellwüchsigen und kurzlebigen Tieren und der Anwendung von standardisierten Nahrungen, die genauestens auf ihre Zusammensetzung analysiert waren, konnte jeder einzelne Nahrungsfaktor isoliert auf seine Bedeutung untersucht werden. Tierversuche, gepaart mit einer hochentwickelten biochemischen Analytik, gefolgt von einer Überprüfung der Erkenntnisse an klinischen Fällen und durch epidemiologische Studien an verschiedenen Menschengruppen im internationalen Maßstab, haben uns zu einem Stande geführt, der es nunmehr gestattet, ein wissenschaftlich fundiertes Programm der gesundheitsschützenden Ernährung für die heutige Menschheit zu entwickeln.

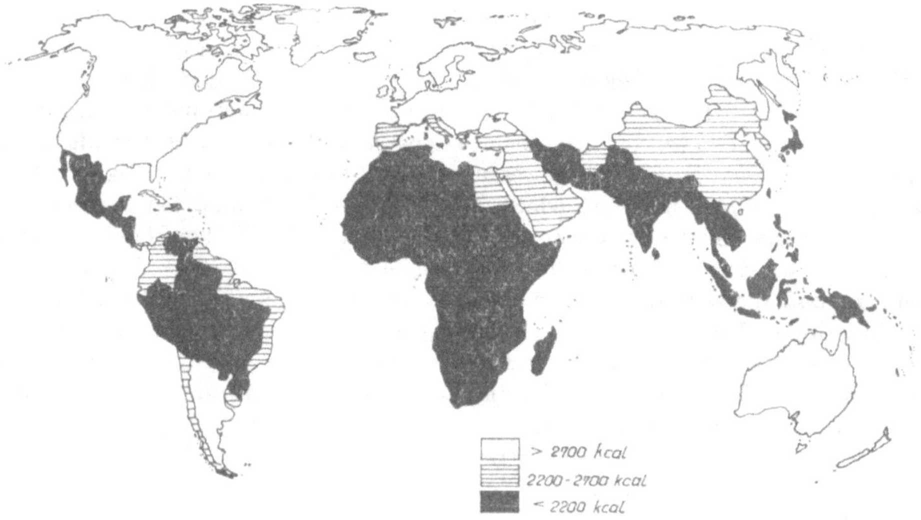

Abb. 1. Kalorische Ernährungslage der Weltbevölkerung

Zwischen dem Stand wissenschaftlicher Erkenntnisse und dem Grad ihrer gesellschaftlichen Anwendung besteht aber eine große Kluft. Für nahezu 3/4 der Weltbevölkerung, insbesondere in Ländern, die sich noch jetzt oder bis vor kurzem unter dem Joch des Kolonialismus und feudaler und imperialistischer Abhängigkeit befanden, ist nicht einmal der unmittelbare Hunger gebannt (Abb. 1). Die Kalorienzufuhr ist ungenügend, und es herrscht Mangel an Eiweiß, Vitaminen und Mineralien. Selbst im reichsten und größten kapitalistischen Land, in den USA, sind Unter- und Mangelernährung vor allem unter rassischen und nationalen Minoritäten weit verbreitet. Gleichzeitig ist aber 1/4 der Erdbevölkerung, dazu gehört auch die DDR, in eine entgegengesetzte Lage gekommen. Hier droht die Gefahr einer kalorischen Überkonsumtion mit teilweise falschen Proportionen der Nahrungsbestandteile. Die sozialistischen Gesellschaftsbedingungen, insbesondere die Zielsetzung des 8. Parteitages der SED, eine weitere Erhöhung des materiellen und kulturellen Lebensniveaus anzustreben, geben alle Voraussetzungen, um im

Zusammenwirken aller Staatsbürger die Produktion und den Verbrauch der Nahrung in absehbarer Zeit so zu gestalten, daß den Interessen jedes Einzelnen, seiner Schaffenskraft und Leistungsfähigkeit und damit den Interessen der Gesellschaft gedient wird. Auch für die Lösung dieser Aufgabe ist die enge Gemeinschaftsarbeit mit der Sowjetunion und den sozialistischen Bruderländern wesentlich.

Gibt es also keine offenen wissenschaftlichen Probleme mehr? Kommt es nur darauf an, den Erkenntnisstand überall anzuwenden? Es würde hier zu weit führen, auch nur den Versuch machen zu wollen, alle ungelösten Fragen der Ernährungswissenschaft aufzuführen. Ich nenne nur einige Beispiele: Wir wissen noch viel zu wenig über die langfristigen Auswirkungen der Ernährung, die ja im Grunde schon vor der Geburt, d. h. schon bei der Ernährung der werdenden Mutter, Bedeutung hat. Erst seit wenigen Jahren ist die Einsicht gekommen, daß eine Unterernährung in den frühen Lebensperioden zur schweren und dauernden Beeinträchtigung der geistigen und körperlichen Entwicklung führen kann. Auch das Umgekehrte ist denkbar: Eine teilweise Überernährung im frühen Alter, die sich in späteren Lebensperioden auswirkt. Wir wissen noch zu wenig über die Feinheiten einer altersgerechten Ernährung. Tierversuche lassen uns vermuten, daß hier neue, für die menschliche Ernährung bedeutungsvolle Erkenntnisse zu erwarten sind. Wie steht es um den Einfluß der Vererbung? Gibt es ererbte Unterschiede im Bedarf für einzelne Nahrungsfaktoren und daraus abgeleitete individuelle Bedürfnisse? Diese Frage ist in Einzelfällen eindeutig positiv beantwortet. Weitgehende Konsequenzen lassen sich aber erst ziehen, wenn die Ergebnisse umfassender humangenetischer Studien vorliegen. Seit langem ist es bekannt, daß es Empfindlichkeiten gegen einzelne Nahrungsbestandteile gibt. Wiederum läßt sich die Frage der Häufigkeit und praktischen Bedeutung solcher Reaktionen erst durch verfeinerte Studien biochemischer, immunologischer und genetischer Art abschätzen.

Und schließlich ist es naheliegend, die Frage zu stellen, welche Beziehung die Faktoren unserer Ernährung zu dem Auftreten einzelner Krankheiten in unserer Bevölkerung besitzen. Auch zu dieser Frage gibt es schon bestimmte Erkenntnisse, die aus langfristigen internationalen Studien abgeleitet werden können, die aber durch eigene Forschungen in der DDR präzisiert und weitergeführt werden müssen. Sie haben vorerst den Charakter von Korrelationen, d. h. von statistischen Beziehungen, ohne daß sie in ihrem Wesen schon völlig erkannt sind oder jene wissenschaftliche Sicherheit besitzen, wie die eingangs erwähnten fundamentalen Erkenntnisse der Ernährungswissenschaft. Hier bedarf es weiterer Forschungen, die auch den Mechanismus, d. h. die kausalen Zusammenhänge als Grundlage der statistischen Beziehung aufdecken.

Um unsere Situation zu kennzeichnen, will ich Ihnen einige Angaben machen. Wir kennen auf Grund internationaler wissenschaftlicher Ergebnisse den empfehlenswerten Bedarf an Kalorien. Diese Zahlen sind keine statischen Größen, sondern unterliegen einem ständigen Wandel, d. h. Rückgang, durch die abnehmende Arbeitsschwere. Weiterhin sind diese Zahlen auch stark geschlechts- und altersabhängig, so daß ein Sechzigjähriger nur etwa zwei Drittel des Bedarfs eines Fünfundzwanzigjährigen hat (Abb. 2). Leider sind offensichtlich diese Ergebnisse viel zu wenig bekannt und werden vom einzelnen Staatsbürger nicht für seine Ernährungsweise genutzt. So kommt es, daß eine Erhebung des Zentralinstituts für Ernährung der AdW bei rund tausend Industriearbeitern und -arbeiterinnen folgendes Ergebnis gebracht hat (Tab. 1): Man erkennt, daß über 40% der Männer und mehr als 2/3 aller Frauen übergewichtig, ja fettleibig sind. Diese Übergewichtigkeit ist vorwiegend auf die Altersgruppen über 30 konzentriert.

Tabelle 1: Körpergewicht bei Industriearbeitern der DDR

Abweichung von Norm %	Männer %	Frauen %
−10	5,5	1,6
+10 bis 20	24,4	22,7
> + 20	16,6	43,4

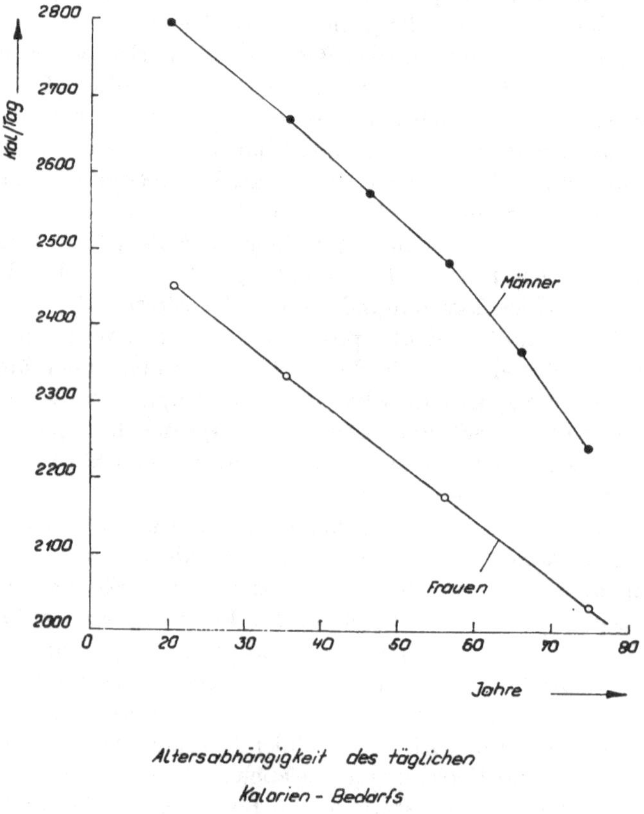

Abb. 2. Altersabhängigkeit des täglichen Kalorienbedarfs

Welche Bedeutung hat diese Übergewichtigkeit? Ist sie nur eine Frage der Ästhetik oder handelt es sich um ein ernstes Problem?

Die nachfolgende Darstellung zeigt die statistische Beziehung zwischen Sterbehäufigkeit und Gewicht (Abb. 3). Man erkennt, wie stark die Sterblichkeit mit zunehmendem Übergewicht ansteigt, und daß schon 10% Übergewicht zu einer erkennbaren Übersterblichkeit führt. Ein Minimum der Sterblichkeit liegt sogar etwas unterhalb des heute üblich angenommenen Optimalgewichts. In dieser Beziehung erwiesen sich die Frauen als das stärkere Geschlecht, indem sie ihr Übergewicht offensichtlich etwas besser aushalten. Natürlich entsteht die Frage, wodurch die Lebenserwartung denn verkürzt wird? Sind es bestimmte Krankheiten, die in besonderem Maße bei Übergewicht auftreten?

Aus der nächsten Aufstellung ist zu ersehen, daß es Krankheiten des Herzens, der Gehirngefäße, die Zuckerkrankheit und Leber-, Magen-Darm-Erkrankungen sind, die in eindrucksvollem Maße bei Übergewichtigkeit mit viel höherer Häufgkeit auftreten als bei normalgewichtigen Personen (Tab. 2). Ist es nur die Übergewichtigkeit, um die es dabei geht, oder hat die Zusammensetzung der Nahrung auch eine Bedeutung? Kommen noch andere Faktoren des modernen Lebens hinzu?

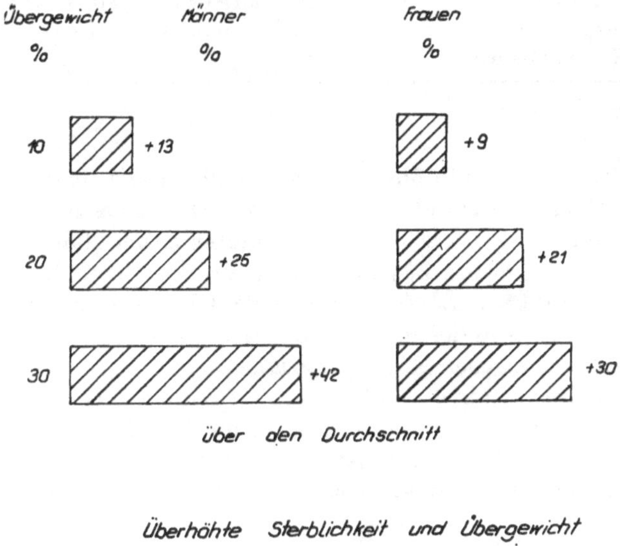

Abb. 3. Überhöhte Sterblichkeit und Übergewicht

Tabelle 2: Erkrankungen mit überhöhter Sterblichkeit bei 20% Übergewicht (Metropol. Life Insurance Comp. 1960)
Prozent über dem Normalwert

Erkrankung	Männer %	Frauen %
Herz	+ 43	+51
Gehirnschlag	+ 53	+29
Diabetes	+113	+83
Leber-Darm	+ 68	+39

In der folgenden Tabelle (Tab. 3) ist eine Aufstellung der sogenannten Risikofaktoren bei Herzerkrankungen angeführt. Es handelt sich um eine empirische Zusammenstellung, die auf die inneren Zusammenhänge der aufgeführten Faktoren verzichtet und ihre Wertigkeit nicht berücksichtigt. Man findet hier Verhaltensfaktoren wie Zigarettenrauchen und Mangel an körperlicher Bewegung neben dem Übergewicht. Hinzu kommen solche Faktoren, die nur Laboratorien mit biochemischen Methoden erfassen können, wie etwa der erhöhte Gehalt von Zucker und Fett oder Harnsäure im Blut. Ermutigend und aktivierend für uns müssen die Kreuze in dieser Tabelle sein. Es ist ersichtlich, ein wie großer

Tabelle 3: Risikofaktoren bei Koronarerkrankungen

+ Hyperlipidämie	Geschlecht
(Hypercholesterinämie	Fam. Belastung
Hyperglyzeridämie)	+ Erh. Harnsäure
+ Hochdruck	Verm. Vitalkapazität
+ Zigarettenrauchen	+ Schilddrüsenunterfunktion
+ Blutzuckererhöhung	+ Mangel an körperl. Bewegung
+ Übergewicht	Persönlichkeitsstruktur
EKG-Anomalien	

+ beeinflußbar

Teil dieser Risikofaktoren beeinflußbar ist, also durch Einsicht und vernünftiges gesellschaftliches und individuelles Handeln beherrschbar. Der an erster Stelle genannte Faktor Fettgehalt im Blut hängt stark mit dem Fettanteil in der Nahrung zusammen.

Was ist nun der unmittelbare Zusammenhang zwischen Fett der Nahrung und der Entstehung der Herzkrankheiten? Ein verbindendes Glied ist anscheinend ein Stoff, das Cholesterin, das wir sowohl in der Nahrung mit tierischen Fetten zu uns nehmen, aber auch in großem Maße im eigenen Körper erzeugen.

Im nachfolgenden Bild (Abb. 4) wird der enge Zusammenhang zwischen dem Fettgehalt der Nahrung und dem Cholesterinspiegel im Blutplasma deutlich. Auch diese Erkenntnis konnte nur auf Grund internationaler Vergleiche der Nahrung verschiedener Völker gewonnen werden. Wenn dieser von mir genannte Zusammenhang besteht, dann

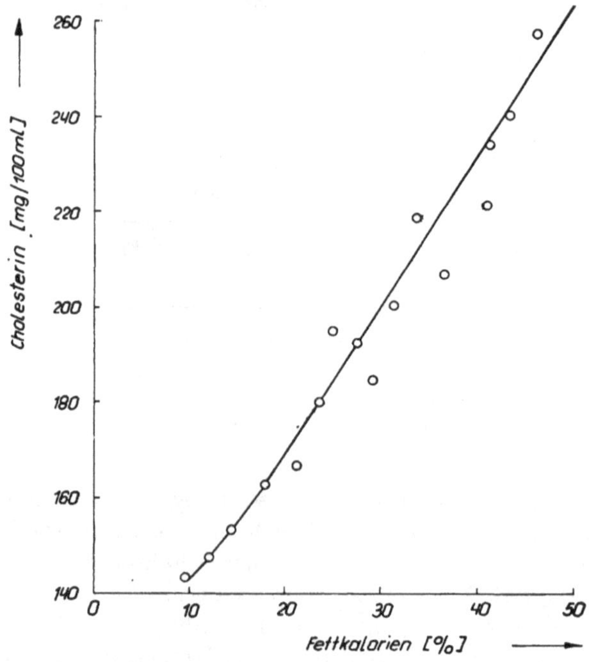

Abb. 4. Cholesterinspiegel im Serum und Prozentsatz von Fettkalorien in der Nahrung. Vergleichende Studie der Nahrung verschiedener Völker nach Ancelnkevs

müßte man eine enge Beziehung zwischen Erkrankungsrate an Herzkrankheiten und der Cholesterinkonzentration im Blut erwarten (Abb. 5). Diese Beziehung konnte in der Tat auch festgestellt werden. Das Übergewicht ist aber auch ein Faktor, der zu einer vermehrten körpereigenen Erzeugung von Cholesterin und somit zu einem erhöhten Cholesteringehalt des Blutes führt.

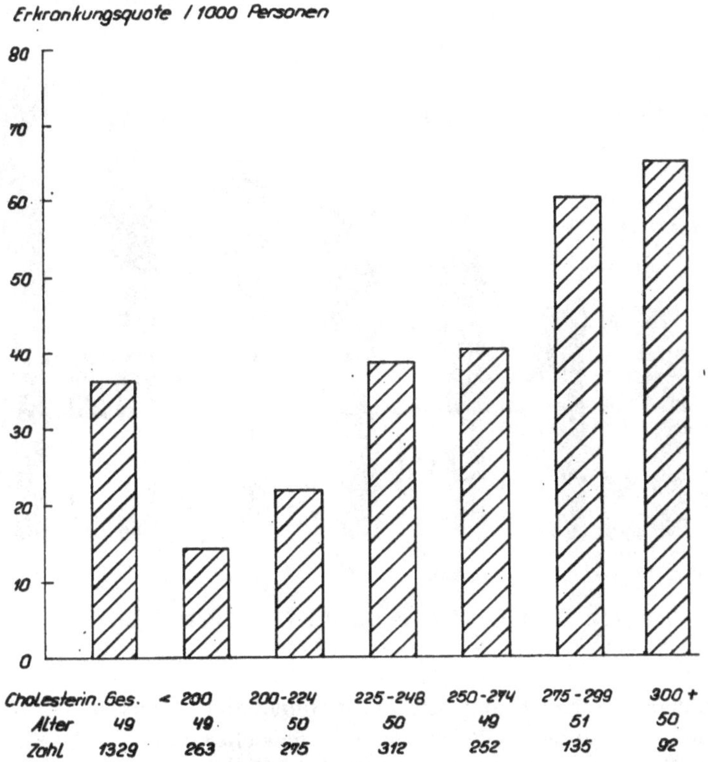

Abb. 5. Erkrankungsrate an Herzerkrankungen und Cholesteringehalt im Blut nach Stamler

Somit ergeben sich als Schlußfolgerungen:

1. Die Verminderung der Kalorienzufuhr, um Übergewicht zu vermeiden und
2. die Verringerung des Fettanteils vor allem an tierischen Fetten der Nahrung, wodurch auch eine sinnvolle Einschränkung der Cholesterinzufuhr erzielt wird. Weiterhin hat sich erwiesen, daß es darüber hinaus möglich ist, auch die körpereigene Erzeugung des Cholesterins nicht nur durch Vermeidung von Übergewicht, sondern auch durch die erhöhte Zufuhr von ungesättigten Fettsäuren in der Nahrung und Verringerung des Zuckerkonsums zu vermindern.

Es wurde dargestellt, daß Übergewicht auch mit einer stark erhöhten Häufigkeit der Zuckerkrankheit einhergeht. In der Tat findet man bei nahezu 90% von Zuckerkranken mittleren und höheren Lebensalters Übergewichtigkeit. Welche Bedeutung der Anstieg der Zuckerkrankheit für die DDR hat, wird aus folgender Grafik ersichtlich, die zeigt, daß in den letzten 10 Jahren die Zahl der von dieser Krankheit Betroffenen in der DDR auf mehr als das Doppelte angestiegen ist (Abb. 6). Welches ist nun der Zusammenhang zwischen Zuckerkrankheit und Fettsucht? Bis vor einigen Jahren bestand hier noch völlige Unklarheit. In letzter Zeit aber haben vertiefte biochemische Untersuchungen Einsichten erbracht, die sowohl unser Verständnis für die Entstehungsweise der Zuckerkrankheit als auch für die Rolle des Fettgewebes vertieft haben und praktische Konsequenzen nach sich ziehen.

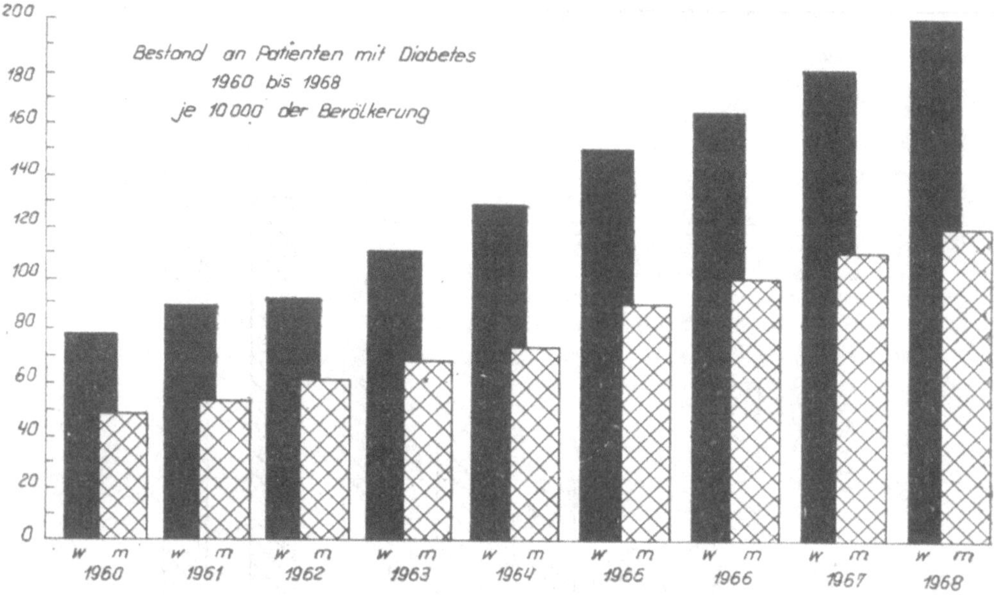

Abb. 6. Diabeteshäufigkeit in der DDR (1960—1968)

Das nachfolgende Schema mag den Zusammenhang erläutern (Abb. 7). Es dient gleichzeitig auch zum Verständnis, wie das Übergewicht entsteht. Wie Sie sehen, sind es zwei Faktoren, die in individuell unterschiedlicher Weise zusammenwirken: Eine relativ übergroße Zufuhr an Nahrung und eine zu geringe körperliche Tätigkeit. Diese bringen eine erhöhte Ablagerung und verringerte Mobilisierung von Fett im Gewebe mit sich. Das bedeutet eine geringere Ansprechbarkeit auf das Hormon der Bauchspeicheldrüse, Insulin, und so entsteht ein falscher Kreislauf, indem mehr Insulin erzeugt wird, dieses wiederum sowohl den Appetit, d. h. die Nahrungszufuhr erhöht als auch die Ablagerung im Fettgewebe verstärkt, bis letztlich Dekompensationserscheinungen auftreten und die ungenügende Empfindlichkeit gegen Insulin zu den Erscheinungen der Zuckerkrankheit führt. Diesem falschen Kreislauf kann natürlich vorgebeugt oder es kann auch durch Vermeidung oder Reduktion des Übergewichts und eine entsprechend gestaltete Ernährung unterbrochen werden. Dieses Beispiel vermag die komplizierten Wechselbeziehungen zwischen äußeren, d. h. Nahrungsfaktoren, und inneren Regulationen, wie Hormone, deutlich zu machen.

Die Neigung zur Fettsucht ist offensichtlich von Person zu Person, von Familie zu Familie und in verschiedenen Lebensaltern sehr verschieden. So wissen wir, daß eine geringe Anzahl von Mahlzeiten täglich eher eine übergroße Zufuhr von Nahrung bewirkt, als dies bei häufigen kleineren Mahlzeiten der Fall ist. Vor allem ist häufig die übergroße Mahlzeit am Ende eines Arbeitstages, der manchen Ärger, Sorgen und Spannungen brachte, der entscheidende Ernährungsfehler. Besondere Beachtung verdienen Wendepunkte im Leben, die mit einer Veränderung der körperlichen Leistung oder des inneren hormonellen Gleichgewichts zusammenhängen. Solche Punkte sind unter anderem das Ende des Schulsportes oder Leistungssportes, die erste Schwangerschaft, der Übergang von schwerer zu leichter körperlicher Arbeit, von einer Tätigkeit an der Werk-

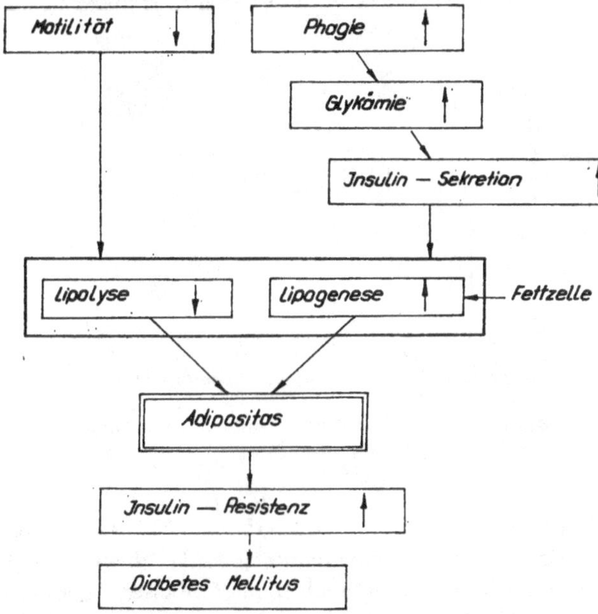

Abb. 7. Schema über Mechanismus der Entstehung von Fettsucht und Diabetes

bank zur Leitungsarbeit. Hier bedarf es besonders der Einsicht und der Disziplin, um die Ernährungsgewohnheiten den veränderten Bedingungen anzugleichen. Diese Probleme bieten noch viele offene Fragen, die vertiefte Forschungen auch an tierischen Modellen der menschlichen Fettsucht erfordern. Aber schon jetzt ist es eine der wichtigsten und lohnenden Aufgaben, den guten Willen zur Erhaltung einer guten Gestalt durch Information und Mahnung zur Selbstdisziplin zu unterstützten.

Aus den bisherigen Darlegungen werden Sie selbst die Schlußfolgerung ziehen, daß die Ernährungsforschung noch eine Reihe großer Probleme zu lösen hat und in welcher Art und Weise der notwendige Vorlauf für die praktische Anwendung zu schaffen ist.

Ich gestatte mir, auf ein weiteres Problem einzugehen. Wie Sie wissen, hat der 8. Parteitag die Problematik einer besseren zahnärztlichen Versorgung unterstrichen. Wie kommt es zu schlechten, d. h. kariesbefallenen Zähnen? Auch hier spielen Ernährungsfaktoren eine hervorragende Rolle. Wiederum sind es Tierversuche, die uns wesentliche Hinweise geben. Sie zeigen, daß Zucker und Karamel, d. h. also süße Kohlenhydrate, eine dramatische Erhöhung des Kariesbefalls bei Ratten hervorrufen. Die Übertragung dieser Schlußfolgerung auf den Menschen ist unabweisbar. Sie wird durch gesellschaftliche Maßnahmen, wie die Fluoridisierung des Trinkwassers, wesentlich unterstützt. Die letzten Jahre haben uns auch die Einsicht gebracht, daß der Eisenmangel und die dadurch bedingte Blutarmut in allen Ländern, auch in der DDR, sehr häufig ist. Betroffen sind vor allem die beiden ersten Lebensjahre, das Schulalter, junge Frauen, insbesondere Schwangere und Frauen nach der Entbindung sowie Menschen im vorgerückten Alter. Der Prozentsatz derjenigen mit einer ungenügenden Eisenzufuhr liegt in den betreffenden Bevölkerungsgruppen bis zu 20% und höher. Die Eisenreserven des Körpers sind in einem noch höheren Prozentsatz ungenügend. Mehrjährige Untersuchungen an Medizinstudentinnen der Humboldt-Universität (Abb. 8) zeigen ebenfalls einen beachtlichen,

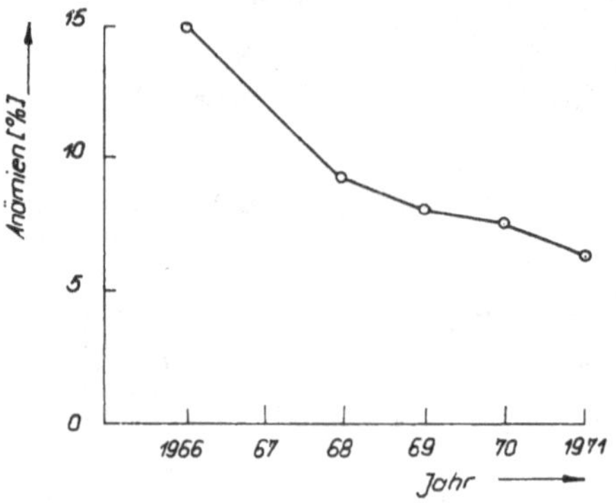

Abb. 8. Häufigkeit der Anämie bei Medizinstudentinnen der Humboldt-Universität Berlin (< 12,1 g/100 ml Blut)

möglicherweise absinkenden Anteil solcher mit suboptimaler Eisenversorgung, die sich in einem erniedrigten Hämoglobingehalt widerspiegelt. Die bisherigen Untersuchungen in der DDR auf diesem Gebiet sind aber noch nicht umfassend genug, und es wäre die Aufnahme systematischer Studien zur Erkennung und Vorbeugung dieses Mißstandes dringend zu empfehlen.

Notwendig sind langfristige Ernährungsstudien bei verschiedenen Bevölkerungsgruppen, in denen medizinisch, agrarwissenschaftlich und auf die Lebensmittelindustrie orientierte Fragestellungen in komplexer Weise verflochten sind. Diese Untersuchungen sind in sinnvoller Weise mit der breiten Anwendung von Tiermodellen für ernährungsabhängige Erkrankungen zu verbinden. Die Ernährungsforschung wird um so effektiver, je mehr sie im Rahmen einer internationalen Arbeitsteilung, insbesondere als Teil der vielfältigen Formen der Zusammenarbeit im Rahmen des Komplexprogramms des RGW, aber auch unter gebührender Berücksichtigung von internationalen Vorhaben der UNO durchgeführt wird. Eine Reihe von Forschungsaufgaben sind schon angelaufen und werden schwerpunktmäßig im laufenden Fünfjahrplan durchgeführt, so ein Projekt unter Leitung des Zentralinstituts für Ernährung der Akademie der Wissenschaften der DDR, in dem die Beziehung zwischen Ernährung und Leistung in enger Zusammenarbeit von Ernährungswissenschaftlern und Klinikern untersucht wird. Insbesondere sollen dabei neben einer genauen Analyse der Ernährung die verschiedenen inneren, psychologischen und sozialen Faktoren, die zum Übergewicht führen, präzisiert werden. Dazu gehören auch humangenetische Forschungen, von denen die Häufigkeit angeborener Neigung zu ernährungsbedingten Erkrankungen abzuleiten sein wird. Es sei auch auf die wichtigen Forschungen zum Zweck der Erzeugung hochwertiger kalorien-, fett- und zuckerarmer Nahrungsmittel hingewiesen. Sie umfassen Züchtungsarbeiten ebenso wie

Forschungen zur Ernährung von Nutztieren, die eine höhere Eiweißsynthese und eine geringere Fettbildung in der Tierproduktion gewährleisten. Große Aufmerksamkeit wird der Erzeugung neuer Nahrungsmittel gewidmet, insbesondere der Einbeziehung von Milchproteinen in Kombinationsnahrungsmittel.

Verstärkte Aufmerksamkeit verdienen darüber hinaus in Zukunft Probleme der Wechselbeziehungen äußerer und innerer Faktoren, insbesondere der Mechanismus des inneren Stoffwechsels des Menschen einschließlich hormoneller, aber auch psychologischer Faktoren, altersspezifische Probleme, insbesondere die Neugeborenenperiode und das Alter, die Pubertät, Schwangerschaft und Laktation und Untersuchungen über innere und äußere Rhythmik der Lebensprozesse im Zusammenhang mit der Ernährung.

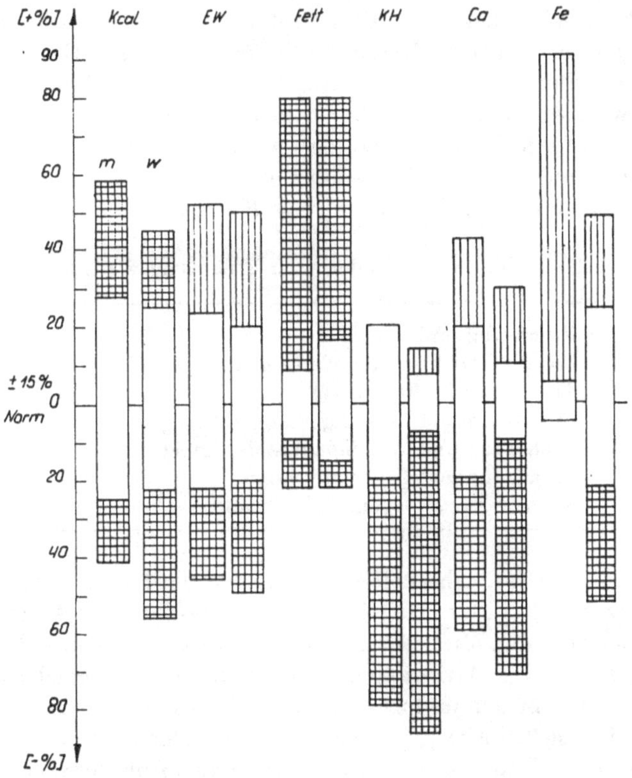

Abb. 9. Ernährungserhebungen an Medizinstudenten der Humboldt-Universität Berlin

Orientierende Erhebungen über die Ernährung von Medizinstudenten an der Humboldt-Universität, die wir in Angriff genommen haben, konnten die Hinweise der internationalen Literatur über die große individuelle Streuung der Nahrungszufuhr bestätigen (Abb. 9).

Selbst bei einer großzügigen Ansetzung des Normbereiches von $\pm 15\%$ befindet sich mehr als die Hälfte der untersuchten Studenten zum Teil sehr extrem außerhalb dieser Grenze. Die besonders bedenklichen Abweichungen sind kreuz-schraffiert herausgestellt. Wir finden in bedeutendem Maße kalorische Unter- und Überernährung: fast durchweg einen viel zu hohen Fettverzehr und einen krassen Unterkonsum an Kohlenhydraten, bei einem nicht kleinen Teil eine Unterversorgung mit Eiweiß und Kalzium und bei einem beträchtlichen Anteil der Frauen eine zu geringere Eisenzufuhr. Die Durchschnitte verraten sehr wenig von dieser extremen Schwankungsbreite. So gleichen sich die Abweichungen bei Kalorien, Eiweiß, Kalzium und Eisen weitgehend im Durchschnitt aus. Eine offensichtliche Schlußfolgerung besteht darin, daß es bei der Ernährungserziehung darauf ankommt, daß die Information jeden Einzelnen erreichen und ihm Anlaß zur Überprüfung seiner Eßgewohnheiten sein muß.

Damit ist auch die Frage nach der Beziehung zwischen Ernährungsnorm und individueller Ernährung beantwortet. Offensichtlich kann die Ernährungsempfehlung nur ein Schema, einen Rahmen geben, etwa in der Art einer Kleiderkonfektion, die eine wissenschaftlich begründete Kinder-, Jugend-, alters- und berufsspezifische Bekleidung liefert. Die Erziehung soll jeden in den Stand setzen, eine seiner individuellen Konstitution, Aktivität und dem eigenen Lebensrhythmus angepaßte Ernährung, also Maßschneiderei zu betreiben, die auf der Grundlage einer Einsicht in die objektiven Bedürfnisse und weniger auf subjektivem Vorurteil beruht.

Der vorliegende internationale Stand der wissenschaftlichen Ergebnisse und erst recht die laufenden und in Aussicht genommenen Forschungen auf dem Gebiet der Ernährung bringen es mit sich, daß notwendige Korrekturen in unseren Vorstellungen

Tabelle 4: Forschungsprobleme der Ernährungswissenschaft

Ernährung und Vererbung
Wechselbeziehungen äußerer und innerer Faktoren
Altersgerechte Ernährung
Ernährung und Leistung
Ernährung und Wendepunkte des Lebens
Ernährung und Lebensrhythmus
Krankheitsvorbeugende Ernährung

vorgenommen werden, Altes, Überholtes abgeworfen wird und dafür die neuen Einsichten durchgesetzt werden. Das erfordert bei allen eine forschungs- und wissenschaftsfreundliche Grundeinstellung, offenes Erkennen und Bekennen von Fehleinschätzungen, Meinungsstreit und offensive Darlegung des Neuen und die Bereitschaft, diesem Neuen Gehör zu schenken, es zu prüfen und zu erproben. Ich habe schon die laufende Korrektur der Empfehlungen für die Kalorienzufuhr erwähnt, die in den letzten Jahren international um 10% herabgesetzt wurden. Dasselbe gilt für die Erkenntnis der starken Abnahme des Kalorienbedarfs mit höherem Alter. Das muß sich natürlich in Richtsätzen in der Gemeinschafts- und Familienverpflegung auswirken.

Dazu gehören unsere Einsichten über die Erhöhung des Anteils ungesättigter Fettsäuren in der Nahrung, eine ausreichende Eisenzufuhr bei den gefährdeten Bevölkerungsgruppen, die Bedürfnisse bei einzelnen Vitaminen, so z. B. der Folsäure bei Schwangeren.

Die neuen Erkenntnisse bringen offensichtlich einige zusätzliche Ernährungsregeln und Gebote mit sich. Ebenso wichtig ist es aber, daß sie uns von einigen vermeintlichen Regeln, von Tabus, die unsere Bewegungs- und Entscheidungsfreiheit einschränken, befreien. Dazu gehören auch einige veraltete lebensreformerische Ideen, die uns deswegen schaden, weil sie unbegründet sind, Ängste wecken, einen gewissen Nahrungsfetischismus erzeugen und den Blick vom Wesentlichen ablenken (Tab. 5). So ist die ständige Propagierung einer salzarmen Nahrung für die gesunde Bevölkerung wissenschaftlich nicht gerechtfertigt, ebensowenig wie die Angst vor übergroßer oder zu unpassender Zeit erfolgender Zufuhr von Flüssigkeit. Überbetonung der Naturhaftigkeit der Nahrung, die bis zur Bezweiflung des Wertes synthetischer Vitamine geht, ist unwissenschaftlich. Dem überhäufigen Gebrauch, also Mißbrauch von Abführmitteln sollte

Tabelle 5: Einige Tabus

Salzarmut
Flüssigkeitszufuhr
Naturhaftigkeit
Stuhlgang

von allen Seiten entgegengetreten werden. Die offensichtlich noch herumgeisternde Vorstellung von Lezithin als Nervennahrung sollte längst der Vergangenheit angehören.

Was ist von einer leistungsgerechten Ernährung zu erwarten? In erster Linie natürlich eine Vermeidung von ernährungsbedingten Schäden, die zum Teil sich erst nach langen Jahren auswirken können. Aus dieser Sicht ist die Kenntnis der Auswirkungen der Ernährung im frühen Lebensalter von großer Bedeutung. Darüber hinaus ist mit Sicherheit ein positiver Einfluß auf die menschliche Leistungsfähigkeit in den verschiedenen Entwicklungsphasen und insbesondere im Alter zu erwarten. Mit Sicherheit wird die Ernährung in starkem Maße die durch Vererbung und Konstitution gegebene Individualität stark berücksichtigen. Die vertiefte komplexe Erforschung von Ernährungsproblemen mittels experimenteller und epidemiologisch-soziologischer Studien wird uns auch in den Stand setzen, die so schwierigen Probleme des Zwischenbereiches zwischen Gesundheit und Krankheit und damit die sogenannten prämorbiden Zustände zu erhellen.

Ehe ich zu einigen Schlußfolgerungen für die Gesundheitserziehung in Ergänzung zu den im Programmentwurf enthaltenen komme, gestatte ich mir einen Hinweis, wie ungenügend der bisherige Wissensstand auf dem Gebiet der Ernährung ist, selbst bei Bevölkerungsgruppen, die über ein besonderes Interesse und Wissen verfügen sollten.

Wie aus einer Umfrage bei etwa 500 Medizinstudenten der Humboldt-Universität am Anfang des zweiten Studienjahres, d. h. ehe sie Ernährungsvorlesungen hörten, hervorgeht, waren weniger als 10% imstande, mehr als die Hälfte eines Fragespiegels zu beantworten, in dem nur die zur Einschätzung einer gesunden Ernährung erforderlichen, nicht aber medizinische Kenntnisse überprüft wurden. Ein ähnliches Resultat ergab sich bei Studenten der Land- und Nahrungsmittelgüterwirtschaft. Die Hauptschwächen betrafen die unrichtigen Einschätzungen der Ernährungslage und ihrer Probleme in der DDR, der optimalen Relationen von Eiweiß, Fetten und Kohlenhydraten, Kenntnisse über die Vitamine und Mineralien, die für unsere Ernährung kritisch sind.

Diese Ergebnisse sind eine weitere Bestätigung der Zielsetzungen unserer Konferenz und weisen nach, wie dringend das Ausmaß der Kenntnisse über die Ernährung in der gesamten Bevölkerung erhöht werden muß. Diese Kenntnisse werden nur dann voll wirksam, wenn sie Teil einer allgemeinen und vielseitigen Erziehung zur gesunden Lebensweise sind und mit einer umfassenden biologischen Bildung und mit den Zielsetzungen der sozialistischen Gesellschaft, wie der Erhöhung des kulturellen Niveaus, der weltanschaulichen Bildung, der Liebe zur körperlichen Tätigkeit und zu der Natur verknüpft werden. Dabei kommt es darauf an, das wissenschaftliche Niveau aller an der Ernährungserziehung Beteiligten zu kennen und systematisch auf einen hohen Stand zu bringen.

Hier besteht eine Aufgabe für jeden, ob Arzt, Wissenschaftler, Lehrer, Krankenschwester, Kindergärtnerin, Mitarbeiter des Handels oder einer Küche oder anderer

Tabelle 6: Schlußfolgerungen

Verbindung von Gesundheitsbildung und biologischer Bildung
Systematische Aufklärung der Bevölkerung
Verstärkte berufsgruppen-spezifische Ausbildung
Kontinuierliche Information über Forschungsfortschritte und ihre Anwendung in der Praxis

Berufsgruppen, die mit der Erzeugung, Verarbeitung, Zubereitung der Nahrungsgüter oder mit der Ausbildung und medizinischen Betreuung betraut sind (Tab. 6). Für alle diese Berufsgruppen kommt es darauf an, ihre Fähigkeiten zur Erziehung zur gesundheitsfördernden Ernährung durch berufsspezifische Informationen und Fortbildung zu erhöhen. Dabei ist es wichtig, daß kontinuierliche Fortschrittsberichte über neueste Forschungsergebnisse und ihre Anwendung in der Praxis auf verschiedenen Wegen, insbesondere aber auch in den berufsspezifischen Zeitschriften erfolgen.

Methods to select problems in medicine[1])

K. Fuchs-Kittowski, S. Rosenthal and G. Schlutow

Introduction

With the continuously increasing demands upon health services there arises the question of how far medical research is oriented toward the immediate problems of medical practice and which specific research problems result from this practice.

To attain the aims of health policy and to make more tangible progress in the efficiency of medical research as seen in its practical results, it is necessary a) to achieve a greater concentration upon the central tasks in health policy, and b) to improve planning. These tasks can be supported by prognoses, by systems analysis, by statistical methods, and by data processing. This requires working out:

1. long range plans consistent with economic constraints and social needs such as a healthy environment, recreation, and high quality social and medical care; and
2. prognoses of science to aid decision making.

It is obvious that not all scientific disciplines have equal strategic significance. Furthermore it would seem that the consideration of medical disciplines alone would suffice neither for analyzing the problems nor for elaborating a strategy. A comprehensive integration is necessary in a variety of scientific disciplines including molecular biology, psychology, the social sciences — e. g. economics, theory and organization of science — and even philosophy. Therefore complex prognoses are required which involve special methods and procedures.

We set out to make a prognostic study of the development of scientific foundations for the improvement of human life processes (Fuchs-Kittowski et al., 1971). We tried to find out whether it is possible to derive the following ideas from an overall assessment of the foundations of science:

a) to exclude harmful factors;

b) to influence favorably the processes of development and aging, including both physical and intellectual performance; and

c) to choose the scientific fields and problems to be developed.

About the methodological approach

Our strategy was to determine the main goals and the most important directions of research to these goals. This was done in three stages:

1. Definition of the object of research and its environment;

[1]) In: Systems aspects of health planning, N. T. J. Bailey and M. Thompson, Eds., North Holland Publishing Company 1975, 319—333

2. Definition of the interactions (factors); and

3. Search for an appropriate operation to define the relation between the object and the environment, by methods of systems analysis and by representing the relations in a graph of prognosis.

Stage One

In the first stage it was necessary:

a) to determine the object of the prognostic study by means of systems analysis, using in particular prognostic graphs and subdivision operators;

b) to arrange and order the factors relevant for the functioning of human life processes; and

c) to work out the structure of relations between external and internal factors of the human organism.

It was necessary to find working definitions of the categories: human life processes, environment, and factors. We took as a point of departure the concept that the human life processes and the environment are parts of a Man-Environment System, and that the human life process must be regarded as a unity of biological, psychological, and social processes. Such a concept leads to the thesis that man's environment is the sum of processes existing outside the individual. However, such definitions are so broad as to be practically useless. Therefore, we have tried to subdivide and simplify the system into two parts (Figure 1).

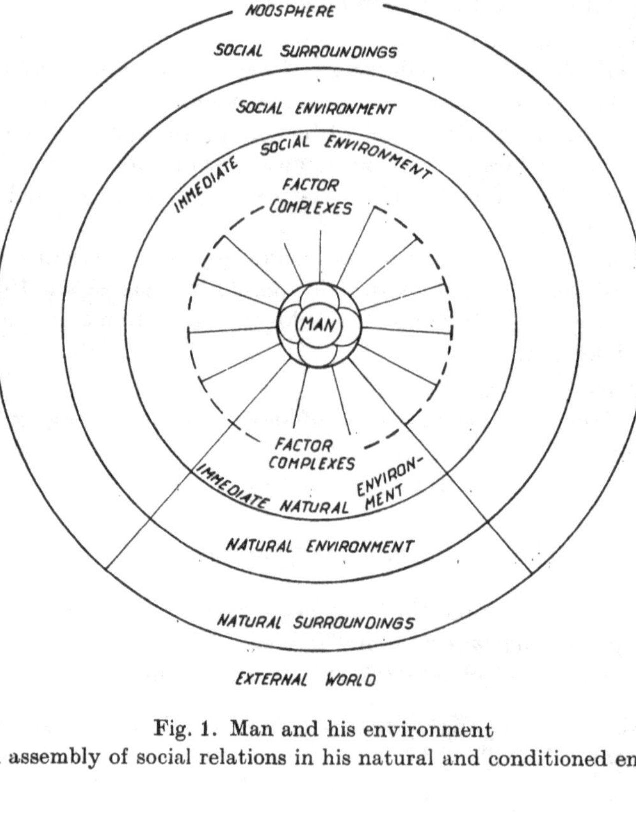

Fig. 1. Man and his environment
Man as an assembly of social relations in his natural and conditioned environment

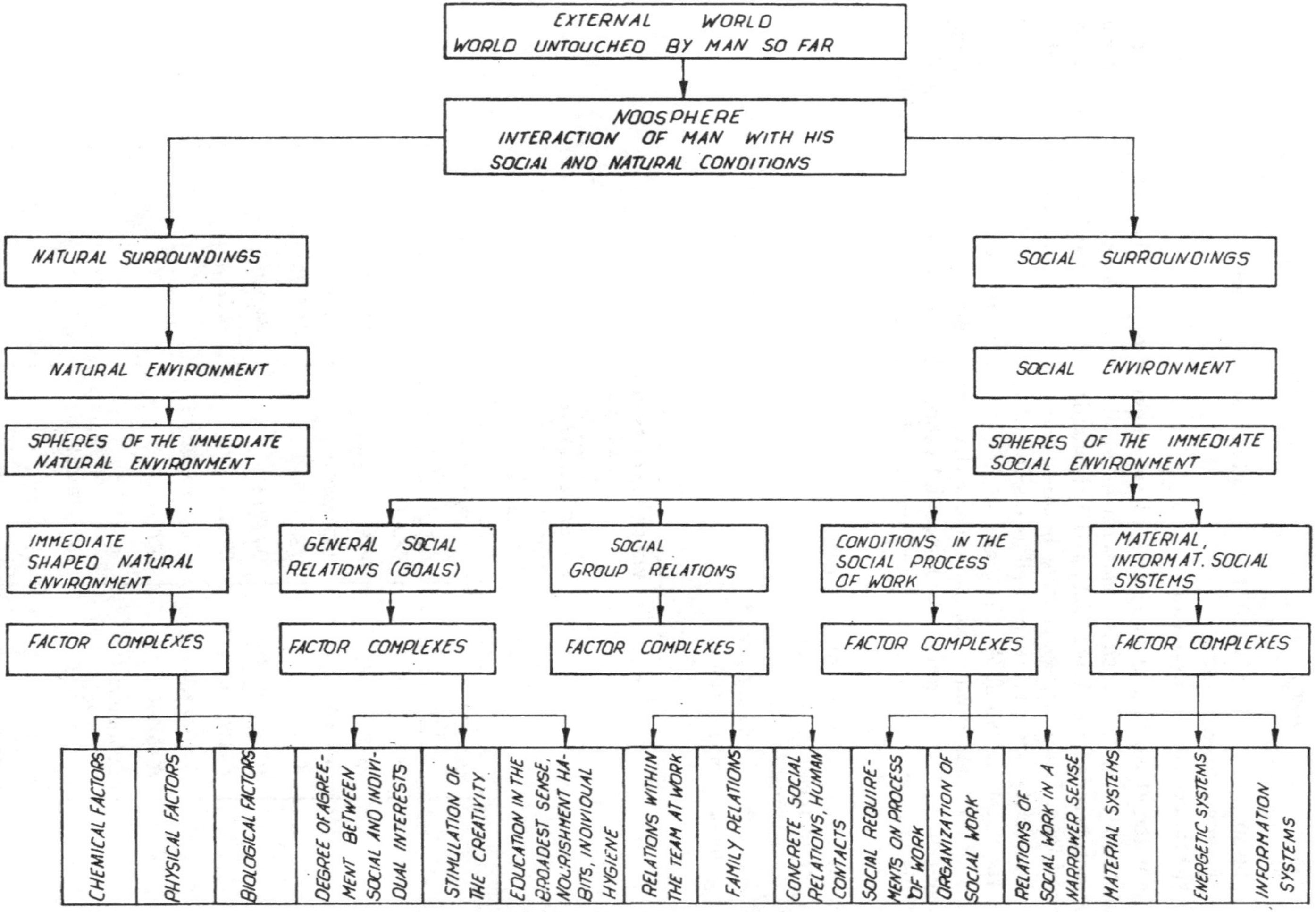

Fig. 2. Factor complexes of the natural and social environments

1. The external world; and
2. The noosphere
a) the surroundings or the overall natural and social conditions,
b) the environment, and
c) the immediate environment.

The external world is defined as a phenomenon of objects that are prerequisite to human existence, but which are partially or wholly removed from the influence of man. The noosphere is formed by society and by humanized nature that is conditioned by the work of man. It comprises relations between the different spheres of society, relations between society and nature, as well as inside humanized nature. This system interacts with the external world. As the „surroundings“ of the Man-Environment system we regard all relations, conditions, and objects that influence man essentially only through the environment. As „environment“ we unterstand the immediate interactions of man with his surroundings. In particular from the viewpoint of health, five domains should be distinguished (Figure 2):

1. the shaped natural environment;
2. the material systems of society;
3. the conditions of work;
4. social group relations; and
5. general social relations.

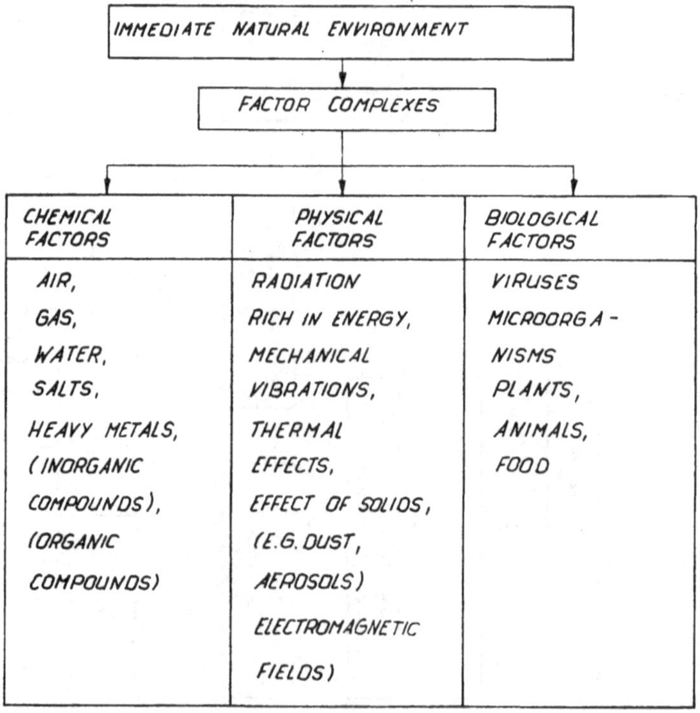

Fig. 3. Subdivision of the three factor complexes of the immediate natural environment into single factors to be made more precise by further research

We have considered primarily the first three domains. Within the domains one can distinguish complexes of factors, each which consists of various factors; together they constitute the immediate environment of man.

We call „factors" all elements (of the natural and social environment) influencing man which can be identified and deliminated independend of their structure. They may be part of the natural and social environment or of the human life processes. Figure 3 shows how the three factor complexes of the shaped natural environment are subdivided into chemical, physical, and biological factors.

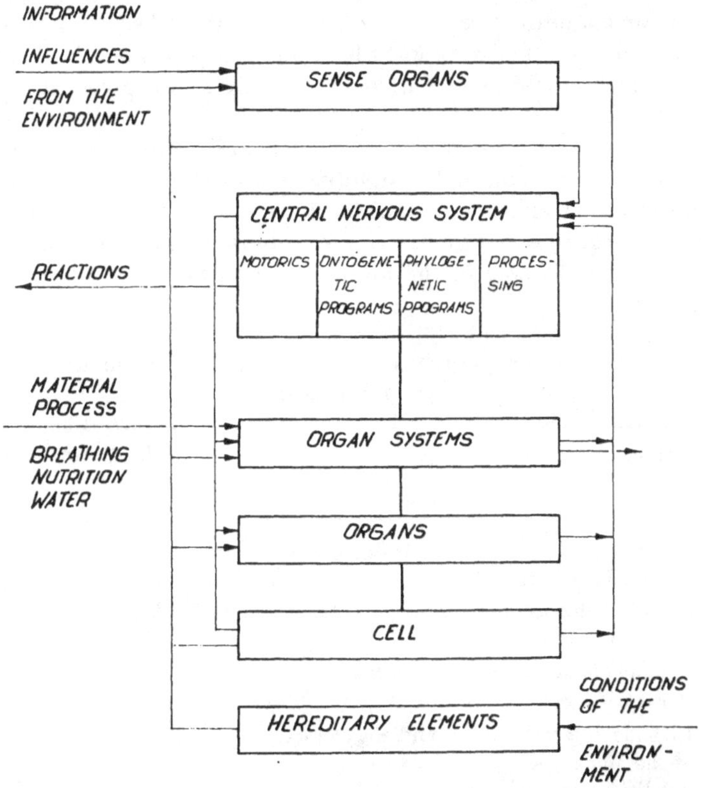

Fig. 4. Interrelations of hierarchy levels of the human organism

Let us now turn to the internal elements — biological and psychological processes — which influence human life processes. For the ordering of the biological factors we followed the structural levels of living systems: molecular, subcellular, cellular, organism, and population (Figure 4). Through specific physical and chemical processes, these levels are integrated to form a highly complex system. Our knowledge of the importance of the genetic factors is only in its first beginnings.

On the basis of this figure, it was possible to find a point of departure to arrange the multitude of relevant factors and to work out a general structure of their relationships. In this manner we were able to arrange groupings of factors significant for man's physical and psychological activities. They include:

— reproduction, differentiation, growth, development;

— aging, involution;
— defense against infections, immunological reactions;
— protection mechanism against non-antigenous harmful effects;
— organ activities whose limitations essentially determine the overall morbidity;
— physical activities; and
— patterns of behaviour.

Stage Two

The goal of the second stage of the work was to arrive at a weighting of the factors. For this purpose, we compiled a catalogue of factors and worked out a prognostic graph (hierarchy of elements) in order to prepare for numerical analysis. Further details about the methodology and the methods of numerical analysis are given in the appendix to this paper (SCHLUTOW, 1972).

The factors were system- and problem-oriented and were grouped into thirty-five factor groups. The delimitation of the number of factor groups was carried out by a weighting procedure of an expert panel. Table 1 shows a section of an original questionnaire. For psychological reasons, the factors were presented in a random sequence. The highest possible evaluation was 5, the lowest 1. The evaluation of the factors varied from 4.16 to 2.10.

Table 1: Extracts from a questionnaire for weighting factors influencing partial prognostic goals

2.	Influencing factors	Weighting E	Weighting Ü	Grading N
2.1	Psychological, sociological, pedagogical factors of a healthy nutrition			
2.2	Chemical (including toxicological) factors of the natural environment			
2.3	Factors of the organization of work			
2.4	Genetic factors			
2.5	Biological, psychological and sociological factors of the landscape			
2.6	Traditions and customs			
2.7	Migration within the framework of communication processes			
2.8	Molecular biological factors of development (reproduction, growth, embryogenesis, differentiation and maturation)			
2.9	Psychological and sociological factors of recreation			
2.10	Legal factors			
2.11	Regulation factors related to hormones			
2.12	Disease frequencies			

E: expert; Ü: survey; N: layman with scientific training; Weighting: 1 (lowest evaluation) to 5 (highest evaluation)

Stage Three

In the third stage of our work it was necessary:

a) to formulate and select limited (precise) goals of research; and

b) to assess the contributions of the relevant disciplines for developing the scientific bases for achieving these goals (ROSENTHAL, 1972).

A catalogue of limited goals was set up and submitted for consideration to seventy-five experts in the field of biological sciences. This resulted in the selection of four limited goals for improving human life processes:

1. The conservation and promotion of intellectual performances;
2. the conservation and promotion of physical performance;
3. the extension of the age of high effectiveness, with emphasis on the positive influence of favorable conditions for the development period of childhood; and
4. a change of the environment for the benefit of man.

An obvious difficulty in making evaluations lies in the heterogeneity of the factors and in the subjetive limitations of the evaluators. We tried a method of numerical analysis which comprised:

1. weighting the factors by a round of evaluations,
2. weighting the significance with respect to the goals of optimization, and
3. weighting with respect to the multiple valency of the factors for several goals of optimizations.

Three rankings were employed (3=high, 2=mean, 1=low). This procedure yielded a much wider spread of differentiations as compared with the ranking procedure of the questionnaire. A weighting of scientific disciplines was carried out. In this way we obtained a matrix which showed all scientific disciplines which have an essential part in the creation of the scientific bases of the goals of optimization.

On this basis two out of thirty-five disciplines — biochemistry and ecology — were selected as having great impact upon the goals of optimization. Table 2 shows the ranking given to these two disciplines with respect to some of the optimization goals. It should be stressed that no single science considered in isolation would be adequate for developing the complex scientific foundations to achieve the goals.

One result of the evaluation was that certain fields of science play a strategic role in the aims of the prognosis because of their multiple valency, even though the experts expected only a limited use of their achievements in the next twenty years.

For the biological foundations of human effectivity, the prognostic study produced recommendations:

1. to establish a system of standards for physical and intellectual performance;
2. to set up a list of endogenous and exogenous risk factors;
3. to increase research in the field of molecular biology of the processes of development;
4. to intensify work in the field of human genetics;
5. to encourage research into the molecular foundations of the processes of learning, fatigue, and recovery;
6. to study long-range influences of nutrition and different nutritional requirements with respect to age, type of work, and individual constitutions; and
7. to expand efforts in the field of psychological research of early childhood.

Table 2: Simplified example for a structure of relations between partial aims of optimization

partial aim of optimization		field of knowledge	
		biochemistry	ecology
conservation and stimulation of intellectual performance	organization of work	1+	1+
	biol. f. of fatigue	3	—
	information density	2	—
	biol. f. of intellectual performance	3	—
	noise	—	—
	food — nutrition	3	—
	psych. soc. f. recreation	—	2
	social rhythms	—	—
	biol. rhythms	1	1
optimal environment	toxicol. f.	2	3
	f. of nat. resources	—	3
	noise	—	1
	f. of industrial conurb.	—	2
	wastes	—	2
	chem. f.	2	2
	landscape f.	—	3
	information density	—	—
	organization of work	1	1
	physical f.	—	—

+) Evaluation: 1 (low), 2 (medium), 3 (high)

In the field of social sciences it was recommended to investigate: the role of tradition and subjective views as obstacles to a scientific nutrition; ethical and moral positions with regard to family planning; the place of stimulants; ideological and social aspects of recreation and a healthy way of life; and the elaboration of appropriate legal normatives. Research on problems of philosophical studies of the bio-social problems — including the impact of modern genetics and to the revolution in science and technology — calls for a general unity of natural and social sciences.

We had, of course, difficulties in the evaluation, owing to the insufficient number of experts in the GDR. We should like to suggest that a highly complex prognosis would be much improved by international cooperation. The strategy employed for the prognostic study might be applied with advantage to other problems which constitute border regions between medicine and other fields of knowledge (e. g. psychology, ecology, economy, the organization of automated information processing or informatics).

Another possible application may be the problems of multiphasic screening. Here also external and internal factors must be found and defined in order to decide what kind and how many data are required, and which of the factors considered may be influenced. On this basis it might be possible to set up models for risk groups or of different periods of life (Friedemann et al., 1970). The method of hierarchies of elements is not only planning and of general classification in very complex fields. Perhaps this method may be useful, whenever it is necessary to make comparable statements by experts from different fields.

Appendix: Remarks on the methods of prognosis employed

The work on the study "Scientific Foundations of the Optimization[1]) of Human Life Processes" made necessary inquiries into the use of known methods of prognosis or into their further developments (Schlutow, 1972). Science integrating problems are typical of national science prognostics. The problem under consideration — the working out of a complex scientific forecast — is limited according to its contents by the central aim. But according to its structure this problem is charcterized by the prognostic methods to be used, and according to each method, it is determined by principles and rules defining the sequence of operations. In solving science integrating problems the scientist will generally proceed only in a manner related to the problem as far as his discipline is concerned. This is unsatisfactory for understanding the problem as a whole and the dialectics of a part and a whole in the problem solving process.

Therefore, the prognostic method must fulfill several functions. First, it must help give the scientist a means of access to the problem as a whole. Wherever the thinking of the individual may be limited, the method must make visible and allow assessment — by a team approach and by technical means — of the variety of interrelations in the hierarchy of the problem. For working out the prognosis "Scientific Foundations of the Optimization of Human Life Processes ..." the method of integrated hierarchies of elements appeared to be appropriate. In Figure A 1, the position of the method is shown within the overall prognostic study in the GDR.

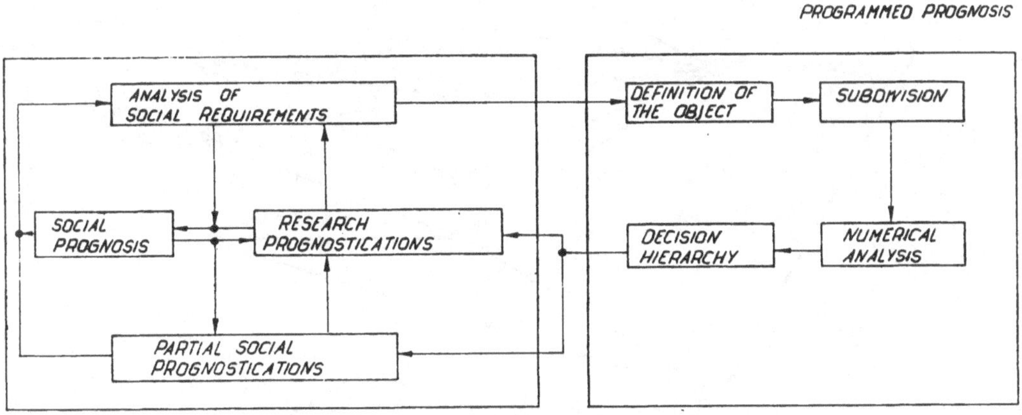

Fig. A 1. Programmed prognosis

According to the classification of G. M. Dobrov, our approach is the program prognosis method. The hierarchy of qualitative prognosis elements as the central part of this method is based upon the concepts of aspect, prognosis element, and a graph of length 1.

[1]) Optimization is to be understood here in the sense of the choice of the best variant

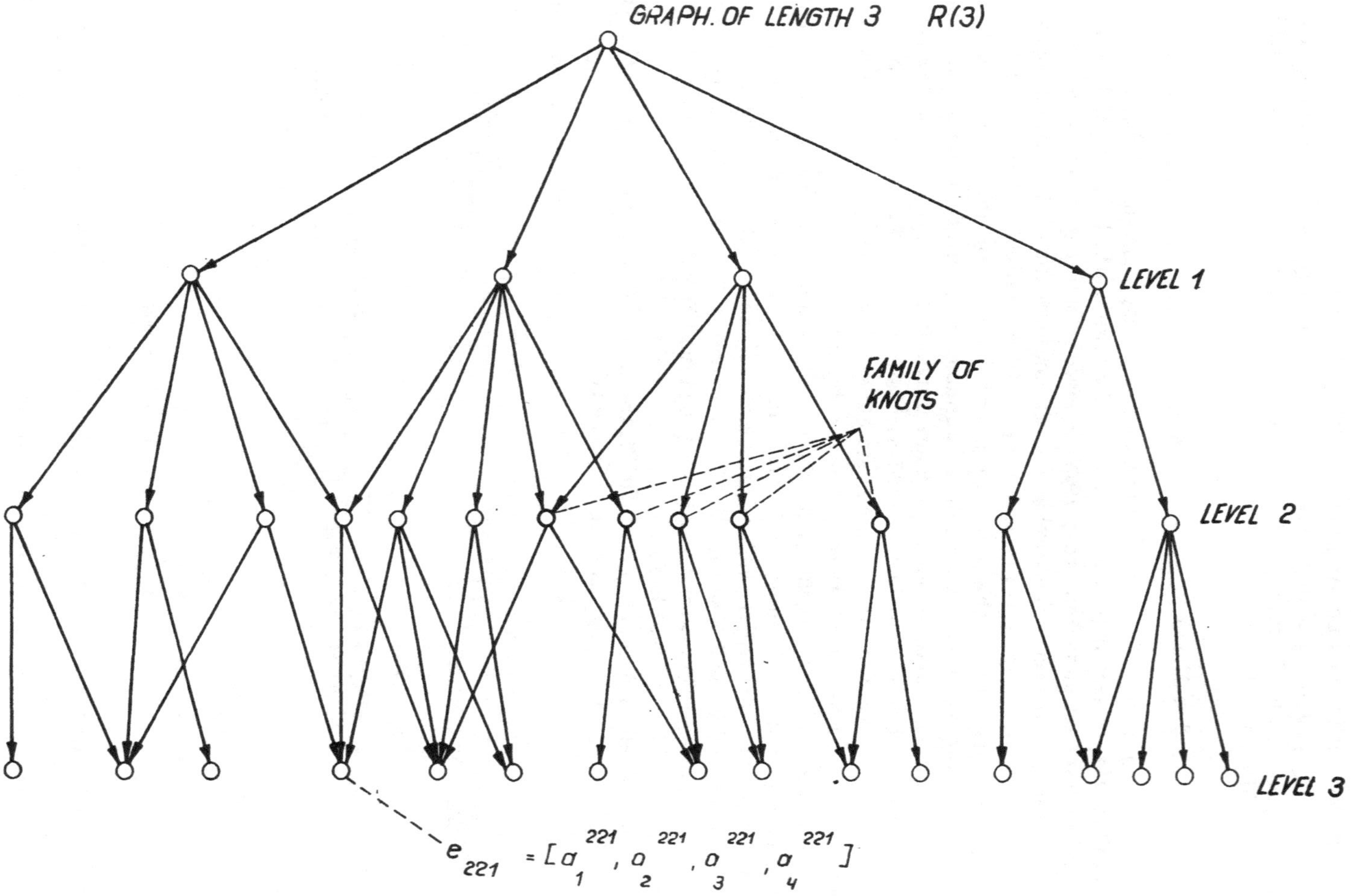

Fig. A2. Elements of prognosis coordinated to the knot

In Figure A 2 a graph of length 3 is represented (symbol $R(3)$). We define it as a directed, uncyclical centered graph, without double edges, in which every connection of two knots is of length 1 or is part of a connection of length 1.

A graph $R(1)$ is free of loops; thus we speak about a tree of lenght 1 (symbol $B(1)$). These termas — taken from the theory of graphs or from set theory — serve a unified terminology. By adopting the method of relevance trees methods of graph analysis or integrated element hierarchies according to a consistent generalization were developed under various names — e. g. PATTERN, CPE — in (JANTSCH, 1967; NIKOLAJEV, 1969; and Autorenkollektiv, 1971).

In a further development we attempted to make visible the arbitrariness or the specific particular laws during the transition from one level to another (downward) in an element hierarchy related to concrete prognosis, and thus to improve the objectivity of prognoses. Our point of departure was to renounce the practice of naming one classification feature only for the elements coordinated with the knots of a level of a graph $R(1)$, which we are going to call elements of prognosis.

It was not required, at any rate, that the classification features we call "aspects" should apply for the whole level. Only, it must be taken into consideration:

1. that the features (aspects) apply to one family at least; and
2. that if the aspects do not apply to the whole level, then implications must be considered for applying numerical analysis.

For the section of a hierarchy of unassessed elements of prognosis of structure $R(4)$, already treated in the study, it was always possible to work with elements of prognosis described by the aspects

a_1: object,
a_2: method for describing an object,
a_3: goal, and
a_4: method for reaching a goal.

According to a prognosis to be worked out or, if necessary, to a family in the hierarchy of unassessed elements of prognosis, a specific choice of aspects can be made.

The transition from one level to another is carried out by splitting up an aspect according to one of the structural properties existing in a concrete set, for instance,
reduction of the degree of abstraction,
subdivision into subsets,
subdivision into the elements of a system,
to give only a few structural properties for occupying an aspect (in so doing, the subdivision procedure must be indicated for every structural property).

Furthermore, a number of questions are to be mentioned whose consideration led to the formulation of a general subdivision operator. Its application for setting up an element hierarchy of structure $R(1)$ of unassessed elements of prognosis limits the arbitrariness during transitions from one level to another, and makes it possible to recognize gaps in the subdivisions, thus allowing one to derive implications about the possibility of using numerical analysis.

Let us now turn to the first of these questions. Subdividing an aspect of an element of prognosis according to its structural property implies the necessity in many cases of subdividing further aspects of the element of prognosis according to certain structural properties. As an example, take the subdivision of a particular element of prognosis from the study: "Scientific Foundations for the Optimization of the Human Life Processes" (Fuchs-Kittowski et al., 1971). This example consists of the following aspects:

1. Object: physical properties of the resource air;

2. Method related to the object: (formulated by naming the participating disciplines) biophysical sciences, technological sciences, architecture, urban planning;

3. Goal: keeping the resource air clean with parameters favorable to human life processes; and

4. Method of attaining this goal: protect the resource air from harmful influences.

Subdividing the occupancy of the aspect "Object" leads for the aspects and object to a family of occupancies, e. g.

scientific foundations for measuring and controlling noise;

scientific foundations for preventing noise;

Scientific foundations for radiation protection by measurement and control; and so on.

Clearly, the subdivision of the object also for the interpretation of a_1 — "Physical Properties of the Resource Air" — implies a subdivision in the system of the scientific disciplines concerned.

An analysis of well-known applications of element hierarchies and the work on this study led to the fact that levels existing in the hierarchy resulting from the logic of the subdivision are left out. Subdivisions in which n levels are allowed, we call subdivisions of a higher order. The taking into account the order of the subdivision will lead to prognosis elements of equal level and thus to the possibility of employing horizontal analysis.

We have indicated above that the aspects serve the purpose of classifying the prognosis elements of a level or of a family and that only in rare cases can all prognosis elements of an element hierarchy be described by the same set of aspects. To supplement the analytical apparatus, it is therefore necessary to take account of mappings that allow us to map an aspect before or after the subdivision into the interpretation of another aspects. By applying such an analytical apparatus the details can be more clearly arranged and, as is still to be shown, they can also be better assessed.

The application of numerical analytical methods of this sort, on one way or other involves the interviewing of experts. This is of particular ideological relevance. Ideological consistency in the basic problems of social development and toward the goals of society is an important point of departure of all the experts concerned.

It would be far beyond the scope of this paper to deal more closely with the resulting experience of social research to be considered which thrusts into the foreground such problems as

the composition of the expert groups,

the composition of the questions and the questionnaire,

the rules for the interviewer,

the validity and reliability of the methods, and so on.

From the results obtained so far the necessity is stressed to continue research in the field of prognosis to work out extremely complex prognostications of science. The way has been shown for obtaining new insights into prognostic methods.

References

[1] Autorenkollektiv: Methodik der programmierten Prognostizierung von Wissenschaft und Technik, Moscow 1971.

[2] Friedemann, H., H. J. Thiele and H. J. Tredt: Modellstudien für Vielfachreihenuntersuchungen als Grundlage eines umfassenden Systems der gesundheitlichen Betreuung der Bevölkerung — Eine Übersicht. Ztschr. ärztl. Fortbildung **64** (1970), 1261—1267.

[3] Fuchs-Kittowski, K., S. Rosenthal and G. Schlutow: Wissenschaftliche Grundlagen für die Optimierung der menschlichen Lebensprozesse. Humboldt University, Berlin (1971), GDR.

[4] Fuchs-Kittowski, K., and S. Rosenthal: Systemanalytischer Versuch zur Herausarbeitung des Gegenstandes der prognostischen Studie. Wissenschaftliche Grundlagen für die Optimierung menschlicher Lebensprozesse. DDR-Medizin. Report **1**, Heft 6, 1972.

[5] Jantsch, E.: Technological Forecasting in Perspective. Paris, 1967, 219—228.

[6] Nikolajev, V.: Die Zielbaumethode. Technische Gemeinschaft 7, 3, (1969) 16—25.

[7] Rosenthal, S.: Einfache Methoden der Entscheidungsfindung (Bewertung) in der prognostischen Tätigkeit. DDR-Medizin. Report **1** (1972), Heft 6.

[8] Rosenthal, S., K. Fuchs-Kittowski, and G. Lickert: Zu einigen ausgewählten Fragen der Umweltproblematik vom Standpunkt der prognostischen Studie Optimierung menschlicher Lebensprozesse. Vortrag auf dem Akademiekolloquium der problemgebundenen Klasse „Optimale Gestaltung der Umwelt“ über den Begriff „Umwelt“ Wissenschaftliche Thesen. Heft 3. (1972).

[9] Schlutow, G. (1972): Integrierte Elementhierarchien, Methoden zur weiteren Objektivierung einer Klasse von Programm-Prognose-Verfahren. Dissertation. (Gesellschaftswissenschaftliche Fakultät, Sektion Wissenschaftstheorie und -organisation der Humboldt-Universität, Berlin).

Zu einigen ausgewählten Fragen der Umweltproblematik vom Standpunkt der Prognostischen Studie des Forschungsrates „Optimierung menschlicher Lebensprozesse“[1])

S. Rosenthal, K. Fuchs-Kittowski und G. Lickert

1. Die Ziele der Prognostischen Studie als Ausgangspunkt für eine Arbeitsdefinition des Umweltbegriffs

Ausgangspunkt für eine genauere Bestimmung des Umweltbegriffs war für uns die zu erarbeitende Aufgabenstellung der „Prognostischen Studie“ des Forschungsrates der DDR „Wissenschaftliche Grundlagen für die Optimierung der menschlichen Lebensprozesse unter Berücksichtigung der Wirkung gesellschaftlicher, biologischer, chemischer, physikalischer und technischer Faktoren der Umwelt“. Die Aussagen der Studie beziehen sich auf einen Zeitraum von etwa 20 Jahren. Entsprechend dem augenblicklichen Stand der prognostischen Arbeiten stehen folgende Teilziele einer Optimierung in einer Ranglistenfolge der Bedeutung an der Spitze:

— Erhaltung und Förderung der geistigen Leistungsfähigkeit,
— Erhaltung und Förderung der körperlichen Leistungsfähigkeit,
— Gestaltung einer günstigen Umwelt.

Aus einem Katalog möglicher Teilziele einer Optimierung wie z. B. Wiederherstellung, Erhaltung, Förderung der Gesundheit, Verlängerung der Lebenserwartung wurden die oben genannten Teilziele ausgewählt. Diese haben im Grunde genommen die Beziehungen zwischen Umwelt und menschlicher Leistungsfähigkeit, die sich in den komplexen biologischen Prozessen der körperlichen und geistigen Aktivität des Menschen äußern, zum Gegenstand.

1.1. Definition des Begriffs „menschliche Lebensprozesse“

Hierbei gingen wir von der dialektisch-historischen Einheit des Biologischen und Sozialen im Menschen aus.

Menschliche Lebensprozesse sind:

Biologische (biochemische, genetische, physiologische usw.) Prozesse des menschlichen Organismus zur Aufrechterhaltung der Strukturen und Funktionen des Organismus und zur Erhaltung und Entwicklung der menschlichen Art;

Psychische Prozesse (im Sinne individueller Bewußtseinsprozesse) als einer spezifischen Eigenschaft der menschlichen Gehirnfunktion zur ideellen Widerspiegelung der

[1]) Akademie-Kolloquium der problemgebundenen Klasse „Optimale Gestaltung der Umwelt“ über den Begriff „Umwelt“ am 2. September 1971 in „Wissenschaftliche Thesen“ Heft 3, 1972 der Akademie der Wissenschaften der DDR

objektiven Realität (Umwelterkenntnis und Selbsterkenntnis) Sie umfassen Vorgänge, in denen der Mensch Informationen aufnimmt, speichert, verarbeitet und neu schafft. Die psychischen Prozesse sind die Grundlage für das rationale und emotionale Verhalten des Individuums und lenken die menschlichen Handlungen in der Auseinandersetzung mit der Umwelt;

· Soziale Verhaltensweisen von Individuen und Gruppen zur Selbsterhaltung, Reproduktion und Optimierung der einzelnen Mitglieder der Gemeinschaft und dieser selbst. Sie äußern sich besonders im sozialen Verhalten und in der Fähigkeit zur gesellschaftlichen Arbeit und damit zur Erkenntnis und Aneignung der Umwelt und der Selbsterkenntnis, mit den sich daraus ergebenden Potenzen zur Veränderung, Gestaltung, Beherrschung und Neuschöpfung sowohl natürlicher (hier vor allem auch biologischer) als auch der gesellschaftlichen Prozesse.

Die biologische Seite der menschlichen Lebensprozesse wird gekennzeichnet durch:

- eine weitgehende Übereinstimmung wichtiger biologischer Elementarprozesse bei Mensch, Tier, Pflanze und Mikroorganismus;
- das komplexe, dynamische innere System von Struktur und Funktion, das alle Organisationsebenen der lebenden Materie von der molekularen über die subzelluläre, zelluläre und Organebene bis zum Organismus umfaßt;
- die genetische Determiniertheit der Prozesse, deren Grenzen und Komplexität sowie Verflechtung und Beeinflussung durch die Umwelt jetzt in den Anfängen erkannt ist;
- die Existenz von individuell kombinierten Serien von molekularbiologischen Faktoren im Individuum, die im Entwicklungsprozeß und durch Umwelteinflüsse modifiziert werden und es gestatten, die „Einmaligkeit" des menschlichen Individuums mit wissenschaftlichen Methoden auf verschiedenen Ebenen zu erfassen;
- Entwicklungsprozesse mit mehr oder minder deutlich abgrenzbaren Etappen und großen Zeitkonstanten (Pränatal- und Natalperiode, Kindheit, Jugend, Reife, Übergang, Senium);
- Auftreten von Krankheiten, die Leistungsminderung und Lebensverkürzung hervorrufen;
- eine besondere Entwicklung des Zentralnervensystems (Denkfähigkeit, Gedächtnis, Psyche) als wichtiger Faktor der Einheit von Biologischem und Gesellschaftlichem;
- eine besondere Wertbestimmung des Individuums, die durch das gesellschaftliche Wesen des Menschen bedingt ist und in bezug auf die individuelle Schöpferkraft und das Fehlen einer natürlichen Auslese oder Zuchtwahl auch eine besondere biologische Bedeutung hat.

Die soziale Seite der menschlichen Lebensprozesse wird durch die Stellung des Menschen im sozialistischen gesellschaftlichen Reproduktionsprozeß bestimmt. Der Arbeitsprozeß nimmt hierbei eine Schlüsselrolle ein und ist die allgemeine Bedingung für den Stoffwechsel des Menschen mit der Natur. Weitere Komponenten des Reproduktionsprozesses sind Bildung, Kultur, gesellschaftliche Aktivität, Information u. a. Diese Prozesse interessierten im Rahmen dieser Studie nur insoweit, als sie von unserem Erkenntnisstand aus die biologischen Komponenten der Lebensprozesse wesentlich beeinflussen und für die Steigerung der menschlichen Leistungsfähigkeit von unmittelbarer Relevanz sind.

1.2. Definition des Umweltbegriffs

Als philosophische Ausgangsposition möchten wir kurz umreißen:

- Mensch und Umwelt (natürliche und soziale) sind eine dialektische Einheit; der Mensch als Ensemble der gesellschaftlichen Verhältnisse läßt sich nur mit seiner Umwelt verstehen;
- der Mensch ist Teil der großen natürlichen Kreisläufe,
- Dimensionierung und Spezifik der Ansprüche menschlichen Lebens an die qualitativen und quantitativen Eigenschaften der Umwelt werden von der Qualität der biologischen Prozesse und der gesellschaftlichen Verhältnisse bestimmt;
- die Wechselbeziehungen Mensch—Umwelt sind von der molekularen bis zur organismischen und Populationsebene im philosophischen Sinne materieller Art und bei all ihrer Komplexität prinzipiell auf Elementarprozesse zurückzuführen;
- die Umweltbeziehungen, d. h. der Austausch (Stoffwechsel) des komplexen Systems Mensch mit der Umwelt, finden auf allen hierarchischen biologischen Ebenen statt, die alleinige Analyse auf jeweils nur einer Ebene führt zu unvollständigen Aussagen.

Der Mensch hat sich im Verlauf seiner Entwicklung alle Bereiche seiner Umwelt und Umgebung mehr oder weniger angeeignet und sie verändert. Im Verlaufe der weiteren gesellschaftlichen Entwicklung wird der Grad der Wechselwirkung Mensch—Umwelt weiter zunehmen, dabei wird der Eingriff in die großen Ökosysteme auch die Abhängigkeit des Menschen von ihnen stärker hervortreten lassen. Dies verlangt die Beherrschung der großen Ökosysteme, d. h. die Beachtung und Wiederherstellung der großen Gleichgewichte. In diesem philosophischen Sinne ist und bleibt der Mensch Teil der Natur und kann niemals außer ihr stehen. Beherschung bedeutet nicht Unabhängigkeit von der Natur, sondern Kenntnis ihrer Gesetzmäßigkeiten, Schaffung günstiger technischer, gesellschaftlicher Lösungen.

Die menschlichen Lebensprozesse vollziehen sich in der sogenannten „natürlichen" und gesellschaftlichen Umwelt. Die Wechselbeziehungen Mensch — natürliche Umwelt erfolgen im Rahmen

- großer Ökosysteme, auf deren Homöostase durch die menschliche Tätigkeit eingewirkt wird;
- der konkreten, künstlich geschaffenen natürlich-räumlich-baulich-technischen Umwelt, als eine der sozialen Lebensbedingungen des Menschen.

Daraus resultiert auf allen biologischen und soziologischen Ebenen ein Mensch-Umwelt-System, bei dem die dialektischen Beziehungen zwischen den verschiedenen biologischen und Umweltebenen prinzipiell erkennbar, aber noch keinesfalls vollständig erforscht sind, sowohl vom Standpunkt des soziologischen und naturwissenschaftlichen Experimentators.

Ausgehend vom Begriff der menschlichen Lebensprozesse ist, wenn man sehr allgemein formuliert, die Umwelt des Menschen die Gesamtheit natürlicher und sozialer Prozesse, die außerhalb des Individuums existieren.

Eine solche Definition, die die Umwelt praktisch mit der objektiven Realität, wie sie außerhalb und unabhängig vom Menschen existiert, gleichsetzt, ist jedoch vom Standpunkt und von den Aufgaben der „Prognostischen Studie" her gesehen nicht praktikabel. Es wurde notwendig, den Umweltbegriff zu differenzieren. Wir haben versucht, die Problematik in einem Schema (Abb. 1) darzustellen, das vier Schichtungen aufweist:

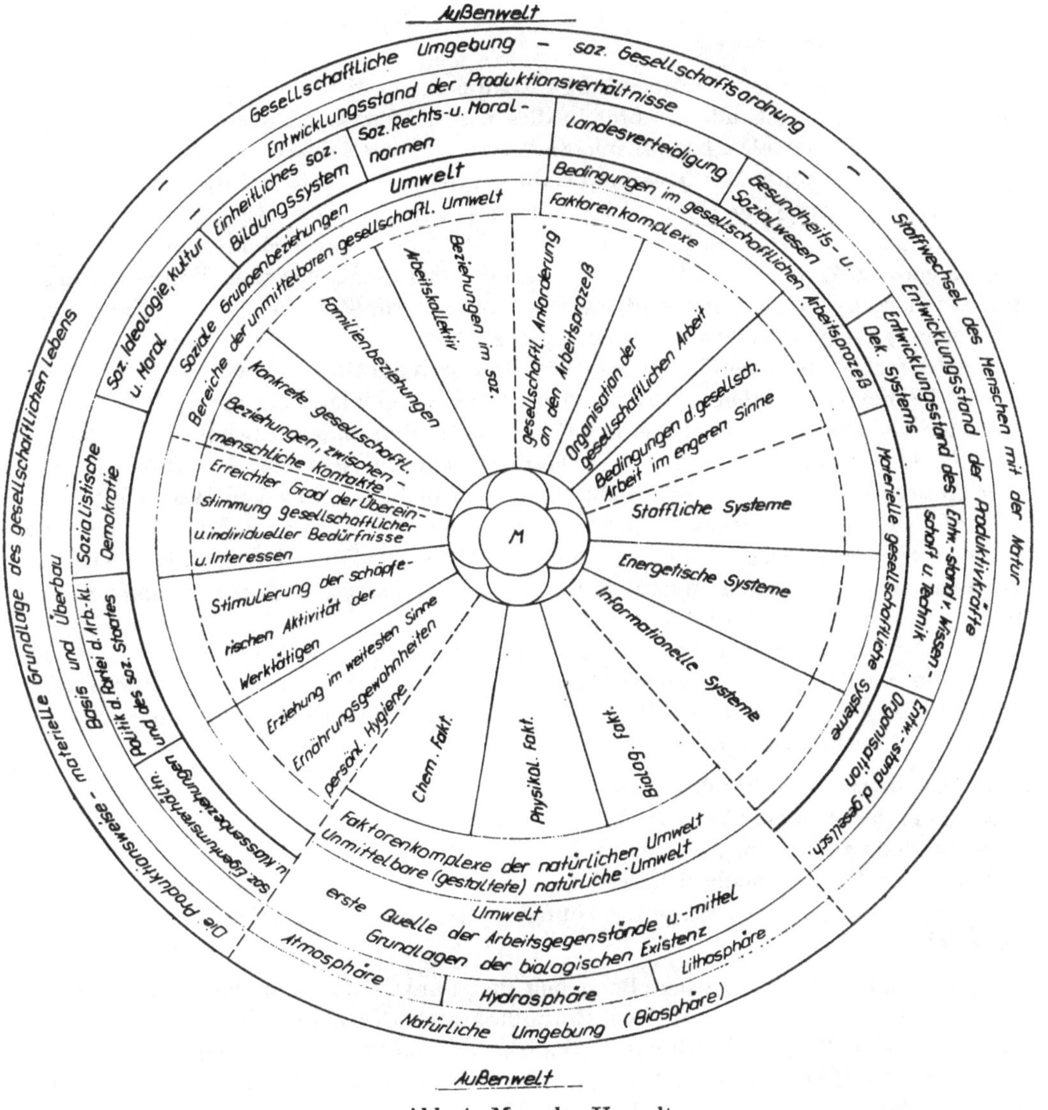

Abb. 1. Mensch—Umwelt
mit wesentlichen Bereichen Umgebung innerhalb der Noosphäre (Der Mensch als Ensemble der sozialistischen gesellschaftlichen Verhältnisse)

1. Außenwelt,
2. Noosphäre,[1])
2.1. Umgebung bzw. natürliche und gesellschaftliche Rahmenbedingungen,

[1]) Der Begriff Noosphäre wird hier verwendet in Anlehnung an W. I. Wernadski, nach dem die Noosphäre die der Einwirkung des Menschen unterliegende materielle Hülle der Erde ist. Danach ist sie nicht nur entsprechend der altgriechischen Wortbedeutung und der Verwendung des Begriffs bei Teilhard de Chardin die Sphäre der Vernunft, sondern die Sphäre der Vernunft und Arbeit

2.2. Umwelt,
2.3. unmittelbare Umwelt.

Im Mittelpunkt stehen der Mensch bzw. Gruppen von Menschen. Wir haben nun vereinfacht die uns umgebende Realität in diesen Begriffen bzw. Sphären zu erfassen gesucht, nicht gemeint als „Kristallsphären" oder „Schalen des Ptolemäischen Sonnensystems", wie BRECHT dies in seinem Galilei zitiert. Eine solche Differenzierung und damit Strukturierung der Umwelt war notwendige methodische Hilfe, um die Einflußfaktoren richtig zu erfassen. Zur Außenwelt wurden alle die Erscheinungen und Gegenstände gerechnet, die zwar wie der Kosmos oder das Planetensystem Voraussetzungen für die menschliche Existenz sind, aber mindestens zur Zeit noch dem Einfluß des Menschen (ganz oder überwiegend) entzogen sind.

Wir betrachten nun die Noosphäre: Sie wird durch die Gesellschaft und die durch die Arbeit des Menschen einbezogene (humanisierte) Natur gebildet. Sie umfaßt Beziehungen zwischen verschiedenen Bereichen der Gesellschaft, Beziehungen zwischen Gesellschaft und Natur sowie innerhalb der Natur. Dieses System (die Noosphäre) steht mit anderen (der Außenwelt) vom Menschen nicht bzw. noch nicht berührten in Wechselwirkung.

Zur Umgebung des Systems Mensch—Umwelt oder besser zu den Rahmenbedingungen rechnen wir alle die Beziehungen, Verhältnisse und Gegenstände der objektiven Realität, die zwar Beziehungen des Menschen darstellen, die jedoch im wesentlichen nur vermittelt über die Umwelt Einfluß auf ihn gewinnen.

Unter Umwelt verstehen wir den Komplex der unmittelbaren Wechselbeziehungen des Menschen mit der ihn umgebenden Wirklichkeit. Es können dabei (insbesondere unter dem Gesichtspunkt von Gesundheit und Leistungsfähigkeit) vor allem folgende fünf Bereiche unterschieden werden:

1. Die gestaltete natürliche Umwelt,
2. die materiellen gesellschaftlichen Systeme,
3. die Bedingungen im Arbeitsprozeß,
4. die sozialen Gruppenbeziehungen,
5. allgemeine gesellschaftliche Beziehungen (Zielsetzungen zwischen Individuum und Gesellschaft).

Von diesen fünf wesentlichen Bereichen der Umwelt des Menschen werden in der „Prognostischen Studie" vor allem Einflußfaktoren der ersten drei untersucht. Die innerhalb dieser Wechselbeziehung für die menschliche Existenz, für die Erhaltung und Erhöhung der körperlichen und geistigen Leistungsfähigkeit des Menschen unbedingt erforderlichen Faktoren aus den Faktoren-Komplexen der verschiedenen Bereiche der natürlichen und gesellschaftlichen Umwelt werden als unmittelbare Umwelt bezeichnet.

Die vorgestellte Differenzierung ist unserer Meinung nach nicht nur von theoretischem Interesse, sondern macht den komplexen Begriff der menschlichen Umwelt für verschiedene Zwecke erst praktikabel und führte vor allem zur Verdeutlichung der auszuwählenden Einflußfaktoren.

Es ist also deutlich, daß wir theoretisch wie praktisch verschiedene abgestufte Umweltbegriffe brauchen. Diese Abstufung läßt sich für die natürliche wie auch für die gesellschaftliche Umwelt des Menschen durchführen. Ja, dies ist unbedingt erforderlich, will man nicht zu einer nicht mehr handhabbaren, ganz allgemeinen Kategorie Umwelt gelangen.

In der „Prognostischen Studie" soll der Versuch unternommen werden, für diejenigen chemischen, physikalischen, biologischen und ausgewählten technischen sowie gesellschaftlichen Faktoren der unmittelbaren Umwelt eine Voraussage zu machen, die im Verlaufe der nächsten Jahrzehnte für die optimale Gestaltung der menschlichen Lebensprozesse in der DDR zunehmend eine Rolle spielen werden und als prognostisch bedeutsame Faktoren, d. h. negativ oder positiv zu bestimmten Lebensprozessen in Wechselwirkung treten. Hieraus sollen sich abrechenbare Forschungen und konkrete Maßnahmen für die Entwicklung von Wissenschaft, Technik und Produktion ableiten lassen.

Der überwiegende Teil der auf die menschlichen Lebensprozesse einwirkenden Faktoren ist im Prinzip qualitativ bekannt. Worauf es ankommt, ist, die quantitativen Beziehungen dieser Faktoren sowie ihre quantitativen und qualitativen Auswirkungen auf die menschlichen Lebensprozesse meßbar zu machen. Das ist die Voraussetzung für ihre Bewertung und Beherrschung.

2. Darstellung des Faktorenkatalogs „Optimale Gestaltung der Umweltbeziehungen“ und erste Ergebnisse der Bewertungsrunde

Wir haben versucht, den komplexen Prognosegegenstand in Faktoren zu untergliedern. Diese repräsentieren im philosphischen Sinne nicht Elementarprozesse.

Wir verstehen unter Faktoren
- gesicherte oder mögliche Einflußgrößen der natürlichen und sozialen Umwelt und
- Parameter der menschlichen Lebensprozesse, die unabhängig von der Natur ihrer Struktur identifizierbar, abgrenzbar und möglicherweise meßbar sind.

Entsprechend dem Strukturmodell des Prognosegegenstandes gliedern sich die Faktoren in zwei Ebenen:

1. Faktoren der menschlichen Lebensprozesse

- biologische
- psychische
- soziologische

} Faktoren

Auf diese möchten wir nicht weiter eingehen.

2. Faktoren der natürlichen und sozialen Umwelt:

- Physikalische, chemische, biologische und technische Faktoren der natürlichen Umwelt;
- Materiell-technische und Umweltfaktoren der direkten Arbeits- und Lebenssphäre des Menschen;
- Faktoren der sozialen Bedingungen der direkten Arbeits- und Lebenssphäre des Menschen.

Zu Beginn haben wir einen Systemkatalog der Faktoren aufgestellt.

Von größerem Interesse ist aber die problemorientierte Gruppenbildung der Faktoren.

Diese Aufgabenstellung ist noch nicht abgeschlossen. Aus prognostischer Sicht, d. h. ob etwas prognostisch möglich oder prognostisch wünschenswert wäre, erfolgte eine Wichtung der Faktoren durch eine Befragungsrunde von Experten. Die entscheidende wissenschaftliche Aufgabenstellung ist die Erarbeitung der qualitativen und quantitativen Wertungskriterien.

Es erfolgte eine Wichtung der Faktoren aller drei Bereiche mit ausreichender Aussagekraft. Für 35 Faktorengruppierungen war die Note 1 bis 5 zu vergeben.

Zwischen den hoch bewerteten Faktoren und den ausgewählten Optimierungszielen lassen sich enge Beziehungen herstellen, obgleich beide getrennt beurteilt wurden.

Im ersten Drittel der Bewertung finden sich folgende Gruppen von

— biologischen Faktoren
— Faktoren der natürlichen Umwelt
— Faktoren der sozialen Umwelt:

Biologische Faktoren
Ausgewählte Organfunktion
Nahrung und Ernährung
Biolog. Fakt. Ermüdungs- und Erholungsprozesse
Biolog. Faktoren der Verhaltensweisen
Neurobiolog. Faktoren der geistigen Leistungsfähigkeit und Begabung

Faktoren der natürlichen Umwelt
Toxikol. Faktoren
Industrielle und kommunale Abprodukte
Quant. u. qualit. Faktoren natürl. Ressourcen

Faktoren der sozialen Umwelt
Soziale Lebensbedingungen
Soziolog. u. psychologische Faktoren der Verhaltensweise
Psychologische und soz. Faktoren der Erholung
Psychologisch-soziologisch-pädagogische Faktoren der gesunden Ernährung
Faktoren der Arbeitsgestaltung

Zwischen Faktoren der verschiedenen Bereiche lassen sich zusammengehörige Gruppen bilden, z. B.:

1. Biologische Faktoren der Ermüdungs- und Erholungsprozesse. Soziologische und psychologische Faktoren der Erholung.

2. Neurobiologische Faktoren der geistigen Leistungsfähigkeit. Begabung und Verhaltensweise. Soziologische und psychologische Faktoren der Verhaltensweisen.

3. Biologische und technische Faktoren der Nahrung und Ernährung. Psychologische, soziologische und pädagogische Faktoren einer gesunden Ernährung.

Die Bewertung ergab neuartige Aussagen hinsichtlich

— der Hervorhebung des komplexen Charakters bestimmter Faktoren
— und damit der Notwendigkeit ihrer komplexen interdisziplinären wissenschaftlichen Bearbeitung in der prognostischen Forschung und gesellschaftlichen Anwendung;
— der Betonung von Faktoren, d. h. Wissenschaftsgebieten, die nicht in einschlägigen prognostischen Aussagen enthalten sind;
— von Hinweisen für Ansatzpunkte einer problembezogenen Zusammenarbeit zwischen Natur- und Gesellschaftswissenschaften.

3. Erste Schlußfolgerungen für Forschungskomplexe, die die Umweltproblematik betreffen:

1. Es müßten wissenschaftliche und wissenschaftsorganisatorische Voraussetzungen für die Entwicklung eines territorialen Modells der Optimierung der Umwelt des Menschen geschaffen werden. Hierfür müßte die herrschende Zersplitterung der Forschung überwunden werden und die Themen, die zum Gegenstand Probleme

— der Umwelttoxikologie,
— der Reinhaltung der Luft,
— des Schutzes der Wasserressourcen,
— der Beseitigung und Verwertung von Feststoffabprodukten,
— des Lärmschutzes,
— der terrestrischen Ökologie,
— der biologischen Grundlagen der sozialistischen Landeskultur
— und der optimalen Mehrfachnutzung von Kulturlandschaften

haben, zu einem gemeinsamen Komplex „Optimale Gestaltung der ungebauten Umwelt des Menschen" zu vereinigen. Der Bezirk Halle als industrielles Ballungsgebiet, in dem bereits ein ökonomisches Modell der Landeskultur erarbeitet wird, würde sich für diese Aufgabe eignen. Bei eventueller Abstimmung mit Forschungen im Bauwesen würde sich ein Forschungskomplex „Optimale Gestaltung der gebauten und ungebauten Umwelt des Menschen" erreichen lassen.

Aus diesem Forschungskomplex würde sich sehr wahrscheinlich vordringlich ergeben, folgende Schwerpunkte zu untersuchen:

— eine Verbesserung der natürlichen Umweltbedingungen (Wasser, Luft) besonders in Ballungsgebieten;
— eine Verringerung oder Ausschaltung toxischer Faktoren;
— eine Verbesserung der Umweltbedingungen der menschlichen Tätigkeitsbereiche in verschiedenen Lebensaltern.

2. Ein weiteres von unserem Standpunkt aus wichtiges Faktorengebiet betrifft die biologischen und soziologischen Grundlagen der Erholung.

Die Objektivierbarkeit der Erholung, ihre gezielte, optimale Gestaltung kann ein wichtiger positiver Faktor im menschlichen Reproduktionsprozeß sein, dessen potentielle Möglichkeiten nicht ausgeschöpft sind und unter sozialistischen Bedingungen breiten Kreisen der Bevölkerung zugute kommen.

Die Zunahme der Ballungsgebiete, der Kommunikationsdichte, der Schichtarbeit und der Freizeit läßt eine wissenschaftlich begründete Gestaltung der Erholung immer dringender werden. Der unterschiedliche Charakter der Erholungsbedürfnisse z. B. im Anschluß an monotone Arbeit oder nach starken geistigen Anforderungen läßt erkennen, wie differenziert Erholungsphasen wahrscheinlich gestaltet werden müssen. Die wissenschaftlichen Grundlagen der Erholung sind mit Ausnahme spezieller Teilgebiete (Leistung, physiologische und medizinische Aspekte) in der DDR unzureichend entwickelt. Es wäre deshalb wünschenswert, die Erarbeitung solcher Grundlagen als neues Forschungsthema aufzunehmen. Vom Standpunkt der „Prognostischen Studie" müßten folgende Themen vorrangig bearbeitet werden:

— Erarbeitung meßbarer Parameter für den Erholungsbedarf und Erholungsgrad verschiedener Bevölkerungsgruppen (Alters- und Tätigkeitsgruppen);
— der Erholungswert des Freizeitverhaltens unter Berücksichtigung gesellschaftlicher Faktoren;
— der Erholungswert der Umwelt einschließlich der Probleme der Belastbarkeit von Erholungsgebieten und der territorialen Verteilung von Erholungsflächen.

Der Komplex umfaßt medizinische, naturwissenschaftliche und soziologische Forschung und kann nur in enger Zusammenarbeit mit den territorialen Staatsorganen und gesellschaftlichen Organisationen gelöst werden. Außerdem ist zu berücksichtigen, daß das gesamte Erholungswesen in die territorialen landeskulturellen Möglichkeiten einbezogen werden müßte.

3. Im Rahmen der medizinischen Forschungsvorhaben auf dem Gebiet der Arbeitsmedizin kommt es vor allem auf eine Erweiterung der Forschung hinsichtlich der Entwicklung von Parametern zur Bestimmung der gesitigen und körperlichen Leistungsfähigkeit und Adaptionsbreite in den verschiedenen Altersperioden an. Außerdem müßten epidemiologische Studien über den Einfluß beruflicher Faktoren und Arbeitsbedingungen auf die Häufigkeit von Organstörungen z. B. im ZNS unter Berücksichtigung sozialer und endogener Faktoren durchgeführt werden.

Abschließend möchten wir auf den wichtigen Umstand aufmerksam machen, daß nur in der sozialistischen Gesellschaft die Bedingungen dafür gegeben sind, die Probleme der Optimierung der menschlichen Lebensprozesse durch Maßnahmen in soziologischen oder gesellschaftlichen, in technischen und in natürlichen und biologischen Bereichen gleichermaßen planmäßig zu erforschen und zu lösen. Wir möchten dies deshalb betonen, weil auch in den entwickelten kapitalistischen Industrieländern gewisse Anstrengungen zum Schutz des Menschen und seiner natürlichen Umwelt vor den Auswirkungen einer weiteren Technisierung unternommen werden. Dabei wird aber deutlich, daß an eine Veränderung der häufig hinderlichen gesellschaftlichen Verhältnisse nicht gedacht werden darf. Im Ergebnis findet man eine Überbetonung einer „unpolitischen“ Umweltforschung, die gesellschaftliche Lösungen nicht in Erwägung zieht.

II. Molekularbiologie und Philosophie

Zur enzymatischen Regulation des Zellstoffwechsels[1])

S. M. Rapoport

I. Allgemeines

1. Konstanz und Variabilität

Der fortwährende Stoffwechsel des Protoplasmas mit der Umwelt stellt das Wesen des Lebens dar. Dieser Stoffwechsel zeigt ebenso Züge großer Konstanz als auch weitgehender Variabilität. Beide Eigenschaften, Stabilität und Veränderlichkeit der Lebensäußerungen stellen eine Einheit dar und bilden ein wesentliches Element der ständigen Anpassung und progressiven Evolution des Lebens. Im Verlaufe der Entwicklung des vielzelligen Lebens auf der Erde sind komplexe und subtile Regulationsmechanismen entstanden, deren feinste und höchste Form die nervöse Regulation darstellt. Allen Regulationsmechanismen liegen jedoch die primitiven Reaktionen des Protoplasmas zugrunde. Ihr Wesen sind komplexe chemische Prozesse in Form von zellulären Fließgleichgewichten, die durch spezifische Enzyme katalysiert sind. Diese sind zeitlich und strukturell in einer zelleigentümlichen Ordnung verknüpft. Das komplexe Netzwerk des Protoplasma-Stoffwechsels läßt sich auf enzymchemische Elementarprozesse zurückführen. Dieses Gebiet stellt eine der Hauptrichtungen der biochemischen Forschung dar. Dabei ist die Aufgabe, sowohl die Stabilität des Zellstoffwechsels als auch seine extreme Variabilität, die in ihrem Widerspiel verschiedene Seiten der Regulation darstellen, zu analysieren und letzten Endes im Experiment zu reproduzieren.

Die weitgehende Konstanz des Zellstoffwechsels angesichts verschiedenartiger Umweltbedingungen ist durch viele Beispiele zu belegen. So finden wir weitgehende Unabhängigkeit der Stoffwechselgröße von Zellen über einen weiten Bereich von Sauerstoffkonzentrationen. Ebenso sind Veränderungen in der Glukosekonzentration von geringem Einfluß auf die Stoffwechselgröße vieler Zellen. Noch eindrucksvoller ist die gleichbleibende Stoffwechselgröße, die trotz qualitativer Änderung des Zellstoffwechsels bei Umschaltung von einem Substrat auf ein anderes oft zu beobachten ist. Hier ist der Übergang von Atmung auf Gärungsstoffwechsel und von äußeren Substraten auf endogene Substrate zu nennen.

Ebenso eindrucksvoll ist die Variabilität des Stoffwechsels. So findet man eine bis zu 100fache Vergrößerung der O_2-Aufnahme beim Übergang des Muskels vom Ruhezustand zur höchsten Aktivität [1]. Auf mehr als das 1000fache kann unter anaeroben Bedingungen der Glykogenabbau des Muskels steigen [2]. Die Entwicklungs- und Differenzierungsvorgänge bieten uns ein reiches Material für die Veränderlichkeit des Stoffwechsels. Im Verlaufe der embryonalen Entwicklung treten eine Anzahl von Enzymen neu auf. Bei dem Übergang einer Milchdrüse vom Ruhezustand zur Laktation tritt eine Verviel-

[1]) In: „Forschen und Wirken“ Festschrift zur 150-Jahrfeier der Humboldt-Universität zu Berlin, 1810–1960, 2, 463–488. VEB Deutscher Verlag der Wissenschaften, Berlin 1960

fachung der Stoffwechselleistungen auf [3]. Umgekehrt findet man im Differenzierungsprozeß den Verlust von Stoffwechselpotenzen. Die Ganglienzellen verlieren mit der Reifung ihre Teilungsfähigkeit. Bei roten Blutkörperchen des Säugetiers führt der Reifungsprozeß zum Verlust von Kern, Mitochondrien, Mikrosomen, der Atmung und vieler synthetischer Fähigkeiten [4]. In Abhängigkeit vom angebotenen Nahrungssubstrat finden wir Induktion und Repression, das Auftreten und die Unterdrückung von enzymatischen Kapazitäten [5].

Aus diesen Beiepielen lassen sich allgemeine Schlußfolgerungen ziehen. Die Konstanz des Zellstoffwechsels deutet auf die Gegenwart von begrenzenden Reaktionen hin, von Schrittmachern, die eine bestimmte „Stellgröße" des Zellstoffwechsels bestimmen. Die große Variabilität wieder weist darauf hin, daß es latente enzymatische Kapazitäten geben muß, die ein Vielfaches der Aktivität im Ruhezustand ausmachen. Kombiniert man die beiden Aspekte, so ergibt sich daraus das Postulat ihrer vielfältigen Regulation, und es erhebt sich die Frage nach den allgemeinen Gesetzmäßigkeiten, die dieser Regulation zugrunde liegen.

2. *Zeitkonstanten der Zellprozesse*

Die Zeitkonstanten der Zellprozesse spielen bei der Analyse der Zellregulation eine grundlegende Rolle. Es ist naheliegend anzunehmen, daß die kinetischen Parameter ein kontinuierliches Spektrum, das mehrere Größenordnungen umfaßt, darstellen. Die schnellsten Prozesse, wie etwa die Oxydation von Cytochrom a_3, haben Zeitkonstanten von 10^{-4} min [6]. Schwerer ist es, schon von der Begriffsbildung her, die Zeitkonstante langsamer Prozesse festzustellen. Die Zeitkonstante des Glyzineinbaues in das Hämoglobin beträgt etwa 10^4 min. Setzt man jedoch voraus, daß die mittlere Lebenserwartung eines roten Blutkörperchens Ausdruck der Zeitkonstante eines begrenzenden Schrittes ist, so würde sich ein Wert von 10^5 bis 10^6 min ergeben. Bezieht man die Schätzung auf die Lebenserwartung einer Ganglienzelle, so würden die Werte noch um weitere 1 oder 2 Größenordnungen höher liegen. Es ist aber mehr als zweifelhaft, ob die Lebenserwartung einer Zelle auf die Zeitkonstante eines Einzelvorganges zurückzuführen ist.

Wie dem auch sei, ergibt sich aus dieser Betrachtung, daß die Zeitkonstanten mindestens um 8 Größenordnungen schwanken, und es erhebt sich die Frage, ob man nicht innerhalb dieser ungeheuren Variationsbreite eine Gruppierung vornehmen kann. Im nachfolgenden wird die Eiweißsynthese als Kriterium zur Unterscheidung von schnellen und langsamen Prozessen herangezogen. Die Begründung für eine solche Definition läßt sich sowohl aus der Zeitkonstante der Eiweißsynthese als auch aus der Erwägung ableiten, daß Veränderungen in der Enzymbildung sich in Abweichungen des gesamten Stoffwechselprofils einer Zelle äußern. Als schnelle Prozesse werden die Stoffwechselvorgänge bezeichnet, die ohne komplette Neusynthese von Enzymen aus Aminosäuren vor sich gehen. Nach dieser Definition gehören Umwandlungen von Proenzymen und Aktivierungen durch Effektoren nicht zu den langsamen Vorgängen. Selbstverständlich muß dabei im Auge behalten werden, daß diese Definition nicht vollständig und ausschließlich ist, z. B. existieren langsame Prozesse, die nicht die Eiweißsynthese betreffen.

3. *Methodologie*

Das Herangehen an die Analyse der Zellregulation muß notwendigerweise ein vielstufiges Ineinandergreifen von analytisch-isolierenden und synthetisierend-ganzheitlichen Methoden darstellen. Die Analyse hat als Voraussetzung eine Bestandsaufnahme in bezug auf Art und Menge der Enzyme, Substrate und Koenzyme. Sie gründet sich auf die genaue Kenntnis jedes Elementarvorganges einschließlich der Isolierung und Reinigung der an jedem Schritt beteiligten Enzyme, Substrate, Produkte und Effektoren. Hierzu gehört auch die genaue Bestimmung der kinetischen und thermodynamischen Parameter jeder Einzelreaktion. Zum Zweck dieser Kenntnis des Elementarvorgangs ist es unerläßlich, stufenweise den Weg der desintegrierenden und isolierenden Methoden anzuwenden. Dieser Weg führt von der Kenntnis der Stoffwechselleistung einer intakten Zelle über das Homogenat und den Extrakt, der oft die Ablösung eines Enzyms von Zellstrukturen voraussetzt, zu dem durch vielfältige Fraktionierung gereinigten Enzym.

Die Erkenntnis der Zellregulation geht im wesentlichen den umgekehrten Weg. Beginnend mit dem analytischen Elementarvorgang ist die nächsthöhere Stufe die Kenntnis von den Gesetzmäßigkeiten enzymatischer Ketten, ihrer thermodynamischen und kinetischen Eigenschaften sowie ihrer Grenzbedingungen, die sowohl Züge der Selbstregulation als auch sprunghafte Änderungen aufweisen, und der dabei auftretenden Phänomene von Verzweigung, Rückkopplung und Zyklusbildung. Eine umfassende Erkenntnis der Zellregulation muß die Berücksichtigung der Zellstruktur umfassen, einschließlich der dadurch bedingten Heterogenität der Systeme und der Kenntnis der Auswirkungen der Konzentrierung und Separierung von Enzymen in teilweise und zeitweise abgeschlossenen Enzympaketen. In diesem Zusammenhang müssen die besonderen Aspekte der Reaktionen an Oberflächen und Permeabilitätsphänomene Berücksichtigung finden. Schließlich und eigentlich hat die Analyse der Zellregulation aber immer die ganze Zelle in Aktion als komplexe selbstregulatorisches System im Fließgleichgewicht als ihren Gegenstand.

Die Versuche, die Zellregulation zu analysieren, gehen gleichzeitig auf verschiedenen Ebenen der Komplexität vor sich. Die Analyse der Enzymketten erfolgt sowohl in intakten Zellen und in verschiedenen weit desintegrierten Homogenaten als auch an rekonstruierten Systemen, die durch Zusammenfügen gereinigter Einzelenzyme hergestellt werden [7]. Solche Rekonstrukte tragen Modellcharakter; ihr Zweck ist nicht so sehr die komplette Nachahmung einer Zelle als der, eine Reihe von Beziehungen im Zellstoffwechsel in übersichtlicher Form darzustellen. Einen weiteren modellmäßigen Analysenweg des synthetisch-analytischen Herangehens stellen mathematische Modelle dar [8]. Hier finden als Parameter die aus Zellanalysen gewonnenen wahrscheinlichen Werte für die Konzentration von Zwischenprodukten und die katalytischen Konstanten der gereinigten und isolierten Enzyme Anwendung. Die mit Hilfe von Rechenmaschinen gewonnenen Lösungen werden mit Daten, die an intakten Zellen gewonnen wurden, verglichen.

In jüngster Zeit liegen eine Anzahl Versuche zur Analyse des Stoffwechselflusses von intakten Zellen und isolierten subzellulären Teilchen vor. Von Lynen [9], Holzer [10], Bücher [11] u. a. wurden stationäre Konzentrationen von zahlreichen Zwischenprodukten bestimmt. Dabei wurden sowohl ausgeglichene Zustände der Zelle als auch die Veränderungen, die durch Umschaltungen des Stoffwechsels entstehen, untersucht. Diese Analysen sind diskontinuierlich und bringen eine Zerstörung der Zellen, meistens bei gleichzeitiger Denaturierung der Eiweiße, mit sich. Das wesentliche Ergebnis dieser Forschungen besteht darin, daß in einer Anzahl von Fällen gute Übereinstimmung zwischen den gefundenen Werten und den Voraussagen, die von isolierten Reaktionen abgeleitet wurden, festzustellen war; es ergaben sich aber auch wesentliche Abweichungen

So zeigte ein Vergleich des Verhältnisses der Konzentrationen von reduzierten und oxydierten Pyridin-Nukleotiden einer Gesamtzelle keine Übereinstimmung mit dem Konzentrationsverhältnis von Metaboliten. Ebenso fand man Unterschiede im Verhältnis von oxydierter und reduzierter Form zwischen Di- und Triphosphorpyridin-Nukleotiden, die sich aus thermodynamischen Erwägungen nicht erklären lassen. Offensichtlich kommen Ungleichgewichte vor, deren Aufklärung noch weiterer Untersuchung bedarf.

Anspruchsvollere Methoden einer kontinuierlichen und schnelleren Messung von Veränderungen der stationären Konzentration von Reaktionsteilnehmern der Zelle sind angegeben worden. Es handelt sich um spektrophotometrische Methoden, die vorerst an isolierten Mitochondrien, sodann aber auch an intakten, dazu geeigneten Zellen durchgeführt werden [12]. Aus dem Wesen dieser Methoden ergibt sich, abgesehen von Beschränkungen technischer Art, daß viele Reaktionsteilnehmer, die nicht durch optische Methoden erfaßbar sind, „stumm" bleiben. Neben einer großen Anzahl von interessanten Einzelbefunden haben diese Untersuchungen eine Bestätigung der Vorstellungen über die Bedeutung der Atmungskette und über die enge Kopplung von oxydativer Phosphorylierung und Atmung, wodurch eine Atmungskontrolle, insbesondere durch ADP, ausgeübt wird, gebracht. Die letzten Bemühungen [13] gehen dahin, die Veränderungen der stationären Konzentration innerhalb der Zelle noch genauer zu lokalisieren, und berühren sich somit auf das engste mit der morphologischen Forschung.

Jede der genannten Methoden weist Unvollständigkeiten und Artefaktbildung auf, jedoch vermittelt ein ständiger Vergleich der verschiedenen Wege und eine fortschreitende Integration der Einzelmethoden sowie eine grundsätzlich dialektische Auffassung eine immer vollständigere Gesamtschau der Zellregulation.

Im nachfolgenden werden einige Erwägungen bezüglich des Elementarprozesses und der Eigenschaften von Ketten und einige Aspekte langsamer Vorgänge der Zellregulation besprochen.

II. Elementarprozesse und Ketten

1. Allgemeine Eigenschaften von Enzymketten

Jede zellbiologische Betrachtung enzymatischer Reaktionen muß davon ausgehen, daß sie nicht isoliert, sondern in einem allgemeinen und vielfältigen Zusammenhang innerhalb der Zelle vor sich gehen. Die Spezifik dieses Zusammenhanges hat viele verschiedene Aspekte. Sie betreffen sowohl den Charakter sowie die thermodynamischen und kinetischen Parameter der Einzelreaktionen als auch die besonderen Eigenschaften von Enzymketten. Die Enzymreaktionen sind in Ketten angeordnet, wobei das Substrat einer gegebenen Reaktion das Produkt einer vorangehenden Reaktion darstellt, während ihr Produkt wiederum das Substrat einer nachfolgenden Reaktion bildet. Die Anfangs- und Endglieder einer Kette spielen, da sie Ursprung bzw. Mündung eines Stoffwechselstromes darstellen, eine besondere Rolle. Sie stellen gleichzeitig die Verbindung mit der Zellumwelt her, indem die Anfangsreaktion die Nahrungs-(Substrat-)Aufnahme und das Endglied die Erzeugung der Schlacken bzw. Endprodukte bewerkstelligt. Somit ergibt der Vergleich des ersten und letzten Gliedes die äußere Bilanz des Zellstoffwechsels. Die Ketten können in der verschiedenen Art in der Zelle verzweigt sein, aber auch zu lokalen Zyklen konvergieren. Daraus entstehen Konkurrenz-, Kooperations- und Rückkopplungsbeziehungen innerhalb einer gegebenen Stoffwechselkette oder zwischen verschiedenen Strömungen des Stoffwechsels. Es entsteht ein Netzwerk mit dynamisch bedingter Stabilität und Plastizität.

Vom thermodynamischen Standpunkt stellt die Zelle ein offenes System dar, das sich im ständigen Zustand des Energie- und Stoff-Fluxes befindet. Im Gegensatz zum geschlossenen System, das durch ein thermodynamisches Gleichgewicht gekennzeichnet ist, wird das offene System der Zelle durch Ungleichgewichte und stationäre Zustände, die durch Stetigkeit des Durchsatzes bestimmt werden, charakterisiert. Im Prinzip könnten in offenen thermodynamischen Systemen in Abhängigkeit von ihren inneren und äußeren Parametern beliebige Zustände auftreten. Die Veränderung eines Parameters, sei es Substratangebot, Konzentration eines Katalysators oder eines Effektors, kann zur Verschiebung der kinetischen Bedingungen und dadurch zu einem neuen stationären Zustand führen. Der Übergang von einem zum anderen Zustand erfolgt je nach den Bedingungen in mehr oder weniger stetiger Weise, wobei vorübergehend Maxima oder Minima in der Konzentration eines Zwischenproduktes auftreten können. Derartige Systeme weisen auch im Modellversuch selbstregulatorische Züge mit dynamischer Stabilität und Plastizität auf [14].

Trotz der Allseitigkeit der Beziehungen im Stoffwechsel läßt sich dennoch eine begrenzte Zahl von Hauptwegen erkennen. Dabei ist zu bedenken, daß die Unterscheidung von Haupt- und Nebenwegen nur relative Bedeutung hat. Ein quantitativ unbedeutender Reaktionsweg kann letzten Endes in der Zellregulation eine wichtige Rolle spielen. Auch kann ein gegebener Reaktionsweg je nach dem Zustand der Zelle eine unterschiedliche Bedeutung besitzen. Ein Beispiel ist der oxydative Pentoseabbau, der in der ruhenden Milchdrüse nur eine untergeordnete Rolle spielt, während er in der laktierenden Drüse von großer Bedeutung ist [15]. An diesem Beispiel wird auch die richtunggebende Funktion von unterbrochenen Reaktionsketten für den Stoffwechsel deutlich. Die Umschaltung des Glukoseabbaues in Richtung des Pentoseweges tritt infolge der erhöhten Aktivität der Glukose-6-Phosphat-Dehydrogenase ein, die den ersten Schritt der Reaktionskette des Pentoseweges darstellt.

Die Verbindung von enzymatischen Reaktionen zu einer Kette erfolgt auf Grund ihrer chemischen Spezifität. Zwischen je zwei aufeinanderfolgenden Schritten tritt ein gemeinsames Substrat als Bindeglied auf. Dieses Substrat kann zwei Funktionen ausüben:

1. als ein sich ständig erneuerndes Zwischenprodukt in der Umwandlung der Substrate einer Kette;
2. als Überträger bestimmter Gruppen, ohne dabei erneuert zu werden.

Auch diese Unterscheidung ist nur relativ, jedoch von großer Bedeutung. Als Beispiel für den erstgenannten Aspekt mag der Zitronensäurezyklus dienen, dessen Teilnehmer Zwischenprodukte im Abbau des C-Skeletts des Stoffwechselsubstrates darstellen. Der zweite Aspekt wird vor allem bei der H_2-Übertragung in der Atmungskette deutlich. Ebenso sind Fermentketten bekannt, die Phosphat-, Amino-, Methyl-, Formyl- bzw. Azetylgruppen übertragen.

Jeweils tritt eine organische Verbindung als Überträger auf, die eine bestimmte Gruppe mit Hilfe von Zu- und Wegbringer-Enzymen aufnehmen bzw. abgeben kann. Zur Kennzeichnung der gruppenübertragenden Funktionen ist der Ausdruck Transportmetabolit vorgeschlagen worden. Dieser Begriff fällt vielfach mit dem eines Koenzyms zusammen. Als Transportmetaboliten können u. a. genannt werden: die Pyridinnukleotide für den

H_2-Transport, die Adeninnukleotide für den Phosphat-Transport und das Koenzym *A* für den Azetyl-Transport. In diesem Zusammenhang ist darauf hinzuweisen, daß die Transportmetaboliten Kreuzungspunkte des Stoffwechsels darstellen und Verteilungsfunktionen im Stoffwechsel besitzen. So finden wir zum Beispiel eine Konkurrenz zwischen Atmungskette, genauer gesagt Cytochromreduktase einerseits und Glykolyse bzw. Laktatdehydrogenase andererseits um das $DPNH_2$.

2. *Die Rolle der Zellstruktur*

Die Verbindung von Reaktionen zu einer Kette durch chemische Spezifität bedarf keiner besonderen räumlichen Struktur. Man findet z. B. alle 12 Enzyme, die Bestandteile des Glykolyse-Zyklus darstellen, in der löslichen Phase. Zusätzlich kommen jedoch Strukturfaktoren hinzu, die sich in zweifacher Richtung auswirken:

1. eine Konzentration und räumliche Annährung der Reaktionspartner und
2. eine räumliche Trennung.

Die beschleunigende Wirkung läßt sich am Beispiel des mitochondrialen Cytochroms nachweisen [16]. Die höhere katalytische Wirkung des Cytochroms in den Mitochondrien, verglichen mit von außen zugesetzten Lösungen, beruht im hohen Maße auf der lokalen Konzentrierung innerhalb der Mitochondrien, wodurch eine hohe effektive Konzentration entsteht. Dazu kommt, daß die räumliche Annäherung der Reaktionsfaktoren die notwendigen Diffusionszeiten wesentlich verkleinert.

Anscheinend haben die Zellräume ebenso große Bedeutung für die Zellregulation durch die Trennung der Reaktionspartner. Wichtige Elemente in der Regulation des Wasserstoff- und Energietransports mögen in der räumlichen Trennung der Atmungskette und in der Undurchlässigkeit von Zellstrukturen für bestimmte Transportmetaboliten liegen [11]. Ungeklärt schien lange Zeit das gleichzeitige Vorkommen von hydrolysierenden Enzymen und synthetischen Vorgängen in der Zelle. Die Erklärung für die Unwirksamkeit hydrolysierender Enzyme in der intakten Zelle mag eine Segregation in undurchlässigen Zellteilchen, den Lysosomen, sein. Bei der Zerstörung der Zellstruktur können die Enzyme auf Grund der eintretenden Permeation der Substrate wirksam werden [17]. In der Tat mag das gleichzeitige Vorkommen von synthetisierenden und degradierenden Faktoren u. a. auch durch die vom Stoffwechsel abhängige Durchlässigkeit bzw. Intaktheit der Strukturen kontrolliert sein. In diesem Sinne ist auch das gleichzeitige Vorkommen von RÜ-Hemmstoff der Atmungskette in der löslichen Phase bei intakter Mitochondrien-Atmung im unreifen roten Blutkörperchen zu betrachten. Eine besondere Rolle spielt in diesem Zusammenhang die Zellmembran für die Konzentrierung der zelleigentümlichen Stoffwechselteilnehmer und als Trennfaktor zwischen Zellinhalt und Umwelt. Die Trennung von Zellanteilen bedingt eine Anzahl von noch ungeklärten Problemen ihrer Kooperation. Es besteht kein Zweifel, daß die gesamte Zelle am Atmungsstoffwechsel beteiligt ist; jedoch ist der letzte Schritt der Atmung, die unmittelbare Oxydation von Cytochrom a_3 durch Sauerstoff, allein in den Mitochondrien lokalisiert. Aber auch die anderen Zellanteile enthalten aktive Oxydationsenzyme. Somit entsteht jetzt die Frage nach der möglichen Kooperation zwischen den Zellanteilen in der Zellatmung. Mehrere Möglichkeiten der Wasserstoffübertragung von löslicher Phase zu den Mitochondrien sind diskutiert worden [11]. Von besonderem Interesse ist der Nachweis, daß sowohl zwischen Mikrosomen und Mitochondrien als auch zwischen löslicher Phase und Mikrosomen [18] Kooperation in der Oxydation von DPNH auftreten kann; die biologische Bedeutung dieser Befunde ist noch ungeklärt.

Die strukturellen Eigenschaften der Zelle dürfen keineswegs isoliert und statisch betrachtet werden. Die Zellstrukturen sind Produkte des Stoffwechsels; darüber hinaus verändern sich ihre Eigenschaften in Abhängigkeit vom Zustand der Zelle und bedingten Veränderungen des Zellstoffwechsels. Die Kenntnis der wirksamen Konzentration von Enzymen, Substraten und Transportmetaboliten in ihren Wirkungsräumen, mögen sie die lösliche Phase, das Mitochondrium oder besondere geometrische Anordnungen an Oberflächen darstellen, ist eine notwendige Voraussetzung für eine kinetische Analyse des Zellstoffwechsels. Die ersten Versuche zur Feststellung der Konzentration „an Ort und Stelle“ in der Zelle sind von Chance und Thorell [13] unternommen worden. Die Übereinstimmung, die erzielt wurde, ist ermutigend, jedoch sind noch erhebliche Schwierigkeiten zu überwinden.

3. *Begrenzende Schritte*

Das Verhalten einer Enzymkette wird durch zwei Faktoren gekennzeichnet:

1. durch den begrenzenden Schritt, der die Schrittmacherreaktion darstellt, und
2. durch ihre selbstregulatorischen Eigenschaften.

Die Durchsatzgeschwindigkeit einer Kette ist offensichtlich durch die langsamste Teilreaktion bestimmt. Das begrenzende Element einer Teilreaktion kann im Prinzip Substrat, Enzym, Koenzym oder Effektor (insbesondere Ionen) darstellen. Es bedarf einer Analyse, um im Einzelfall festzustellen, welches Element begrenzend ist. Für den Fall, daß die Enzymkonzentration begrenzend ist, finden wir häufig die Erwartung bestätigt, daß eine Anhäufung des Substrates vorliegt, was zur völligen Ausnutzung der enzymatischen Kapazität des begrenzenden Schrittes führt.

Die Begrenzung durch Enzyme bestimmt häufig die maximale Durchsatzkapazität einer Stoffwechselkette, während die aktuelle Leistung oft durch andere Faktoren bedingt wird. Die Begrenzung durch Substrat und Koenzym trägt meistens relativen Charakter und wird häufig durch eine Rückkoppelungsbeziehung bestimmt. Das Substrat eines gegebenen Zwischenschrittes ist häufig das Produkt eines späteren Folgeschrittes, seine Konzentration ist in diesem Falle von der Geschwindigkeit des Folgeschrittes abhängig.

Man kann, wie von Krebs und Kornberg [19] dargelegt wurde, begrenzende Schrittmacherreaktionen an Anfangs- und Verzweigungspunkten des Stoffwechsels erwarten. Es handelt sich um Schaltstellen, in denen sozusagen die Weichen im Verkehrsnetz des Stoffwechsels gestellt werden. Solche Kreuzungspunkte liegen vor

1. bei der Umschaltung von aerobem auf anaeroben Stoffwechsel,
2. bei der Auswahl, welches Substrat — Kohlenhydrate, Fette oder Eiweiße — verbrannt wird oder
3. welchem Stoffwechselweg ein gegebenes Substrat folgt.

An diesen Verzweigungsstellen liegt eine Konkurrenz der verschiedenen Stoffwechselwege vor, wobei sowohl Enzyme als auch Substrate und Koenzymkonzentrationen eine bestimmende Rolle spielen können. Daraus ergibt sich, daß unter verschiedenen Stoffwechselbedingungen eine Verschiebung in der Lokalisation des begrenzenden Schrittes in einer Eynzmkette eintreten kann.

Die Enzymreaktionen gehorchen dem Massenwirkungsgesetz und sind somit in ihrer Geschwindigkeit von der Konzentration jedes einzelnen Reaktionsteilnehmers abhängig. Prinzipiell sind alle Reaktionen reversibel; die meisten Einzelreaktionen biologischer Systeme gehen mit einem geringen Energiegefälle, verglichen mit der Knallgasreaktion, die die Grundreaktion der Atmung darstellt, vor sich. Daraus folgt die tatsächliche Umkehrbarkeit der Reaktionen des Zwischenstoffwechsels. Die aus der Größe der Hinreaktion eines gegebenen Enzymschrittes sich ergebende Durchsatzrate wird in der Förderleistung durch das Ausmaß der Rückreaktion eingeschränkt und im Grenzfalle beim thermodynamischen Gleichgewicht aufgehoben. In dieser Reversibilität besteht eine elementarer Regulationsmechanismus. Die Lage des thermodynamischen Gleichgewichts einer Reaktion ist zweifellos von Bedeutung, wenngleich Richtung und Ausmaß von Reaktionen in Enzymketten sich von der Gleichgewichtslage nicht ableiten lassen. Es ist zum Beispiel bekannt, daß das Gleichgewicht der Phosphotriose-Isomerase-Reaktion im Verhältnis 1:20 auf seiten des Phosphodioxyazetons liegt. Nichtsdestoweniger läuft in der Glykolyse der metabolische Flux durch ständigen Verbrauch des Phosphoglyzerinaldehyds in Gegenrichtung. Es ließen sich noch viele andere Beispiele anführen, in denen durch Kopplung von Reaktionen mit energieliefernden Vorgängen die Reaktion entgegen der Gleichgewichtslage verläuft.

Im nachfolgenden seien die Möglichkeiten der Begrenzung und Regulierung durch Enzyme, Substrate, Koenzyme und Ionen erörtert.

a) Enzyme

Die Reaktionsgeschwindigkeit eines gegebenen Enzyms wird bei Substratsättigung und bei Außerachtlassung bzw. Konstanz aller weiteren Einflüsse von seiner spezifischen katalytischen Fähigkeit und seiner Konzentration abhängen.

$$V = K \cdot c_E,$$

wobei V die Geschwindigkeit, K die Katalyse-Konstante eines Enzyms und c_E die Enzymkonzentration in den Dimensionen Mol und Liter pro Minute bedeuten. Die Katalyse-Konstante drückt aus, wieviel Mole Substrat durch ein Mol Enzym pro Minute umgesetzt werden [20]. Damit entsteht die Frage der Regulationsmöglichkeit einer Reaktion durch Veränderung von K und c_E. Eine Veränderung von K würde bedeuten, daß es Enzymmoleküle verschiedener katalytischer Fähigkeiten gibt. In der Tat sind Aktivierungsvorgänge mit Erhöhung der katalytischen Fähigkeiten bekannt, jedoch handelt es sich überwiegend um Effektorenwirkungen (Ioneneffekte, Koenzyme usw.) ohne Neusynthese einer wirksameren Enzymeiweißstruktur.

Hinweise für die Möglichkeit verschieden wirksamer Enzymmoleküle könnte man in dem Vorkommen von verschiedenen Enzymen gleicher Wirkungsspezifität in einer Zelle sehen, obwohl große Unterschiede in ihrer katalytischen Fähigkeit nicht beobachtet wurden [21].

Viel häufiger sind Unterschiede in c_E, d. h. in der Konzentration. Hier sind grundsätzlich zwei verschiedene Mechanismen zu unterscheiden:

1. Veränderung der Zahl der Enzymmoleküle durch Neusynthese des betreffenden Enzymeiweißmoleküls aus Bausteinen oder Enzymabbau durch spezifische oder unspezifische Mechanismen. Hier handelt es sich um langsamere Vorgänge, die in einem späteren Abschnitt erörtert werden.

2. Die Umwandlung eines Enzymeiweißes aus einer inaktiven Form und umgekehrt.

Hierfür sind verschiedene Mechanismen denkbar und finden Verwirklichung in der Natur. So entsteht das Chymotrypsin durch eine spezifische partielle Hydrolyse seines Proenzyms [21]. Ein anderer denkbarer Mechanismus ist die Freisetzung eines Enzyms aus einer Enzymhemmstoffverbindung. Hierher gehören möglicherweise die Phänomene der Demaskierung von Enzymwirkungen, die bei Alterierung von Zellstrukturen beobachtet werden. Während das Auftreten von ATPase-Aktivität bei Mitochondrienpräparationen wahrscheinlich als künstliche Wirkung gedeutet werden kann, die an die Stelle einer physiologischen Reaktion tritt, ist dies für das Auftreten der ATPase bei Hämolyse der roten Blutkörperchen nicht der Fall. Es konnte gezeigt werden [3], daß dieses stromagebundene Enzym der Menschenerythrozyten in der intakten Zelle inaktiv ist, bei schonender Hämolyse kaum aktiviert wird, um erst bei hochgradiger Hypotonie bzw. anderen schädigenden Einflüssen maximale Aktivität zu erreichen. Von besonderem Interesse und biologischer Bedeutung ist der Kreisprozeß der Glykogenphosphorylase des Muskels, der von Cori und anderen [2] aufgedeckt wurde. Nur die dimere Form des Enzyms ist biologisch aktiv, während das Monomere, das durch ein spaltendes Enzym gebildet ist, inaktiv ist. Ein synthetisierendes Enzym wandelt das Monomere wieder in die aktive Form um. Es entsteht ein dynamisches Gleichgewicht zwischen spaltenden und synthetisierenden Prozessen, das bei Reizung des Muskels oder Adrenalininjektion zugunsten der Phosphorylasebildung, bei Ermüdung in Richtung der Spaltung verschoben ist. Cori konnte wahrscheinlich machen, daß die Konzentration der dimeren Form geschwindigkeitsbestimmend für den Glykogenabbau im Muskel ist.

Die katalytischen Konstanten der meisten Enzyme liegen im Bereich zwischen etwa 10^4 und 10^8. Hiernach wären sehr unterschiedliche Enzymkonzentrationen in einer gegebenen Zelle zu erwarten. Solche Analysen liegen für den gesamten Glykolyse-Zyklus des Muskels vor. In der Tat finden sich Konzentrationsunterschiede von etwa 2 Größenordnungen, die in annähernder Übereinstimmung mit der Voraussage eine reziproke Beziehung zwischen Enzymkonzentration und Katalyse-Konstanten aufweisen [24].

Untersucht man die Enzymwirkung unterhalb der Substratsättigung in Abhängigkeit von der Substrat-Konzentration, so zeigt sich ein gesetzmäßiger Zusammenhang, der durch die Formel

$$V = K \cdot c_E \frac{c_s}{K_M + c_s}$$

ausgedrückt wird, wobei c_s die Substratkonzentration bedeutet, K_M die Michaelis-konstante, die ursprünglich als Dissoziationskonstante der Enzym-Substrat-Bindung aufgefaßt wurde. Auf die mangelnde Präzision dieser Vereinfachung sei hier nicht weiter eingegangen.

Auf jeden Fall ergeben sich aus der angeführten Gleichung nach Michaelis-Menten wiederum zwei mögliche Variable einer Enzymreaktion, einmal die Affinität eines Enzyms für ein gegebenes Substrat und zum anderen die Substratkonzentration. Verschiedene Enzyme erreichen bei sehr unterschiedlicher Substratkonzentration ihre maximale Geschwindigkeit. Umgekehrt werden bei einer gegebenen Substratkonzentration Enzyme mit einem unterschiedlichen Bruchteil ihrer maximalen Geschwindigkeit reagieren. Die Michaeliskonstanten der Enzyme unterscheiden sich noch mehr als ihre Katalyse-Konstanten und liegen zwischen 10^{-2} und 10^{-9} Mol/Liter. Dagegen betragen die Konzentrationen der Zwischensubstrate 10^{-3} bis 10^{-6} Mol. Daraus wäre zu folgern, daß in der Zelle nur ein Teil der Enzyme bei ständiger Substratsättigung, ein anderer aber bei Nichtsättigung wirkt.

Betrachtet man diese Beziehungen vom Standpunkt der Regulation, so würde im ersten Fall die Substratkonzentration keinen Einfluß auf die Durchsatzrate ausüben und die Enzymkonzentration den begrenzenden Faktor darstellen, während im zweiten Fall die umgekehrten Bedingungen gelten.

b) Substrate

Die Substratkonzentration kann entsprechend dem Massenwirkungsgesetz und der Affinitätskonstante eines gegebenen Enzyms eine Veränderung der Durchsatzgröße bedingen. Bei Konstanz aller einem gegebenen Enzym nachfolgenden Glieder einer Enzymkette ist die Veränderung der Substratkonzentration das Resultat der abweichenden Wirkung der vorangegangenen Glieder einer Enzymkette. Dabei ist auf die Möglichkeit von Umschaltungen des Zwischenstoffwechsels auf Grund von Veränderungen der Substratkonzentration hinzuweisen.

Ein gegebenes Substrat stellt im allgemeinen gleichzeitig ein Produkt dar, das eine meßbare Affinität für die Wirkstelle eines Enzyms besitzt. Darauf fußt die Produktenhemmung. Ihre Größe ist von dem Konzentrationsverhältnis von Substrat und Produkt abhängig. Bei Konstanthaltung der vorangehenden Glieder ist die Produktenkonzentration von der Aktivität nachfolgender Enzyme einer gegebenen Enzymkette bestimmt. Die Tatsache, daß Substrate bzw. Produkte auf reaktionsferne Schritte einen Einfluß haben, stellt die Grundlage für selbstregulierende oder unter Umständen das biologische Gleichgewicht zerstörende Reaktionszyklen der Zelle dar. Eine weitere Möglichkeit besteht in der Tatsache, daß Substrate oder Produkte einer Reaktion in einer anderen Reaktion als Kofaktoren bzw. Transportmetaboliten auftreten können. Als Beispiel für eine das Gleichgewicht zerstörende Beziehung sei die angeborene Galaktosämie erwähnt (Abb. 1). Hier kommt es durch Ausfall der Verwertung von Galaktose-1-Phosphat zu einer Anhäufung dieses Produktes der Galaktokinase-Reaktion. Die hemmende Wirkung dieser Substanz auf die entfernteren Schritte der Phosphoglukomutase und Glukose-6-Phosphatase stellt vermutlich die Grundlage für ihre Toxizität dar [20]. Als

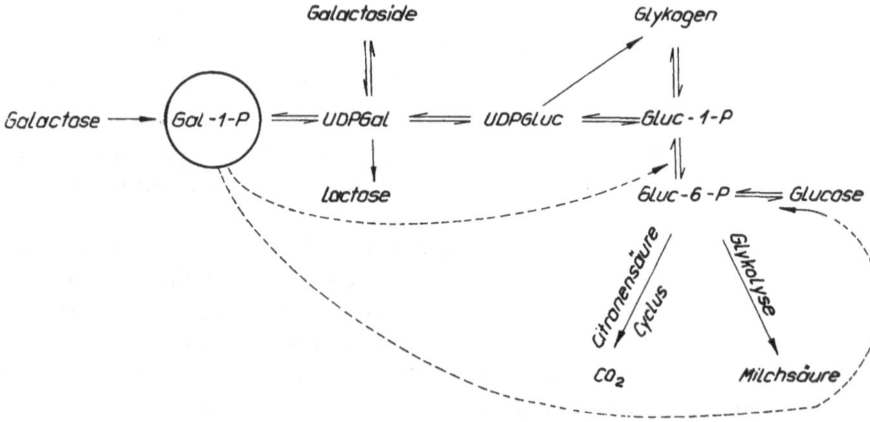

Abb. 1. Schema der Stoffwechselstörung bei angeborener Galactosämie.
Die gestrichelten Pfeile stellen die Hemmwirkungen des angehäuften Galactose-1-Phosphats auf reaktionsferne Schritte dar

Beispiel für eine selbstregulierende Beziehung sei der Phospho-Glyzerinsäure-Zyklus im roten Blutkörperchen erwähnt (Abb. 2). Hier spielen die Teilnehmer der Reaktion wechselseitig eine dreifache Rolle [26]:

1. als Substrat,
2. als hemmendes Produkt,
3. als Koenzym bzw. Transportmetabolit.

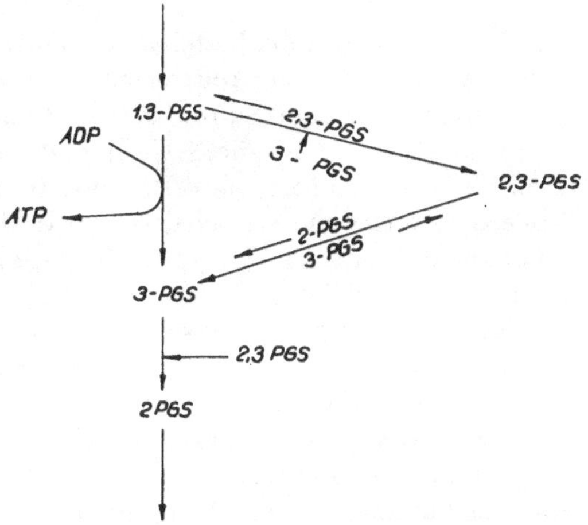

Abb. 2. Schema des Phospho-Glyzerinsäurezyklus.

Die Pfeilrichtungen haben folgende Bedeutung:

1. In Gegenrichtung der Reaktion: Hemmung;
2. im rechten Winkel zur Reaktionsfolge: katalytische Wirkung als Transportmetabolit;
3. in Richtung der Reaktion (2 PGS): noch ungeklärte Beschleunigung

So ist die 3-PGS das Substrat der Phosphoglyzeromutase-Reaktion und gleichzeitig hemmendes Produkt der 2,3-Phosphoglyzeratase und Kofaktor der Diphosphoglyzeromutase. Die 2,3-Phosphoglyzerinsäure ist Substrat der 2,3-PGase, hemmendes Produkt der Diphosphoglyzeromutase und Kofaktor der Phosphoglyzeromutase. Solche Beziehungen stellen die Grundlage eines selbstregulierenden Substratringes dar.

Die Substratkonzentration spielt eine besondere Rolle bei den Anfangsgliedern jener Ketten, die die Verbindung mit der Umwelt herstellen. Die Zellen eines homoisothermen Organismus befinden sich im allgemeinen unter stationären Bedingungen eines Substratangebots, jedoch können Veränderungen in dem Spiegel der die Zellen badenden Flüssigkeiten vorkommen, ohne daß Veränderungen im Stoffwechsel auftreten. Dieser Umstand führt zu der Schlußfolgerung, daß eine Schrittmacherreaktion vorliegt, jedoch bleibt die Frage offen, ob diese Reaktion sich in der Zellmembran oder innerhalb der Zelle abspielt. Die Antwort auf diese Frage scheint je nach Zellart und Zustand der Zelle verschieden zu sein. Ein Vergleich zwischen extra- und intrazellulärer Konzentration der Glukose hat zum Beispiel gezeigt, daß unter normalen Bedingungen, bei einer extrazellulären Konzentration von 6×10^{-3} M Glukose, praktisch keine Glukose innerhalb der Muskelzelle vorhanden ist. Offensichtlich liegt der begrenzende Schritt in der Zellmembran [27]. Durch Insulin wird die Zellpermeabilität um so viel erhöht, daß eine meßbare Konzentration von freier Glukose innerhalb der Zelle auftritt. Damit geht eine erhöhte Durchsatzrate des Glukosestoffwechsels einher. Der begrenzende Schritt dürfte nun in der Hexokinasereaktion liegen, die den ersten Schritt in der Verwertung der Glukose innerhalb der Zelle darstellt. Als Gegenbeispiel ist die Asziteszelle zu nennen, die für Glukose leicht durchlässig ist. Hier ist unter allen Umständen die Hexokinasereaktion begrenzend, und es fehlt ein spezifischer Insulineffekt auf die Glukosepermeabilität.

c) Koenzyme und Transportmetaboliten

Vom Standpunkt einer Elementarreaktion bestehen keine grundsätzlichen Unterschiede zwischen Substraten und Koenzymen. Andererseits ist daran festzuhalten, daß es eine kleine Zahl von niedrigmolekularen Substanzen gibt, die als Koenzyme für Gruppen von Enzymen dienen. Vielfach ist diese Koenzymfunktion gleichzeitig die eines Transportmetaboliten, der mehrere Enzyme verknüpft. In dieser Beziehung liegt die Grundlage für die Rolle der Koenzyme als Schaltstellen in der Zellregulation und damit auch als Orte der Konkurrenz zwischen Enzymen. Grundlegende Umschaltungen des Zellstoffwechsels, wie etwa die Beziehung von Atmung und Gärung, scheinen u. a. durch die Konkurrenz um Koenzyme bestimmt zu sein.

Die Konzentration der Koenzyme in der Zelle ist sehr unterschiedlich. Sie ist verhältnismäßig hoch, etwa 10^{-3} bis 10^{-5} Mol für die Pyridinnukleotide. Dementsprechend wäre zu erwarten, daß bei voller Wirksamkeit und homogener Verteilung die Pyridinnukleotide nur selten den begrenzenden Faktor darstellen; es ist jedoch wahrscheinlich, daß keine der beiden Annahmen zutrifft. Es gibt Hinweise, daß ein Teil der Koenzyme, sei es auf Grund einer festen Bindung oder einer besonderen Lokalisation in der Zelle, nicht an dem stationären Zustand der Zelle beteiligt ist. Weiterhin ist zu bedenken, daß im Zusammenhang des Zellstoffwechsels ein gegebenes Enzym vorwiegend um *eine* Form eines Koenzyms konkurriert. Dies mag die oxydierte oder die reduzierte Form bei der Wasserstoffübertragung, die phosphatreiche oder die phosphatarme bei der Phosphatübertragung sein. Dazu kommt, daß die Affinität der Enzyme für die verschiedenen Formen eines Koenzyms unterschiedlich ist.

Schließlich ist auf die Bildung und Zerstörung von Koenzymen hinzuweisen. Hier handelt es sich bei intakten Zellen um langsame Prozesse. Gesonderte Systeme von synthetisierenden und abbauenden Enzymen, deren Durchsatz von denselben Faktoren, die für die Substrate angeführt wurden, beeinflußt wird, fügen eine zusätzliche Dimension zur Vielfalt der Regulation hinzu. Die Rolle der Zerstörungsenzyme der Koenzyme ist noch nicht geklärt. Ihre Aktivität nach Zellzerstörung beträgt ein Vielfaches des möglichen Umsatzes in einer intakten Zelle. Die Abbauprodukte der Koenzyme besitzen neben einer möglichen Wirkung als Hemmprodukt die zusätzliche Rolle als Substrat für ihre Resynthese und darüber hinaus eine Wirkung als konkurrierender Hemmstoff der Koenzyme. Somit erscheint es möglich, daß die Koenzymwirkung durch Zerstörung und Konkurrenz mit Koenzym-ähnlichen Stoffen, die entweder Zwischenprodukte der Synthese oder Produkte des Abbaus darstellen können, begrenzt wird.

d) Ionen

Ionen haben als Effektoren vielfältige Wirkungen auf die Abläufe von Enzymvorgängen. Dabei kommt eine besondere Rolle den Wasserstoffionen zu. Das pH beeinflußt sowohl den Ionisationsgrad eines Enzyms als auch den der Substrate und Produkte. Häufig reagieren Enzyme oder Substrate nur in einer bestimmten Ionisationsstufe miteinander. Auf Grund solcher Einflüsse können sowohl Katalysekonstanten als auch

MICHAELISkonstanten verändert werden. Darüber hinaus treten Wasserstoffionen bei Enzymreaktionen, wie zum Beispiel mit Pyridinnukleotiden, als Reaktionspartner auf, wodurch entsprechend dem Massenwirkungsgesetz die Gleichgewichtslage der Reaktion verändert wird. Schließlich sei erwähnt, daß auch strukturelle Eigenschaften einer Zelle, wie Ladung und Durchlässigkeit von Membranen und damit der Fluß von Substraten aus der Umwelt in die Zelle oder zwischen Zellteilen, pH-abhängig sind. Kenntnis des pH-Wertes der Zelle und seiner Veränderungen scheinen daher von großer Bedeutung für das Verständnis der Reaktionssabläufe. Inwieweit ein einheitliches pH in der Zelle herrscht und welches Ausmaß lokale Unterschiede annehmen können, sind ungeklärte Fragen. Angesichts der Vielfalt der Einflußmöglichkeiten ist es von großem Interesse, daß die Wirkung des pH auf den Stoffwechsel nicht immer ausgeprägt ist. Während die Glykolyse, wie insbesondere an roten Blutkörperchen gezeigt wurde, stark pH-abhängig ist, läßt die Atmung einen solchen Einfluß weitgehend vermissen.

Die Wirkung verschiedener anderer Kationen auf Enzymreaktionen ist oft beschrieben worden. Das Magnesium ist Kofaktor für viele phosphatübertragende Enzyme, wobei häufig die Magnesium-Substrat-Verbindung das eigentliche Substrat darstellt. In manchen Fällen wirkt Ca ähnlich, meistens aber antagonistisch. Eine Kontrolle der Mitochondrienatmung durch Mg oder Ca, sei es durch Komplexbildung mit ATP, Veränderung der Permeabilität oder durch Beeinflussung von Enzymreaktionen, erscheint möglich [28]. Einige Enzyme, wie Pyruvatkinase sind kaliumabhängig und werden durch Natrium gehemmt. Ein eindrucksvolles Beispiel für die Umschaltung des Stoffwechsels durch Veränderung des Ionenmilieus ist der Nachweis, daß in Leberschnitten in einem Kalium- verglichen mit einem Natrium-reichen Medium der Abbau des Glukose-6-Phosphats auf dem EMBDEN-MEYERHOF-Weg weitgehend zugunsten der Glykogenbildung eingeschränkt wird [29]. Von großem Interesse ist der Einfluß der Kaliumkonzentration auf die Bildung verschiedener Metaboliten im Gehirngewebe [30]. Diese Untersuchungen sind um so mehr von Bedeutung, da es wahrscheinlich ist, daß Reizung von Nervenzellen zu einer Verschiebung in der Ionenverteilung führt. In diesem Zusammenhang ist es gleichgültig, ob es sich um Permeation der Ionen durch eine Zellmembran oder um Freisetzung aus Zellstrukturen handelt.

Die Wirkung von Anionen hat verhältnismäßig wenig Beachtung gefunden. VELICK [31] wies nach, daß der isoelektrische Punkt der Phosphoglyzerinaldehyddehydrogenase durch Bindung von Anionen verschoben wird. Von THEORELL [32] ist der Einfluß von Anionen auf Bildung und Zerfall der Verbindung zwischen Apoenzym und prosthetischer Gruppe des alten gelben Fermentes beschrieben worden. Auch die Diphosphoglyzeratmonoesterase weist Beeinflussung durch Anionen auf [33]. Es sei dahingestellt, ob solche Effekte eine biologische Bedeutung für die Zellregulation haben können. Anders liegt der Fall des anorganischen Phosphats, dem als Reaktionspartner in Schrittmacherreaktionen des Zellstoffwechsels große Bedeutung zukommt.

III. Langsame Vorgänge, insbesondere Differenzierung

1. Die Reifung des roten Blutkörperchens; die Rolle von Inhibitoren und anderen Mechanismen für das „Absterben“ von Enzymen; Reifung und Alterung

Im Rahmen der langsamen Vorgänge spielt die Differenzierung eine bedeutungsvolle Rolle. Es wird allgemein angenommen, daß die Differenzierung mit einem Verlust von Enzymkapazitäten einhergeht. Es handelt sich vorwiegend um einen zytoplasmatischen

Vorgang, der aber nicht ohne Einfluß auf den Kern bleibt. Am meisten vorangeschritten ist die Analyse der Differenzierung bei dem Reifungsprozeß der roten Blutkörperchen, insbesondere was den letzten Schritt, den Übergang des Retikulozyten zum Erythrozyten betrifft. Der Retikulozyt, das letzte jugendliche Stadium des roten Blutkörperchens, ist bei den Säugetieren eine Zelle, die Teilungsfähigkeit und Kern verloren hat, jedoch Atmung aufweist und u. a. die Synthese von Eiweißen und Porphyrinen bewerkstelligt. Dementsprechend findet man bei morphologischer Analyse und Zellfraktionierung Mitochondrien und Ribonukleoproteid-Teilchen. Diese Zelle geht innerhalb von 24 bis 48 Stunden in die reife Blutzelle, den Erythrozyten, über, der sodann 120 Tage im strömenden Blut verbleibt. Bei dem Übergang vom Retikulozyten zum Erythrozyten findet man zahlreiche Veränderungen, die sowohl die Morphologie als auch den Stoffwechsel des roten Blutkörperchens betreffen. Die reife Zelle enthält keine subzellulären Teilchen, der Stromagehalt ist auf 1/3 bis 1/4 gesunken; dagegen ist der Hämoglobingehalt angestiegen. Sie hat die Fähigkeit zur Synthese von Eiweiß, Ribonukleinsäuren, Porphyrinen und Purinen verloren. Die Atmung ist bis auf etwa 1/50 abgesunken, an ihre Stelle tritt als energetischer Hauptprozeß die Glykolyse, die aber auch auf 1/5 bis 1/10 verringert ist. Von den Teilenzymen der Atmung ist die Cytochromoxydase und Succinatdehydrogenase sowie die Cytochromreduktase weitgehend verringert [34]. Die Abnahme der Glykolyse hängt anscheinend mit dem entsprechenden Abfall des bebegrenzenden Enzyms, der Hexokinase [35], zusammen. Auch die hydrolytischen Enzyme des Phosphatstoffwechsels [36] zeigen einen starken Abfall, insbesondere ist die anorganische Pyrophosphatase [35] verringert. Abnahmen größeren Umfanges findet man bei der Ribonuklease [37] und bei den Proteasen [38]. Bei der Betrachtung der Vielfalt von Veränderungen ergibt sich eine Anzahl von Schlußfolgerungen:

1. Aus dem Vergleich verschiedener Meßwerte ergibt sich, daß nicht alle Enzyme in gleichem Umfange Veränderungen aufweisen. Es liegt also ein *selektiver* Schwund von Enzymaktivitäten vor.
2. Diese Tatsache allein macht es unwahrscheinlich, daß es sich um einen statistischen, etwa der Denaturierung analogen Vorgang handeln könnte; es erscheint vielmehr gerechtfertigt, nach spezifischen „Absterbeprozessen“ zu suchen.
3. Es ist naheliegend anzunehmen, daß eine geringe Anzahl von Schlüsselprozessen für die Vielfalt der Veränderungen verantwortlich ist.
4. Erwägt man die Tatsache, daß die Synthese von Eiweißen, Nukleinstoffen usw. energieverbrauchende Prozesse sind, so scheint es gerechtfertigt, in der Abnahme der Atmung den Schlüsselvorgang des Energiestoffwechsels zu suchen.
5. Die Geschwindigkeit der Reifungsvorgänge in Verbindung mit ihrer Selektivität läßt die Wirkung intrazellulärer spezifischer Faktoren, die Inaktivierung bzw. Hemmung verursachen, vermuten.

Ausgehend von diesen Erwägungen wurde die Veränderung der Atmung bei der Reifung des Retikulozyten einer eingehenden Analyse unterzogen. Es konnte gezeigt werden, daß bei Inkubation in vitro Atmungsabfall, etwa analog der Verhältnisse in vivo, vor sich geht. Bei Hämolyse, die mit Zerstörung der Struktur der roten Blutkörperchen einhergeht, trat in kurzer Zeit eine Hemmung der Atmungsenzyme auf. In weiteren Untersuchungen konnte geklärt werden, daß in der löslichen Phase der Retikulozyten ein spezifischer Hemmstoff, der sogenannte „RÜ-Hemmstoff der Mitochondrienatmung“. auftritt. Es handelt sich dabei um ein Metallproteid, das als wirksame Gruppen zweiwertiges Eisen und SH enthält. Dieser Hemmstoff verbindet sich quasi-stöchiometrisch mit einer Anzahl von Flavoproteiden der Mitochondrien. Hemmungen der Succinatdehydrogenase sowie der DPNH- und TPNH-Cytochromreduktase sind nachgewiesen worden [39].

Die Erklärung der Tatsache, daß im Retikulozyten bei gleichzeitiger Anwesenheit des RÜ-Hemmstoffes in der löslichen Phase eine aktive Mitochondrienatmung besteht, dürfte in der Undurchlässigkeit der intakten Mitochondrien für den Hemmstoff liegen [40]. Das Eintreten des Atmungsabfalls wäre somit durch das Eindringen des RÜ-Hemmstoffes bedingt, das wiederum von der Veränderung der Struktur und Funktion der Mitochondrien abhängt. Es fehlt nicht an Hinweisen, daß die Mitochondrien des Retikulozyten, verglichen mit anderen Zellen, labiler sind; damit mag eine größere Durchlässigkeit für den RÜ-Hemmstoff verknüpft sein. Während der Reifung tritt eine fortschreitende Schädigung mit steigender Atmungshemmung ein, die autokatalytisch zur progressiven Atmungshemmung führt. Die weitgehende Mitochondrienschädigung durch Hämolyse verursacht einen beschleunigten und gerafften Ablauf der Hemmung.

Es ist eine erwähnenswerte Tatsache, daß der reife Erythrozyt weder Atmung noch RÜ-Hemmstoff aufweist. Das gab Anlaß zur Vermutung, daß auch der RÜ-Hemmstoff einem Inaktivierungsvorgang unterliegt. Es konnte gezeigt werden, daß in vitro unter aeroben Bedingungen die Hemmstoffwirkung abnimmt. Diese Abnahme wâr an die Gegenwart von Stroma gebunden. Retikulozyten enthalten mehr von diesem Hemmstoffinaktivator als reife rote Blutkörperchen. In späteren Untersuchungen konnten die inaktivierenden Faktoren identifiziert werden. Es handelt sich um Phosphatide, vor allem der Kephalingruppe, die erst nach Freisetzung aus dem Stroma wirksam werden [41]. Diese Freisetzung erfolgt anscheinend beim Umbau des Zelleiweißes, indem die Stromaeiweiße zu Hämoglobin umgewandelt werden. Bei der Reaktion der Kephaline mit dem RÜ-Hemmstoff handelt es sich um die Bildung einer unlöslichen Verbindung. Vermutlich wird auch der ausgefällte RÜ-Hemmstoff beim Eiweißumbau verwertet, während die Phospholipoide abgebaut werden.

Betrachtet man die in diesen Abläufen wirksamen Mechanismen, so erkennt man eine Verquickung von Stoffwechselvorgängen, wie Atmung und Eiweiß- sowie Nukleinsäure-Umbau mit Veränderungen der Zellstruktur, die sich in Menge und Zahl, Struktur und Durchlässigkeit von Zellbestandteilen, wie Stroma, Mitochondrien und Nukleoproteidteilchen, äußern. Dabei sind abbauende Vorgänge mit aufbauenden Vorgängen und dem Energiestoffwechsel auf das engste verknüpft. So konnte gezeigt werden, daß der Abbau des Stromaeiweißes ebenso wie das Verschwinden der Ribonukleinsäure mit energieliefernden Vorgängen der Atmung gekoppelt sind und Verbindung mit der Hämoglobinsynthese besitzen [47]. Bei den Elementarmechanismen greifen enzymatisch-katalytische Vorgänge, wie etwa in der Atmungskette und bei dem Abbau des Stromas, mit stöchiometrischen Prozessen, die die Wirkung und die Inaktivierung des RÜ-Hemmstoffes betreffen, ineinander. Aus diesen eben geschilderten Abläufen läßt sich eine Kette von ineinandergreifenden Prozessen der Atmungs- und Hemmstoffabnahme ableiten [4].

Ursprünglich war angenommen worden, daß die Abnahme aller Atmungsenzyme als eine Reihe von Folgeprozessen der Hemmung der mitochondrialen Flavoproteide zu erklären ist. Es wurde vermutet, daß dies möglicherweise durch statistische Vorgänge des Enzymabbaues — evtl. gefördert durch mangelnden Substratschutz — vor sich ginge. Jedoch führte eine Überprüfung dieser Annahme zur Aufdeckung eines zusätzlichen inaktivierenden Prinzips, das für die Cytochromoxydase spezifisch ist [43]. Es handelt sich um einen vom RÜ-Hemmstoff abweichenden Faktor, der nur aerob wirkt. Ein Vergleich der Wirkungen beider Faktoren ergab, daß aller Wahrscheinlichkeit nach der RÜ-Hemmstoff den entscheidenden Einfluß auf die Atmungsabnahme ausübt.

Eine Untersuchung der Reifungsvorgänge an kernhaltigen Erythrozyten bei Hühnern führte zu der Schlußfolgerung, daß weitgehend analoge Abläufe vorliegen [44]. Auch hier tritt eine beträchtliche Einschränkung der Atmung, wenngleich geringeren Ausmaßes, als führender Prozeß auf, die auf die Wirkung des RÜ-Hemmstoffes zurückgeführt werden kann. Die Gegenwart des Kernes scheint den Ablauf der Vorgänge nicht wesentlich zu beeinflussen.

Die Frage ist naheliegend, ob analoge Hemmstoffe bei Reifungs- bzw. Involutionsvorgängen anderer Zellen eine Rolle spielen. Hemmwirkungen auf das Succinatdehydrogenasesystem und auf die DPNH-Cytochrom-*c*-Reduktase wurden bei einer Anzahl von Organen festgestellt [45], jedoch steht der Beweis der Identität mit dem RÜ-Hemmstoff aus, und es fehlen Hinweise für ihre biologische Bedeutung. Nichtsdestoweniger sei auf die grundlegende Bedeutung von intrazellulären Inhibitoren, die selbst Eiweiße darstellen, als Glieder in den langsamen Regulationsvorgängen der Zelle hingewiesen. Ihr Nachweis erfüllte das Postulat, das auf Grund der Geschwindigkeit und Selektivität der Differenzierungsvorgänge bei roten Blutkörperchen aufgestellt war, und lieferte einen Mechanismus für die aktiven Vorgänge des „Absterbens“ von Enzymen, für den allgemeine Gültigkeit beansprucht werden darf. Eiweißinhibitoren mögen über den dargestellten Differenzierungsvorgang hinaus auch für die Prozesse der Repression von Enzymen von Bedeutung sein. In der Literatur sind eine große Anzahl von ähnlichen Enzymhemmstoffen, die Eiweißnatur besitzen, bekannt geworden.

Was die Abnahme anderer Enzyme der Atmung betrifft, so liegen nur vereinzelte Angaben über ein Absinken der Akonitase- [35] und Ketoglutaratdehydrogenase [46] bei Inkubation in vitro vor, jedoch sind diese Beobachtungen bislang noch nicht analysiert worden. Dasselbe gilt für die Hexokinaseaktivität (s. Tab. 1).

Tabelle 1: Vergleich der Stoffwechsel- und Enzymaktivitäten zwischen Retikulozyten und Erythrozyten

	Quotient $\frac{\text{Retikulozyten}}{\text{Erythrozyten}}$	Literatur
1. Cytochromoxydase	~15	[43]
2. Succinatoxydase	~10	[34]
3. Aconitase	~10	[35]
4. Ketoglutaratdehydrogenase	~10	[46]
5. Fumarase	2—13	[35, 46]
6. Hexokinase	10	[35]
7. 2,3-PGase	3—5	[59]
8. Pyrophosphatase	15	[34]
9. Ribonuklease	4—5	[37]
10. Proteasen	8	[38]

Die Abnahme der Pyrophosphataseaktivität bei der Reifung auf weniger als ein Zehntel ist von besonderem Interesse, weil ihre Analyse einen weiteren Mechanismus für die Erhaltung und Zerstörung von Enzymen aufdeckte, in dem sich metabolische und eiweißchemische Aspekte kombinieren.

Die Aktivität der Pyrophosphatase ist anscheinend an die Erhaltung einer funktionellen SH-Gruppe geknüpft. In jüngsten Untersuchungen konnte gezeigt werden, daß künstliche, innerhalb der intakten Blutzelle herbeigeführte Oxydation des Glutathions innerhalb von Stunden zum Aktivitätsverlust der Pyrophosphatase führte [47]. Erläuternd sei gesagt, daß das Glutathion, dem bekanntlich eine SH-Gruppe zu eigen ist, neben seiner Funktion als Koenzym und als Zwischensubstrat in der Wasserstoffübertragung vermutlich eine Art SH-Puffer in der Zelle darstellt und den Funktionszustand von Enzymen mit funktionellen SH-Gruppen beeinflussen soll. Die Erhaltung des Glutathions in reduziertem Zustand in der roten Blutzelle beruht anscheinend auf der Substratkette Glukose—Glukose-6-Phosphat—TPNH—GSH, die durch die Enzymkette Hexokinase—Glukose-6-Phosphatdehydrogenase—Glutathion-Reduktase verknüpft wird [48].

Dementsprechend konnte die Einbuße der enzymatischen Aktivität der Pyrophosphatase in der intakten Blutzelle durch Zugabe von Glukose, im Hämolysat durch Glukose-6-Phosphat, verhindert werden. Die Inaktivierung des Enzyms ist vorerst durch Zugabe eines SH-Trägers, wie Cystein, reversibel. Nach längerer Zeit jedoch ist die Reversibilität nicht mehr nachweisbar. Diese Ergebnisse scheinen von grundsätzlicher Bedeutung:

1. Es handelt sich um den erstmaligen Nachweis der stabilisierenden Wirkung des Glutathions auf eine Enzymwirkung in einer intakten Zelle.
2. Aus den Beobachtungen geht hervor, daß der erste Schritt der Denaturierung eines SH-Enzyms der Übergang zur Disulfidform ist. Dieser Schritt ist vorerst reversibel und ist von irreversiblen weiteren Veränderungen gefolgt.
3. Es verbinden sich metabolische und strukturelle Vorgänge ebenso wie spezifische mit statistischen Vorgängen zu einer dialektischen Einheit. Die Aufrechterhaltung der SH-Gruppe ist das Resultat einer Kette von enzymatischen Reaktionen, die einen spezifischen Stoffwechselprozeß darstellen, während die Denaturierung als statistischer, mit Änderung der Eiweißstruktur verbundener Vorgang zu betrachten ist.

Differenzierung und Alterung

Zweifellos ist die Frage berechtigt, inwieweit Zusammenhänge zwischen dem Reifungsvorgang, in dem sich aus einer Vorstufe der jugendliche reife Erythrozyt bildet, und dem Alterungsvorgang, der nach weiteren 120 Tagen zur Zerstörung der Zelle führt, bestehen. Obzwar viele Fragen noch ungeklärt sind, geben jüngste Forschungen einen gewissen Einblick in das Alterungsgeschehen. Durch geeignete Fraktionierungsmethoden ist es gelungen, die Erythrozytenbevölkerung des strömenden Blutes, die eine statistische Verteilung jeden Alters darstellt, in Altersgruppen aufzuteilen. Es konnte sodann gezeigt werden, daß die ältesten sich von den jungen Erythrozyten durch geringere osmotische Resistenz sowie durch einen geringeren Wassergehalt unterscheiden. Ihr Stoffwechsel zeigt selektive Änderungen. Die Glykolyse ist auf 1/3 vermindert, vermutlich auf Grund der Abnahme der Hexokinase, die den begrenzenden Schritt darstellt. Aber auch andere Enzyme, wie die Phosphoglyzerinaldehyd-Dehydrogenase, sind verringert, während andere nicht verändert sind [49]. Die Abnahme des Wassergehaltes sowie der Glykolyse und ihrer Enzyme scheinen auf einen Zusammenhang mit dem Reifungsvorgang hinzudeuten. Die Richtung der Veränderungen ist dieselbe, wenngleich ihre Zeitkonstanten sich um etwa zwei Größenordnungen verlangsamt haben; es ist nicht sicher, daß dieselben Vorgänge der Zelle bei Reifung und Alterung maßgebend sind. Es ist möglich, daß bei der Alterung ebenso wie bei der Reifung spezifische und statistische Prozesse ineinandergreifen, jedoch wäre zu erwarten, daß die statistischen Prozesse in größerem Umfange das Geschehen bestimmen.

Unausgesprochen ist bisher die Grundannahme, nämlich, daß der Alterungsprozeß mit dem Augenblick der Reifung beginnt und sich durch die gesamte Lebensdauer einer Zelle hinzieht, bis die Akkumulation quantitativer Veränderungen im Zellstoffwechsel zu einem qualitativen Sprung, dem Absterben, führt. In diesem Zusammenhang harren noch viele Fragen einer Antwort. 1. Es ist wahrscheinlich, daß die Glykolyse den Schlüsselvorgang beim reifen roten Blutkörperchen darstellt, jedoch ist dies nicht erwiesen; man könnte auch an Vorgänge, die für die Erhaltung des Glutathions und damit der SH-Gruppe von Enzymen und Stromaeiweißen verantwortlich sind, denken. 2. Der genaue Zusammenhang zwischen Stoffwechselvorgängen und Strukturveränderungen der reifen Zelle ist noch nicht analysiert. 3. Es ist ungewiß, worin der letzte entscheidende Vorgang besteht, der eine Zelle dem Untergang weiht, und 4. ebenso ungeklärt ist es, welche inneren Veränderungen der Zelle den Anlaß für die Wirkung äußerer, die Zelle zerstörender Faktoren, wie etwa der Phagozytose, darstellen. Alle diese Fragen scheinen jedoch im Prinzip einer Antwort zugänglich. Es sei dabei bemerkt, daß das rote Blutkörperchen für die Aufklärung des Alterungsvorgangs wie auch für viele andere biologische Probleme ein besonders geeignetes Modellobjekt darstellt. Zu seinen Vorzügen gehören die große Vereinfachung des Stoffwechsels, ohne die Komplikation von Teilung und Wachstum, die leichte Gewinnung eines homogenen Materials, die statistische Verteilung der Population und die Möglichkeit ihrer Beeinflussung durch experimentelle Maßnahmen.

2. *Funktionelle Zustände der Milchdrüse*

Der Übergang der Milchdrüse vom Ruhezustand zur Laktation sowie der umgekehrte Vorgang, die Involution der laktierenden Drüse, stellen eines der interessantesten Objekte für das Studium der Zellregulation dar. Beiden Übergängen ist die Schnelligkeit des zeitlichen Ablaufes gemeinsam. Innerhalb von 24 Stunden post partum tritt mit einsetzender Laktation eine dramatische Veränderung des Stoffwechsels ein. Die Sauerstoffaufnahme und mit ihr die Aktivität der Enzyme der Atmungskette vervielfachen sich [3]. Eindrucksvoll ist die Erhöhung der Glukose-6-Phosphatdehydrogenase [50]. Mit dieser Veränderung geht einher die Umschaltung vom Embden-Meyerhof-Weg zum oxydativen Pentose-Zyklus [15]. Auch die Glutamatdehydrogenase, die Arginase und die alkalische Phosphatase zeigen beträchtliche Erhöhungen [3] (s. Tab. 2). Ebenso schnell und ausgeprägt sind die Veränderungen bei Beendigung der Laktation. Schon innerhalb von 12 Stunden nach Absetzen ist eine Aktivitätsabnahme der Glukose-6-Phosphatdehydrogenase auf die Hälfte festzustellen. Bei Inkubation in vitro ist ein 3mal so schneller Aktivitätsverlust bei abgesetzten Tieren zu beobachten [51]. Mit diesen enzymatischen Veränderungen geht die Rückschaltung des Kohlenhydratstoffwechsels

Tabelle 2: Vergleich der Enzymaktivitäten der Milchdrüse während der Laktation und im Ruhezustand

	Quotient Laktation/Ruhe	Literatur
1. -Q_{O_2}	~8	[3]
2. Succinat-Oxydase	~6	[60]
3. Glukose-6-Phosphatdehydrogenase	~100	[50]
4. 6-Phosphogluconsäure-Dehydrogenase	~20	[50]
5. Ribose-5-Phosphat-Abbau	~9	[50]
6. Glutamat-Dehydrogenase	4–6	[3]
7. Glutamat-Aspartat-Transaminase	~10 ~10	[3]
8. Arginase	~12	[3]
9. alkalische Phosphatase	~10	[3]
10. Fettsäure-Synthese	30–80	[15]

auf den EMBDEN-MEYERHOF-Weg einher. Diese Beobachtungen erlauben einige Schlußfolgerungen und werfen noch viel mehr Fragen auf.

1. Die Glukose-6-Phosphatdehydrogenase stellt das Schrittmacherenzym des oxydativen Pentosezyklus dar, indem sie die erste enzymatische Reaktion dieses Weges bildet und auf das gemeinsame Substrat beider Abbauwege der Glukose einwirkt. Die Beziehungen zwischen der Aktivität dieses Enzyms und der tatsächlichen Wirksamkeit des oxydativen Pentosezyklus sind als qualitativer Beleg für die Gültigkeit der Erwägungen bezüglich der Rolle von Enzymen an Schaltstellen des Stoffwechsels zu werten.

2. Mit der Laktation müssen umfangreiche Neusynthesen von Einzelenzymen, Enzymketten und Enzympaketen in Form subzellulärer Partikel einhergehen [52]. Dies wird u. a. aus der Veränderung der Zellatmung deutlich. Die umgekehrten Vorgänge müssen bei der Involution ablaufen.

3. Die Verringerung der Enzymaktivitäten kann nicht allein durch Einschränkung der Enzymsynthese erklärt werden. Es müssen vielmehr zusätzliche Faktoren der Enzymzerstörung in Anspruch genommen werden. Hierfür kommen in Frage

a) eine bestimmten Enzymen innewohnende Labilität, die im aktiven Zustand der Drüse durch stabilisierende Einflüsse, wie Erhaltung der SH-Gruppe, Schutz durch Substrate oder Koenzyme, kompensiert wird.
Dieser stabilisierende Einfluß könnte im Zusammenhang mit Veränderungen des Stoffwechsels eine Verringerung erleiden.

b) Es ist aber auch denkbar, daß an sich stabile Fermente durch inaktivierende Einflüsse, mögen sie stöchiometrisch nach Art des RÜ-Hemmstoffes oder in Form von katalytischen Zerstörungen durch Protease wirken, zerstört werden. Auch hier ist es denkbar, daß diese Inaktivatoren durch Gegenstoffe während des aktiven Zustandes der Milchdrüse im Zaume gehalten werden.

Die Beantwortung der hier aufgeworfenen Fragen, die im Prinzip möglich erscheint, wird zweifellos unser Verständnis für die Zellregulation langsamer Vorgänge wesentlich erhöhen. Auf Grund jüngster Untersuchungen ist es wahrscheinlich geworden, daß die Glukose-6-Phosphatdeyhdrogenase unter physiologischen Bedingungen durch TPNH stabilisiert wird. Nach der Entfernung des TPNH setzt ein rascher Aktivitätsverlust ein [53]. Dementsprechend erscheint es möglich, daß das Verhalten von TPNH den begrenzenden Faktor des Involutionsprozesses der Milchdrüse darstellt.

3. Induktion und Repression von Enzymen

Innerhalb der großen Problematik der Adaptation von Organismen an ihre Umweltbedingungen spielt die Anpassung an Nährstoffe, die der Zelle geboten werden, eine besondere Rolle. Es ist heute in einer Anzahl von Fällen nachgewiesen, daß es sich dabei um Veränderungen des Enzymprofils handelt. Zwei gegensätzliche Phänomene, die engste Beziehung zueinander aufweisen, sind hierbei zu analysieren.

Es handelt sich um

1. die Induktion von Enzymen, d. h. das Auftreten von Enzymaktivitäten in Abhängigkeit vom angebotenen Substrat der Zelle, und
2. um Repression, d. h. Verschwinden oder Unterdrückung des Auftretens von Enzymen, die auch in Abhängigkeit vom äußeren Substrat zu beobachten sind.

Bei vielen Mikroorganismen ist das Auftreten von adaptiven Enzymen bekannt. Hier sei nur auf einige in jüngster Zeit erschienene zusammenfassende Berichte hingewiesen [54]. Auch bei Säugetieren sind adaptive Veränderungen quantitativer Art mehrfach beschrieben worden [55]. So kommt es kurze Zeit nach Gabe von Tryptophan zu einer Vervielfachung der Tryptophanpyrrolase-Aktivität in der Leber. Ähnliche Beobachtungen wurden bei Tyrosin- und Tryptophan-Transaminasen gemacht. Die Bedingungen für das Auftreten von induzierten Enzymen wurden besonders an mikrobiologischen Objekten genau analysiert. Es konnte gezeigt werden, daß die Fähigkeit zur Bildung adaptiver Enzyme eine vererbbare Eigenschaft ist. Es gibt demnach induzierbare und nichtinduzierbare Stämme. Andere Stämme enthalten ein gegebenes Enzym konstitutiv, d. h. unabhängig vom angebotenen Zellsubstrat. Die Induktion ist hochselektiv, erfolgt aber nicht nur durch ein Stoffwechselsubstrat, sondern auch durch Substrat-verwandte Stoffe. Für die Bildung von induzierten Enzymen müssen anscheinend alle Bedingungen, die für eine Neusynthese von Eiweißen erforderlich sind, erfüllt sein. Daher wird ihre Entstehung sowohl durch Störung der Atmung und oxydativen Phosphorylierung als auch durch Beeinflussung des Aminosäure- und Nukleinsäurestoffwechsels verhindert. Für einzelne Enzyme wie die Tryptophanpyrrolase ist es nicht ausgeschlossen, daß die Umwandlung schon vorgebildeter Enzymvorstufen eine Rolle spielt.

Von besonderem Interesse ist das induzierte Auftreten ganzer Enzymketten, das als konsekutive Induktion bezeichnet wird. Es konnte wahrscheinlich gemacht werden, daß der Ansatzpunkt einer Induktion in der Erhöhung des Zutritts des Substrates zu den im Zellinnern befindlichen Enzymen bestehen kann; darauf fußt die Vermutung der Existenz und Induzierbarkeit von „Permeasen“, für die jedoch hinreichende Beweise bisher fehlen. Als Gegenstück zu dem eben betrachteten Phänomen kann man die Repression betrachten, d. h. die Unterdrückung der Bildung von Enzymen. Hierfür gibt es zahlreiche Beispiele: So bedingt die Gegenwart von Aminosäuren, wie Tryptophan oder Methionin, eine weitgehende Hemmung in der Bildung von Enzymen, die diese Aminosäuren synthetisieren. Hier handelt es sich um die Repression von konstitutiven Enzymen, deren Bedeutung möglicherweise in einer Produktenhemmung oder einer konkurrierenden Hemmung an einer reaktionsfernen Stelle liegt.

Biologisch handelt es sich um eine Anpassungserscheinung, die der Zelle ökonomisch dienlich sein könnte. Ähnliche Verhältnisse liegen bei der Hemmung der Pyrimidin- und der Purinbildung durch Zufuhr der Endprodukte der Synthese vor. Ein interessantes Beispiel betrifft das Verhalten von HeLa-Tumorzellen in Gewebskulturen, in dem Adaptation und Repression ineinandergreifen. Ursprünglich bedürfen sie in Gewebskulturen der Gegenwart von Glutamin im Medium. Mit weiterer Züchtung werden sie in steigendem Maße von dieser Zufuhr unabhängig. In den Zellen ist eine Glutamin-synthetisierende Wirkung nachweisbar. Wird Glutamin angeboten, so kommt es zum Verschwinden der Glutamin-synthetisierenden Fähigkeit. Ähnliche Verhältnisse liegen bei dem Aminosäure-Paar Phenylalanin und Tyrosin vor. Tyrosin ist kein essentieller Nahrungsbestandteil, da die Zelle mittels der Phenylhydroxylase diese Aminosäure im Zellstoffwechsel zu bilden vermag. Wird aber Tyrosin angeboten, so kommt es zur Unterdrückung der Bildung des Tyrosin-bildenden Enzyms. Damit wird die Zelle von der Tyrosinzufuhr abhängig.

Vom Standpunkt der Zellökonomie ist das Beispiel der Beziehung zwischen Histidinabbau und Glukose bemerkenswert. In Gegenwart von Glukose tritt eine Unterdrückung der Bildung von Enzymen, die den Abbau von Histidin zu Glutamat katalysieren, ein. Die Konsequenz ist eine Einschränkung des Histidinbedarfes [56]. In das Gebiet der Zelladaptation gehören auch Enzymveränderungen, die durch andere Faktoren des Substratangebotes hervorgerufen werden. Mit Veränderung des pH können kompensatorische Änderungen der Enzymkonzentration eintreten, die durch einen konstanten Stoffwechsel erhalten bleibt. Teilweise treten dabei aber auch überschießende Reaktionen auf [57]. Ein Eingehen auf die Vielzahl von adaptiven Veränderungen in Gegenwart von Zellgiften würde an dieser Stelle zu weit führen.

Der offensichtliche Zusammenhang zwischen Repression und Induktion hat in letzter Zeit zu interessanten Hypothesen geführt. Es wird angenommen, daß eine konstante Anlage zur Enzymbildung, die der induzierbaren Kapazität entspricht, durch Repressoren gezügelt wird und daß die Wirkung der Induktoren in der Aufhebung der Repressorwirkung besteht. Diese Auffassung gibt eine plausible Erklärung für Konkurrenzerscheinungen, wie z. B. die Unmöglichkeit, in Gegenwart von Glukose eine Adaptation auf Galaktose herbeizuführen. Das hier angedeutete Zusammenspiel von Enzymrepressor und Induktor zeigt Berührungspunkte und Ähnlichkeiten mit den Verhältnissen, die bei der Differenzierung des roten Blutkörperchens erörtert wurden.

4. Zur Frage der Differenzierung und Vererbung

Es ist eine noch vollkommen ungeklärte Frage, welche Wechselbeziehungen zwischen Entwicklung und Differenzierung, die weitgehend cytoplasmatische Vorgänge darstellen, und Vererbungsvorgängen existieren. Hier spielt sowohl die Frage der cytoplasmatischen oder, genauer gesagt, epinukleären Vererbung als auch das Problem, inwieweit genetische Faktoren für Entwicklungs- und Differenzierungsvorgänge herangezogen werden müssen, eine Rolle. Zweifellos muß die Differenzierung Ausdruck genetischer Informationen sein, die sowohl chromosomalen als auch extrachromosomalen Charakter tragen. Andererseits ist es nachgewiesen, daß cytoplasmatische Differenzierungsvorgänge auf den Zellkern einen Einfluß ausüben. Danach ist es wahrscheinlich, daß auch hier eine dialektische Einheit von nukleären und epinukleären, genetischen und paragenetischen Vorgängen, in denen Kern und Cytoplasma aufeinander wirken, vorliegt. In diesem Zusammenhang ist von großem Interesse der Vergleich in der Aminosäuresequenz verschiedener Hämoglobine. Es zeigen sich große Ähnlichkeiten in den Veränderungen beim Übergang vom fötalen zum Erwachsenen-Hämoglobin, die als Differenzierungsprozesse zu werten sind, einerseits und in den Unterschieden zwischen genetisch verschiedenen Hämoglobinen bei Erwachsenen andererseits [58].

Die Vorgänge der Enzyminduktion und -repression, die eine offensichtliche Verwandtschaft mit Differenzierungsvorgängen aufweisen, zeigen eine mehr oder minder ausgeprägte Permanenz. Auch in dieser Hinsicht ergeben sich Verbindungen zwischen Regulationsprozessen der Zelle und ihrer genetischen Konstitution.

IV. Schlußbemerkung

Die vorstehenden Ausführungen tragen fragmentarischen Charakter. Weder sind alle bedeutsamen Aspekte des Zellregulationsproblems behandelt worden, noch sind die berührten Themen in umfassender Weise dargestellt. Die Schwierigkeit in der Behandlung der Thematik ist doppelter Art. Einerseits umfassen die Prozesse der Regulation die gesamten Lebensäußerungen. Sie stellen eine spezifisch biologische Form der Widerspiegelung der Materie dar und bilden das Wesen der ständigen Anpassung von Organismen an ihre Umwelt. Andererseits bedeutet das Verständnis der Regulationsvorgänge die umfassende Kenntnis der gesamten Beziehungen sowohl innerhalb des Organismus als auch zwischen Organismus und Umwelt. Gemessen an dieser Fragestellung ist unser Wissen noch gering. Nur einige Aspekte der primitivsten Regulation innerhalb der Zelle wurden hier zur Diskussion gestellt. Selbst bei dem unvollkommenen Zustand unseres Wissens erlauben sie jedoch schon jetzt die Feststellung, daß die Gesetzmäßigkeiten der Zellregulation deutbar sind und keinen Platz für teleologische Standpunkte und Entelechien lassen. Ebenso wird deutlich, daß bei der Betrachtung von Stoffwechselketten und Enzymkomplexen neue Gesetzmäßigkeiten erkennbar werden, die bei Elementarvorgängen nicht auftreten. Zweifellos wird die theoretische und experimentelle Erforschung der Zellregulation noch für lange Zeit einen Brennpunkt der Biologie und Biochemie darstellen.

Literatur

[1] LARDY, H. A.: Ber. III. Int. Kongr. Biochem. 1955.
[2] CORI, C. F.: in O. H. GAEBLER, Enzymes, Units of Biol. Struct. and Function, New York 1956.
[3] FOLLEY, S. J.: The Physiol. and Biochem. of Lactation, Edinburgh 1956.
[4] RAPOPORT, S.: Naturwiss. **43** (1956), 112; Fol. Haematol. **74** (1956), 276.
[5] POLOCK, M. R.: in P. D. BOYER, H. A. LARDY, und K. MYRBÄCK, Enzymes, New York 1956.
[6] CHANCE, B.: in D. E. GREEN, Currents in Biochem. Res., New York 1956.
[7] RACKER, E., und R. WU: in Ciba Symp. Regulation of Cell Metabolism, London 1959.
[8] HESS, B., und B. CHANCE: Naturwiss. **46** (1959), 248.
[9] LYNEN, F.: 8. Colloquium Ges. physiol. Chem., Berlin 1958.
[10] HOLZER, H.: 4. Colloquium Ges. physiol. Chem., Berlin 1953.
[11] BÜCHER, TH., und M. KLINGENBERG: Angew. Chem. **70** (1958), 552.

[12] Chance, B., und B. Hess: Science **129** (1959), 700.
[13] Chance, B., und B. Thorell: J. Biol. Chem. **234** (1959), 3044; Nature **184** (1959), 929.
[14] Passynski, A. G.: Usp. Sovr. Biol. **43** (1957), 263.
[15] Abraham, S., und J. L. Chaikoff: J. Biol. Chem. **234** (1959), 2246.
[16] Slater, E. C.: Biochem. J. **45** (1949), 1.
[17] Wattiaux, R., und C. de Duve: Biochem. J. **63** (1956), 606.
[18] Rapoport, S., und C. Wagenknecht: Naturwiss. **44** (1957), 515.
Rapoport, S., und E. C. G. Hofmann: Naturwiss. **45** (1958), 572.
[19] Krebs, H. A., und H. L. Kornberg: Erg. Physiol., Biol. Chem. u. Exp. Pharmak. **49** (1957) 212.
[20] Dixon, M., und E. Webb: Enzymes, London 1958.
[21] Pfleiderer, C., und D. Jeckel: Biochem. Z. **329** (1957/58), 370.
[22] Neurath, H.: Adv. Prot. Chem. **12** (1957), 320.
[23] Garzo, T., A. Ullmann, und F. B. Straub: Acta Physiol. Hung. **3** (1952), 513.
[24] Kolotilova, A. J.: Usp. Sovr. Biol. **43** (1957), 12.
[25] Kalckar, H. M.: Mod. Probl. Paed. **4**, Basel 1959.
[26] Rapoport, S.: Abh. Dtsch. Akad. Wiss., Kl. Chemie, Geol. Biol., No. 5, Berlin (1955).
[27] Cori, C. F.: in D. E. Green, Currents in Biochem. Res., New York 1956.
[28] Raaflaub, H.: Helv. physiol. pharmak. Acta **14** (1956), 304.
Chance, B.: in Ciba Symp. Regulation of Cell Metabolism, London 1959.
[29] Ashmore, J., Cahill, G. F., A. B. Hastings, und S. Zottu: J. Biol. Chem. **224** (1957), 225.
[30] Kini, M. M., und J. H. Quastel: Nature **184** (1959), 252.
[31] Velick, S. F.: J. Phys. Coll. Chem. **53**, (1954), 135.
[32] Theorell, H., und A. P. Nygaard: Acta Chem. Scand. **8** (1954), 1490.
[33] Sauer, G.: Diss. Math.-Nat. F. Humboldt-Univ., Berlin 1959.
[34] Altenbrunn, H. J., und S. Rapoport: Acta Biol. Med. Germ. **2** (1959), 599.
Rapoport, S., und E. C. G. Hofmann: Biochem. Z. **326** (1955), 493.
Rapoport, S., und C. Wagenknecht: Z. physiol. Chemie **309** (1957), 196.
[35] Rubinstein, D., P. Ottolenghi, und O. F. Denstedt: Can. J. Biochem. Physiol. **34** (1956), 222.
[36] Rost, G., und S. Rapoport: Acta Biol. Med. Germ. **3** (1959), 142.
[37] Lindigkeit, R.: Diss. Math.-Nat. F. Humboldt-Univ., Berlin 1956.
[38] Goetze, E., und S. Rapoport: Biochem. Z. **326** (1954), 53.
[39] Rapoport, S., und W. Gerischer-Mothes: Z. physiol. Chem. **302** (1955), 167; **304** (1956), 213.
Rapoport, S., und Ch. Nieradt: Z. physiol. Chem. **302** (1955), 179.
Wagenknecht, C., und S. Rapoport: Z. physiol. Chem. **308** (1957), 127; **309** (1958), 201.
Rapoport, S.: Fol. Haematol. **76** (1959), 285.
Rapoport, S., und W. Gerischer-Mothes: Acta Biol. Med. Germ. **3** (1959), 450.
[40] Scharfschwerdt, H.: unveröffentlicht.
[41] Rapoport, S., und W. Gerischer-Mothes: Z. physiol. Chemie **304** (1956), 270; **315** (1959), 38.
—, Acta Biol. Med. Germ. **2** [1959), 313.
[42] Schweiger, H. G., S. Rapoport, und W. Strassner: Naturwiss. **43** (1956), 18.
Schweiger, H. G., S. Rapoport, und E. Schölzel: Z. physiol. Chemie **306** (1956), 33.
Rapoport, S., und W. Strassner: Fol. Haematol. **76** (1959), 322.
Schweiger, H. G., und S. Rapoport: Acta Biol. Med. Germ. **1** (1958), 422.
[43] Altenbrunn, H. J., und S. Rapoport: Acta Biol. Med. Germ. **2** (1959), 599.
[44] Augustin, H. W., und S. Rapoport: Acta Biol. Med. Germ. **3** (1959), 433.
[45] Rapoport, S., W. Gerischer-Mothes, und C. Wagenknecht: Biochemia **22** (1957), 178.
[46] Kesselring, K.: Dipl.-Arb. Math.-Nat. F. Humboldt-Univ., Berlin 1955.
[47] Rapoport, S., und D. Scheuch: unveröffentlicht.
[48] Carson, P. E., C. L. Flanagan, C. E. Ickes, und A. S. Alving: Science **124** (1956), 484.

[49] Marks, P. A., und A. B. Johnson: Proc. Nat. Acad. Sc. **44** (1958), 529; J. Clin. Inv. **37** (1958), 1542.
Bernstein, R. E.; J. Clin. Inf. **38** (1959), 1572.
Löhr, G. W., und H. D. Waller: Klin. Wschr. **37** (1959), 833.
[50] Glock, G. E., und P. McLean: Biochem. J. **56** (1954), 171; Bioch. Bioph. Acta **12** (1953), 590.
[51] Scharfschwerdt, H., und S. Rapoport: Acta Biol. Med. Germ. **1** (1958), 396.
[52] Greenbaum, A. L., und E. C. Slater: Biochem. J. **66** (1957), 155.
[53] Carson, P. E., S. L. Schrier, und R. W. Kellermeyer: Nature **184** (1959), 1292.
[54] Spiegelmann und A. M. Campbell: in D. E. Green, Currents in Biochem. Res., New York 1956.
Monod, J.: in O. H. Garbler, Enzymes, Units of Biol. Structure and Function, New York 1956.
Pardee, A. B.: in Ciba Symp. Regulation of Cell Metabolism, London 1959.
[55] Knox, W. E., und E. J. Behrmann: Ann. Rev. Biochem. **28** (1959), 223.
[56] Magasanik, B.: J. Biol. Chem. **213** (1955), 557.
[57] Dean, A. C. R., und C. Hinshelwood: in Ciba Symp. Regulation of Cell Metabolism, London 1959.
[58] Schroeder, W. A.: Forts. Chem. org. Naturst. **17** (1959), 322.
[59] Doktorandenprojekt „Vgl. Enzymatik roter Blutkörperchen", Med. Fak. Humboldt-Univ., Berlin 1969.
[60] Greenbaum, A. L., und E. C. Slater: Biochem. J. **66** (1957), 161.

Zur Mathematisierung in der Biologie[1])

S. M. Rapoport

Fortschreitende Physikalisierung und Mathematisierung charakterisieren die gegenwärtige Entwicklung vieler Wissenschaften. Besonders auffällig ist das Eindringen von Mathematik und Physik in die moderne Biologie. Das Eindringen der Physik bringt zwangsläufig auch eine Mathematisierung mit sich, erfordert doch die physikalische Denkweise die mathematische Sprache und deren Apparate. Darüber hinaus sind es vielfach Physiker und Physikochemiker, die als Personen die Mathematisierung in die Biologie tragen oder mathematische Denkweisen den Biologen nahebringen. Die enge Zusammengehörigkeit von Physik und Mathematik ist offensichtlich. Dennoch ist es aber auch wichtig, neben den Gemeinsamkeiten den grundlegenden Unterschied zwischen Physik und Mathematik in ihrem Verhältnis zur Biologie zu betonen. Sein Wesen besteht darin, daß die Objekte des Mathematikers die Abbilder der Realität und nicht die Realität selbst sind. Inwieweit ein gewähltes Abbild und ein mathematischer Formalismus als mathematisches Modell der biologischen Wirklichkeit adäquat ist, darin liegt die wahre Problematik, die der Mathematiker allein kaum je entscheiden kann. Hier liegt die wissenschaftliche Verantwortlichkeit bei seinem naturwissenschaftlichen Partner.

Die Anwendung der Mathematik in der Biologie kann völlig differenten Charakter tragen. Sie dient ebenso sehr der Rationalisierung einer blinden Phänomenologie, die mit ihrer Hilfe sogar verfestigt wird, wie einer vertieften mechanistischen Analyse des Wesens eines Prozesses. Eine wesenlose Anpassung, eine oberflächliche statistische Korrelation muß natürlich den Grundlagenforscher unbefriedigt lassen und kann bestenfalls als ein Anhaltspunkt im Vorfeld einer mechanistischen Analyse dienen, während umgekehrt ein der biologischen Struktur entsprechendes mathematisches Modell tiefe Befriedigung gibt, nicht nur ästhetischer Art, sondern auch wegen seines praktischen Nutzens. Ein solches Modell erlaubt Rationalisierung im Denken und Experimentieren und gezielte Voraussagen, die den experimentellen Aufwand oft sehr stark reduzieren. Die Fehler in der Anwendung der Mathematik in der Biologie sind weniger der Mathematik anzulasten als der ungenügenden Vertiefung durch den Biologen, der gemeinsam mit dem Mathematiker in den so schwierigen und verfänglichen Prozeß der Schaffung des adäquaten mathematischen Abbildes eindringen muß, um herauszufinden, welche Vereinfachung unzulässig ist und welche Übertragungen der Struktur des biologischen Objektes nicht adäquat sind. Das alles ist in großem Maße die Verantwortung des

[1]) Vortrag auf der Konferenz „Tage der sowjetischen Wissenschaft und Technik", 29.—31. Oktober 1973, Berlin

Biologen, wenn er die Mathematik nicht nur als ein seiner Denkweise fremdes Werkzeug verwenden will und sogar u. U. mit ihrer Hilfe auf kausales Denken verzichten will.

Es soll nun jedoch nicht verkannt werden, daß eine Verselbständigung eines abstrakten mathematischen Denkansatzes ohne ständige Rückbeziehung auf die experimentellen Grundlagen und auf das spezifisch theroretische Gebäude des Biologen eine der Ursachen ist, warum geistreiche und weit ausgebaute mathematische Denkmodelle von Biologen gar nicht zur Kenntnis genommen werden. Dies ist eine der Ursachen, warum Zeitschriften, wie etwa das Journal of Theoretical Biology eine Außenseiterposition, was die Biologie betrifft, einnehmen. Nur wenn sich der Theoretiker eine hohe Disziplin hinsichtlich der Relevanz seiner Konstruktionen auferlegt und seiner Verantwortung gegenüber den Experimentatoren gerecht zu werden versucht und der ständige Kontakt mit ihnen zum Bedürfnis für ihn wird, ist eine produktive Beziehung zwischen Mathematik und Biologie möglich. Andererseits sind sich die Biologen in steigendem Maße klar, daß die biologischen Systeme in ihrer Komplexheit, mag es sich nun um Enzyme mit ihren vielfachen Substrat-Effektor-Beziehungen und Stoffwechselnetzen, um Organe, Organismen, Populationen oder Ökosysteme handeln, durch Empirie und Intuition allein weder erkannt noch beschrieben werden können. Die Verwendung einer formalisierten Sprache und von mathematischen Modellen wird zum unerläßlichen Bindeglied, das den Erkenntnisprozeß fördert und ihn einer rigorosen Kontrolle unterwirft. Nur mit Hilfe von mathematischen Modellen mit ihren weitgreifenden Manipulierungsmöglichkeiten sind Aussagen über das Verhalten biologischer Systeme unter experimentell schwer realisierbaren Bedingungen erlaubt, ist es möglich, den experimentellen Aufwand durch Ermittlung optimaler Vesuchsanordnungen unter Vermeidung von inkonsistenten oder redundanten Experimenten zu reduzieren, und ist die Verarbeitung großer Datenmengen mit vielen u. U. weitgehend voneinander abhängigen Variablen erreichbar. Mit Hilfe mathematischer Modelle können entscheidende Regel-Parameter komplexer Systeme erkannt und quantitativ bewertet werden. So ist ein tieferes Eindringen in die ungeheure Vielfalt der biologischen Phänomene ohne Mathematisierung nicht denkbar. Eine ausgeprägte Tendenz zur Aufstellung theoretischer Modelle auf dem Gebiet der Biologie ist unverkennbar, mögen es konzeptionelle Ansätze wie das Energieladungskonzept von Atkinson sein oder quantitative Modelle des Stoffwechsels von Zellen, solche der Zellteilungsvorgänge oder der Evolution. Die notwendige sinnvolle Datenauswahl und die Datenreduktion, d. h. die zulässige höchstmögliche Vereinfachung ist sehr weitgehend eine Angelegenheit des gesunden Menschenverstandes und somit mehr eine Kunst als eine geistige Routine, für die ein Rezept gegeben werden könnte. Wie gesagt, sind zu starke Vereinfachungen ohne realen Erkenntnisgewinn, hingegen bleiben Modelle mit zu vielen Parametern, die womöglich alle verfügbaren Daten einschließen, meist mehrdeutig und sind daher zur Entscheidungsfindung nicht geeignet.

In den prognostischen Überlegungen, aber auch in der unmittelbaren Forschungsarbeit spielen die Probleme der Mathematisierung der Biologie seit Jahren eine bedeutende Rolle. Mit ihnen beschäftigen sich die Gruppen Biologie und Mathematik des Forschungsrates sowie die Klasse Biologie der AdW. Sie kamen zu folgenden Schlußfolgerungen:

Die Zusammenarbeit zwischen Mathematikern und Biologen ist auf verschiedene Weise zu fördern. Dazu gehört eine zielstrebige, proportionale Einbeziehung von Mathematikern in die biologische Forschung. Um Mathematiker zur experimentellen Zusammenarbeit zu befähigen, ist ihre enge institutionelle Bindung an experimentelle Gruppen zu sichern. Es ist die Bildung gemischter Gruppen aus Mathematikern und mathematisch bzw. physikalisch vorgebildeten Biowissenschaftlern anzustreben. Und schließlich ist eine enge Zusammenarbeit zwischen den biowissenschaftlichen Forschungsbereichen und mathematischen Gruppen u. a. durch Abhaltung gemeinsamer Seminare und Kolloquien anzustreben.

Gestatten Sie, daß ich nun auf eine konkrete Forschungsrichtung eingehe, in der sich die enge Zusammenarbeit von Mathematikern und Experimentatoren als besonders fruchtbar erwiesen hat. Es handelt sich um das mathematische Modell des Energiestoffwechsels der Zelle. Bekanntlich ist die Energiewandlung die Grundlage für alle Lebensvorgänge und hat daher eine zentrale Bedeutung bei deren Erforschung. Kaum ein anderes Gebiet der Biochemie ist so weit fortgeschritten. Wir kennen mit wenigen Lücken die beteiligten Enzyme, welche die Stoffwechselvorgänge katalysieren. Die meisten der katalytischen Eiweiße wurden isoliert und kinetisch beschrieben. Ebenso kennen wir die komplizierten Wechselbeziehungen zwischen verschiedenen Teilen der Zellen, in denen die Stoffwechselprozesse lokalisiert sind, und dennoch bestehen weitgehende Unklarheiten hinsichtlich unseres Verständnisses, wie der Energiestoffwechsel reguliert wird. Das betrifft solche Fragen, wie die Signale und Regelvorgänge, welche die Größe des Energiestoffwechsels bestimmen ebenso wie die Mechanismen, durch welche die Zelle von einem Stoffwechselweg auf einen anderen umschaltet. Ebenso offen sind noch die Fragen, wie Effektoren außerhalb der Zelle, unter ihnen Hormone, Ionen und andere chemische Signale, ihre Wirkung ausüben. So ist eine Lage entstanden, daß ein ungeheures Datenmaterial vorliegt, ohne daß das Wesen der Regelvorgänge und ihre inneren Gesetzmäßigkeiten voll erkannt worden wären. In dieser Situation sind mathematische und geeignete einfache biologische Modelle von großer Bedeutung, um einen entscheidenden Fortschritt im Verständnis zu erzielen. Wir wählten als Objekt die rote Blutzelle. Dieses Objekt zeichnet sich durch seine äußerst einfache Struktur aus. Es bsitzt nur Zellmembran und Zytosol. Es besitzt aber auch einen sehr vereinfachten Stoffwechsel, der im wesentlichen nur die Glykolyse umfaßt. Das komplexe Forschungsprogramm umfaßte die Isolierung und Kennzeichnung der voraussichtlich entscheidenden Enzyme der Glykolyse. Von den 15 an dem Glykolyseweg beteiligten Enzymen wurden 6 ausgewählt. Zu einem großen Teil mußten neue Gewinnungsmethoden ausgearbeitet werden. Gleichzeitig wurden mit Hilfe subtiler Methoden alle Zwischenprodukte der Umwandlungen, auch etwa 15, unter verschiedenen experimentellen Bedingungen bestimmt. Daneben begannen theoretische Arbeiten zur Modellierung der Glykolysekette. Diese komplexen Forschungen haben nun einen hohen Reifegrad erreicht. Die mathematische Analyse ergab, daß für die Regulation des Stoffwechselflusses nur 3 Enzyme von entscheidender Bedeutung sind, so daß die Arbeit an den anderen abgeschlossen werden kann. Es ergaben sich weitgehende Vereinfachungen der notwendigen exprimentellen Arbeiten, um Abweichungen z. B. unter krankhaften Umständen zu kennzeichnen. Wir können annehmen, daß ausgehend von den Einsichten, die wir an der nicht atmenden roten Blutzelle gewonnen haben, jetzt eine feste theoretische Position besteht, um die Modelle auf andere Zellen, welche komplexere Strukturen und Stoffwechselwege aufweisen, zu übertragen.

Biologische Komponenten menschlicher Bedürfnisse und die zukünftige Entwicklung der Biologie[1])

S. Rapoport

Sehr verehrte Freunde!

Ich danke Ihnen für die Einladung, vor Ihnen über die Perspektive der Biologie zu sprechen. Ich werde dies vor allem unter dem Blickwinkel des Einflusses der Biologie auf unser Verständnis vom Menschen tun; dieses ist natürlich die zentrale Aufgabe letztlich jeder Wissenschaft und auch der Kunst. In dieser Aufgabe vereinen sich Wissenschaft und Kunst, mögen ihre Methoden auch verschieden und nicht vergleichbar sein.

Meine Ausführungen sind bewußt einseitig darauf orientiert, die biologische Komponente des Wesens und der Bedürfnisse des Menschen darzustellen. Ich hoffe, daß mir das nicht den Vorwurf des „Biologismus" einträgt. Mit Marx betrachte ich den Menschen als das Ensemble seiner gesellschaftlichen Verhältnisse, in denen die biologische Komponente des Menschen im dialektischen Sinn aufgehoben ist, d. h. Bestandteil der gesellschaftlichen Entwicklung wurde.

Jedes Lebewesen stellt das Resultat von objektiv existierenden Widersprüchen dar, durch die es sich entwickelt hat, und denen es ständig ausgesetzt ist. Diese Widersprüche wirken im Innern jeder Zelle, jedes Organismus, sie sind es aber auch, die den Organismus mit seiner natürlichen und gesellschaftlichen Umwelt und ihren Einflüssen verbinden. Das Leben ist somit als eine dialektische Einheit verschiedenartiger Gegensätzlichkeiten aufzufassen. Ich verzichte darauf, alle Arten hierher gehörender Gegensätzlichkeiten aufzuzählen. Ihnen sind sicher eine Vielzahl solcher Gegensätzlichkeiten, welche Kategorienpaare darstellen, bekannt, wie das von Struktur und Funktion. Zum Beispiel besitzt jede Zelle eine definierte Struktur und eine bestimmte Funktion. Die Struktur ist eine durchgehende Eigenschaft, die wir von den Atomen bis zu den kompliziertesten Formen der Gesellschaft vorfinden. Die Funktionen sind sehr verschiedenartig und bedingen einander, ohne daß wir sagen können, daß eine vor den anderen das Primat hat. Eine ähnliche Gegensätzlichkeit, die sich aus der Struktur-Funktionsbeziehung ableitet, ist Form und Inhalt. Diese spielt in der Literatur, aber auch in der Biologie eine große Rolle. Die Zahl der biologischen Formen, die sich im Artenreichtum der lebenden Natur darstellt, ist ungeheuer. Das Inhaltliche, das Gemeinsame zu finden, ist eine Problematik, die immer wieder neu aufgeworfen wird. Eine andere Gegensätzlichkeit ist die von Teil und Ganzem mit dem Problem, daß nicht nur der Organismus als Ganzes, sondern auch seine Teile, das Organ, die Zelle als Ganzes betrachtet werden können. Für die Biologie von großer Bedeutung ist die Gegensätzlichkeit von Konstanz und Variabilität sowie die von Möglichkeit und Realisierung. So wissen wir, daß fast jede Zelle die Fähig-

[1]) Vortrag vor Berliner Schriftstellern 1969

keit hat, umfangreiche Stoffwechselvorgänge zu vollziehen, aber sie nur zu einem geringen Teil ausnutzt. So existiert eine Reserve, die nach Bedarf ausgenützt wird. Eine weitere Problematik ist die Gegensätzlichkeit von Reversibilität und Irreversibilität. Wir haben eine enge Verflechtung von reversiblen Vorgängen. Fast jeder Prozeß kann, zumindest im Prinzip, reversibel gestaltet werden, und doch ist das Ganze, Werden und Vergehen, ein irreversibel ablaufender Prozeß.

Nun möchte ich auf eine weitere Gegensätzlichkeit zu sprechen kommen, auf die von Gesundheit und Krankheit, die bis heute nicht präzise zu definieren ist, aber eine der entscheidenden Fragen für die zukünftige Gestaltung der Optimierung der Lebensprozesse, der Gesundheit des Menschen und der Vermeidung von Krankheit darstellt. Ich will hier anmerken, daß ich eine völlige Vermeidung von Krankheiten aus biologischen und philosophischen Gründen für nicht möglich halte.

Die Lebensprozesse reichen von einer Ebene, die wir als molekulare bezeichnen, da die Moleküle die erste Aggregation, die erste Zusammenführung von Elementarteilchen sind, die mit spezifischen chemischen Eigenschaften ausgestattet sind, bis über die verschiedenen höheren Integrationsebenen, bis zu den geistigen Vorgängen und zu den subtilen Prozessen der menschlichen Gesellschaft. Alle diese Ebenen sind miteinander und mit der natürlichen und der gesellschaftlichen Umwelt auf vielfältigste Weise integriert.

Im gegenwärtigen Moment befindet sich die menschliche Gesellschaft in einem instabilen Zustand, der gekennzeichnet ist durch eine Reihe von Prozessen, die einer Krise zusteuern. Einer dieser kritischen Prozesse umfaßt die Entwicklung der Bevölkerung, die nach einem hunderte Jahre dauernden nahezu stationären Zustand seit etwa 150 Jahren exponentiell ansteigt. Eine andere kritische Entwicklung betrifft die Wissenschaft und Technik und die steigende Bemächtigung und Beherrschung der Natur, mit einer Reihe von unliebsamen Konsequenzen. Die Entwicklung der Natur- und Gesellschaftswissenschaften verläuft exponentiell. Extrapoliert man diese Entwicklungen, sei es das Bevölkerungswachstum oder die Wissenschaftsentwicklung, so erkennt man, daß es sich um eine unstabile Periode handelt, die zu einer Katastrophe oder zu einem neuen stationären Zustand führen muß. Was verstehen wir eigentlich unter einem stationären Zustand? Er ist dadurch gekennzeichnet, daß die Zugänge und die Abgänge in einer Größe einander gleich sind. Es ist also nicht ein Gleichgewicht statischer Art, etwa wie ein Gebäude, sondern es verhält sich wie ein Fluß, wo Zustrom und Abstrom gleich sind. Wir können diese Überlegungen auf die menschliche Gesellschaft anwenden. Wenn die Geburtenzahl der Sterberate gleich ist, dann besteht ein stationärer Zustand, wie er annähernd in der DDR vorliegt. Wir können eine solche Überlegung auf die „Kreisläufe" von Energie und Stoffen anwenden. Wenn wir mit unseren Wäldern oder anderen Ressourcen Raubbau treiben, dann werden sie bald versiegen. Wenn wir ein Fließgleichgewicht herstellen, wo Zuwachs und Abholzung einander die Waage halten, dann gibt es bestimmt Grenzen für die Nutzung des Waldes, welche durch die Wachstumsrate der Bäume gegeben sind.

Die großartigen Erkenntnisse der Wissenschaft erlauben uns jetzt, solche Instabilitäten und deren Voraussetzungen besser zu analysieren. Sie erlauben uns, die komplexen Prozesse, die uns als Ganzheiten entgegentreten, zurückzuführen auf tiefer liegende Strukturebenen bis zu sogenannten Elementarprozessen. Das Wesen einer Erkenntnis, die bis zum Elementarprozeß geht, besteht darin, daß man eine geschlossene Kette herstellt, die eine physikalisch-mathematische, also naturwissenschaftliche Beschreibung erlaubt. Sie ermöglicht eine Modellierung, d. h. die Aufstellung eines der Wirklichkeit sehr ähnlichen theoretischen oder konkreten Modells, das die wesentlichen Züge wiedergibt und letztlich dann auf Grund dieser Kenntnis die ingenieurmäßige Beherrschung der Wirklichkeit gestattet. Und damit sind dann die Voraussetzungen gegeben für Eingriffe in die Gesellschaft entweder in dem Sinne, daß die Gesellschaft sich selbst reguliert zu solchen Beziehungen, die für alle Glieder der Menschengesellschaft das Optimum an Effektivität und an Wohlbefinden mit sich bringen, oder im Sinne der Manipulierung, wo eine Schicht, eine Gruppe die anderen Menschen dieser Einsichten beraubt hält und sie für ihre Zwecke nutzt.

Natürlich tritt hier die Frage auf, ob wir durch die Kenntnis der Elementarprozesse für das, was die Welt im Innersten bewegt, nicht Vereinfachungen einführen. Sicher ist das so. Es ist immer die Probe aufs Exempel, ob man die Elementarprozesse in Ganzheiten zusammenführen kann, ob man die neue Qualität, die bei einer nächsthöheren Strukturebene der Materie entsteht, erkennen kann. Dieses ist die größte Schwierigkeit. Von daher rührt die nicht enden wollende Polemik zu den Fragen mechanistischer Auffassungen einer Wirklichkeit zu Fragen eines Biologismus und eines Physikalismus. Das Gegenstück dazu ist eine ganzheitliche Auffassung, die verzichtet, die Ursachen auszuloten, und die immer wieder in die Gefahr einer Mystik, in die Gefahr des Anerkennens von nicht Erkennbarem abgeleitet.

Ich möchte jetzt übergehen auf die Besprechung jener Probleme, welche das Wesen und die Hauptbedürfnisse des Menschen betreffen und dabei die Beiträge und Aspekte behandeln, welche von der Biologie geliefert werden können. Dazu gehört die Ernährung, welche schon nach der ENGELSschen Definition vom Stoffwechsel als Eigenschaft des Lebens eine Hauptvoraussetzung der Existenz der Menschheit ist. Weiterhin werde ich auf die Gesundheit, die Fragen der Fortpflanzung, der geistigen Prozesse, d. h. der intellektuellen und emotionalen, eingehen. Ich werde versuchen, auch einige Bemerkungen zum ästhetischen Problem, zur Frage Mensch und Natur, sowie zum Verhältnis Arbeit und Spiel zu machen.

Ich möchte alle diese Dinge entsprechend einem gewissen Schema behandeln, nämlich

1) was wissen wir, und was werden wir wissen;
2) was können wir, und was werden wir wahrscheinlich können;
3) wo sind die potentiellen oder aktuellen Widersprüche;
4) welche Probleme weltanschaulicher Art ergeben sich, und welche Konsequenzen für die gesellschaftliche Entwicklung und für das Individuum treten auf.

Nun zur Ernährung: Wir wissen seit langem, wie groß der Energiebedarf eines Menschen oder anderer Lebewesen ist. Wir wissen, daß er abhängt vom Alter, vom Funktionszustand und von einer Vielzahl äußerer Bedingungen. Der arbeitende Mensch braucht mehr, der schlafende viel weniger. Wir wissen diese Dinge, die man als allgemeinen Stoffwechsel bezeichnet, in allen Einzelheiten schon sehr lange. Was man nicht gewußt hatte, war bis vor wenigen Jahrzehnten die Gesamtheit der notwendigen Faktoren der Nahrung. Die Versuche, Menschen zu ernähren mit den sogenannten Grundnährstoffen Eiweiß, Kohlenhydrate, Fette, scheiterten. Vor etwa 90 Jahren begann eine heroische Epoche, die Suche nach den essentiellen Faktoren der Nahrung, d. h. lebensnotwendigen Bestandteilen, deren Bedeutung in etwas anderem besteht als Kalorien zu liefern. Auf diesem Wege fand man die Bedeutung der Mineralstoffe und entdeckte die Vitamine.

Wir können heute sagen, daß diese Epoche abgeschlossen ist. Wie Sie wissen, ist jede Wissenschaft, ist jede menschliche Tätigkeit eine historische Kategorie. Für die Grundlagenwissenschaft gibt es bei der Nahrung des Menschen nichts mehr zu erforschen. Es ist ein geschlossenes Buch, so etwa wie die euklidische Geometrie. Wir kennen also heute alle essentiellen Faktoren für den Menschen, nicht allerdings für jedes andere Lebewesen. Warum wir es gerade für den Menschen wissen, ist offensichtlich, weil hier ein großes gesellschaftliches Interesse vorlag.

Wir wissen heute infolge des unerhörten Fortschritts der chemischen Analytik auch jene Bestandteile der Nahrung, die nicht essentiell, aber für uns von Bedeutung sind: Aromastoffe und Farbstoffe. Hier treten sofort Probleme auf. Das, wonach der Mensch eine Nahrung beurteilt, ob sie warm ist, ob sie gut riecht, ob sie schön aussieht, ist nicht essentiell. Wir werden bald die Ernährungsmöglichkeiten unter allen denkbaren Bedingungen vom Kosmos bis in die Tiefen des Meeres oder bei Krankheiten beherrschen.

Und was können wir tun? Da wir die Bestandteile der Nahrung bis in alle Einzelheiten kennen, vermögen wir heute aus fast beliebigen Primärquellen Nahrung zu schaffen, die den biologischen Ansprüchen genügt. Wir können aber auch die Nahrung manipulieren und verfälschen. Wir sind in der Lage, ihr verschiedene äußere Gestalt zu geben, sei es eine, die unseren Gewohnheiten entspricht oder aber stark abweicht. Auf diese Weise kann man auch aus Pflanzen und aus ungewöhnlichen Quellen, wie Seetieren, Algen, aus Mikroben, aus Fleischresten, die man nicht mehr verwenden würde, Nahrungsmodelle schaffen. Man kann auch bis zur Totalsynthese der Aminosäuren als Bestandteile der Eiweiße gehen. Das ist nur eine Frage der Ökonomie und der Technologie, welcher Prozeß der günstigste ist.

Welche Probleme treten dabei auf? Wenn wir auf diesem Wege fortfahren, was geschieht dann mit unseren Traditionen? Die Essenskultur ist schließlich ein wichtiger Teil unserer gesamten Kultur. Man sagte, daß schon nach der französischen bürgerlichen Revolution ein Teil der französischen hochgezüchteten Kultur verlorenging; die Wiener Küche als Teil der Wiener Kultur ist durch die Technisierung der Kochprozesse zumindest bedroht. Wir stehen auf vielen Gebieten vor analogen Problemen. Ästhetische Traditionen werden berührt. Nun, hier steht die Frage, verlieren wir unsere Vergangenheit? Es ist mit der Möglichkeit zu rechnen, daß bald eine Generation aufwächst, die in der Literatur über vieles hinweglesen muß, etwa über die Einzelheiten der Anschirrung eines Pferdes bei Leo Tolstoi, und zum früheren Leben und seinen Tätigkeiten keinerlei Beziehungen mehr hat.

Auf dem Gebiet der Ernährung existieren noch viele ungelöste Fragen: Gibt es definierbare, quantifizierbare und beherrschbare sinnesphysiologische und psychologische Aspekte der Nahrung? Oder eine andere Frage: Sind die neuartigen simulierten oder synthetisierten Nahrungsmittel nur Ersatz oder können hier neue kulinarische Genüsse geschaffen werden? Die Ernährung stellt die Menschheit vor Entscheidungsfragen. Die Zahl der Menschen ist ungeheuer gewachsen. Aber auch unsere Fähigkeiten, Nahrung zu erzeugen, hat sich im gleichen oder noch größeren Maße erhöht. Vor unseren Augen ist aber ein eklatanter Widerspruch entstanden. Zwei Drittel der Weltbevölkerung sind unterernährt; das betrifft das Gesamtangebot an Kalorien und insbesondere die hochwertigen Anteile, vor allem das Eiweiß. Aber ein Viertel der Weltbevölkerung, darunter etwa 40 bis 50% in der DDR, sind überernährt. Wir sprechen von Übergewichtigkeit, von überhöhtem Fettverbrauch, denken uns Methoden aus, wie man die Nahrung ihres Inhalts möglichst beraubt, sie fettarm macht, sie verfälscht, so daß sie möglichst nur aus Luft besteht. Wir wissen, daß die Übergewichtigkeit, vor allem ein hoher Fettkonsum, das Auftreten verschiedener Krankheiten begünstigt. Sie ist eng verknüpft mit dem Ansteigen der Zahl der Herzkrankheiten, mit der Häufigkeit des Hirnschlages, Diabetes usw. Aber für zwei Drittel der Menschheit steht eine völlig andere Problematik. Werden die neuen Nahrungsmittel, diese Ersatznahrung, nur für unterentwickelte Völker gelten, während für das überernährte Viertel der Menschen eine Luxusernährung erfolgt? Ich glaube, hier ist die Konsequenz sehr deutlich, daß wir, ausgehend von einer kommunistischen Ideologie, eine echte Aufgabe vor uns haben, die moralische und praktische Einheit der Menschheit herbeizuführen und dabei die Solidarität des Menschengeschlechts zu praktizieren.

Es gibt noch weitere Fragen, die ich nur ganz kurz andeuten möchte. Etwa: Worin besteht das Geheimnis des Konservatismus des Geschmacks und damit die sprungweise Ausprägung eines neuen Geschmacks? Sie kennen die Popularität der Erdnußflips, die weltweite Verbreitung der Colagetränke. Beide sind relativ neue Genußmittel. Das ist ein sehr wichtiges Wissen, denn wenn wir damit arbeiten, können wir tatsächlich beitragen zu einer wissenschaftlich und ästhetisch befriedigenden, auch den Instinkt befriedigenden Lösung des Problems des Geschmacks von Nahrungsmitteln; denn ein großer Teil der Geschmacksrichtungen entsteht unbewußt. Hier besteht die Möglichkeit einer Manipulation oder Regulation zum Guten.

Ich gehe zur Problematik der Gesundheit über. Bei der Medizin, die ja damit besonders zu tun hat, sind bekanntlich Wissen und Können sehr eng miteinander verknüpft. Wir wissen heute über die Funktionen des menschlichen Organismus mit Ausnahme des Gehirns schon sehr, sehr viel. Z.B. wissen wir ganz genau, wie der Blutzucker, welcher der Nährstoff des Gehirns und vieler Gewebe ist, reguliert wird. Von besonderer Bedeutung ist dafür das Insulin, ein Eiweiß, das in der Bauchspeicheldrüse erzeugt wird. Die Entdeckung ist etwa 100 Jahre alt. Vor 50 Jahren fand man diesen Stoff. Heute können wir diesen Stoff im Prinzip synthetisieren. Somit entsteht die Möglichkeit, künstlich von außen den Blutzucker zu steuern und damit die eigene hormonelle Regulation zu ersetzen. Dadurch steht vor der Medizin die Aufgabe, die Lebenserwartung eines Diabetikers der eines normalen Menschen völlig anzugleichen. Man ist heute so weit, daß ein künstlicher Blutkreislauf bei Operationen angewandt wird, der u. U. tagelang aufrechterhalten werden kann. Dabei wird das biologische Regulationssystem durch künstliche Regelfaktoren von außen ersetzt. Man schafft Prothesen, u. a. auch Organe. Ob wir uns jetzt die Prothese gegenständlich vorstellen, etwa in Form eines Armes, eines Beines, eines Auges, oder ob es in Form eines Stoffsystems ist oder eines künstlichen Herzens, in jedem dieser Fälle ist im Prinzip das Wissen und das Können bis zur ingenieurmäßigen Beherrschung von Teilprozessen vorangeschritten.

Wir haben die Ursachen einiger Erkankungen soweit erforscht, daß wir — und das ist die neue Qualität — ihre elementaren Ursachen kennen und daher Schutzmaßnahmen und Hilfsmaßnahmen durchführen können, die für das ganze Leben entscheidend sind. Ein solches Beispiel ist etwa eine Abweichung in der Bildung eines Eiweißes, eines Enzyms, eines Katalysators, der für den Abbau einer Aminosäure notwendig ist. Die Ursache dieser Abweichung ist eine Mutation, d. h. eine Veränderung in einem Gen, einem DNS-Abschnitt. Wir haben in der DDR etwa 1% Menschen, bei denen die Fähigkeit zum Abbau der Aminosäure Phenylalanin durch eine solche Mutation in einem Gen gestört ist. Aber da zum Glück die Gene immer paarweise vorliegen, ist es nur selten, also mit einer Wahrscheinlichkeit von $1/100 \cdot 1/100$ also von $1:10000$, daß ein Genpaar defekt ist. Solche Kinder würden durch eine Selbstvergiftung zu völlig zurückgebliebenen

Idioten heranwachsen, wenn ihr Defekt nicht sehr früh erkannt wird. In der DDR und in vielen anderen Ländern wird jedes neugeborene Kind mit einem Schnelltest daraufhin geprüft. Im Falle, daß der Test positiv ausfällt, wird das Kind auf eine Diät eingestellt, die milchfrei ist. Das Kind ist dann in der Lage, sich normal zu entwickeln. Jetzt ist man schon so weit, daß man von den nächsten Generationen sprechen kann, die von diesen Personen abstammen. Zumindest ein junges Mädchen ist herangewachsen und hat ein Kind bekommen, und auch dieses Kind scheint sich unter dem Schutz einer wissenschaftlich zusammengesetzten Ernährung normal zu entwickeln. So weit geht unser Können.

Ein großer Teil der Krankheiten entsteht durch Auseinandersetzung mit äußeren Faktoren. Die wichtigsten derartigen Erkankungen waren früher die bakteriellen Infektionen. Heute sind wir in das Geheimnis dieser Auseinandersetzung so weit eingedrungen, daß wir die Bakterien teils durch ihre eigenen Waffen, d. h. durch ihre Feindbakterienstoffe (Antibiotika), teils durch chemische Substanzen, die an einer bestimmten Stelle des Bakterienstoffwechsels eingreifen, beherrschen. Wir könnten einen großen Teil dieser Erkankungen beherrschen, wenn nicht die Bakterien sich durch ständige Änderung ihrer Natur, durch Mutationen, dieser Bekämpfung entzögen. So sind wir gezwungen, durch raffinierte Maßnahmen, durch Kombination von Antibiotika, ihnen diesen Fluchtweg zu verlegen.

Die Viruserkrankungen stellen ein weniger gelöstes Problem dar. Gegen einige gefährliche Viren können wir impfen. Jetzt werden durch die Molekularbiologie die ersten Ansätze für eine Chemotherapie erkennbar. Ohne als Phantast zu gelten, kann man sagen, daß die Virurserkrankungen in absehbarer Zeit — also vielleicht in den nächsten 20 Jahren — zu einem großen Teil beherrscht werden können. Wir sind an die Schwelle der Erkenntnis und auch der Beherrschung einer anderen grundsätzlichen Auseinandersetzung des Menschen mit seiner Umwelt gelangt, der sogenannten Überempfindlichkeit, der Allergie. Der Sinn dieser Überempfindlichkeit ist klar. Es ist der Schutz des Menschen vor einem anderen Organismus nach dem Prinzip „Eiweiß gegen Eiweiß". Wir entwickeln eine solche Überempfindlichkeit z. B. nicht gegen ein Metall oder gegen eine anorganische Verbindung, sondern gegen ein Eiweiß, die Reaktion bleibt gewissermaßen in der Familie der biologischen Systeme. Wenn die Reaktion wiederholt wird, kommt es zu einem sehr dramatischen oder sehr langwierigen Prozeß. Dieser Immun- oder Verteidigungsprozeß ist offensichtlich dadurch so kompliziert. daß an ihm mehrere Arten von Zellen zusammenwirken. Aber dieses komplizierte Gebiet beginnt sich jetzt der experimentellen Biologie, der Molekularbiologie zu eröffnen. Auf der Ebene der Molekularbiologie liegt auch das Problem des Krebses. Viel komplizierter sind die sogenannten Abnutzungs- und Alternsprozesse zu verstehen, vor allem schon deswegen, weil hier von der Definition her, bei der Suche nach dem geeigneten Modell, große Schwierigkeiten bestehen.

Eine Frage, die im Schwange ist und über die sehr viel diskutiert wird, ist, wie alt der Mensch werden kann. Hier gibt es die verschiedensten literarischen und philosophischen Spekulationen. In der Bibel wird das Alter des Methusalem mit 900 Jahren veranschlagt. Der einzige, der meines Wissens sich ernsthaft in heiterer Art damit auseinandergesetzt hat, war BERNHARD SHAW in einem seiner köstlichsten Stücke „Zurück zu Methusalem". In diesem hervorragenden Stück wird die Entwicklung des Menschen in der Kindheitsperiode auf 3 bis 4 Jahre reduziert. Es folgt eine lange und langweilige Periode des Erwachsenseins. Es gibt auch in der Sowjetunion Stimmen, die von 150 bis 200 Jahren Lebenserwartung für den Menschen sprechen. Es spricht wenig dafür, sei es durch Extrapolationen, sei es, daß wir aus eigener Kenntnis etwas dazu sagen können, daß ein gesundes, leistungsfähiges Alter im Durchschnitt mehr als 90 Jahre währen wird. Wenn an eine wesentliche Verlängerung überhaupt gedacht werden soll, dann muß es zu einem ganz neuen Durchbruch in unserem Verständnis der Alternsprozesse kommen. Heute wissen wir darüber viel zu wenig, geschweige denn, daß wir das Altern beeinflussen könnten. Ich glaube kaum, daß man in den nächsten hundert Jahren darüber ernsthaft reden konnte.

Wir haben die beste Absicht, unser Gesundheitswesen im Sinne einer Optimierung der Gesundheit zu entwickeln. Man muß aber feststellen, daß wir über diese Aspekte der medizinischen Praxis sehr wenig wissen. So wissen wir nicht, welche Effekte durch das Kur- und Bäderwesen tatsächlich erzielt werden. Hier wäre eine Möglichkeit für empfindsame, gut beobachtende und scharf denkende Laien — und ich denke hier vor allem an Schriftsteller — wesentliche Beiträge zu liefern. Auf diesem Gebiet ist angehäuft ein Riesenberg von Traditionen, die bis in das Altertum zurückgehen. Aber diese Tradition ist nicht wissenschaftlich fundiert, nicht integriert in unser Allgemeinwissen. Sie ist undurchsichtig und erregt eher Bedenken als Sicherheit für Menschen wissenschaftlicher Denkart. Das starke Engagement der Ärzte in Kurorten, ihre Identifizierung mit den Patienten und ihr emotioneller Einfluß werfen auch die Frage auf, inwieweit Arzt und Patient nicht sich selbst und gegenseitig in bester Absicht täuschen. Nichtsdestoweniger hege ich die Überzeugung, daß Erholung, wie die Natur sie bietet, sehr wichtig ist. Aber dazu können wir exakt noch kaum etwas sagen.

Wir haben eine besondere Problematik in der Medizin. Ist sie Naturwissenschaft, Gesellschaftswissenschaft, oder ist sie beides? Um diese Frage tobt ein Meinungsstreit. Ich habe dazu folgende Auffassung, die ich mit meinen Freunden teile. Die Medizin selbst ist natürlich eine praktische Tätigkeit und nicht nur Wissenschaft. Das ist das erste, was man sagen muß. Wie jede Praxis enthält sie einen Teil von wiederholbaren technischen Prozessen, wie das Ingenieurwesen. Darüber möchte ich nicht sprechen. Aber als Wissenschaft ist sie eine Naturwissenschaft, und jede Erkenntnis, zu der sie kommt, ist ein naturwissenschaftlicher Fortschritt, möge er geistige Prozesse oder die zwischenmenschlichen Beziehungen betreffen. Die Medizin verwertet den größten Teil von naturwissenschaftlichen Erkenntnissen der physikalischen, chemischen und mathematischen Ebene über die Biologie und vermittels der Biologie, und nur zu einem geringeren Teil direkt. Somit ist für sie die Biologie überwiegend die unmittelbare Grundlage. Natürlich hat die Medizin gesellschaftliche Aspekte. Sie ist auch eine angewandte Soziologie und Psychologie. Aber das rechtfertigt nicht die Behauptung, sie sei sowohl Natur- als auch Gesellschaftswissenschaft.

Eine sehr wichtige Frage, die in der Medizin auftritt, ist das persönliche Arzt-Patient-Verhältnis. In diesem Verhältnis ist nicht selten impliziert die Anschauung, daß der Patient so weit individualisiert ist, daß er eine ganz besondere Behandlung braucht, die nur ihm angemessen ist, oder ihm eine Arznei nur in höchst individueller Dosierung gegeben werden sollte, u. a. m. Solche Auffassungen vertritt insbesondere die Homöopathie, die seit langem die Individualisierung predigt. Aber schon der Name Homöopathie sagt, daß eine solche Auffassung heute nicht mehr als wissenschaftlich betrachtet werden kann. Durch biochemische und genetische Forschungen haben wir ein tiefes Veständnis gewonnen über die dialektische Einheit von Individuum und Gruppe. Jeder Mensch stellt eine spezifische Kombination von Faktoren dar, die seine Individualität ausmachen, gehört aber in jeder einzelnen Eigenschaft einer Gruppe an. Das ergibt sich aus seiner genetischen Formel und aus der Gleichheit seines Stoffwechsels. Im Grunde ist es so, wie wenn man sagt, daß jede Musik aus Tönen besteht und die Töne alle gleich sind, es kann nicht jemand ganz andere Töne machen. Aber die Mystifikation besteht darin, daß man annimmt, daß jemand ganz eigene Töne haben könnte und demnach auch ein ganz eigenes Ohr, daß diese Töne von anderen nicht gehört werden können. In dieser Richtung gibt es durchaus Möglichkeiten der ideologischen Mystifikation. In diesen Zusammenhang gehören also solche Fragen wie etwa: braucht jeder Mensch dieselben Arzneimittel? Die Antwort ist: es gibt Durchschnitte, die mit einer Toleranz im großen und ganzen ausreichen. So gibt man bei den Antibiotika die notwendige Dosis, man hat auch gar keine anderen Möglichkeiten. Auch beim Vitaminbedarf gehen wir so vor. Aber die genauere Kenntnis zeigt, daß die Menschen in Gruppen zerfallen, daß wir hier Verschiedenheiten haben, die einer weiteren Forschung bedürfen, aber daß das alles rational beherrschbar ist durch die Erkenntnis, daß wir jeden Menschen als ein Mosaik von Eigenschaften betrachten können, die sich zu einer Ganzheit zusammenfinden.

Dasselbe gilt sogar für die Problematik der eineiigen Zwillinge. Man hört und liest in der Literatur sehr viel, daß Zwillinge, die aus einem Ei kommen, zur gleichen Stunde sterben, von der gleichen Krankheit am selben Tag heimgesucht werden oder das gleiche Schicksal erleiden bis in alle Einzelheiten. Das ist aber sicher eine Mystifikation, die die unterschiedlichen äußeren Einflüsse, die Frage der Einheit von Innen und Außen negieren würde.

Sie wissen selbst, wie stark die Literatur durch gängige, mehr oder minder gute biologische und medizinische Theorien beeinflußt worden ist. Ich erinnere nur an HOFFMANNS Erzählungen oder an den Geisterseher von SCHILLER. In diesen Werken ist viel vom Mesmerismus, dem „tierischen Magnetismus", die Rede, einer spekulativen Theorie, die längst überwunden ist. Ich meine, daß auch heute solche Probleme existieren und ziehe daraus den Schluß, daß der Schriftsteller selbst ein hohes Maß an rationaler Bildung, insbesondere über die Biologie des Menschen, besitzen muß, wenn er die Auffassung teilt, daß die Literatur zur Orientierung und Bildung und nicht zur Desorientierung und Unbildung des Menschen beitragen soll.

Ich möchte noch kurz auf die Beziehung zwischen Gesundheit und Schönheit eingehen. Ich glaube, daß es eine Untersuchung lohnt, inwieweit der Begriff der Schönheit zusammengesetzt ist aus der Dreiheit Gesundheit, Jugend und harmonische Proportionen. Ich glaube, daß zwei der drei Elemente, Gesundheit und Jugend, einen großen Anteil an der Schönheit haben. Es gibt den Hinweis, daß das sportliche Sparta berühmt war durch die Schönheit seiner Jungfrauen. Das war schon eine Zeit, wo Jungen und Mädchen gleichberechtigt Sport getrieben haben so wie heute. Nun entsteht für mich die Frage der Erhaltung von Gesundheit und Schönheit in allen Lebensperioden, z. B. die Schönheit des alten und alternden Menschen zu definieren.

Wir haben in bezug auf die Gesundheit große Widersprüche in der Welt, das ist bekannt. Die Lebenserwartung schwankt zwischen 30 und 70 Jahren. Auch innerhalb der Länder, die nahe bei 70 liegen, gibt es Widersprüche, die bestimmt sind z. T. durch Ernährung und andere Faktoren. Wir haben die Erscheinung, daß Länder, wie etwa Norwegen, in ihrer Lebenserwartung zurückzugehen beginnen, weil die Überernährung die Leistungsfähigkeit beeinträchtigt. Es existiert ein weiteres Problem: Frau und Mann. Die Frau wird 5 Jahre älter, und es ist nicht klar, was davon biologisch und was gesellschaftlich bedingt ist. Die Problematik ist heikel, wenn man an die gegenwärtige

Praxis der Berentung denkt. Früher war es so, daß die Frauen durch Infektionen im Kindbett und aus anderen Gründen eine Übersterblichkeit hatten, daher ließ man ihnen besonderen Schutz angedeihen. Aber wir haben jetzt die Situation, daß die Frauen im Durchschnitt etwa 12 bis 18 Jahre Rentenalter erwartet, während beim Mann dieser Zeitabschnitt im Durchschnitt nur 3 bis 6 Jahre beträgt. Ich möchte mir die Schlußfolgerungen ersparen.

Ich wende mich jetzt dem Komplex der Fortpflanzung zu und möchte hier drei Dinge berühren: Vererbung, Fruchtbarkeit und Sexualität. Über die Vererbung wissen wir heute durch die epochalen Entdeckungen der Molekularbiologie der letzten 20 Jahre am meisten. Wir wissen heute, daß der Grundprozeß der Vererbung für alle biologischen Systeme, beginnend mit den Bakterien bis zum Menschen, identisch verläuft und nach demselben Mechanismus vor sich geht. Ja, man kann sogar unterhalb der Bakterien noch einfachere Systeme, die Viren, mit dazu rechnen. Immer und überall ist es ein System der Dualität, ein Paar von Nukleinsäuren und damit also das tiefste Geheimnis, warum die belebte Welt insgesamt paarweise organisiert ist. Jeder Vermehrung liegt sicherlich ein Teilungsprinzip zu Grunde. Wir wissen sehr viel über die Vererbungssubstanz und über die Vererbungsprozesse. Wir beginnen zu wissen, wie die Regulation vor sich geht, aber ungeklärt ist noch — wenn es auch wahrscheinlich bald geklärt sein wird — wie bei den höheren Lebewesen, den Eukaryonten, die Vererbungssubstanz abgelesen wird. In einer befruchteten Eizelle und den durch Teilung entstehenden Tochterzellen wird stets nur dieser oder jener Abschnitt wirksam, so daß sich dann schrittweise Organe entwickeln, die sich weiter differenzieren. So entsteht zu einem Zeitpunkt das Blut, dann ein anderes Organ usw. Das alles ist eine Art Ablesevorrichtung an einer an sich ungeheuren Matrize, von der immer bestimmte Abschnitte zugedeckt sind und nur bestimmte abgelesen werden. Und je nachdem wie das Muster der Ablesung sich vollzieht, werden dann diese abgelesenen Teile realisiert in Form von speziellen Eiweißen, und auf diese Weise entsteht die jeweils charakteristische Zelle. Ob es dann eine Nervenzelle wird, die uns zum Denken befähigt, ob es eine Leberzelle wird, die Galle absondert, das alles verläuft nach diesem selben Prinzip. Das ist eine Besonderheit der höheren Organismen. Bei einem Bakterium gibt es dies nicht. Ein großer Teil der Information wird ständig abgelesen und zur Vermehrung verwendet.

Wir wissen einiges über die Umwelteinflüsse auf die Vererbungsprozesse, aber noch viel zu wenig. Die Grundzüge der Evolutionsvorgänge, das Zusammenspiel von Mutationen und ihre Selektion durch Umwelteinflüsse sind erkannt. Aber dennoch reichen unsere Kenntnisse nicht aus, um das Auftreten von plötzlichen qualitativen Veränderungen des Genotyps, die mit dem Auftreten neuer Klassen und Arten von Lebewesen einhergehen, völlig befriedigend zu erklären. Neben den punktuellen Mutationen, welche nur einzelne Basen der DNS betreffen, müssen größere Umlagerungen, Austausche und Verschmelzungen von längeren Abschnitten der Erbsubstanz eine besondere Rolle spielen. Deren Mechanismen und ihre Beeinflussung durch äußere Faktoren harren noch der Aufklärung. Aber es ist abzusehen, daß auch diese Prozesse für uns faßbar werden. Somit entsteht die Problematik, ob und wie man in die Vererbungsprozesse eingreifen soll. Soll man das sogenannte genetic engineering durchführen, d. h. bei einem Gen an der Stelle einer Mutation eine Prothese einschalten? Ist es sinnvoll, letztlich auch am Menschen solche Manipulationen vorzunehmen? Ist es richtig, besonders günstige Kombinationen u. U. so zu vermehren, wie man einen Baum vermehrt, vegetativ, d. h. durch einen Zweig, einen Ableger? Damit würden wir identische Kopien schaffen.

Wenn wir in der Lage wären, eine Zelle eines Genies, wie etwa von Beethoven, zur vollen Vermehrung und Differenzierung zu bringen, dann wären wir also in der Lage, 1000 Exemplare eines Beethoven — oder eines Goethe — zu erzeugen. Mit solchen Gedanken tragen sich Wissenschaftler und diskutieren darüber. Ich glaube, es ist notwendig, dazu eine klare Position zu beziehen. Ich glaube, daß wir absolut in der Lage sind, Menschen über ihre Erbfaktoren, über das Mosaik, das jeder mit sich bringt, über das, was ihr eigenes Leben betrifft, bei der Partnerwahl und auch bei der Gestaltung der Familie zu beraten auf Grund der Kenntnis, die wir über die Humangenetik gewinnen. Es geht dabei darum, ob es sinnvoll oder die Gefahr zu groß ist, so daß man besser davon absieht, Nachwuchs zu haben. Wir haben es mit dem gebildeten Partner in der sozialistischen Gesellschaft zu tun, mit seiner eigenen Einsicht als Mensch, als Staatsbürger, um ihn in dieser Richtung mit Erfolg zu beraten.

Der Versuch aber, entweder die erwähnte Art von Genoperationen durchzuführen, oder aber auch auf Grund des Auftretens bestimmter Schädigungen in einer Familie bis zu weitgehenden Konsequenzen in Bezug auf eine scharfe Auslese der menschlichen Gesellschaft zu gehen, muß mit aller Entschiedenheit zurückgewiesen werden. Die Gründe sind sehr verschiedenartig, aber jeder für sich sehr gewichtig. Wir wissen, daß die Menschheit, wie sie entstanden ist mit ihrer Vorgeschichte, wenn wir das Leben insgesamt betrachten, vor über 3 Milliarden Jahren durch einen komplizierteren Auslese- und Anpassungsprozeß geworden ist. Es ist daher anzunehmen, daß die spezielle Kombination, die wir in unserer Vererbung haben, Wert hat für die Existenz des Menschengeschlechts auch für weitere lange Zeiten, die wir in Millionen und Abermillionen Jahren rechnen.

Unsere Kenntnisse über die Beziehungen zwischen den verschiedenen Genorten sind noch zu gering, als daß wir uns anmaßen könnten zu sagen, daß das, was in einer Gruppe oder in einer Einzelperson als Schädigung auftritt, eine Schädigung für die gesamte Menschheit darstellt. Ein Beispiel: Ich hatte schon die Störung im Aminosäurestoffwechsel erwähnt, die bei Neugeborenen auftritt. Ihre Häufigkeit ist merkwürdigerweise recht verschieden, in Irland etwa viermal so häufig wie in England. Wir wissen heute so viel, daß z. B. solche Störungen, wie sie etwa in Malaria-Gegenden entstanden waren, die auch genetisch bedingt sind, sich innerhalb weniger hundert Jahre ausbilden und wieder zurückbilden, d. h. also der Druck der Selektion relativ schnell große Auswirkungen hat. Wenn in Irland trotz des guten Verkehrswesens eine solche Häufigkeit vorliegt, muß irgendein Vorteil darin bestehen, nicht gerade die Krankheit zu haben, aber vielleicht einen damit zusammenhängenden Faktor. Ich betone, es gibt hundertmal so viel Menschen, die das Gen tragen, ohne daß es zu einer Krankheit führt. Nur wenn es doppelt da ist, kommt es zu den Symptomen. Die anderen Hundert mögen einen Vorteil vom Besitz des Gens in Einzahl haben unter besonderen Bedingungen, wir wissen allerdings nicht, welchen. Solche Umstände mahnen uns zu größter Vorsicht.

Es gibt die Vermutung, daß angeblich die technisierte Umwelt mit einer höheren Strahlenbelastung und mit einer höheren Häufigkeit von Schädigungen verknüpft ist. Das ist eine sehr zweischneidige Frage. Sicher ist ein ungezieltes Bestrahlen sehr schädlich, wie Kernversuche, aber auch die jahrzehntelange Praxis der Röntgenbestrahlung der Füße in den Schuhgeschäften gezeigt haben. Das war natürlich grober Unfug und sehr schädigend. Aber wir wissen auch, daß die Anforderungen an die Sicherheit in einem Kernkraftwerk um Größenordnungen höher sind als tatsächlich erforderlich, so daß das, was da wirklich an Gefahr existiert, wesentlich geringer ist als das, was wir ununterbrochen in unserem normalen sonstigen Leben antreffen. Man muß also umgekehrt begreifen, daß die Kernkraftwerke für uns eine geringere Belastung bedeuten werden als die Verwendung der herkömmlichen Energiequellen, Braunkohle usw. Mit der Chemie ist es dasselbe. Die alten einfachen Chemiebetriebe mit ihren offenen Kreisläufen, die man erkennt am Gestank, an dem roten Rauch, oder auch der einfache Kohlenmeiler im Wald, wo Teer entstand, sind viel gefährlicher als der moderne vollautomatische Betrieb mit seinem geschlossenen Kreislauf, aus dem sehr wenig entweicht. Die wissenschaftlich-technische Entwicklung geht also keineswegs eindeutig mit erhöhten Gefahren einher.

Wir können nicht davon sprechen, daß wir einer genetischen Entartung entgegengehen. Die Problematik von Gentransplantationen ist so, daß wir erst an dem allerersten Anfang stehen, solche Effekte überhaupt zu bewerten. Wir beginnen erst bei den einfachsten Systemen die Techniken zu beherrschen, so daß jetzt über Eingriffe beim Menschen zu reden, äußerst leichtfertig ist. Entweder man verleitet Menschen zu Hoffnungen oder läßt das Gefühl der Bedrohung aufkommen. Wir haben also das größte Interesse daran, daß die Kenntnisse der Menschen über ihre Vererbungsfaktoren sich vergrößert und daß ihre Aufgeklärtheit, ihre Verantwortung gegenüber der Menschheit und ihrer Nachkommenschaft sich erhöht. Ein wesentlicher Teil dieses Wissens ist das Verständnis für die Unsicherheit unseres Wissens, die Erkenntnis, daß die Aussagen statistischen Charakter tragen, daß es sich dabei um Wahrscheinlichkeiten handelt, um Entscheidungen, die von vielem abhängen, und daß es sich hier vor allem um die Zusammenarbeit von Humangenetiker und Arzt und den betroffenen Menschen handelt.

Aber wer ist davon betroffen? Im Grunde genommen steht die Aufgabe in der DDR, die genetische Formel der relevanten Faktoren für die gesamte Bevölkerung möglichst ökonomisch zu erfassen. Wir nutzen dabei die Kenntnis, die die Weltwissenschaft hat, und ich glaube, die ersten Schritte zu einer Kenntnis der belastenden Faktoren werden in absehbarer Zeit gemacht werden. Was aber Genamputationen und Genprothesen betrifft, so ist es wie mit dem erhöhten Alter über 100 Jahren, nämlich daß wir erst nach etwa hundert Jahren wieder darüber reden können.

Ich möchte zur Frage der Fruchtbarkeit etwas sagen. Wir kennen jetzt den Ablauf der Vorgänge im Körper der Frau mit so viel Einzelheiten, daß wir die Frau in die Lage versetzt haben, die bisherige Zwangsverbindung zwischen der Betätigung der Sexualität und der Vermehrung, der Befruchtung, zu lösen. Das ist ein Teil der großen Revolution in der Emanzipation der Frau. Damit ist eine neue Situation entstanden. Die Literatur vor allem des 19. und eines großen Teils des 20. Jahrhunderts ist ja geprägt durch die Bestrafung der Liebe der Frau. Damit wird die Gleichheit wieder hergestellt. Die Frau ist in der Lage, den Zeitpunkt der Nachkommenschaft selbst zu entscheiden. Und ich glaube, hierdurch sind die Voraussetzungen objektiv gegeben für die Entwicklung einer neuen sozialistischen Moral. Damit tritt eine Reihe von ganz offenen Fragen auf. Wird dadurch die permanente Liebesbeziehung materieller oder sublimierter? Ich persönlich bin der Auffassung, daß sublimiertere Faktoren eine größere Rolle dabei spielen werden. Aber es ist offen. Die Motivierung, ein Kind zu bekommen, ist gar nicht mehr ein unglücklicher Zufall, sondern wird allein getragen von Liebe und Verantwortung. Mit der Befreiung von dem Zwang, der durch das ungewollte Kind entsteht, werden ganz andere Fragen in einer Art aktuell wie noch nie zuvor.

Was ist das Geheimnis der Anziehung zwischen den Geschlechtern? Die vergleichende Biologie sagt uns, daß in der ganzen Natur Lockstoffe eine große Rolle spielen. Es genügt ein Molekül eines Lockstoffes, um einen Schmetterling auf große Entfernung anzulocken. Umgekehrt gibt es auch abweisende Stoffe, die Repellents. Aber was wissen wir über diese Duftstoffe und ihr Geheimnis? Ist es nicht denkbar, daß die Duftstoffe jene Attraktion ausüben, die man den alten Liebestränken zuschrieb?

Welches sind die Geheimnisse, die zu verwunderlichen Paarungen führen, die die ganze Umgebung wegen der großen Gegensätze nicht recht versteht? Soll dies nur bei dem Verwundern steckenbleiben, oder ist es etwas, was man zum Nutzen beider Partner rationeller gestalten kann?

Die Fortpflanzung ist natürlich ein individueller Vorgang und gleichzeitig ein Populationsproblem. Durch diese individuelle Tätigkeit wird ja die gesamte Menschheit bestimmt. Hier haben wir Entwicklungen, die höchst dramatisch sind. Es ist eine bekannte Regel, daß in allen Industrieländern zwischen Stadt und Land ein großer Unterschied in der Fruchtbarkeit zugunsten des Landes existiert. In den letzten Jahrzehnten haben wir aber die Erscheinung, daß die Landbevölkerung in starkem Maße reduziert wird. Noch vor 50 Jahren wohnten in vielen Ländern Europas 50% auf dem Lande. Heute beträgt in der DDR die Landbevölkerung nur 10%. In Ländern mit extrem entwickelter Landwirtschaft, wie etwa den USA und in England, ist die Landbevölkerung auf 5% der Gesamtbevölkerung reduziert. Der Unterschied zwischen Sozialismus und Kapitalismus liegt nicht in der Geschwindigkeit der Abnahme der Landbevölkerung, es ist nur der Unterschied, ob das von den Banken und Großgrundbesitzern manipuliert wird oder ob die Gesellschaft das selbst optimiert. Die Verringerung der Landbevölkerung könnte sich auf die gesamte Fruchtbarkeit stark auswirken, wenn nicht die Geburtlichkeit in der Stadt in ihrer Tendenz sich umkehrt.

Hier möchte ich auf die Problematik zu sprechen kommen, wie groß die Bevölkerung werden kann. Wie wird sich das entwickeln? Die bisherige Entwicklung war wie folgt: Bis vor etwa 150 Jahren war die Bevölkerungszahl in Europa und in der ganzen Welt in einem sehr, sehr langsamen Anstieg, in einem nahezu stationären Zustand, wie ich ihn schon definiert habe. Dann kam eine Periode der ungeheuren Entwicklung des Gesundheitsschutzes, der Reduktion der Sterberate auf rund 1/10 der vorhergehenden, und damit ein Anstieg der Bevölkerung. Danach folgte ein Abfall der Geburtlichkeit, so daß sich viele Länder einem neuen Gleichgewicht nähern. Zu ihnen gehört die DDR, Ungarn, Frankreich, England, Schweden, und auch die Sowjetunion nähert sich diesem Zustand. Diese Länder haben die expansive Periode im wesentlichen hinter sich. In den sogenannten Entwicklungsländern hat sich dieser Prozeß etwas anders vollzogen. Sie sind mit etwa 150 Jahren Verspätung in die Phase der abfallenden Sterblichkeit eingetreten. Und wenn die Geburtlichkeit nicht abnähme, dann wäre vorauszusehen, daß wir im Jahre 2100 am Ende aller Möglichkeiten der Existenz stünden. Das kann man von verschiedenen Seiten her belegen. Wir würden bei Nichtabsinken der Geburtlichkeit weit über 30 Milliarden Menschen haben, mehr als das 10fache der heutigen Weltbevölkerung. Gegenwärtig sehen wir nicht die Möglichkeiten, wesentlich mehr als 30 Milliarden Menschen zu ernähren. Aber das ist nicht die einzige Begrenzung. Der gegenwärtige Anstieg des Energieverbrauchs läßt voraussehen, daß in etwa 120 Jahren, das ist wiederum das Jahr 2100, vielleicht sogar früher, sämtliche angereicherten Energiequellen wie Kohle, Öl, Uran und Thorium aufgebraucht wären. Analoge Begrenzungen kann man für den Wasserkreislauf feststellen. Wenn wir den gegenwärtigen Wasserbedarf nehmen in den entwickelten Ländern und ihn auf die gesamte Weltbevölkerung aufteilen, dann würden wir bei einer wesentlichen Überschreitung von 30 Milliarden einfach nicht mehr genug Wasser pro Mensch haben. Es ergibt sich, daß eine solche quantitative Entwicklung sicherlich katastrophale Konsequenzen hätte. Es spricht aber nichts dafür, daß die Natalität in den Entwicklungsländern anders verläuft als in den jetzt entwickelten Ländern, d. h. auch sie werden ein Absinken erleben, so wie wir. Wenn das aber sehr langsam, auch mit 150 Jahren Verspätung käme, würde das immer noch zu einer Krise schwerster Art führen. Es geht also darum, daß wir verstehen, daß das in etwa 50 bis 60 Jahren erfolgen muß.

Es wird aus dem Gesagten klar, daß es sich um die Probleme der Beherrschung großer Kreisläufe handelt, und hier ist gerade die Biologie sehr wesentlich, denn die Biologie ist ja die Wissenschaft der Kreisläufe auf verschiedenen Ebenen. Wir erleben in der Zelle den Kreislauf eines Stoffes, der zugeführt wird, durch die verschiedensten Umwandlungen geht und dann ausgeschieden wird. Der Organismus ist bestimmt durch Kreisläufe zwischen den Organen und Geweben. Aber auch die Beziehungen zwischen Mensch und Umwelt, zwischen Tier, Pflanze und Natur stellen Kreisläufe dar. Die Beziehungen werden durch Teilwissenschaften, wie z. B. die Ökologie, besonders studiert, und gerade diese Erkenntnis der Kreisläufe ist es, die uns dazu führt, gewisse sinnvolle Extrapolationen zu machen. Es ist wahrscheinlich, daß die Bevölkerung bei etwa 20 bis 30 Milliarden auf dieser Erde zu einem neuen Gleichgewicht kommen wird und in diesem Gleichgewicht optimal existieren kann unter Nutzung der Primärenergie, d. h. der Sonne, und der gesamten Erde, d. h. auch der Teile, die uns jetzt nicht als gewinnreich erscheinen, und unter Nutzung der Möglichkeiten der Landwirtschaft und der Vielfachnutzung des Wassers. Es ist wahrscheinlich, daß wir den Prozeß der Bevölkerungsvermehrung vorher abstoppen können. Ich spreche nicht von einer weiteren Phase, wo dann die Menschheit sich eventuell dafür entscheiden könnte, daß sie sich auf 15 Milliarden zurückbewegen müßte. Aber ich glaube, der entscheidende Punkt ist, daß man jetzt voraussehen kann, daß durch die Solidarität der Erkenntnis und des Handelns etwa 20 bis 30 Milliarden Menschen existieren können. Wie wird dann die Menschheit aussehen? Nur etwa 1/10 wird durch die jetzigen Industrieländer bestimmt. Das schließt ein das sozialistische System ohne China und die jetzigen kapitalistischen Staaten. 9/10, etwa 27 Milliarden, werden durch die Länder bestimmt, die wir jetzt als Entwicklungsländer bezeichnen. Ich glaube, das ist ein wichtiger Aspekt für eine neue Optik. Die Konsequenz ist, glaube ich, sehr eindeutig. Die Gestaltung der Population der Welt ist eine kollektive Aufgabe der Menschheit, in der das Bewußtsein jedes einzelnen eine Rolle spielt.

Ich gehe nun zu einigen Problemen des Geistigen, des Nerval-Psychischen über. Das ist ein Gebiet der größten Auseindersetzungen und vieler Unklarheiten. Auch hier sind durch die Revolution in der Biologie erstmalig erste Entscheidungen getroffen. Wir wissen heute, daß Emotionalität, und mit großer Wahrscheinlichkeit auch andere geistige Prozesse eine biologische Grundlage haben stofflicher Art. Das ist eine ganz grundsätzliche Entscheidung. Ich möchte das sofort übertragen. Wenn wir also bei Geisteskrankheiten wissen, daß eine Stoffwechselgrundlage und genetische Bedingtheit vorliegen, dann ist das also nicht mehr die mystische Vererbung von irgend etwas Unerkennbarem, dann ist diese Erkrankung als ein biologisches Phänomen zu erfassen und alle rein geisteswissenschaftlich eingestellte Psychiatrie hat dann ihre Existenzgrundlage verloren. Wir können Geisteskrankheiten oder Zustände, die einer Geisteskrankheit ähnlich sind, durch Stoffe erzeugen. Diese Zustände sind durch Stoffe beeinflußbar in einem solchen Maße, wie man es früher nicht zu denken wagte, und großenteils so weit veränderbar, daß die Menschen sich bis zu einem wechselnden Grad in die Gesellschaft wieder einfügen können. Und wir wissen, daß es körpereigene Stoffe, Hormone, gibt, die darauf einen wesentlichen Einfluß haben. Wir wissen natürlich, daß äußere Faktoren ganz wesentlich mitspielen. Man hat ja früher gedacht, daß die Mutter in der Lage ist, das Kind im Mutterleibe vor allen äußeren Einflüssen zu schützen. Das ist leider nicht der Fall. Eine schlecht ernährte Mutter führt zu einem Neugeborenen mit geringerer Menge an Gehirnsubstanz, einem kleineren Kopf und mit einer schlechteren Aussicht auf Entwicklung, also zur irreversiblen Schädigung. Die Benachteiligung z. B. der Neger in den USA oder anderer Länder besteht u. a. darin, daß ihre Kinder tatsächlich in einem höheren Maße weniger entwicklungsfähig sind. Unter solchen Umständen nützen auch formal gleiche Chancen nur wenig. Wenn diese gleiche Chance durch gute, gesunde Ernährung nicht schon im Mutterleib gegeben werden kann, dann ist sie nicht aufholbar durch Pädagogik. Und dieses Wissen müßte eigentlich als Bestandteil des revolutionären Wissens jeder Negermutter, jeder Negerfrau mitgeteilt werden.

Die Kommunikation zwischen Nervenzellen wird durch Stoffe und elektrische Impulse realisiert, die dynamische Strukturen bilden. Wir haben Grund anzunehmen, daß Angst und ihr Gegenteil durch spezifische Stoffe erzeugt werden, die der Körper selbst hervorbringt. Man hat vor kurzem aus Ratten, die man in Angst versetzt hatte, einen Stoff isolieren können, der in anderen Ratten alle Merkmale des Angstzustandes erzeugen kann. Viel spricht dafür, daß auch das Gedächtnis ein materielles Substrat besitzt, und daß es Gedächtnisstoffe geben könnte. Also: intellektuelle Prozesse, emotionelle Verhaltensweisen sind stofflich beeinflußbar, und damit können wir, da wir das wissen, hoffen, daß wir Gedächtnisprozesse, geistige Krankheiten, Emotionalität beeinflussen können im Positiven oder manipulieren können in einem anderen Sinne. Natürlich sind solche Manipulationen nicht erst heute denkbar. Einigen wird vielleicht bekannt sein, daß es z. B. seit langem Praxis war, in Gefängnissen den Gefangenen statt Kochsalz Bromid zu geben, um sie auf diese Weise gefügiger zu halten.

Welche Probleme existieren für eine urbanisierte Bevölkerung, die in großer Dichte lebt? Es ist nicht von der Hand zu weisen, daß Überdichte der Besiedlung eine größere Irritabilität bedingen könnte. Umgekehrt führt Isolierung, Einsamkeit und Kontaktarmut auch zu Verhaltensstörungen. Für beide Verhaltensweisen sind uns Tiermodelle bekannt. Aber wir wissen auch, daß der aufrechte antifaschistische Kämpfer den Einsamkeitskoller des Einzelhäftlings überwinden kann. Damit wird sowohl die Existenz, aber auch die Überwindbarkeit biologischer Faktoren deutlich. Vielleicht besteht für manchen zeitweise doch ein gerechtfertigtes Bedürfnis für Mittel, die die Anspannung lindern, das Gedächtnis stimulieren, die Wachheit oder die Ausgeglichenheit zu erhöhen.

Natürlich gibt es eine Reihe von Möglichkeiten der aktiven gesellschaftlichen Gestaltung, Bedürfnisse zu reduzieren und umgekehrt, wie in der spätbürgerlichen Gesellschaft, diese Bedürfnisse zu multiplizieren.

Ich hatte schon über die Beziehung zwischen Mensch und Natur im Zusammenhang mit der Entwicklung der Bevölkerung gesprochen. Ich hatte erwähnt, daß wir große Kreisläufe in der Natur haben, deren Bestandteil jeder Mensch ist, der auch gleichzeitig in sie eingreift. Ein so ausgeglichenes System besteht z. B. und bestand seit langem in China, wo es ja praktisch keine Nutztiere gab, die etwa Dünger liefern, wo es auch keinen Kunstdünger gab, und wo durch Verwendung menschlicher Exkremente ein geschlossener Kreislauf hergestellt wurde, der zu einer ausgeglichenen Situation führte. Die komplette Nutzung aller Ausscheidungen des Menschen war also ein wesentliches Moment der Stabilität der chinesischen Gesellschaft.

Wir haben solche Kreisläufe des Wassers, des Kohlenstoffs, des Stickstoffs, der Energie usw. Der Mensch kann nur existieren, und vor allem in seiner Gesellschaft, wenn er diese natürliche Umwelt versteht, ihre Gesetzmäßigkeiten, und mit ihr sich in Harmonie versetzt. Jeder Eingriff kann schwerwiegende Folgen haben, die wir jetzt voll zu übersehen beginnen. Über die Erschöpfung der Ressourcen an Kohle, Öl, Wasser, über die Bevölkerungsentwicklung habe ich schon gesprochen. Aber nehmen wir die Frage des Einsatzes von Chemikalien gegen Pflanzenschädlinge. Wir können sie durch Pestizide vernichten. Das DDT war ein großer Erfolg. Das DDT reichert sich aber in einigen biologischen Spezies bis zum 1000fachen an und ist nur schwer abbaubar. Dazu kommt, daß die Anwendung eine Tendenz hat, immer weiter zu steigen, wobei das Resultat trotzdem geringer wird, weil auch die natürlichen Feinde der Schädlinge angegriffen und diese selbst durch Mutation resistent werden. Daraus ergibt sich die verstärkte Notwendigkeit, biologische Waffen gegen Pflanzenschädlinge zu verwenden, und wenn Chemikalien, dann nur integriert mit biologischen Mitteln, gezielt, klar und vorsichtig. So hat Schweden eine unliebsame Erfahrung gemacht. In Schweden spielt die Holz- und Papierindustrie eine große Rolle. Zur Papierherstellung muß das Material zerkleinert werden, bleibt dann als Mulm liegen und neigt zur Verpilzung und Verschleimung, es wird schlecht durch biologischen Angriff. Um dem entgegenzuwirken, verwendete man organische Quecksilberverbindungen. Das höchst unerwartete Resultat war, daß in den Seen Südschwedens, wo die Stockholmer fischen, es zu einer Reihe von Quecksilbervergiftungen der Menschen gekommen ist. Für mehr als 10 Jahre ist das Fischen in diesen Seen verboten, denn das Quecksilber wurde von den Fischen 1000fach konzentriert, und es entstanden schwere Quecksilbervergiftungen. Dasselbe gilt für Blei. Blei ist ein schweres Gift. Die Verwendung des Bleis als Antiklopfmittel hat es so weit gebracht, daß es heute praktisch kein Land der Erde gibt, wo nicht etwas Blei auf der Haut des Menschen oder in seinem Innern existiert, ob es im Dschungel ist oder woanders. Das ist etwa mit der Radioaktivität in großen Wolken vergleichbar. Wir können also den Auswirkungen, die an einer Stelle erfolgen, nicht entgehen. Das ist eine Einsicht, die jetzt gewachsen ist. Und dadurch entsteht die Frage der Erhaltung der Natur, die für uns nicht mehr nur eine ästhetische, traditionsgebundene Angelegenheit ist, sondern eine Aufgabe, die mit der Existenz der Menschheit aufs engste verknüpft ist. Ich habe den Eindruck, daß uns diese Aspekte noch nicht völlig klar geworden sind. Die Diskussion über das Landeskulturgesetz und ihre Auswertung trägt vielfach noch einen kontemplativen Charakter und begnügt sich mit der Weiterführung traditioneller Praktiken.

Wie soll es weitergehen? Zurück zur Natur? Heißt Ökologie, wie es die Extremisten wollen, zurück zu einem Urwald oder in eine Kulturlandschaft, und welche? Denn es gibt kaum mehr in der Welt das Ursprüngliche. Ich meine, hier kommen wir zu sehr interessanten Fragen. Ein Blumenfenster ist natürlich schon eine sehr künstliche Anordnung, aber von einem Blumenfenster bis zu gemalten Blumen, zu einer Theaterszenerie oder einem Naturfilm, das sind alles optische und sinnliche Täuschungen, ist ein weiter Weg. Ich habe mit Vergnügen ein Buch von Lem gelesen, in dem ein Weltraumschiff mit illusionären botanischen Gärten ausgestattet wird. Auf diese Weise wurden ästhetische Illusionen erzeugt. Offensichtlich ist unser Urteil über Landschaften, ob wir sie als schön oder häßlich empfinden, leicht beeinflußbar und verfälschbar und keine sichere objektive Richtschnur.

Worin liegt aber das Geheimnis der Einwirkung der Natur auf uns? Ich glaube, daß es die Harmonie und die Rhythmik der Prozesse in der uns umgebenden Natur ist. Wir finden sie ebenso bei der Betrachtung eines Teilungszyklus einer Zelle oder eines Bakteriums, in vielen Formen und Bewegungen in der lebenden Natur, aber auch in der anorganischen Natur. Der Wechsel von Bewegung und Ruhe, Gleichmäßigkeit und ihre Differenzierung läßt auch in uns ein rhythmisches Gefühl entstehen und ist ständig Quelle der Rezeption und des Schaffens. Hier ist vielleicht ein Zugang zu einer produktiven Beziehung zwischen Wissenschaft und Kunst als zweier Wege der Erkenntnis der Natur und der Wechselbeziehungen zwischen ihnen zu suchen.

Einige Worte zum Problem Spiel und Arbeit. Die körperliche Tätigkeit ist ein notwendiger Bestandteil der Gesundheit. Diese These läßt sich auf verschiedenste Art belegen. Wenn wir einen gesunden Menschen ins Bett legen und völlig inaktiv halten, dann wird er tatsächlich krank durch eine Störung des Gleichgewichts seines Knochenstoffwechsels. Die Aufbauprozesse bleiben aus, da sie nicht mehr stimuliert werden, während die Abbauvorgänge weiterlaufen. Es tritt eine Selbstvergiftung durch das beim Knochenschwunde freigesetzten Kalzium ein. Jeder Mensch hat in seinem Leben ein Maximum der körperlichen Leistungsfähigkeit, die in erster Linie von der Muskelmasse abhängt. Das Maximum der Muskelmasse ist beim Mann bei 21 Jahren, bei der Frau bei 17 Jahren. Von da geht es unaufhaltsam, aber verschieden schnell abwärts. Der inaktive Mensch hat schon mit 40 Jahren nur noch die Hälfte seiner maximalen Muskelmasse, der aktive kann diesen Verlust wesentlich einschränken. Wir können durch ein etwa halbjähriges Training den inaktiven Menschen in die Nähe des Niveaus des aktiven bringen. Dem Training liegt ein biologischer Mechanismus zu Grunde, zum Teil über Hormonwirkungen. Diese Erkenntnisse begründen, die Forderung an uns selbst zu stellen zur körperlichen Tätigkeit. In diesem Sinne ist Arbeit im biologischen Sinne nur körperliche Arbeit. Natürlich ist auch ein Übermaß an Arbeit sehr schädigend, ebenso wie das Untermaß. Es kommt durch ein Übermaß zur Abnutzung des Knochens, zu geringerer Lebenserwartung. Es gibt Grenzen des Menschen, wo er und wie er arbeiten kann in der Höhe auf den Bergen, wenn er sich nicht eine künstliche Atmosphäre schafft, in den Tiefen. Es gibt Temperaturgrenzen, die man, wenn man sich nicht durch technische Kunstgriffe eine Atmosphäre schafft, sehr genau definieren kann.

Durch Technik haben wir die Bedingungen, die die Arbeit erleichtern, und das ruft jetzt ein etwas anderes Problem hervor. Früher spielte das Problem der körperlichen Überarbeitung und das Bedürfnis nach Schonung eine entscheidende Rolle. Auch heute ist diese Einstellung im Bewußtsein eines großen Teils der Menschen verankert und führt dazu, daß die Freizeit zu einer Periode der Lethargie und Inaktivität wird. Dieses wird durch das Fernsehen stark unterstützt. Demgegenüber gilt es, das gesellschaftliche Bedürfnis zu entwickeln zur körperlichen Tätigkeit ohne Zwang, sozusagen im Spiel, wozu ich natürlich vor allem Sport, Gartenarbeit und anderes rechne. Aber auch hier wollen wir die Augen vor extremen Widersprüchen nicht verschließen. Es existieren im Kapitalismus z.B. spielende parasitäre Menschengruppen, Playboys und Playgirls, vor denen wir keinerlei moralische Achtung haben können. Andererseits ist doch der überwiegende Teil der Welt noch immer körperlich überbelastet. Was ich für die Ernährung gesagt habe, gilt hier in hohem Maße auch. Auch hier gilt es, eine neue Moral des weltweiten Rechts auf Spiel und Sport zu artikulieren. Dabei gibt es eine Reihe offener Probleme. Führt die wissenschaftlich-technische Revolution zu einer Monotonie, die durch mangelnde Rhythmik, Ermattung des Gehirns usw. sich bemerkbar macht? Wie sieht der Ausweg aus? Ist der Weg der Verkürzung der Arbeitswoche der richtige Weg auf die Dauer? Wir werden wahrscheinlich für lange Zeit die Fouriersche Idee einer vielseitigen, abwechselungsreichen Tätigkeit nicht verwirklichen können, um so weniger als die Spezialisierung dies nicht ermöglicht. Die Reduktion und Mechanisierung der Landarbeit macht auch die Realisierung des früheren Modells der Erholung durch ländliche Arbeit unmöglich. Wie soll die Arbeitsrhythmik insgesamt gestaltet werden?

Ich möchte mich mit diesen Fragen begnügen und zu meinen Schlußbemerkungen kommen. Sie werden den Sinn meines Vortrags so verstanden haben, daß große Bereiche des Wesens und der Tätigkeit des Menschen eine biologische Komponente haben oder auf biologischen Prozessen beruhen. Diese besitzen fundamentalen Charakter. Sie sind langlebig und konservativ und lassen sich nicht in subjektivistischer Weise negieren oder übertönen. Die Menschheit lebt in einem konfliktreichen nicht-stationären Zustand. Die Beherrschung der Probleme setzt eine sozialistische Weltgesellschaft voraus. An ihr wird die Anwendung der Biologie einen wesentlichen Anteil haben. Biologische Komponenten sind ein absolut integrierender Bestanteil des Wesens des Menschen und sind in der menschlichen Gesellschaft in einem dialektischen Sinn nur aufgehoben. Aber so lange der Mensch existiert, wird er Teil von natürlichen und daher auch biologischen Kreisläufen sein, und Teil der Beherrschung unserer selbst und unserer gesellschaftlichen Zukunft ist eben die tiefgehende Beherrschung der Biologie.

The biological bases of gerontology[1])

S. M. Rapoport

There is hardly a scientist who works in the fields of medicine or biology who has not been fascinated by the problem of aging. This fascination is not restricted to any particular age of the scientist, even though one cannot overlook the impression that the interest of scientists in the problems of gerontology increases strongly with their age. Of course, the aging problem has occupied the non-scientists, i.e. the vast majority of mankind, since unthinkable times, long before there existed anything that might be called science. The wishful thoughts of eternal youth and immortality have found expression in beautiful sagas, which have stimulated poets and adventurors. Even the aberrations of alchemists in their search for the elixir of life have yielded as byproducts of their misguided aspirations many benefits for mankind. One might say that there does not exist any other problem compared with that of aging, which has been more strongly motivated emotionally and has a longer history.

However, if one looks at the past work devoted to gerontologic problems a discrepancy is obvious. It would appear that the relation between basic research and gerontology has not been that of a happy creative marriage with strong progeny. It has not produced powerful concepts or methods which have stimulated other fields of research in an obvious manner. Quite the opposite. Preoccupation with aging problems has been the Waterloo of quite a few scientists. Some of them have put aside their customary sober and critical attitudes and were carried away by speculations and facile answers. I may be forgiven for mentioning Metchnikoff and his propaganda of yoghourt, Woronoff-Steinachs trans- and implantation treatments and the cytotoxic serum. I would not have referred to these episodes if I were not convinced that gerontology has passed this stage and has gained in a large measure maturity and scientific respectability. Of course, other fields of research with a strong emotional appeal have had their share of unsolidity and have contributed to the chronique scandaleuse of science. One would inflict a grave injustice to many conscientious and critical research workers, if one were to look at gerontology under the aspect of sensational failures alone. Gerontology has had hardly less success than cancer research, which has had vastly more material support and has benefited from a much broader research effort.

At the present time gerontology is a field which has attracted a sizeable number of excellent scientists despite all handicaps and difficulties. It is about to become fully integrated in the wide front of modern biology both with respect to its strategies and its methods.

[1]) Vortrag auf der Jahrestagung der Gesellschaft für Gerontologie der DDR, Weimar 1976

It has of course its pecularities. It has produced an extraordinary number of brilliant more or less plausible hypotheses. I have the impression that there is hardly a field of science in which there exist as many books and essays as compared with the experimental and factal foundations. One is greatly impressed by the mental activity and the literary ability of the authors. They belong to the best of science writing. Even an incomplete perusal of the literature leaves the impression that there does not exist a bright thought, which has not been voiced in a brilliant and imaginative manner. Obviously it will take hard work for a long time to discriminate among the many attractive hypotheses.

All in all gerontologic research has entered a stage in which there exists a wealth of descriptive material and there has begun the testing of hypotheses in a more rigorous way than heretofore. It would be premature, even wrong, to predict an end of the aera of descriptive research. Every advance in methods, each new hypothesis or approach brings with it the need for more precise and extended description. One may observe that the area of phenomena described widens constantly, and includes ever new fields particularly those of molecular and cellular biology. There exists a continuous interplay between the elaboration of hypotheses and descriptive research, with the latter constantly offering data and tests of the hypotheses.

The complexity and difficulty of the subject matter is the reason that there have been proposed widely different approaches and methodologies. They span the whole gamut from the mathematical theory to the empiricism, from the most general evolutionary point of view to the reductionist strategy of molecular biology. Up till now a productive interaction among the various approaches has not been achieved, such as we witness in simpler and more advanced fields. As an example I have in mind the precise interplay of physics, chemistry and biology in the study of hemoglobin. This stage may be a distant goal for gerontological research. The various approaches and their representatives may be sociologically classified in a simplified and somewhat distorted manner. There is the integrative biologist who views aging as a general process and paints a brilliant and plausible picture, which abounds in hypotheses which, helas, are untestable. His counterpart is the molecular biologist who by refined techniques finds the answers to simplified and non-relevant questions in elementary biological systems. There is the empiricist who clings to details without daring generalizations and the genial spirit who considers himself the prophet of an omnipotent general principle which will not only explain senescence, but cancerogenesis, and a few other problems to boot.

I hope you will consider these remarks not only as irritant flippancy, but as an application of geriatric wisdom. It is said that the ability to laugh about oneself and others is strongly correlated with a high life expectancy. But let us turn now to more serious matters than ourselves.

There is no denying the fact, that the nature of the process of senescence has proved to be elusive and intractable. This circumstance is the cause of wide disagreement and indefiniteness in the definitions proposed for senescence. Even if one grants that semantic problems should not be overemphasized, it has to be admitted that their appearance is a sure indication of profound conceptional difficulties. To my mind there cannot be any shirking of definitory problems if a true conceptional advance is to be made, as distasteful this may be to experimenters. The need for confining definitions is particularly great for problems of high complexity, which involve organisms of a highly interconnected hierarchical structure. If gerontology is to progress as a field of its own it has to find its identity. Only then can it establish productive relationships to other areas of experimental biology without loosing itself. Only if it can focus on a delimited set of problems at a certain range of structural complexity it can branch out both to more elementary as well as to higher levels of biological organization.

Therefore I should like to start with a few remarks on the definitive problems of senescence. I will not attempt to put forth an exhaustive and precise defintion but rather one that may serve to set up a conceptional framework. I shall endeavour to find as narrow a confinement as is compatible with analytical and comparative approach.

I will start out as close by as possible to the naive point of view of the lay person and of the clinician. Therefore, the focus will be on a complex animal organism and man. The period of senescence is assumed to be limited to the post-maturational age. Since senescence is temperature-dependent only processes proceeding at temperatures within the range of active life of a given organism should be considered as true senescence. Within these limits there occurs a set of quantitative and qualitative deteriorative changes of organs, tissues, cells and extracellular components. The most dramatic qualitative change is death; others include a variety of diseases which show age-dependence.

Even though the qualitative changes may be strongly correlated with senescence they are not immediate indicators of it. Each of them may be influenced by several factors which are difficult to assess. Furthermore, by their very nature they show threshold effects, which require special transformations and may give rise to highly confusing pseudo-correlations. Gradual changes which lead themselves to a continuous quantitative measurement would appear to be by far preferable as indicators of senescence.

With the narrow and certainly controversial definition as a starting point I should like to discuss the following questions:

A. Is senescence a universal process of life? Or is it limited in its occurance to certain groups of organisms? Aside from its theoretical interest this question is of immediate importance for the strategy of research with respect to the choice of suitable biological models.

Given our definition there is no senescence of viruses and bacteria. One may of course argue that the short intervals between reduplications may not permit the discovery of incipient senescent changes. It is also possible that conditions which give rise to spores slow down ageing processes practically indefinitely. Some higher plants and particularly trees give us examples of unlimited growth without senescence. It is well known that the apical meristemes which are the growing points remain perpetually young and it is possible to continue the life of an individual tree vegetatively for an indefinite time through cuttings. The life span is limited only by mechanical factors.

Similar phenomena occur in animals. Since over a century it has been generally recognized that there exist animals which grow as long as they live. Such animals are found among invertebrates f. e. molluscs, large crustaceae and annelids, but also among fishes. For them a species-specific body size does not exist. They do not get feebler as they age and their potential longevity may be unlimited. Here again life may be terminated by external factors of various kinds. Indeterminate growth occurs also in reptiles and possibly in some mammals in aquatic environment. At any rate this has been reported for whales. It is conceivable that the aging process in the strict sense occurs predominantly in the terrestrial habitat.

One may conclude that the answer to the initial question is

1. that senescence in the sense defined is restricted to some animal or plant species only

2. there may be a basic antagonism between growth and senescence with growth inhibiting the aging processes.

B. What is the relation between the senescence of the organism as a whole and the fate of its individual components? I shall refer both to cells and extracellular material. A limited life span and a programmed death is a widespread feature of biological systems. It occurs during development of the organisms as well as throughout life. Organs and tissues may involute according to specific time tables such as the placenta at the end of gestation, uterus and mammary glands after pregnancy and the thymus during childhood. Programmed cell death occurs during the entire life in proliferating tissues such as in the skin connected with keratinization. The same holds for individual cells such as those of liver and kidney as part of a turnover of organs. Involutionary processes may be found within the cells in form of a turnover of cell organelles.

Undoubtedly many analogies can be found between the life span of cells and tissues and the aging of the organism as a whole. It is even likely that the underlying mechanisms have much in common. Indeed senescence of the organism encopasses involution of many types of cells. However, the opposite does not hold. The occurance of involutionary processes independent of the aging period indicates fundamental differences, which have to be defined before one can fruitfully apply the results on the subsystems of the organism to the system as a whole.

What about the noncellular components? It is well known that their changes go hand in hand with those of cells: collagen, elastin, the eye lens are among the best studied examples. Properly speaking we are faced with deteriorative changes of nonliving products of cells. They are caused to a large extent by non-enzymatic processes in a stochastic manner. Their course is strongly influenced by external factors in an intricate interplay with internal ones. It is more and more likely that the most important damaging factor is oxygen, our life element. Its deteriorative effects arise from the tendency of oxygen to produce a variety of radicals, both enzymatically and nonenzymatically. Many organisms have elaborated protective mechanisms against the toxic effects of oxygen in form of superoxid dismutases, peroxidases and catalase. Undoubtedly deteriorative changes of extracellular material are part and parcel of the aging of the organism. It is, however, difficult to see how they could be of basic mechanistic importance. 1. One would expect the rates of deterioration to be quite similar for alike materials in different animal species. This is obviously not the case. 2. The deterioration of extracellular materials may be influenced with comparative ease by manipulation of physical factors, nutrition etc. There is little evidence that the aging process per se can be affected greatly.

What are the relations between senescence on the one hand and differentiation and maturation on the other?

The parallelism between the programs of senescence and of differentiation has been pointed out repeatedly. Some even go so far as to assume that the problems of developmental biology are identical with those of gerontology. They are only looked at from opposite ends of the life span. The difficulty with an analysis of this analogy is compounded by the indetermination of conceptions and definitions of differentiation. Here there are two opposing conceptions: one proposed by Jacob and Monod „we shall consider that two cells are differentiated with respect to each other if, while they harbour the same genome, the protein pattern which they synthesize is different". This point of view would include differential gene expressions of viruses, prokaryonts and eukaryonts. This definition would also include adaptive phenomena such as the reversible induction of liver enzymes by hormones at any stage of life. Such a conception is far removed from the general understanding of developmental biologists, who view differentiation as a process of unidirectional and under physiologic conditions irreversible transformations which engender true constitutional differentials among the emerging daughter generations (WEISS). The common understanding of differentiation includes the alternation of its cell cycle dependence and the existence of multistage differentiation programs.

C. Quite often the term maturation is used in the context of differentiation. Some view maturation as the ensemble of quantitative changes within a line of differentiating cells while differentiation would mean the qualitative changes. They admit that the distinction may not be clear in all instances, since quantity at some stage can turn into quality. A perhaps more useful way to distinguish maturation from differentiation is to define differentiation as the class of transscriptional programs, while maturation would encompass the posttransscriptional processes. They lead generally to progressive restriction of functional potentials in favor of specialization. Examples of far reaching maturation processes are the formation of erythrocytes, of spermia and of the epithelial cells of the lens.

There is much to be said in favor of common mechanisms and parallel features between differentiation and maturation on the one hand and senescence on the other. In both cases we have a combination of transscriptional and posttransscriptional programs, which are strongly influenced by hormones and are essentially irreversible. One may view the process of senescence as an extended epilogue of development, the program of growth.

However, one should not overlook the important differences and difficulties. For one differentiation of various tissues goes on throughout life. The differences that have been found in the latency period of the induction of some enzymes may be caused by extraneous factors which are not intrinsic to the transscription programs of differentiation. Furthermore while differentiation involves the appearance of new gene products it is hardly conceivable that postulated genes of senescence would produce proteins that promote old age. There are perhaps additional similarities of senescence with maturation. One analogy is the wide dispersion in time which is characteristic of both. It is well known that embryologic development is precisely timed within hours, perhaps even minutes, whereas senescence has a wide range over decades. We find an analogy in the life span of red cells. While the initial processes of hematopoiesis have a precisely fixed time table, the senescence of the erythrocyte appears to range over some 50 days. The wide variation with time of processes of senescence may be a general feature. It may indicate a stochastic component, the influence of external factors, and/or the occurrence of kinetic patterns which correspond to different quasi-steady-states and also the possibility that the limiting factors in the function of the organism may differ among individuals. One may hope that observant clinicians furnished with a armamentarium of methods might be able to collect information from individual cases which would help to differentiate much more precisely than heretofore the changes of tissues and organs in old age.

The complexities of senescence and their large time constants have continuously stimulated the search for models, simpler and more manageable than the real system. The gerontologists have been most inventive and far-ranging in the choice of models. The use of models of various kinds is known to be one of the most powerful strategies of research but also one most apt to mislead.

D. What kind of models are suitable for gerontologic research? A few personal and general remarks to this question. Of course, it is impossible to draw a sharp line which rules out conceivable models. Since senescence involves both cells and extracellular components, enzymatic and nonenzymatic chemical and physical processes, there is practically no limit to the simplicity of models. One may investigate biological materials like proteins, nucleic acids, lipids and even synthetic or inorganic substances. The literature contains a multitude of such investigations. I have mentioned already studies on related biological problems in which simpler systems have been studied. I think that the usefulness of a model is not a question of individual taste. The assessment of the relevance of a model must be based on the general maxime that a model on a lower level of the organization of matter is only helpful if we know enough about the real system of a higher level, which is the object of investigation to be able to indicate which essential properties we wish to model. The deeper our understanding of the complex system the better we can choose the models and the less we are tempted to follow superficial analogies.

On the other hand the knowledge of the complex system cannot progress without comparison with simpler systems and models of various kind. An iterative strategy is indicated which involves a continuous dialogue between the complex and the simpler system. If we are not able to derive a solid conception of senescence of man we will learn nothing from any model.

E. Obviously the central domain of gerontology research will remain man and small laboratory mammals, even though their complexity practically prevents the disentanglement of various factors and the rigorous discrimination of theories. I should like to cite only one example: it is wellknown that restriction of protein or calories during growth results in prolongation of life. Several mechanisms may be involved for they effect a lesser utilization of the genome, a slower development of autoimmunity, decreased formation of radicals, slower metabolism or fewer waste products. Obviously a broad base of theory and facts which includes other fields of biology is required to draw valid conclusions.

F. Let me turn lastly to the question which fields of experimental biology are likely to advance gerontology. Of course, one can give the trite answer that the general progress of cellular and molecular biology will not fail to carry gerontology along with it. From the whole gist of my talk it is apparent that I believe in a selective approach. If we agree that one of the fundamental problems is regulation of transcriptional programs of multicellular organism we shall have to acquire an understanding of what distinguishes the cellular organization of the eukaryont from that of the prokaryont. For one it is the existence of a nucleus which contains basic proteins. Recent progress in the knowledge of the organization, function and reconstitution of chromatin promises a breakthrough which will enable us to understand the specific features of eukaryontic transcriptional regulation. Molecular biology of eukaryonts thus gains intellectual independence from the heretofore dominating prokaryontic systems. One result is the recognition that the repression concept of Monod is not valid for eukaryonts. Perhaps most important is the thought that the development of a nucleus with its membrane goes hand in hand with that of other organelles, which also are characterized by membranes. The elaborate system of the cellular membranes becomes the basis for the recognition of identical and nonidentical cells and other signals. These features are the precondition for the formation of tissues, organs and signalsystems. Therefore, membrane research as well as the study of the signal systems such as hormones is likely to be of great importance. Granting the importance of posttransscriptional events studies of maturational processes promise to be highly rewarding. Recognition and destruction of old cells may involve immunological mechanisms. Obviously immunology is of great relevance to gerontology. Given the fact that the organism exists in a continuous controversy with external factors such a food and oxygen the study of their influences and of the defenses against deteriorative factors is important. On the other hand one can be convinced that gerontologic research will produce major advances, which will fertilize the whole of biology.

Gibt es biochemische Grundlagen zur Beeinflußbarkeit von Alternsprozessen?[1])

S. M. Rapoport

Vorangeschickt sei, daß das gesellschaftliche Interesse an dieser Frage praktisch nur den Menschen betrifft, wobei es vorrangig um die Erhöhung des Leistungsalters und nicht so sehr um eine bloße Verlängerung der chronologischen Lebenserwartung geht. Wenn die Frage einer Leistungsbeeinflussung aufgeworfen wird, dann wird gleichzeitig impliziert, daß die einzelnen Teile des Organismus, seine Organe, Gewebe bzw. Organsysteme, ungleichmäßig altern und eine erhebliche Spezifik aufweisen. Gelingt es, Teilprozesse des Alterns zu erkennen und zu beeinflussen, so können daraus für das Gesundheitswesen praktische Konsequenzen erwartet werden. Im nachfolgenden möchte ich nur zu wenigen grundsätzlichen Fragen und ausgewählten Befunden Stellung nehmen. Ich wähle dabei einen allgemein-biologischen Ausgangspunkt.

Ist Altern ein universelles biologisches Phänomen?

Die erste Frage, von der die Wahl geeigneter Untersuchungsobjekte abhängt, ist, ob Altern ein allgemeines biologisches Phänomen darstellt oder erst auf einer höheren evolutionären Stufe auftritt. Die Antwort, kurz gefaßt, ist, daß wir bei Viren ein Altern nicht nachweisen können, daß es bei Bakterien und Pflanzen fraglich, aber mit Sicherheit bei vielzellig differenzierten Tieren nachweisbar ist. Grundsätzlich davon abzutrennen und ungeeignete Modelle sind Veränderungen einzelner Moleküle, wie etwa Denaturierungen von Eiweißen oder anderen Biopolymeren und schon gar anorganischer Systeme. Mit Sicherheit ist der Alternsprozeß auch temperaturabhängig. Bei genügend tiefen Temperaturen scheint er völlig gehemmt; bei Temperaturen, wie sie bei der Lagerung von Organen verwendet werden, hat man es nicht mit verzögerter Alterung, sondern vielmehr mit spezifischen Lagerungsschäden zu tun.

Ist Altern eine Eigenschaft einzelner Zellen?

Die zweite sich anschließende Frage ist, ob der Alternsprozeß auch bei isolierten Zellen in der Gewebekultur nachweisbar ist; oder aber altern die Zellen nur im Ensemble des Gesamtorganismus? In engem Zusammenhang damit stünde die Vermutung, daß in den Zellen eine innere Uhr läuft, die das „Schicksal" der Zelle einschließlich eines pro-

[1]) Vortrag vor dem Plenum der Akademie der Wissenschaften der DDR am 19. Oktober 1972

grammierten Todes bestimmt. Eine solche Programmierung müßte in erster Linie genetischen Charakter tragen. Für eine solche Vermutung spricht die Tatsache der sehr unterschiedlichen Lebenserwartung innerhalb der Klasse der Säugetiere, die zwischen 2 und 100 Jahren schwankt. Sehr wahrscheinlich spielen bei den Unterschieden in der Lebenserwartung, die familiär gebunden beim Menschen auftreten, auch genetische Faktoren eine Rolle.

Innerhalb des Organismus finden wir auf allen Ebenen programmierte Involutionsprozesse. Ein bekanntes Beispiel stellt der Thymus dar, bei dem der Involutionsprozeß schon in frühem Lebensalter erfolgt. Am anderen Ende der Skala befinden sich Gewebe mit einer Stammzellenpopulation, die für die ständige Erneuerung des Gewebes sorgt, wie wir sie im Knochenmark für die Bildung roter und weißer Blutzellen und in der Haut vorfinden. Aber auch hier finden sich Erscheinungen des Alterns. Für diese Gewebe ist es typisch, daß aus den Stammzellen spezialisierte Zellen mit einem programmierten Lebenslauf entstehen, die möglicherweise gute Modelle für das Verständnis der Alternsprozesse darstellen.

Das Schicksal einzelner Zellarten

Einige spezielle Beispiele seien aufgeführt. Berechtigtes Aufsehen erregen die Ergebnisse langjähriger Forschung von Hayflick [1, 2], der zeigte, daß Zellen in Gewebekultur nur eine begrenzte Zahl von Populationsverdopplungen erreichen. Er fand, daß Fibroblasten menschlicher Embryonen 50, die der Erwachsenen nur 20 Verdopplungen aufweisen. Bemerkenswert ist, daß durch Hormone, z. B. Hydrokortison, die Zahl der Populationsverdopplungen zu erhöhen ist. Alle Zellen, die sich dagegen in vitro unbegrenzt vermehren, sind abnormal, ein großer Teil von ihnen bösartig. Über den Mechanismus des Alterns und Absterbens von Zellkulturen läßt sich noch wenig sagen. Wahrscheinlich ist das Absterben nicht auf Mutationen zurückzuführen, möglicherweise aber auf Störungen in der Bildung von Genprodukten. Die Tatsache, daß im Organismus eine höhere Zahl von Populationsverdopplungen bei einzelnen proliferativen Geweben als in einer entsprechenden Gewebekultur gefunden werden können, spricht vielleicht dafür, daß Schadwirkungen auftreten, die eine Zellart allein nicht beseitigen kann und dabei auf die Hilfe anderer angewiesen ist.

Die Reifung der roten Blutzelle ist ein klares Beispiel für einen programmierten Lebenslauf einer Zellart. Aus der Stammzelle im Knochenmark entstehen durch mehrfache Teilung Zellen mit höherem Hämoglobingehalt, aber inaktivem, geschrumpftem Kern. Dieser wird bei Säugetieren ausgestoßen, nicht aber bei Vögeln. Auch nach dem Ausstoßen bleibt eine atmende Zelle, die über Organellen, und zwar Mitochondrien und Ribosomen, verfügt. Diese werden in gesetzmäßiger Weise in der letzten Reifungsstufe abgebaut, wobei in der Zelle selbst gebildete hemmende Eiweiße und abbauende Enzyme, d. s. Proteasen und Lipasen, zusammenwirken [5]. Dabei tritt eine bemerkenswerte Aufeinanderfolge der Prozesse ein, indem die Atmung durch Hemmstoffe unterdrückt wird, die wiederum selbst der Unterdrückung durch Inaktivatoren unterliegen [6]. Hier tritt die Frage der möglichen Reversibilität dieser Vorgänge auf, Sie wird teilweise durch die aufregenden Befunde von Harris [7] beantwortet, der fand, daß die funktionell toten Kerne von Vogelerythrozyten, wenn sie in aktive Zellen transplantiert werden, funktionell wieder aktiv werden.

Ein drittes und letztes Beispiel betrifft Ergebnisse der experimentellen Klonforschung, die an Mosaiktieren durchgeführt wurden, d. h. solchen, die an Stelle von zwei vier Eltern haben [8]. Das Verfahren beruht darauf, daß zwei verschiedene befruchtete Eier zuerst desaggregiert und dann gemeinsam reaggregiert und im Uterus einer pseudoträchtigen Maus ausgetragen werden. Hier ist es möglich, die Bedeutung von Zellgruppen, wenn die Eltern verschieden sind, sehr eindrucksvoll darzustellen.

Das Mosaik in der Färbung des Haarkleides solcher Mäuse wird durch die Zellgruppen der schwarz- und weißhaarigen Eltern bestimmt. In weiteren Untersuchungen zeigte sich, daß der Verlust der Fähigkeit zur Pigmentbildung der Zellen eines Klones programmiert ist, somit also das Auftreten des grauen oder des weißen Haares in bestimmten Mustern oder zu bestimmten Zeitpunkten.

Verlust der Adaptation als Alternserscheinung; mögliche biochemische Ursachen

Bemerkenswert sind Ergebnisse, die darauf hinweisen, daß die wohlbekannte Alternserscheinung des Nachlassens der Adaptationsfähigkeit eine mögliche biochemische Ursache hat. Hier sind die Untersuchungen von Adelmann [9, 10] von besonderem Interesse. Bekanntlich ist eine Reihe von Enzymen, insbesondere in der Leber, induzierbar, d. h., daß durch Nahrung oder Hormone ihre Produktion in erhöhtem Maße erfolgt. Ein solches Enzym ist die Glukokinase, die den ersten Schritt der Glukoseverwertung in der Leber katalysiert. Für eine große Zahl solcher Enzyme wurde nachgewiesen, daß mit steigendem Lebensalter die Latenzperiode ihrer Induktion zunimmt. Bemerkenswert ist der Befund, daß durch heroische Maßnahmen, und zwar Insulin in großen Dosen, eine positive Beeinflussung möglich ist.

Altern als kooperativer Prozeß

Vieles spricht dafür, daß das Altern grundsätzlich einen kooperativen Vorgang darstellt. Es spielen dabei mit Sicherheit verschiedene Vorgänge innerhalb der Zelle, besonders Veränderungen der Lysosomen, eine Rolle, aber ebenso auch Einflüsse von Hormonen und Veränderungen an der äußeren Zellmembran, die von der immunologischen Theorie besonders betont werden. Das Altern ist mit Sicherheit nicht nur ein zelluläres Phänomen. Es wirken extrazelluläre Vorgänge, wie sie insbesondere in den Veränderungen den Kollagens und anderer Bestandteile des Bindegewebes deutlich werden, mit. Schließlich sei auch das Zusammenspiel innerer und äußerer Faktoren betont. So ist der Sauerstoff, der unser Lebenselement ist, auch gleichzeitig ein Giftstoff. Die aus ihm entstehenden Radikale führen zu Zerstörungen und zur Peroxydbildung, vor allem von ungesättigten Fettsäuren und von Strukturen, die ungesättigte Fettsäuren enthalten. Die Schutzmechanismen gegen diese Schadwirkungen sind offensichtlich unvollkommen. Schließlich kommt hinzu die Vielzahl der möglichen äußeren Einflüsse von Schwermetallspuren bis zu noch nicht erkannten Nahrungsbestandteilen, die möglicherweise eine Schadwirkung ausüben. Bemerkenswert sind Versuche, durch Antioxydation in der Nahrung Alternsprozesse hintanzuhalten.

Welche Rolle spielt die Nahrung beim Altern?

Schon frühzeitig, d. h. vor 50 bis 70 Jahren, wurde der Einfluß der Ernährung auf die Lebensdauer von Versuchstieren, insbesondere Mäusen und Ratten von STEENBOCK u. a. untersucht. Ein erstaunliches Ergebnis war, daß kalorische Restriktion zu einer erhöhten Lebensdauer führte. Offensichtlich ist hier die Verlängerung der Lebenserwartung in erster Linie durch eine verzögerte Entwicklungsphase bedingt. Man kann das kaum als ein brauchbares Modell für die Nutzanwendung am Menschen betrachten. Interessanter sind Ergebnisse, die gezeigt haben, daß durch einen Wechsel des Ernährungsregimes eine echte Verlängerung des Leistungsalters der Tiere erreicht wurde. In diesem Fall wurde bis zur Reife kalorisch ausreichend und eiweißreich ernährt, in der Erhaltungsphase hingegen mit einer Nahrung, die in ihrem Kalorien- und Fettgehalt eingeschränkt war. Bei aller Vorsicht, Schlüsse von Tier auf Mensch zu übertragen, scheint dies ein wesentliches Ergebnis.

In diesem Zusammenhang sei darauf hingewiesen, daß gesetzmäßig die aktive Muskelmasse des Menschen, beim Manne beginnend mit etwa 20, bei der Frau mit etwa 17 Jahren, stetig abnimmt, während der Fettanteil im alternden Organismus zunimmt, ohne sich unbedingt in einem Übergewicht auszudrücken. Auch dieser Prozeß scheint teilweise durch kontinuierliches Muskeltraining reversibel. Mit zunehmendem Alter finden wir auch eine Verschlechterung der Glukosetoleranz und erhöhte Serumlipide, insbesondere Cholesterin. Damit sind zumindest Beziehungen zur erhöhten Altershäufigkeit des Diabetes und von arterosklerotischen Veränderungen und auf dieser Grundlage entstehenden Erkrankungen gegeben. Auch diese Veränderungen sind wahrscheinlich durch ein geeignetes Ernährungsregime beeinflußbar.

Zweifellos sind noch viele theoretische und experimentelle Fragen ungeklärt und der Weg zu ihrer Lösung sehr schwierig. Aber wie mühselig der Weg auch sei, er muß in Kooperation zwischen den experimentellen Forschungsrichtungen und gemeinsam mit den klinisch und epidemiologisch orientierten Gruppen gegangen werden.

Literatur

[1] HAYFLICK, L.: Human cells and aging. Sci. Am. **218** (1968), 32.

[2] HAYFLICK, L.: Aging under glass. Exp. Geront. **5** (1970), 291.

[3] CAMERON, I. L.: Minimum number of cell doublings in an epithelial cell population during the life-span of the mouse. J. Geront. **27** (1972), 157.

[4] CAMERON, I. L.: Cell proliferation and renewal in aging mice. J. Geront. **27**, (1972), 162.

[5] RAPOPORT, S., S. ROSENTHAL, T. SCHEWE und M. SCHULTZE: in YOSHIKAWA and RAPOPORT, The metabolism of the reticulocyte, cellular and molecular biology of erythrocytes, University of Tokyo Press, 1974.

[6] RAPOPORT, S.: Molekularbiologische Probleme der Reifung von Erythrocyten. Fol. Haem. **89** (1968), 105.

[7] HARRIS, I. H.: The reactivation of the red cell nucleus. J. Cell Sci. **2** (1967), 23.

[8] MINTZ, B.: Genetic mosaicism in vivo: Development and disease in allophenic mice. Fed. Proc. **30** (1971), 935.

[9] ADELMAN, R. C.: An age-dependent modification of enzyme regulation. J. Biol. Chem. **245** (1970), 1032.

[10] ADELMAN, R. C.: Age-dependent effects in enzyme induction — a biochemical expression of aging. Exp. Geront. **6** (1971), 75.

Biochemie, Morphologie und Strukturforschung[1])

S. M. Rapoport

An die Spitze meiner Ausführungen möchte ich eine Verbeugung vor der Morphologie setzen. Auf diese Respektbezeugung hat sie Anspruch als ältester Zweig der modernen Biologie und Medizin. Ihr gebührt aber nicht nur ein historisches Primat, sondern auch ein philosophisches, vom Standpunkt der Erkenntnistheorie. Es beruht auf der Unmittelbarkeit und Anschaulichkeit ihrer Objekte, Methoden und Erkenntnisse. Natürlich fußt die Morphologie wiederum, wenn sie in das Wesen der biologischen Systeme eindringen will, auf anderen Wissenschaften, darunter auch der Biochemie. Es bedarf sicher keiner ausführlichen Begründung für die Aussage, daß Morphologie und die anderen biologischen Wissenschaften in vielfältiger Weise miteinander verknüpft sind. Daher beeinflußt notwendigerweise jede Wende in Denkweise, Methoden und Stellung der Morphologie die Beziehungen zu allen anderen Zweigen der Biologie und Medizin. Ich habe das Wort „Wende" zur Charakterisierung der Situation absichtlich gebraucht, da ich der Auffassung bin, daß es sich nicht nur um graduelle Veränderungen handelt. Wir befinden uns im grundsätzlichen Umschwung, in einer neuen Phase der biologischen Wissenschaften, die veränderte Beziehungen zwischen Morphologie, Biochemie und anderen biologischen Wissenschaften mit sich bringt.

Die Thematik des Kongresses habe ich als eine Aufforderung zur Auseinandersetzung und Selbstverständigung aufgefaßt und habe meine Aufgabe darin gesehen, einen Diskussionsbeitrag zu einigen der vielschichtigen gemeinsamen Probleme zwischen Morphologie und Biochemie zu leisten. Damit ist auch gesagt, daß keinerlei Anspruch auf erschöpfende Darstellung gemacht wird. Insbesondere werde ich keinen Bezug auf die makroskopische Morphologie nehmen und mich ausschließlich mit den mikroskopischen und submikroskopischen Bereichen befassen.

Gestatten Sie mir einleitende Bemerkungen zu einigen Begriffen: Zunächst zur Unterscheidung von Struktur und Morphe und der ihnen entsprechenden Wissenschaften. Allzu häufig werden diese Begriffe als gleichbedeutend angesehen. Die Unterschiede werden aber deutlich, wenn man ihrer Verallgemeinerungsfähigkeit nachgeht. Dann erweist sich die Struktur als der weitaus umfassendere Begriff. Die Struktur ist nämlich eine allen Formen und Stufen der Materie innewohnende Eigenschaft, die im atomaren Bereich ebenso nachweisbar ist wie in der Ökologie von Populationen. Reale Strukturen können räumliche, statische, aber auch zeitlich variable Anordnungen sein. Ich lasse hier bewußt die Problematik abstrakter mathematischer Strukturen beiseite. Vom Stand-

[1]) Vortrag auf dem Internationalen Kongreß „Die heutige Stellung der Morphologie in der Biologie und Medizin", Berlin, Februar 1968

punkt der Dialektik bilden reale Struktur und Funktion das zusammengehörige gegensätzliche Kategorienpaar. Das bedeutet, daß keine reale Struktur ohne Funktion existieren kann oder denkbar ist, ebensowenig wie Funktionen ohne Strukturen existieren. Daraus ergibt sich, daß die räumlich-zeitlichen Anordnungen gleichzeitig funktionelle Zusammenhänge sind. Die Erkenntnis der Struktur als grundlegender Eigenschaft der Materie ist wesentlich, d. h. bestimmend geworden für eine Vielzahl von Wissenschaften, darunter die moderne Physik und Chemie, die Kybernetik, die Biophysik und Biochemie, Genetik, Physiologie u. a. m. Daraus folgte auch die Prägung des neuen Begriffes „Strukturforschung", die sich aus der Untersuchung des Aufbaus von anorganischen Kristallen entwickelte, heute aber zu einem grundlegenden Zweig der Biologie, zu einem Gebiet geworden ist, an dem Physiker, Chemiker, Biochemiker und Morphologen zusammenarbeiten. Der Gegenstand dieses Gebietes umfaßt den Aufbau der Moleküle und ihre Wechselwirkungen von den einfachsten, wie Wasser, bis zu komplexen biologischen Systemen, wie etwa Viren und Zellorganellen. Sie greift über den Bereich einer rein chemischen Denkweise zu einer weitgehend physikalischen Betrachtung, die gleichzeitig einen hohen Grad mathematischer Abstraktion, aber auch Gegenständlichkeit erreicht. In vielen Hinsichten wird Chemie zur Geometrie. Sie bedient sich der Methoden der Röntgenanalyse ebenso wie derer der Elektronenmikroskopie. Ihre Aussagen ergänzen oder begründen jene der Chemie.

Hier sei bemerkt, daß Struktur nicht gleichbedeutend mit Periodizität ist. Es ist natürlich viel einfacher, die gesetzmäßigen periodischen Anordnungen mit raumsymmetrischen Eigenschaften zu erkennen, und das Bestreben, Symmetrie und Einfachheit in der Natur zu finden, hat oft dazu verleitet, sie auch dort zu suchen, wo sie nicht vorhanden sind. Vielleicht hat auch die Herkunft der Strukturforschung als Kristallforschung eine psychologische Rolle gespielt. Der Begriff der Struktur umfaßt auch unikale, einzigartige Anordnungen, die keine Periodizität aufweisen. Wir sind schon längst über die ersten naiven Vorstellungen hinaus, daß etwa die Molekulargewichte aller Eiweiße einfache Multiple einer Grundeinheit darstellen oder die Anordnung der Aminosäuren einer Zahlenreihe entspräche, Vorstellungen, die Nachwehen einer pythagoräischen Philosophie darstellen mögen. Ja, die äußere Ordnung kann täuschen. Schon seit langem kannte man Eiweißkristalle. Ihre äußere Periodizität hat nur wenig mit ihrer inneren Anordnung zu tun. Aber auch die bizarrste und unübersichtlichste Anordnung von Atomen in einem Makromolekül stellt eine Struktur mit Funktion und Eigenschaften dar und ist der Ausdruck der gesetzmäßigen Wechselwirkung von Kräften im Molekül und zwischen Molekül und Umgebung. Zwischen diesen zwei Extremen befindet sich der interessante Bereich der raumsymmetrischen Anordnung von an sich symmetrisch gebauten Untereinheiten. Die Erfahrungen der letzten Jahre haben gezeigt, daß ein großer Teil der Eiweiße analog dem Hämoglobin aus symmetrischen Anordnungen von asymmetrisch gebauten Peptidketten besteht.

Die neuesten Methoden gestatten es, die Strukturanalyse auch auf Makromoleküle auszudehenen, welche keine regelmäßigen Anordnungen der Bausteine, wie etwa die α-Helix, aufweisen.

Wie steht es um die Morphe? Ich will von einer Auseinandersetzung mit der idealistischen Deutung der Gestalt und einer Gestaltenlehre im Sinne von Plato und Goethe absehen in der Annahme, daß ihr dem experimentellen Denken entgegengesetzter Ideengehalt kein aktueller Gegenstand der Diskussion ist. Daher setze ich anstelle von Gestalt Form und möchte die Morphologie als Lehre von den biologischen Formen bezeichnen.

Der Formbegriff hat auch einen philosophischen Inhalt. Form ist Teil eines dialektischen Kategorienpaares, stellt das Äußere dar und setzt den Inhalt als wesentlich voraus. Eine Vielfalt von Formen kann einem inhaltlichen Prinzip entsprechen. Nicht jede äußere Erscheinung verdient es, untersucht zu werden. Sie kann zufälligen Charakter tragen. Natürlich lassen Formen sehr häufig Rückschlüsse auf ihren Inhalt zu. Sie sind ja Ausdruck der inneren Beziehungen, d. h. der Strukturen von Systemen. Fehlt aber die Kenntnis des grundlegenden Inhalts, so bleibt Formenlehre deskriptiv und vermag nicht zu Verallgemeinerungen zu führen. Ist man hingegen zur Erkenntnis des inneren Zusammenhanges gelangt, so kann man die verschiedensten Formen erklären.

Die Erkennung der inneren Struktur aus der Form ist dort einfach, wo eine periodische Grundstruktur vorliegt, die sich auch in den höheren Stufen der Anordnung wiederfindet. Ein klassisches Beispiel sind Muskulatur und kollagene Fibrille. Das Gegenstück sind Anordnungen, die die inneren Gesetzmäßigkeiten verdecken.

Das Kategorienpaar von Form und Inhalt ist nicht so umfassend wie das von Struktur und Funktion. Form und Inhalt lassen sich nur unterscheiden auf einer komplexen bzw. komplizierten Stufe der Materie. Steigen wir hinab in den submikroskopischen Bereich bis zum Makromolekül und noch tiefer, so verschwindet die Unterscheidung zwischen außen und innen, zwischen Form und Inhalt. Die Form wird unmittelbar Ausdruck der Struktur. In diesem Bereich wird die Morphologie zur Strukturforschung. Durch die Strukturforschung erfuhr die Morphologie eine Grundlage, die ihr vorher fehlte. Die gesetzmäßigen Anordnungen im Bereich der Makromoleküle finden ihren Ausdruck in den biologischen Strukturen, die auch schon der Gegenstand der klassischen Morphologie waren.

Aber auch die moderne Biochemie ist durch die Erkenntnis der Strukturforschung durchaus revolutioniert worden. Sie wird beflügelt durch die Erkenntnis der Einheit von elementaren und komplexen Stufen der Anordnungen der Materie. Es sei nur erinnert an die Rückführung der MENDELschen Gesetze auf die Kombinationsprinzipien der DNS. Solche Erkenntnisse sind ebenso für die Eiweiße gültig. Auch hier mag ein Hinweis genügen: Die Rückführung der vielfältigen Formenveränderungen von Sichelzellen auf die Substitution einer von 151 Aminosäuren einer Untereinheit des Hämoglobins.

Nun einige kritische Bemerkungen zur Biochemie und Morphologie: Welche Schwächen und Unvollkommenheiten weist die Biochemie noch auf? Ich möchte vier Probleme herausgreifen:

1. Eine Unterschätzung der Dynamik biologischer Vorgänge. Die Biochemie begann als eine reine Analytik, eine Bestandsaufnahme. Vorerst begnügte sie sich sogar nur mit einer Analyse der Asche, um sodann immer mehr Bestandteile in den Bereich ihrer Methodik einzubeziehen. Man hat diese Zergliederung nicht mit Unrecht als eine chemische Anatomie bezeichnet, die nicht selten als langweilig empfunden wurde. Methoden und Denkweise bedingen einander. So ist es nicht verwunderlich, daß diese Art des Herangehens auch eine statische Denkweise nach sich zog. Die allmähliche Überwindung dieser Einstellung, ohne daß man natürlich auf Analytik verzichtete, ist in unserer Epoche erfolgt durch die Erkenntnis der Enzymatik und die Anwendung von Isotopen. Die moderne Biochemie verlangte und schuf vielfältige und vertiefte physikalisch-chemische Theorien der Kinetik von Reaktionen. Sie umfassen sowohl die Probleme der Elementarprozesse am Enzym wie die Verkettung von Enzymen in Reaktionsketten sowie schließlich auch die Erkenntnisse der Wandlung von Eiweißen während ihrer enzymatischen Aktivität.

2. Eine Unterschätzung der Strukturiertheit biologischer Systeme. Im Denken und Tun hielt sich der Biochemiker zuerst an die leicht zugänglichen löslichen Eiweiße, an Reaktionen im Hyaloplasma oder in den extrazellulären Körperflüssigkeiten, als ob für ihn noch heute das Dogma gelte, daß Stoffe nur in Lösung reagieren. Hier schlug die Kolloidchemie eine Bresche. Sie proklamierte in WOLFGANG OSWALDS treffendem Schlagwort „Die Welt der vernachlässigten Dimensionen" als Forschungsgegenstand. Viele zum Teil paradoxe Beobachtungen der Pioniere, die sich als Außenseiter fühlten, haben inzwischen ihre Deutung erfahren. Ihre Erkenntnisse haben sich eingeordnet in den klassischen Bestand der physikalschen Chemie der Eiweiße und anderer Makromoleküle. Die Untersuchung des Übergangs vom löslichen zum unlöslichen Zustand, vom löslichen Einzelbestandteil zu komplexen und strukturierten Gebilden wie etwa Membranen und Fibrillen, die Veränderungen der Enzymaktivität durch Bindung an unlösliche Träger, sind hochaktuelle Themen der modernen Biochemie.

3. Eine immer noch berechtigte Kritik betrifft die Unterschätzung der natürlichen Vielfalt durch die Biochemie. Es sei erinnert an die naive Vorstellung zur Zeit von LIEBIG, daß es nur *ein* Eiweiß geben solle. Auch späterhin gab es einen ständigen krassen Widerspruch zwischen dem Reichtum des morphologischen Bildes und der relativen Simplizität der biochemischen Aussage. Man denke an die Zellfraktionierung. Die biochemische Analyse beschränkte sich ein Jahrzehnt lang auf drei Organellenfraktionen: Kern, Mitochondrien und Mikrosomen. Diese vereinfachende Einteilung stiftete auch unter Morphologen eine erhebliche Verwirrung. Und wenngleich auch jetzt mit einiger Sicherheit an einzelnen biologischen Objekten zusätzliche, einigermaßen definierte Fraktionen hinzugekommen sind, wie etwa die Lysosomen, Peroxysomen, Golgi-Apparat und Zellmembranen, so ist doch eine weitere Differenzierung eine unabdingbare Forderung.

Noch primitiver ist die Aussage des Biochemikers über ein hochdifferenziertes Organ, wie etwa Gehirn oder Niere. Hier ist die Gewinnung eines biologisch-homogenen Zellmaterials Voraussetzung für eine gültige biochemische Aussage. Selbst eine Population, die aus derselben Zellart besteht, ist noch uneinheitlich in verschiedener Hinsicht. Beispielsweise können sich die Zellen in verschiedenen Stadien ihres Reproduktionsvorganges befinden. Dieser Schwierigkeit versucht man durch Synchronisation zu begegnen. Die Zellpopulation kann genetisch heterogen sein, daher das Bestreben nach genetisch reinen Linien. Und schließlich können auch gleichartige Zellen sich in verschiedenen Funktionszuständen befinden. Hier liegen offensichtlich noch ungelöste und schwer zu bewältigende Schwierigkeiten.

Die Problematik der Vielfalt bleibt aber nicht bei der Zellart stehen. Bis vor kurzem hegte der Biochemiker noch mehr oder minder ausgesprochen die Illusion, daß Enzyme gleicher Spezifität aus verschiedenen Quellen doch in Aufbau und enzymatischen Parametern identisch seien. Diese Illusion ist gründlich zerstört. Die Hexokinase der Hefe hat ein völlig anderes Verhalten als jene der roten Blutzelle. Auch innerhalb eines Organismus bietet sich eine beeindruckende Organspezifität. Umfassend wurden die Laktatdehydrogenasen bearbeitet. Bekanntlich unterscheidet man hier einen Herz- und einen Skelettmuskeltyp. Die genauere Untersuchung hat aber erwiesen, daß es fünf Isoenzyme gibt. Die Erklärung dieser Vielfalt brachte eine gewisse Vereinfachung. Die Laktatdehydrogenase besteht aus vier Untereinheiten, die zweierlei Typs sein können. Die Gesetze der Kombinatorik ergeben fünf Möglichkeiten der Anordnung von zwei Untereinheiten in Vierergruppen, was der Zahl der vorkommenden Isoenzyme entspricht

(PFLEIDERER). Die weitere Verfeinerung der Methodik hat es mit sich gebracht, daß die biochemische und immunochemische Aufgliederung der morphologischen vorausgeeilt ist. So lassen sich im Elektropherogramm 10 Esterasen nachweisen, histochemisch sind vorerst nur zwei Typen abzugrenzen (HESS).

4. Eine weitere Quelle der Heterogenität betrifft die Lokalisierung der Enzyme. Auch hier stand am Anfang die Naivität des Biochemikers. Er war zufrieden, aus einem Organ oder einer Zellart *ein* Enzym isoliert zu haben. Er glaubte, daß das gewonnene lösliche Isolat für das biologische System seiner Herkunft repräsentativ sei. Diese Auffassung wurde durch die Methoden der Zellfraktionierung bald wiederlegt. Es erwies sich, daß gleichartige Enzyme eine doppelte oder sogar dreifache Repräsentation in verschiedenen Zellanteilen besitzen können.

Aus alledem ergibt sich, daß die Kompliziertheit der Aufgabe für den Biochemiker nun erkannt ist. Es gilt, eine Vielzahl von Forderungen zu erfüllen: Einheitlichkeit der Zellpopulation, Gewinnung von morphologisch und funktionell einheitlichen Zellanteilen, Betrachtung der möglichen Vielfalt der Isoenzyme und schließlich Berücksichtigung des Auftretens der verschiedenartigsten Effektoren, welche die Funktion von Zellbestandteilen, insbesondere der Enzyme, aktivieren oder hemmen. Diese Aufzählung könnte leicht zu einem „Ignorabismus" verleiten. Der Fortschritt der Analytik ist jedoch so groß, daß m. E. aller Grund zum Optimismus besteht. In den letzten hundert Jahren ist die Empfindlichkeit der quantitativen Analyse von Bestandteilen um etwa 20 Größenordnungen angestiegen. Die Fähigkeit zur Trennung von nahe verwandten Eiweißen auf chemisch-physikalischem Wege hat heute die empfindlichste biologische Methodik, nämlich der Immunreaktionen, erreicht und an vielen Stellen übertroffen. Es besteht aller Grund anzunehmen, daß der Fortschritt sich womöglich noch beschleunigt durch Anwendung automatisierter Verfahren, die einen ungeheuren Gewinn an Präzision und Zeit bringen. Ein Beispiel mag es erläutern: Eine unvollständige Analyse eines Eiweißes in bezug auf seinen Gehalt an Aminosäuren dauerte vor 40 Jahren etwa sechs Monate Arbeitszeit eines hochqualifizierten Wissenschaftlers und erforderte Mengen von etwa 100 g. Heute erfordert eine vollständige Analyse zwei Stunden und nur 1 mg Material.

Nun zur Morphologie: Ich hoffe, keinen Widerspruch zu erregen, wenn ich sage, daß ihr Gegenstand die Erforschung biologischer Strukturen und Funktionen durch Analyse der Formen ist. In dieser Richtung war die klassische Morphologie des 19. Jahrhunderts den anderen biologischen Disziplinen weit voraus. Ihre Erkenntnisse bildeten die spätere Grundlage der Genetik und Zellphysiologie, der Immunologie und Pathologie u. a. m.

Worin lagen aber ihre notwendigen Begrenzungen? Die erste bestand offensichtlich in der ungenügenden Auflösung der lichtoptischen Methoden. Daher waren alle Rückschlüsse von sich darbietenden Gestalten auf zugrunde liegende physikalisch-chemische Strukturen ungesichert und dementsprechend spekulativ. Die Überwindung dieser spekulativen Auffassungen oder, noch besser gesagt, ihr Beiseitelegen, ohne sie noch ernsthaft in die gegenwärtigen Diskussionen zu bringen, ist eine Notwendigkeit. Ich nehme natürlich dabei das wissenschaftshistorische Interesse ausdrücklich aus.

Die zweite offensichtliche Begrenzung bestand in der mangelnden Stoffkenntnis, d. h. in der Unmöglichkeit, über die chemische Natur der Gebilde Aussagen zu machen. Das war, wenn man von Schuld sprechen will, jene der Biochemie, die, wie ich vorhin ausgeführt habe, so unentwickelt war, daß sie nur naive simplifizierende Vorstellungen anbieten konnte. Auch hier gilt, daß die von Morphologen des 19. Jahrhunderts geprägten

Begriffe bezüglich der von ihnen postulierten Bestandteile, Faktoren usw. für uns heute nur noch überwiegend den Wert eines ethymologischen Thesaurus besitzen.

Es ist drittens verständlich, daß daher auch die Vermutungen über die Mechanismen der Entstehung bestimmter Formen in gleichem Maße längst überholt sind. Die Gründe dafür gehen über das bisher Gesagte hinaus. Gültige Vorstellungen über Prozesse bedürfen der konkreten Kenntnis der biochemischen Abläufe. Wenngleich die Morphologie sich heute noch auf großen Gebieten mit qualitativen Aussagen über Formen und Lokalisationen begnügen muß, ist es offensichtlich, daß ohne eine quantitative Denkweise keine tragfähigen Vorstellungen über Reihenfolge und Relevanz von Vorgängen aufstellbar sind. Der Übergang zum quantitativen Denken ist zweifellos eine schwierige Aufgabe und nicht durchwegs durchführbar.

Viertens hat die morphologische Methodik m. E. ein besonderes Problem. Wenn man von den in der Lichtoptik im begrenzten Umfang möglichen Betrachtungen von intakten oder lebenden Zellen durch Phasenkontrast und Interferenz absieht, bedingt jedes morphologische Verfahren tiefgehende physikalisch-chemische Eingriffe. Jedes Fixativ führt zu weitgehenden Veränderungen des biologischen Systems, die irreversible Schädigungen darstellen, was ja auch der Zweck ist. Das Prinzip der Fixierung bringt mit sich chemische Reaktionen, durch welche Eiweiße, Nukleinsäuren und Phosphatide gegenüber nachfolgenden Behandlungen so verfestigt werden, daß sie nicht mehr löslich sind, aber dennoch spezifische Reaktionsfähigkeiten behalten oder erwerben. Jeder weitere Schritt, die Entfernung des Wassers, die Einbettung, die Erzeugung eines Kontrastes durch Färbung der Imprägnierung bedingt weitere chemische Reaktionen. Man könnte zugespitzt formulieren, daß der Morphologe grundsätzlich es mit Kunstprodukten d. h. Artefakten, zu tun hat. Daher erklärt sich die ständige Beschäftigung mit dem Problem des Artefaktes in der Morphologie. Ich will aber keineswegs die Morphologie als Wissenschaft von Kunstprodukten abstempeln. Eine so weite Fassung des Artefaktbegriffes hat weder heuristischen noch theoretischen Wert. Viel eher wäre es sinnvoll, einen Artefakt als eine derartige Veränderung zu bezeichnen, die keine biologische Deutungsmöglichkeit bietet. Die Vielzahl der Möglichkeiten der Artefaktbildung weist den Morphologen zwingend darauf hin, die Gültigkeit seiner Vorstellungen über den ursprünglichen Zustand seiner Untersuchungsobjekte durch andere Methoden, vor allem durch nichtmorphologische, zu erhärten. Von daher erfolgt für ihn die unbedingte Notwendigkeit der Zusammenarbeit mit Biochemikern und Biophysikern.

Es gibt eine Art von Artefaktbildung, die ich gesondert erwähnen möchte. Sie liefert Bilder, die mit Sicherheit nicht den vitalen Bedingungen entsprechen. Dennoch ist sie sehr nützlich. Man kann diese Artefakte als Äquivalentformen bezeichnen. Ein mir geläufiges Beispiel ist die Darstellung des Retikulozyten. Das im Mikroskop sichtbare Netzwerk entspricht keiner biologischen Struktur. Die von Morphologen postulierte substantia reticulofilamentosa existiert nicht. Es handelt sich um Niederschlagsbildung von Ribosomen bzw. Polysomen mit basischen Farbstoffen unter teilweiser Freisetzung der Ribosomeneiweiße. Die von Hämotologen aufgestellten Klassen von Retikulozyten von feinem Netzwerk bis zu grober Klumpenbildung sind insofern nützlich, als sie in ungefährer Weise der Quantität der Ribosomen entsprechen. Die unterschiedlichen Bilder haben aber keinerlei biologische Bedeutung. Die erkenntnistheoretische Gefahr besteht darin, daß man solche empirisch brauchbaren Äquivalentbilder als bare Münze nimmt und sie als Äquivalent biologischer Strukturen betrachtet. Von dieser Art empirisch brauchbarer, aber für die Zellbiologie unergiebiger Artefakte sind sicherlich jene zu unterscheiden, bei denen Kunstprodukte ohne biologische Deutungsmöglichkeit auftreten. Hier kann es sich um mangelnde Reproduzierbarkeit einer chemischen Reaktion handeln oder um ihre mangelnde Spezifität. In dem von mir erwähnten Beispiel sind es zwei gegensätzliche Veränderungen. Die ursprüngliche Struktur der Polysomen wird zerstört und gleichzeitig wird eine artifizielle Struktur vorgetäuscht. Die Anforderungen an eine zellbiologische Morphologie sind also wesentlich höher als an die Morphologie für eine empirische Diagnostik. Hier müssen Formen, Lokalisierungen und Aktivitätsangaben den vitalen Zustand widerspiegeln.

Das Artefaktproblem existiert natürlich auch in der Biochemie, wenngleich zum Teil in abgewandelter Form. Der Biochemiker ist bestrebt, die von ihm isolierten Stoffe rein darzustellen oder, falls dies nicht möglich ist, die Gesetzmäßigkeiten der Veränderung bei jedem Schritt so zu erfassen, daß eine befriedigende Erklärung gegeben ist, und den ursprünglichen Zustand, sei es gedanklich oder experimentell, zu rekonstruieren.

Am Ende möchte ich zu synthetischen Aussagen kommen. Die moderne Stufe der Zellbiologie erfordert eine vollständige Gemeinsamkeit der biologischen Disziplinen, insbesondere der Morphologie, der Strukturforschung und der Biochemie. Morphologie und Biochemie haben einander viel zu sagen, viel zu bieten und voneinander viel zu fordern. Der Morphologe kann mit Recht an den Biochemiker den Anspruch stellen, alle von ihm erfaßten wesentlichen Formen und Lokalisationen biochemisch zu erfassen. In seinen Methoden greift er über den lichtmikroskopischen Bereich hinaus und wird damit gleichzeitig Biochemiker und Strukturforscher. Wenn er das Ultraviolettmikroskop anwendet, beginnt er Biochemie zu betreiben in der Lokalisation und der quantitativen Messung von Nukleinsäuren, Eiweißen, Pyridin-Nukleotiden usw. Wenn er elektronenmikroskopische Bilder herstellt und betrachtet, sieht er die Makromoleküle und erkennt deren Struktur. Wenn er autoradiographische Methoden anwendet, wird er zum Stoffwechselforscher, betreibt er Histochemie, wandelt er sich zum Enzymologen. Daher sind für ihn ausreichende Stoffkenntnis, quantitatives Denken und die Kenntnis der Gesetzmäßigkeiten der Kinetik, der Enzymologie einschließlich der Konformationsänderungen erforderlich. Der Biochemiker erwartet morphologische Äquivalente für von ihm gefundene Funktionszustände und Differenzierungen. In dieser Richtung weisen u. a. neue Ergebnisse über die elektronenmikroskopischen Bilder von Mitochondrien in verschiedenen Funktionszuständen (Hackenbrock). Solche Befunde werfen die Frage auf, ob elektronenmikroskopische Bilder von Mitochondrien, die von dem gewohnten Bild abweichen, notwendigerweise Artefakte sind oder aber bisher noch nicht erfaßte Funktionszustände?

Gemeinsam wenden Biochemiker, Strukturforscher und Morphologen die mächtigen Methoden der Analyse und der Rekonstruktion, d. h. der biologischen Modellbildung an, die von abstrakten Rechenmodellen bis zur künstlichen Schaffung von Zellorganellen und Viren reichen.

Ein Beispiel ist die hochproduktive Auseinandersetzung zwischen Morphologen und Biochemikern über den Feinaufbau der Mitochondrien (Schatz). Bekanntlich enthalten die Mitochondrien zwei Membransysteme, ein äußeres und ein inneres, die sich durch ihre Feinstruktur, chemische Zusammensetzung und den Enzymgehalt unterscheiden. An der inneren Membran sitzen die Enzyme der Atmungskette und die Enzyme der oxydativen Phosphorylierung. Die innere Membran ist mit Kügelchen von 80—90 Å Durchmesser besetzt. Es wurde vermutet, daß jedes Kügelchen einer vollständigen elektronenmikroskopischen Kette entspricht. Die Rechnung des Biochemikers widerlegte diese

Auffassung. Das Mindestmolekulargewicht der Atmungskette erforderte eine Kugel von doppeltem Durchmesser. Auch die Annahme, daß jedes Knöpfchen lediglich einen Teil der Atmungskette enthalte, wurde widerlegt, als sich zeigte, daß durch chemische Eingriffe mitochondriale Partikel ihrer Kügelchen beraubt werden können ohne Verringerung ihrer Atmungsenzyme. Die Knöpfchen wurden als ein Kopplungsfaktor, und zwar als mitochondriale ATPase, identifiziert. Schließlich gelang es in Zusammenarbeit zwischen Biochemikern und Morphologen, sozusagen halbsynthetisch aus Membranen, Phospholipiden und isolierten Kügelchen Partikel herzustellen, die dem Ausgangsprodukt weitgehend entsprechen. Ebenso bemerkenswert sind die erfolgreichen Rekonstruktionen bzw. Resynthesen von Viren aus Nukleinsäure und Eiweißuntereinheiten ihrer Hüllen oder die Rückbildung von Bakterienflagellen (Pirie et al.). Durch dieses gemeinsame Herangehen wird zweifellos die Notwendigkeit einer gemeinsamen Sprache geschaffen. Sie kann nicht ein Kompromiß aus alten und neuen Vokabeln, aus alten Denkweisen des 19. Jahrhunderts und modernen biophysikalischen, chemischen und molekularbiologischen Begriffen sein. Die Morphologie als ältere Wissenschaft hat mehr Ballast abzuwerfen und zweifellos sind die psychologischen oder ideologischen Schwierigkeiten größer. So groß auch ihre Erfolge in der Vergangenheit gewesen sein mögen, jene der Gegenwart und Zukunft sind in Gemeinschaft mit anderen Wissenschaften noch größer und glänzender.

Literatur

[1] Hackenbrock, C. R.: J. Cell. Biol. **30** (1966) 269.

[2] Pirie, N. W., and J. Lowy et al.: In G. E. Wolstenholme und M. O'Connor ed., Principles of Biomolecular Organization, Churchill, London, 1966.

[3] Pfleiderer, G.: In R. Ruyssen and L. Vandendriessche ed. Enzymes in Clinical Chemistry. Elsevier, Amsterdam 1965.

[4] Hess, R.: ebenda.

[5] Schatz, G.: Ang. Chem. **79** (1967) 1088.

Elementare und integrative Aspekte einer Molekularpathologie[1])

S. M. RAPOPORT und S. ROSENTHAL

Bekanntlich schuf VIRCHOW seine Zellularpathologie als unmittelbare Anwendung der epochemachenden Entdeckung der Zelle. Diese wurde von ENGELS als eine der drei großen Entdeckungen, die unsere Kenntnis vom Zusammenhang der Naturprozesse mit Riesenschritten vorangetrieben haben, in folgenden Worten gewürdigt:

„Die Entdeckung der organischen Zelle durch SCHWAN und SCHLEIDEN, der Zelle als der Einheit, aus deren Vervielfältigung und Differenzierung alle Organismen, mit Ausnahme der niedrigsten, entstehen und herauswachsen. Erst mit dieser Entdeckung erhielt die Untersuchung der organischen, lebendigen Naturprodukte — sowohl die vergleichende Anatomie und Physiologie wie die Embryologie — einen festen Boden. Der Entstehung, dem Wachstum und der Struktur der Organismen war das Geheimnis abgestreift; das bisher unbegreifliche Wunder hatte sich aufgelöst in einen nach einem für alle vielzelligen Organismen wesentlich indentischen Gesetz sich vollziehenden Prozeß.“ [1]

In der vorwärtsgewandten und kühnen Anwendung biologischer Erkenntnisse ist VIRCHOW uns heute noch Vorbild, ebenso wie in seiner Erkenntnis der zukünftigen Bedeutung der Chemie, die zur Bildung der berühmten Abteilung für Chemische Pathologie an der Charité führte.

Die biologischen und medizinischen Wissenschaften befinden sich heute wiederum in einer großen Umwälzung, die durch einen ungeheuren Fortschritt in methodischer Hinsicht, durch Anwendung physikalischer, chemischer und technischer Errungenschaften ebenso wie durch eine tiefgreifende theoretische Durchdringung gekennzeichnet ist.

Diese theoretische Durchdringung beschleunigt in hohem Maße den Erkenntniszuwachs. Die objektive Voraussetzung für die Formulierung von Gesetzmäßigkeiten ist das Vordringen zu den Elementarprozessen, die Auflösung komplexer Erscheinungen in Einzelschritte (Reaktionen, Strukturen), deren Aufeinanderfolge genau bestimmbar, im Experiment nachvollziehbar und veränderbar sind. Dadurch ist es möglich, eine echte Kausalbeziehung der Faktoren von der niedrigsten (einfachsten) bis zur höchsten (komplexen) Strukturebene herzustellen. Damit wandelt sich die Biologie immer mehr in eine „exakte“ Naturwissenschaft, in der die Qualitäten der Dinge quantifizierbar, die Beziehungen der Einzelelemente zueinander aus einer globalen Unbestimmtheit herausgerückt, meßbar und genau definierbar werden. Andererseits besteht die theoretische Durchdringung auch im starken Anwachsen unseres Verständnisses der integrativen Prozesse ins-

[1]) Vortrag auf der Festveranstaltung zum 150. Geburtstag von RUDOLF VIRCHOW am 14. Oktober 1971, Berlin

besondere des menschlichen Organismus und der Beziehungen des Menschen zu seiner natürlichen und gesellschaftlichen Umwelt.

Wir werden uns im folgenden vorwiegend dem ersten Aspekt zuwenden.

Der Gegenstand der Molekularbiologie kann eng oder weit gefaßt werden. Die enge Auffassung möchte, daß das Gebiet auf die Untersuchung der elementaren Grundlagen der Vererbungsvorgänge zu begrenzen sei. Die meisten Wissenschaftler jedoch verstehen es als die Gesamtheit der elementaren Grundlagen biologischer Vorgänge. Dabei finden vor allem biochemische und physikalische Methoden, wie auch genetische und ultrastrukturelle Verfahren Anwendung. Das enge Zusammenwirken dieser Methodiken und die Verschmelzung biochemischer, physikalischer und genetischer Konzeptionen zu einer gemeinsamen Denkweise ist kennzeichnend für die Revolution in der Biologie. Sie ist vergleichbar der Umwälzung in der Physik, die vor etwa 60 Jahren durch Quantenphysik und Relativitätstheorie hervorgebracht wurde. Zweifellos überschneidet sich die Molekularbiologie mit anderen Gebieten. Wir haben zur Selbstverständigung in vereinfachter Form eine Art Hierarchie (Tab. 1) der Forschungsebenen der Biologie zusammengestellt. Sie umfaßt den Bereich, der auch den Rahmen der Tätigkeit des Arztes darstellt und reicht von der unbelebten Welt der kleinen Moleküle bis zur Soziologie. Aus diesem Schema ist zu ersehen, daß insbesondere die Zelle und ihre strukturelle und funktionelle Organisation mit Organellen, Makromolekülen und Stoffwechselsystemen den Bereich der Molekularbiologie darstellen.

Tabelle 1: Hierarchie der Wissenschaftsgebiete

Biologische Strukturebene	Wissenschaftsgebiet	
Population	Soziologie (Population, Organismus)	
Organismus		
Organ	Physiologie (Organismus, Organ, Zelle)	
Zelle		Biochemie
Molekülkomplex	Molekularbiologie (Zelle, Molekülkomplex, Makromoleküle)	Biophysik
		Genetik
Makromoleküle		Ultrastruktur

Bevor die Molekularbiologie sich entwickeln konnte, bedurfte es gewaltiger Fortschritte auf einzelnen Gebieten. Uns erscheinen am wesentlichsten folgende Entwicklungslinien:

1. Die ungeheure Entwicklung der Analytik. Das betrifft den Bereich der chemischen Analytik im engeren Sinn, die in etwa 120 Jahren die Grenzen für eine quantitative Analyse um etwa 20 Größenordnungen nach unten verschob. Gleichzeitig mit der Fähigkeit, winzigste Mengen, ja sogar einzelne Moleküle zu messen, ist auch die Möglichkeit, verschiedenartige Stoffe zu erkennen, fast ins Grenzenlose gesteigert worden. Der Vorstoß in molekulare und elementare Dimensionen ist in erster Linie ein Verdienst der Entwicklung physikalischer Methoden. Mit Hilfe der Röntgenstrahlen gelingt es, die verborgenen Regelmäßigkeiten in der Anordnung der Atome in Makromolekülen aufzudecken und mit Hilfe des Elektronenmikroskops deren Formen sichtbar zu machen. Das vordem existierende Dunkel der submikroskopischen Dimensionen, das gewagte und kaum fundierte morphologische Spekulationen hervorbrachte, wich einer exakten Ana-

lyse. Die konkret-experimentelle Wissenschaft gelangte unmittelbar an die Knotenpunkte der Organisation der Materie, die die elementaren Grundlagen biologischer Vorgänge darstellen.

2. Mit Hilfe des Elektronenmikroskops, der drastischen Methoden der Zellzerstörung, einfacher und subtiler Methoden der Fraktionierung des Zellinhalts und der Kennzeichnung der Fraktionen mit elektronenoptischen und biochemischen Methoden wurde eine Umwälzung in unserer Kenntnis der strukturellen Organisation der Zelle herbeigeführt. Die Zelle erwies sich als ein Mikrokosmos mit einer Vielzahl von spezialisierten Bestandteilen, die in vieler Hinsicht begrenzte Selbständigkeit aufweisen, aber vor allem durch ihre kooperativen Beziehungen gekennzeichnet sind.

3. Früher nur geahnte Strukturprinzipien der Eiweiße und Nukleinsäuren wurden zu einem festen Fundament der Biologie. Zwar hatten schon Fischer und Hofmeister zu Anfang des Jahrhunderts die Hypothese aufgestellt, daß die Eiweiße nichts anderes als Peptidketten seien, in denen Hunderte von Aminosäuren in gleichartiger Weise aneinandergeknüpft sind. Zu ihrer Zeit war aber noch von keinem Eiweiß mehr als die Hälfte der Menge seiner Bestandteile bekannt, geschweige denn, daß Methoden existiert hätten, um ihre Anordnung festzustellen. Die komplette Bausteinanalyse eines Eiweißes ist gegenwärtig im günstigen Fall eine Angelegenheit von 2 Stunden. Die Sequenz von etwa 100 Eiweißen ist schon bekannt.

Eine analoge Entwicklung ist auf dem Gebiet der Nukleinsäuren eingetreten. In den letzten Jahren wurden die Sequenzen von mehr als 20 Transfer-Ribonukleinsäuren aufgeklärt. Die Sequenzaufklärung der 3 ribosomalen RNS-Spezies und von RNS-Viren steht vor dem Abschluß.

Eine neue Etappe hat eingesetzt, nämlich die der chemischen Synthese der entscheidenden Makromoleküle. Vor einem Jahrzehnt wurden erstmals Peptidhormone synthetisiert, 1964 das Insulin, 1968 das erste Enzym. Der Weg zur Synhese großer Eiweiße ist klar vorgezeichnet. Auf dem Gebiet der Nukleinsäuren, das besondere Schwierigkeiten bietet, hat 1960 mit den ersten Synthesen von Polynukleotiden eine entsprechende Entwicklung eingesetzt. Vor 3 Jahren wurde das erste DNS-Gen in vitro durch kombinierte chemische und biochemische Methoden synthetisiert.

4. Eine entscheidende Voraussetzung war die Erkenntnis der Dynamik lebender Systeme durch Aufklärung der Geheimnisse des Zellstoffwechsels. Die Erforschung der Stoffwechselwege ist in ein neues Stadium getreten. Jetzt geht es darum, nicht mehr allein die Einzelbestandteile zu erkennen und zu charakterisieren, sondern sie in ihrer Komplexität zu untersuchen und die Gesetzmäßigkeiten ihrer Steuerung und Regelung bis zu ihrer mathematischen Darstellung aufzudecken.

Die vier aufgezeigten Entwicklungslinien verbinden sich aufs engste miteinander. Der Fortschritt der Analyse ermöglichte die Erkenntnis der Zellstruktur und des Aufbaus der Eiweiße und Nukleinsäuren sowie die Aufklärung der Stoffwechselketten. Die Kenntnis des Stoffwechsels führte zu einem Verständnis ihres Zusammenhangs mit der Zellstruktur, während umgekehrt die Erforschung der Zellstrukturen zu der Erkenntnis führte, daß die Stoffwechselprozesse zum größten Teil strukturgebunden sind. Erst die Kenntnis der Eiweiße und Nukleinsäuren ermöglichte die Erkenntnis der Vererbungsprozesse und eine vertiefte Analyse der Regelung und Steuerung der Stoffwechselketten einschließlich der Eiweißsynthese.

Diese Forschungen führten zu großen gedanklichen Errungenschaften. Der früher oft postulierte Zusammenhang von Struktur und Funktion bekam einen neueren, tieferen Inhalt. Die ungeheure Vielfalt der Lebenserscheinungen ließ doch weitgehend das Allgemeine erkennen. Es wuchs die Kühnheit, Übertragungen von einem besonders einfachen, für die Beantwortung bestimmter Fragen besonders geeigneten lebenden System auf ein anderes durchzuführen.

Die Molekularbiologie begrenzt sich nicht auf die molekulare Ebene, sondern umfaßt auch Prozesse und Strukturen höherer Komplexität und übergreifende integrative Konzeptionen, die bis zu Problemen einer hochspezialisierten Diagnostik und der Epidemiologie reichen. So ergibt sich auch hier eine dialektische Beziehung des Besonderen und Allgemeinen: Die Molekularbiologie stellt gleichzeitig ein spezielles Querschnittsgebiet mit spezifischen Methoden dar und verkörpert als integrativer Bestandteil der Biologie in besonderem Maße ihre allgemeinen theoretischen Aspekte.

In analoger Weise wäre der Begriff einer „Molekularpathologie“ zu begreifen. Sie stellt eine organische Weiterentwicklung der Zellularpathologie dar, gleichzeitig ist sie von ihr durch die Erschließung tieferer Ebenen unterschieden. Unsere Kenntnisse der molekularbiologischen Gesetzmäßigkeiten der Steuerung und Regelung in der Weitergabe und Übertragung genetischer Informationen und deren Wechselwirkungen mit Umweltfaktoren erlauben uns schon heute eine vertiefte Analyse und teilweise Beherrschung von pathologischen Abweichungen, die bis vor kurzem und auch heute noch in Ausbildung und medizinischer Praxis nur phänomenologisch erfaßt werden. Die Molekularbiologie überwindet die Begrenztheit der Zellularpathologie auch dadurch, daß sie über die Zelle, ja über das Individuum hinaus zusätzliche Dimensionen, und zwar der Aszendenz und Deszendenz der menschlichen Population erschließt.

Durch die Molekularbiologie sind Grundprobleme der Normologie und Pathologie in neue Sicht gebracht worden. Ein solches Problem ist die dialektische Beziehung zwischen Individuum und Typus bzw. Gruppe. Die molekularbiologischen Erkenntnisse geben wesentliche Einsichten in das Zustandekommen der biologischen Individualität. Die biologische Individualität kommt durch qualitative und quantitative Unterschiede des individuellen Proteinmusters in Wechselwirkung mit den anderen Stoffen der Zelle zustande. In der Basensequenz der DNS als Vererbungssubstanz sind die Rezepte (Gene) für die Bildung aller Proteine, die ein Individuum im Laufe seiner Entwicklung und Existenz bilden kann, chemisch festgehalten (codiert).

Man unterscheidet zwei Gruppen, und zwar primäre und sekundäre Genprodukte (Abb. 1). Zur ersten Gruppe gehören die 3 RNS-Arten, die zusammen der Proteinsynthese dienen: 1. als Überbringer der genetischen Information (mRNS), 2. als Bestandteile der Ribosomen (rRNS) und 3. als Aminosäureüberträger (tRNS). Die zweite Gruppe sind die Proteine. Ihre potentiell mögliche Anzahl in einer Zelle entspricht der Zahl der Gene. Ihre Gesamtzahl ist beim Menschen zwar unbekannt, doch kann anhand des DNS-Gehalts einer Zelle und der durchschnittlichen Größe eines Proteins angenommen werden, daß es mehr als 100000 verschiedene Gene gibt. Ein großer Teil besitzt Bedeutung in der Regulation der Ablesung der DNS zur Erzeugung von primären und sekundären Genprodukten. Mehr als 50000 Gene dienen der Ausbildung des charakteristischen Proteinmusters der Zelle. Jedes dieser Gene kann mutieren, so daß in einer Bevölkerung mehrere verschiedene Ausfertigungen einer betrachteten Proteinart vorkommen können. Anhand von epidemiologischen Studien kann man eine erste Schätzung der Heterozygotie vornehmen [2]. Untersuchungen an 20 Enzymen zeigten eine große Unterschiedlichkeit der Heterozygotie von 2 bis 51%, im Durchschnitt 16% (Tab. 2). Unter

Tabelle 2: Durchschnittliche Heterozygotie für 20 Enzyme bei Europäern

Enzym+)	Heterozygotie %
saure Phosphatase	51
Phosphoglucomutase	
Locus PGM 1	35
Locus PGM 3	38
Adenylatkinase	9
Peptidase D	2
Adenosindesaminase	11
Durchschnitt	16,2

+) Genloci mit Heterozygotie > 1%

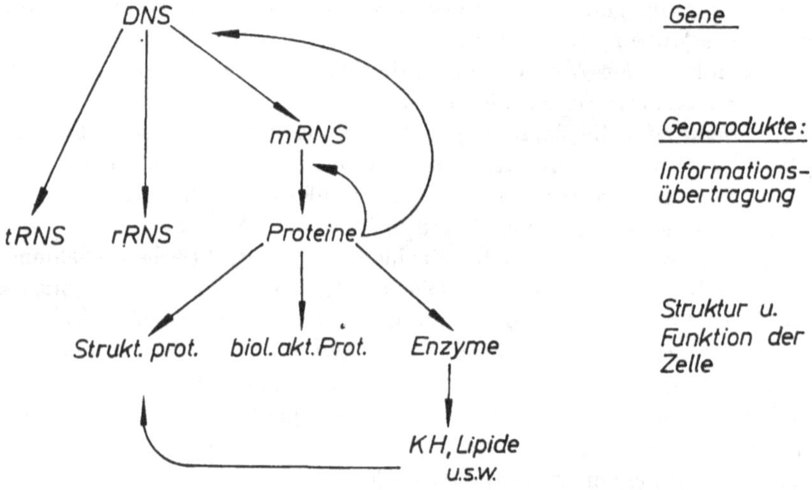

Abb. 1. Primäre und sekundäre Genprodukte

der Annahme, daß dies für sämtliche Proteine zutrifft, könnte ein Mensch demnach in jeweils 8000 Genloci 2 unterschiedliche Allele aufweisen, die jeweils die Synthese eines strukturell veränderten Proteins verursachen. Daraus resultiert ein fast astronomisch hohes Maß individueller Unterschiedlichkeit im Enzym- bzw. Proteinprofil der Individuen der menschlichen Population [3].

Die Vielfalt wird noch dadurch gesteigert, daß die meisten Proteine aus mehreren Untereinheiten bestehen, so z. B. die LDH aus 4 Polypeptidketten [4]. Die phänotypische Heterogenität von 5 LDH-Isoenzymen entsteht durch eine unterschiedliche molekulare Anordnung zweier verschiedener Polypeptidketten, deren quantitative Unterschiede ihre relative Organspezifität verursacht (Abb. 2).

Welchen Nutzen hat es, diese Vielfalt zu erfassen? Zuerst muß die Frage beantwortet werden, ob die Variabilität in Bezug auf einzelne Proteine oder Gewebe usw. begrenzt und abzählbar oder unbegrenzt, d. h. fließend ist. Gestützt auf die Erkenntnisse der Molekularbiologie kann eine klare Antwort gegeben werden. Die Variabilität einzelner molekularer Spezies selbst ist abzählbar. Diese Antwort ist auch von großer praktischer Bedeutung, weil sie einen prinzipiellen Weg zur Lösung noch offener Probleme weist.

Die Erkenntnisse auf dem Gebiet der Bluttransfusion sollen als Beispiel angeführt werden. Anfangs waren nur 4 Blutgruppen bekannt, die später durch den Rh-Faktor und andere Gruppen, von denen nicht alle für die Transfusion relevant, sondern mehr für die Identifizierung von Individuen von Bedeutung sind, ergänzt wurden. Durch die

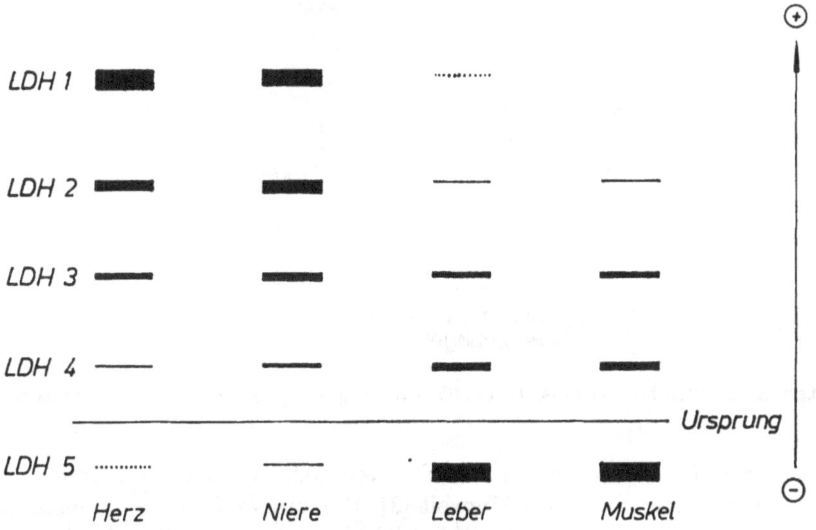

Abb. 2. Isoenzyme der Laktatdehydrogenase (LDH)

Transplantation von Organen zeigte sich, daß in bezug auf die Eigenschaften von Gewebszellen eine noch größere Vielfalt vorliegt, die aber im Prinzip beherrschbar sein müßte. Hieran wird die Richtung einer Vorlaufsforschung deutlich, die, verflochten mit der technischen Entwicklung, helfen wird, diese Problematik zu lösen, wenn die Vielfalt der immunologischen Gruppen auf Elementareinheiten rückführbar ist. Vielleicht wird es aber auch gelingen, den gordischen Knoten der immunologischen Vielfalt durch Immunsuppression zu durchschlagen.

Die Anwendungen der molekularbiologischen Forschung in der Medizin sind mit einem hohen apparativen Aufwand verbunden und stellen uns vor logische Probleme, die nur rechnergestützt zu bewältigen sind, da eine Vielzahl von Elementareigenschaften aus jedem Individuum zu extrahieren ist.

Die molekularbiologischen Erkenntnisse erschließen auch ein vertieftes Verständnis pathologischer Begriffe, wie den der Konstitution und Disposition. Die molekularbiologischen Grundlagen der Vererbungsprozesse gestatten, den Genotyp als Teil des Konstitutions- und Dispositionsbegriffs zu verstehen, der somit über den Phänotyp — das sind die Proteine — bis in die zukünftigen Generationen hinausreicht. Die molekularbiologischen Erkenntnisse tragen wesentlich zur Präzisierung der die Konstitution und Disposition bestimmenden endogenen und exogenen Faktoren und ihres Wechselwirkungsgefüges bei. Aus diesen Aspekten ergeben sich auch Einsichten hinsichtlich der Unterscheidung zwischen

— aktuellem und potentiellem Defekt,
— prämorbidem und morbidem Zustand,
— manifester und latenter Krankheit,
— bedingt normalem und begrenzt belastbarem Zustand u. a.

Wir möchten zum Wechselverhältnis endogener und exogener Faktoren einige Beispiele aus molekularbiologischer Sicht vorstellen.

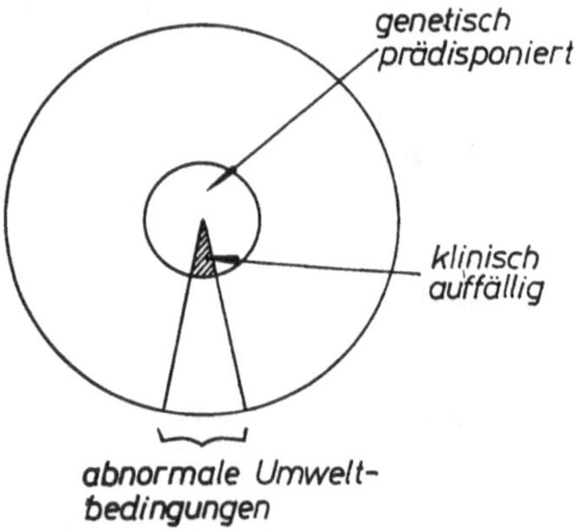

Abb. 3. Beziehung zwischen Umweltbedingungen und genetischer Prädisposition

Das Diagramm (Abb. 3) illustriert, stark vereinfacht, die Rolle der genetischen Prädisposition in ihrer Beziehung zur Umwelt [3]. Der innere Kreis umschließt eine Subpopulation, bei der durch veränderte Umweltbedingungen eine Krankheit zur Ausprägung kommen kann. Nur Individuen des schraffierten Teils des Segments werden klinisch auffällig, weil die Anpassungsbreite ihrer endogenen biologischen Faktoren eingeschränkt ist.

Aus der Vielzahl der Beispiele sei eines, das für die Praxis der Anästhesiologie von Bedeutung ist, vorgestellt. Die Cholinesterase des menschlichen Blutplasmas hydrolysiert eine Gruppe von Estern. Erst seit Gebrauch von Muskelrelaxantien wurde man auf genetische Varianten dieses Enzyms aufmerksam [5]. Normalerweise werden Muskelrelaxantien im Plasma schnell hydrolysiert und damit inaktiviert. Einer von 2000 Menschen ist ungewöhnlich empfindlich gegen das Relaxans, d. h. baut es nur langsam ab. Die Ursache hierfür ist eine wenig aktive Cholinesterasemutante, die durch Hemmstoffe, z. B. Dibucain schnell erkennbar ist. Auf dieser Grundlage wurde ein einfaches Testverfahren entwickelt. Die sogenannte Dibucain-Zahl (Abb. 4) zeigt eine klare trimodale Verteilung, d. h. eine Unterscheidung in homozygote, heterozygote und normale Merkmalsträger.

Das nächste Beispiel stammt aus unserem eigenen Forschungsgebiet. Abbildung 5 zeigt eine von uns entdeckte Teilstrecke der Glykolyse, die Bildung und Abbau des DPG[1]) betrifft, das in großer Menge in roten Blutzellen vorliegt [6]. Inzwischen wurde bekannt, daß DPG an das Hämoglobin gebunden wird und dieses dann den Sauerstoff leichter abgibt. Dadurch wird eine ausreichende Sauerstoffversorgung der Gewebe ge-

[1]) Diphosphoglycerat

währleistet. Das DPG-Hb-System ist ein hervorragendes Beispiel für eine in ihrem Mechanismus weitgehend aufgeklärte Anpassung des Zellstoffwechsels an die Umwelt. Bei Anämien und als Höhenanpassung häuft die rote Blutzelle DPG an. Dadurch wird die O_2-Dissoziation des Hämoglobins verändert und die verminderte Transportkapazität des Blutes für Sauerstoff durch eine verbesserte Abgabe kompensiert. Abbildung 6 zeigt das Verhalten von DPG und der O_2-Dissoziationskurve des Blutes bei verschiedenen Anämien.

Ähnliche Beispiele können für das anscheinend abgeschlossene Gebiet der Ernährungsforschung angeführt werden, in dem durch die genetisch bedingte Vitaminbedürftigkeit neue Aspekte entstanden sind [7].

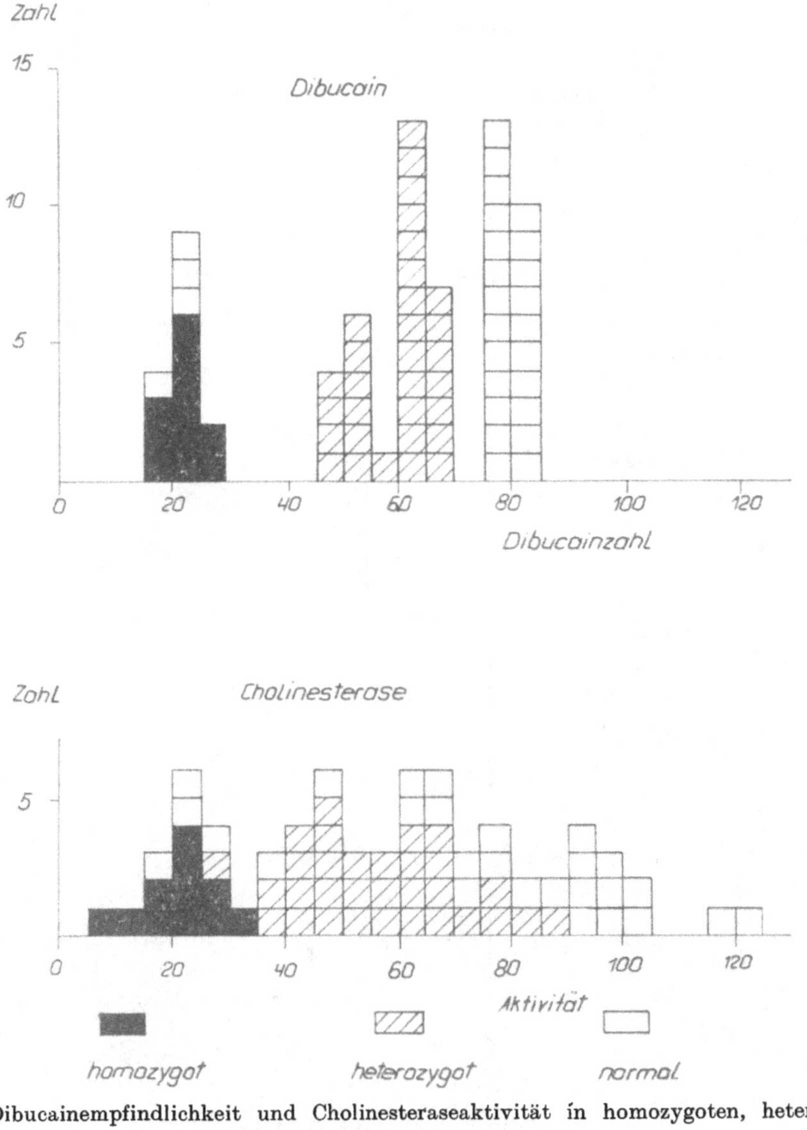

Abb. 4. Dibucainempfindlichkeit und Cholinesteraseaktivität in homozygoten, heterozygoten Merkmalsträgern und Normalpersonen

Es ist ein philosophischer Fehler anzunehmen, daß die elementaren Ebenen biologischer Systeme, z. B. die Atome, „Krankheiten" aufweisen. Auch für die molekulare Ebene allein betrachtet, trifft das zu. Pathologische Erscheinungen von Strukturen und Funktionen treten erst durch Wechselwirkungen komplexer Systeme mit subzellulären Organellen und molekularen Elementen auf. So kann ein Aminosäureaustausch in einer Globinkette des Hb eine schwerwiegende oder keine Wirkung auf ein komplexes System haben. Abbildung 7 zeigt, daß im Falle des Vorliegens von HbS (die 6. Position der β-Kette zeigt einen Aminosäureaustausch) bei erniedrigtem O_2-Partialdruck das Hb in den Blutzellen infolge verminderter Löslichkeit auskristallisiert. Dieser kleine Umstand der veränderten physikalisch-chemischen Eigenschaften des HbS führt zu den bekann-

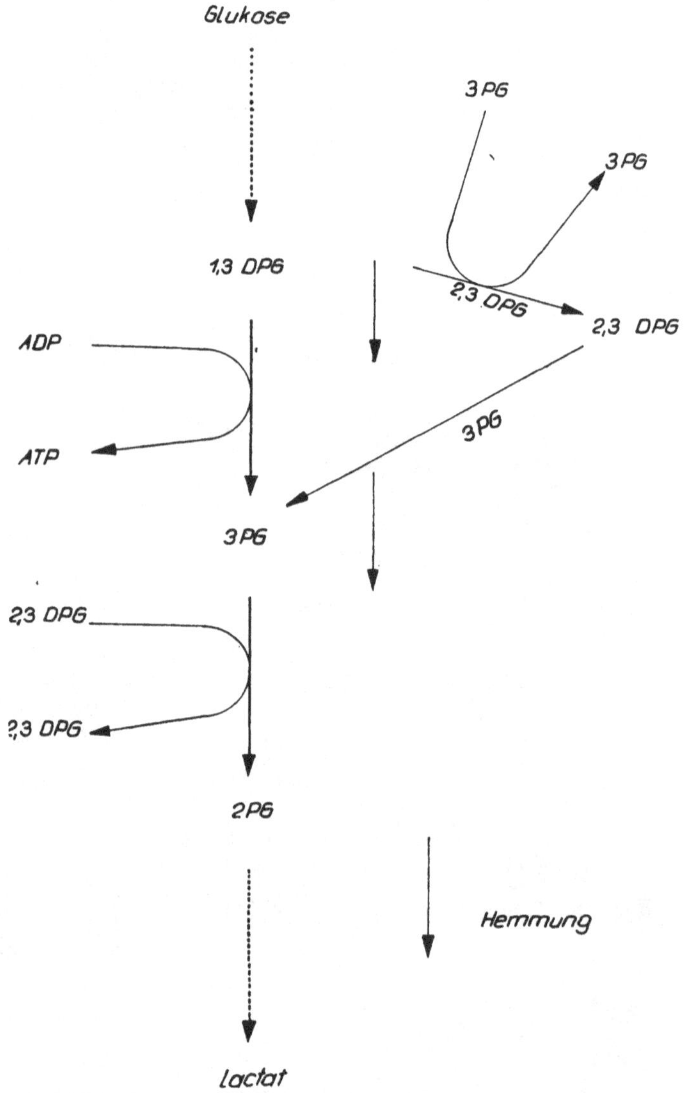

Abb. 5. Diphosphoglyceratzyklus

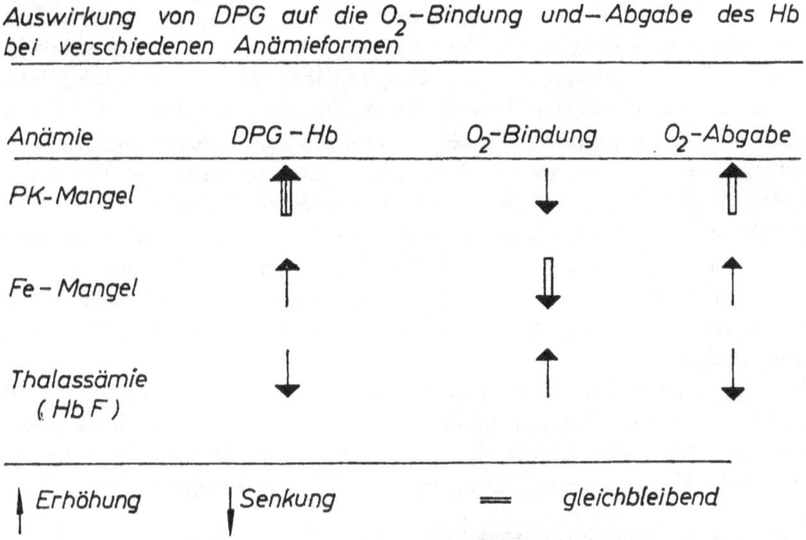

Abb. 6. Auswirkung von Diphosphoglycerat auf die O_2-Bindung und -Abgabe des Hb bei verschiedenen Anämieformen

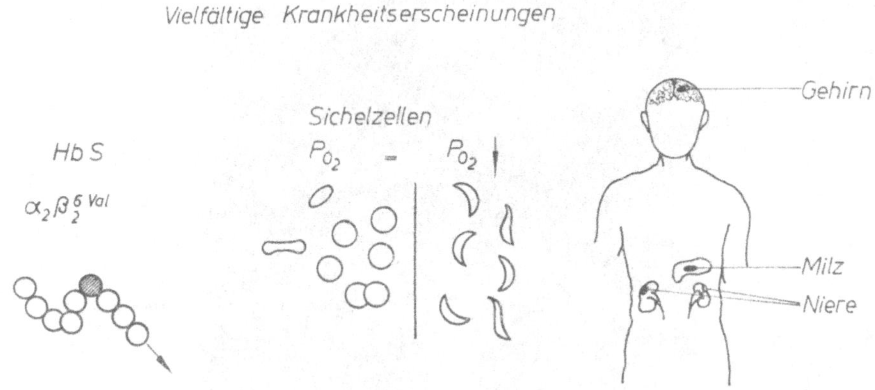

Abb. 7. Pathologische Auswirkungen eines Aminosäureaustausches im HbS

ten schwerwiegenden Folgen der Sichelzellanämie. Am anderen Extrem stehen Aminosäureaustausche, die ohne pathologische Konsequenzen bleiben und Teil des genetischen Polymorphismus der menschlichen Bevölkerung sind.

Ein weiteres Beispiel sind die Enzymvarianten der sauren Phosphatase der roten Blutzellen [8], die mit keinem Krankheitsbild in Verbindung gebracht werden können. Dieses Enzym zeigt einen ausgeprägten Polymorphismus. Man kennt 6 phänotypische Varianten, die in der Bevölkerung eine unterschiedlich prozentuale Häufigkeit aufweisen und durch 3 autosomale Allelpaare entstehen.

Gerade die Molekularbiologie hat eine früher unterschätzte Organisationsstufe zwischen Zelle und Organ, die Zellklone [9], würdigen gelehrt. Es handelt sich hierbei um eine Gruppe von Zellen, die frühzeitig durch im Zellverband produzierte Faktoren in der Differenzierung der befruchteten Eizelle geprägt werden. Als biologisches Modell der experimentellen Klonforschung dienten allophänische Mäuse. Das sind lebensfähige Mosaiktiere, die an Stelle von zwei Eltern vier haben. Nach enzymatischer Auflösung des Zellverbandes von 2 Blastomeren zweier genetisch verschiedener Linien werden diese reaggregiert und in den Uterus einer pseudoträchtigen Maus reimplantiert. Das so erzeugte Individuum hat in allen Geweben außer im Skelettmuskel 2 phänotypisch verschiedene Zellarten. Die verschiedenen Genotypen können z. B. an Hand von Enzymvarianten oder bei morphologisch auffälligen Eigenschaften auch mit unbewaffnetem Auge identifiziert werden. Auf diese Weise ist es möglich, Art und Zahl der Zellen, die einen Klon ausmachen, festzustellen und die Bedeutung des Klons für die embryonale Entwicklung zu analysieren.

Die Melanozyten des Haarkleides (Abb. 8) stammen von 34 primordalen Melanoblasten der Neuralleiste. Die transversen Bänder entstanden durch pigmentierte und nichtpigmentierte Zellen. Dies zeigt, daß in der Entwicklung eine Proliferation der Klone und eine mediolaterale Wanderung der Zellen erfolgte. Die Fotorezeptoren einer Retina stam-

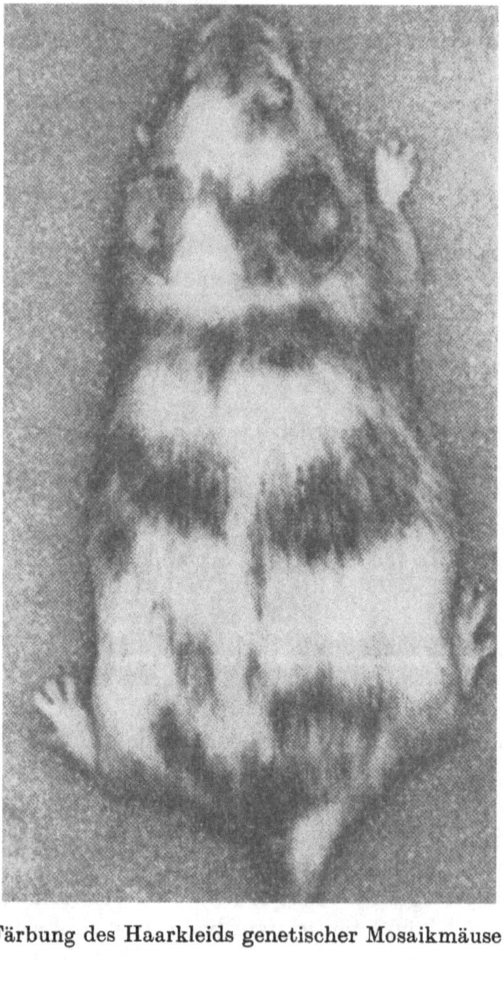

Abb. 8. Färbung des Haarkleids genetischer Mosaikmäuse (aus [9])

men aus 10 Klonen, die radiär aus 10 Initiatorzellen auswachsen (Abb. 9). Dieses Beispiel kann auch als ein Modell für eine klonal bedingte Mißbildung, die sich postnatal entwickelt, dienen. Die zugehörige Mosaikmaus entstand aus der Mischung eines Normalstammes mit einem anderen Stamm, der eine postnatale Degeneration der Fotorezeptoren aufweist.

Ein elementarer biologischer Prozeß bei der Klonbildung sind die Kontaktphänomene zwischen den Zellen. Störungen der Kontakthemmung auf zelluläer Ebene spielen möglicherweise in der Krebsentstehung eine wichtige Rolle.

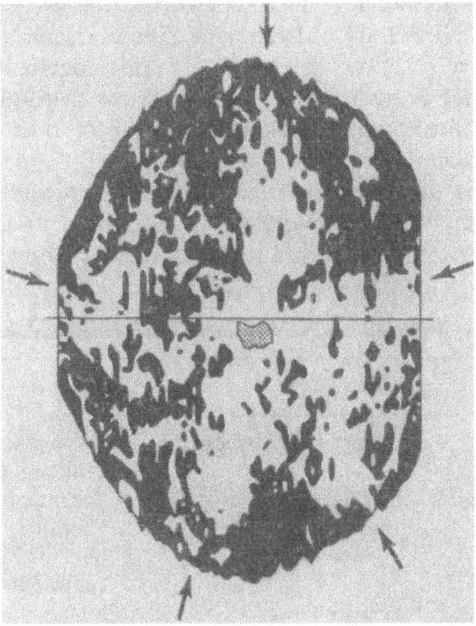

Abb. 9. Klonale Herkunft der Fotorezeptoren der Retina
Pfeile bezeichnen die 5 degenerierten Gruppen von Fotorezeptoren

Die hier vorgestellte biologische Methode verspricht, unsere Kenntnisse über das Wesen der Differenzierungs-, Alterns- und Immunprozesse stark zu erweitern. Sie ist aber sicher kein praktikabler Weg zur Reparatur genetischer Defekte beim Menschen.

Letztlich hat die Molekularbiologie uns wesentliche Beweise für die dialektische Einheit von Reversibilität und Irreversibilität geliefert. Hierfür können eine Reihe von Beispielen angeführt werden. Die Elementarprozesse, wie z. B. die Denaturierung eines Eiweißes, zeigen ein hohes Maß an Reversibilität. Heute erkennen wir die Reversibilität schon auf komplexen biologischen Ebenen. So ist die Kernpyknose reversibel zu gestalten. Kerne aus Vogelerythrozyten zeigen biochemisch keine Syntheseaktivität und sind klein, pyknotisch und ohne Nukleolus. Nach Transplantation in eine Gewebekulturzelle werden die Kerne innerhalb weniger Tage unter dem Einfluß des Cytoplasmas der Wirtszelle größer, lockern sich auf und gewinnen ihre synthetischen Leistungen zurück [10].

Ein weiteres Problem hat neuerdings große Bedeutung für die Krebsforschung erlangt. Bekanntlich beinhaltet das „Zentrale Dogma der Molekularbiologie“ die genetische

Determiniertheit der Proteinsynthese. Abbildung 1 des folgenden Beitrags (ROSENTHAL, RAPOPORT, ROSENTHAL und FUCHS-KITTOWSKI, S. 168) zeigt die schon klassisch zu bezeichnenden allgemeinen Gesetzmäßigkeiten in den Beziehungen zwischen DNS, RNS und Protein. Die Identifizierung und Aufklärung der regulatorischen Funktionen der an den verschiedenen Synthesestufen direkt und indirekt beteiligten Proteine steht gegenwärtig im Mittelpunkt der biochemischen Forschung. Abbildung 2 desselben Beitrags (S. 169) zeigt das Prinzip der „umgekehrten Transkription". Onkogene Viren besitzen einsträngige RNS. Nach Infektion der Zelle wird an dieser RNS durch ein virusspezifisches Enzym [11], das in normalen Zellen nicht vorhanden ist, eine DNS-Kopie synthetisiert, wodurch ein RNS-DNS-Hybrid entsteht. Diese Hybridstruktur wird in DNS-Doppelstrangkopien umgesetzt, die in das Zellgenom eingebaut werden. Das ist der wahrscheinlich entscheidende Schritt der Malignisierung tierischer Zellen durch RNS-Tumorviren. Die Verabsolutierung des „Zentralen Dogmas" führte zu einer Verzögerung der Erkenntnisse auf diesem Gebiet.

Gleichzeitig zeigen uns die Beispiele den Differenzierungspunkt, den "point of no return", den Punkt der Unwiederbringlichkeit, an dem die neue Qualität nicht oder nur begrenzt rückgängig zu machen ist. Das aufzuspüren, ist theoretisch und praktisch von großer Wichtigkeit.

Tabelle 3: Medizinische Aspekte der Molekularbiologie

Normologie	Pathologie	Prognose
Vererbung	genetische Defekte	Erkennung — Teilkompensation
Differenzierung	Differenzierungs-störungen	Erkennung — Therapie
Altern	Cancerogenese	Beherrschung von Teilprozessen
Stoffwechsel	Stoffwechsel-krankheiten	Beherrschung
Hormone Vitamine	Ernährungsschäden	Leistungssteigerung
Immunreaktionen	Allergien	Erkennung — Teilbeherrschung Impfstoffe Immunsuppressiva

In Tabelle 3 wird zum Abschluß eine Prognose gewagt. Die Molekularbiologie spielt eine führende Rolle im Erkennungsprozeß. In medizinischer Terminologie ausgedrückt können wir sagen, daß die Molekularbiologie unser Wissen um die Pathogenese vieler Krankheiten und krankhafter Störungen zunehmend befruchten wird. Zu den möglichen Auswirkungen molekularbiologischer Erkenntnisse auf die medizinische Praxis wird zweifellos gehören, daß sie das diagnostische Repertoire erweitern und vertiefen und uns neue Hilfsmittel in die Hand geben, einige Krankheiten zumindest teilweise zu beherrschen. Von Bedeutung sind hier vor allem virale Infektionen. Einige Krankheiten werden daher abnehmen, andere ihren Charakter ändern, weil ein Teil der Ursachen beherrscht wird, wieder andere werden sich möglicherweise verstärken. Die Molekularbiologie wird eine wesentliche Komponente der Grundlagen der Medizin der Zukunft darstellen.

Literatur

[1] ENGELS, F.: In: LUDWIG FEUERBACH und der Ausgang der klassischen deutschen Philosophie. Verlag J. H. W. Dietz Nachf. Berlin **1946**, S. 58.

[2] HARRIS, H., und R. C. LEWENTIN: Amer. J. Hum. Genet. **19** (1967), 681.

[3] HARRIS, H.: In: The principles of human biochemical genetics North-Holland Publishing Comp., Amsterdam—London 1947.

[4] MARKERT, C. L.: Science **140** (1963), 1329.

[5] HARRIS, H., M. WHITTAKER, H. LEHMANN und E. SILK: Acta Genet. Stat. Med. **10** (1960), 1.

[6] RAPOPORT, S.: Essays in Biochemistry **4** (1968), 69.

[7] MUDD, S. H.: Fed. Proc. **30** (1971), 970.

[8] SPENCER, N., D. A. HOPKINSON und H. HARRIS: Nature **201** (1964), 299.

[9] MINTZ, B.: Fed. Proc. **30** (1971), 935.

[10] HARRIS, H.: J. Cell. Science **2** (1967), 23.

[11] GOODMAN, N. C., and S. SPIEGELMAN: Proc. Nat. Acad. Sci. (USA) **68** (1971), 2203.

Zu einigen aus den Erkenntnissen der Molekularbiologie ableitbaren theoretischen Verallgemeinerungen[1])

S. ROSENTHAL, S. M. RAPOPORT, H. A. ROSENTHAL und K. FUCHS-KITTOWSKI

Die Fortschritte auf dem Gebiet der Biologie, die heute ständig Schlagzeilen machen, wurden in ihrer grundlegenden Bedeutung schon von ENGELS vor annähernd 100 Jahren vorausgesehen, als er die drei bedeutendsten Entdeckungen des 19. Jahrhunderts charakterisierte:

„Erstens die Entdeckung der Zelle als der Einheit, aus deren Vervielfältigung und Differenzierung der ganze pflanzliche und tierische Körper sich entwickelt, so daß nicht nur die Entwicklung und das Wachstum aller höheren Organismen als nach einem einzigen allgemeinen Gesetz vor sich gehend erkannt, sondern auch in der Veränderungsfähigkeit der Zelle der Weg gezeigt ist, auf dem Organismen ihre Art verändern und damit eine mehr als individuelle Entwicklung durchmachen können.

Zweitens die Verwandlung der Energie ... so, daß die ganze Bewegung der Natur sich auf diesen unaufhörlichen Prozeß der Verwandlung aus einer Form in die andere reduziert.

Endlich der zuerst von DARWIN im Zusammenhang entwickelte Nachweis, daß der heute uns umgebende Bestand organischer Naturprodukte, die Menschen eingeschlossen, das Erzeugnis eines langen Entwicklungsprozesses aus wenigen ursprünglich einzelligen Keimen ist und diese wieder aus auf chemischem Wege entstandenen Protoplasma oder Eiweiß hervorgegangen sind“ [1].

„Die biologischen Wissenschaften befinden sich heute in einer großen Umwälzung, die durch einen ungeheuren Fortschritt in methodischer Hinsicht, durch Anwendung physikalischer, chemischer und technischer Errungenschaften ebenso wie durch eine tiefgreifende theoretische Durchdringung gekennzeichnet ist. Diese theoretische Durchdringung beschleunigt in hohem Maße den Erkenntniszuwachs.

Die objektive Voraussetzung für die Formulierung von Gesetzmäßigkeiten ist das Vordringen zu den Elementarprozessen, die Auflösung komplexer Erscheinungen in Einzelschritte (Reaktionen, Strukturen), deren Aufeinanderfolge genau bestimmbar, im Experiment nachvollziehbar und veränderbar sind. Dadurch ist es möglich, eine echte Kausalbeziehung der Faktoren von der niedrigsten (einfachsten) bis zur höchsten (komplexen) Strukturebene herzustellen. Damit wandelt sich die Biologie immer mehr in eine „exakte“ Naturwissenschaft, in der die Qualitäten der Dinge quantifizierbar, die Beziehungen der Einzelelemente zueinander aus einer globalen Unbestimmtheit herausgerückt, meßbar und genau definierbar werden. Andererseits besteht die theo-

[1]) In: Philosophische und ethische Probleme der Molekularbiologie, III. Kühlungsborner Kolloquium, Oktober 1972. Akademie-Verlag, Berlin 1974, 19–39

retische Durchdringung auch im starken Anwachsen unseres Verständnisses der integrativen Prozesse, insbesondere des menschlichen Organismus und der Beziehungen des Menschen zu seiner natürlichen und gesellschaftlichen Umwelt.

Der Gegenstand der Molekularbiologie kann eng oder weit gefaßt werden. Die enge Auffassung möchte, daß das Gebiet auf die Untersuchung der elementaren Grundlagen der Vererbungsvorgäge zu begrenzen sei. Die meisten Wissenschaftler verstehen die Molekularbiologie als die Gesamtheit der elementaren Grundlagen biologischer Vorgänge. Dieser Auffassung möchten wir uns anschließen. Die Verschmelzung biochemischer, physikalischer und genetischer Konzeptionen zu einer gemeinsamen Denkweise ist kennzeichnend für die Revolution in der Biologie. Sie ist vergleichbar der Umwälzung in der Physik, die vor etwa 60 Jahren durch Quantenphysik und Relativitätstheorie hervorgebracht wurde.“ [2]

Für die Herausbildung der Molekularbiologie bedurfte es grundlegender Fortschritte vor allem methodischer Art. Sie betrafen

1. die chemische Analytik, die innerhalb von 120 Jahren die Grenzen im quantitativen Nachweis von Stoffen um ca. 20 Größenordnungen nach unten verschob;
2. die Elektronenmikroskopie, durch welche die Grenzen des Auflösungsvermögens des Lichtmikroskops um Größenordnungen in den elementaren Bereich hin verschoben wurden, wodurch Zellorganellen und Makromoleküle einer morphologischen Untersuchung zugänglich wurden;
3. Die Aufklärung der Strukturprinzipien von Eiweißen und Nukleinsäuren mit biochemischen und biophysikalischen Methoden (z. B. Röntgenstrahlen);
heute ist die chemische Synthese von Eiweißhormonen (Insulin) und kurzen Genen, aber auch größerer Genabschnitte mit mRNS als Matrize im Prinzip gelöst;
4. die Erkenntnis der Dynamik lebender Systeme durch die Aufklärung des Zellstoffwechsels und der Gesetzmäßigkeiten seiner Regulation.

These

„Die Molekularbiologie hat das Wesen der dialektischen Beziehungen zwischen Struktur und Funktion auf der molekularen, subzellulären und zellulären Ebene des Lebens aufgedeckt. Auf der molekularen Ebene manifestiert sich eine dialektische Beziehung zwischen Information und Funktion (DNS und Protein). Die Dialektik dieser Beziehung besteht darin, daß Funktion nur in der durch die Information organisierten Struktur möglich ist, Information aber nur über die realisierte Funktion ihre Bedeutung erhält.“

Daß materielle Prozesse und Strukturen durch materielle Information zustande kommen und von ihr abhängen, daß dabei die materielle Information von der materiellen Funktion (Prozeß, Struktur) räumlich und zeitlich getrennt ist, gleichzeitig aber selbst Struktur und Funktion (Nukleinsäuren) ist, wurde erst auf der biologischen Ebene der Entwicklung der Materie, also in hochkomplexen Systemen realisiert. Die Unwahrscheinlichkeit des Lebens, die früher den Physiker beunruhigte, hat damit ihre Erklärung gefunden. Die Entdeckung der genetischen Information in Gestalt der Nukleinsäuren, die Aufklärung ihrer Struktur und Funktion sind, sieht man von den Entwicklungen der Atomphysik einmal ab, die theoretisch und philosophisch bedeutungsvollsten Ergebnisse der Naturwissenschaften des 20. Jahrhunderts, jedenfalls soweit wir bis jetzt in ihm fortgeschritten sind.

Der Gegenstand der Molekularbiologie ist in der Hauptsache die Zelle und ihre strukturelle und funktionelle Organisation mit Organellen, Makromolekülen und Stoffwechselsystemen. Doch sie begrenzt sich nicht auf die molekulare Ebene, sondern umfaßt auch Prozesse und Strukturen höherer Komplexität und übergreifender integrativer Konzeption. Sie erschließt über die Zelle und das Individuum hinaus zusätzliche Dimensionen bis hin zur Aszendenz und Deszendenz der menschlichen Population. So ergibt sich auch hier eine dialektische Beziehung des Besonderen und Allgemeinen. Die Molekularbiologie stellt gleichzeitig ein spezielles Querschnittsgebiet mit spezifischen Methoden dar und verkörpert als integrativer Bestandteil der Biologie in besonderem Maße ihre allgemeinen theoretischen Aspekte. Sie macht damit eine theoretische Biologie erst möglich.

Nun zu einigen Erkenntnissen der Molekularbiologie über das Wesen biologischer Prozesse, für die schon mehr oder weniger gut verallgemeinernde Aussagen gelungen sind.

These

„Das zentrale Dogma der Molekularbiologie macht die allgemeine Aussage, daß jede Form des Lebens einen Regelkreis als Grundlage hat, bei dem Struktur- und Funktionsinformation für Eiweiß in den Nukleinsäuren enthalten sind und die Eiweiße ihrerseits die identische oder nahezu identische Reproduktion der Nukleinsäuren bewirken. Das ‚Dogma' liegt in der Aussage, daß der Informationsfluß nur in einer Richtung erfolgt. Ein umgekehrter Einfluß von Proteinen auf die Nukleinsäuren existiert, es handelt sich jedoch nicht um einen fortlaufenden Informationsfluß, sondern nur um eine mehr oder weniger gut funktionierende Replikation und variable Genexpression."

Abbildung 1 zeigt die allgemeinen Gesetzmäßigkeiten in den Beziehungen zwischen DNS, RNS und Protein. Es wird deutlich, daß das zentrale Dogma inzwischen insofern modifiziert werden mußte, als ein Informationsfluß von RNS auf DNS möglich ist und damit eine vektorielle, virusbedingte Informationszunahme erfolgen kann.

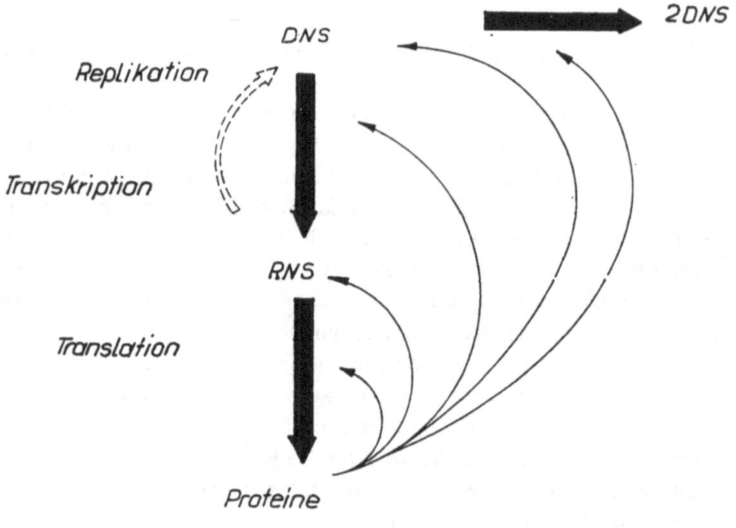

Abb. 1. Genetische Determinierung der Proteinsynthese

Abbildung 2 zeigt das Prinzip der „umgekehrten Transkription“ [14]. Onkogene Viren besitzen einsträngige RNS. Nach Infektion der tierischen Zelle wird an dieser Virus-RNS durch ein virus-spezifisches Enzym, das in normalen Zellen nicht nachweisbar ist, eine DNS-Kopie synthetisiert, wodurch ein RNS-DNS-Hybrid entsteht. Diese Hy-

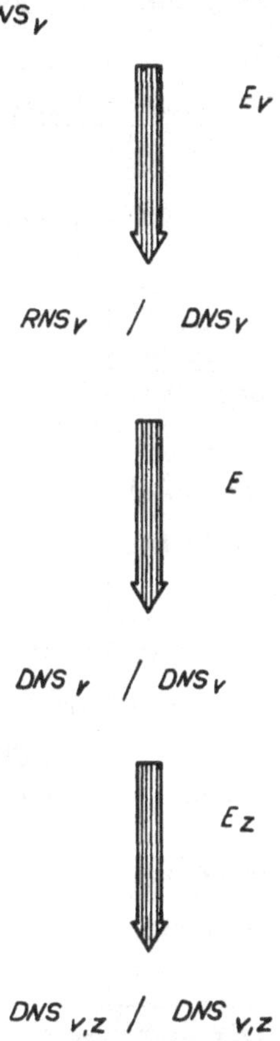

Abb. 2. Umgekehrte Transkription mit Virus-RNS als Matrize.
V = Virus; Z = Zelle
Die Herkunft des Enzyms, das den 2. Schritt katalysiert, ist noch nicht eindeutig geklärt

bridstruktur wird in DNS-Doppelstrang-Kopien umgesetzt, die in das Zellgenom eingebaut werden. Das ist der wahrscheinlich entscheidende Schritt der Malignisierung tierischer Zellen durch RNS-Tumorviren. Ob dieses Enzym vielleicht in vivo ein Prinzip zur Informationsübertragung von mRNS in DNS darstellt, evtl. also auch veränderte oder fehlerhafte mRNS ins Genom einschreiben kann, muß vorläufig dahingestellt bleiben.

In Abbildung 3 ist das Prinzip der Gensynthese mit mRNS als Matrize und mit Hilfe der „umgekehrten Transkriptase“ dargestellt [3]. Der Engpaß für dieses Syntheseprinzip ist die Bereitstellung von mRNS. Bei der chemischen Synthese des Gens nach Khorana [4] liegt das Problem in der Mehrdeutigkeit des Codes, da für die Festlegung der Basensequenz der DNS von der Sequenz der Aminosäuren im Eiweiß ausgegangen wird.

Die Eiweiße, die auf die Nukleinsäuren einen Einfluß ausüben, haben Enzymfunktionen und sind direkt oder indirekt an der Synthese der Biopolymere beteiligt. Andere Eiweiße, unsere Kenntnisse stehen hier erst am Anfang, haben vielfältige anderweitige Regulationsfunktionen. Eine dritte Gruppe von Proteinen bildet mit Nukleinsäuren elektronen- und lichtoptisch faßbare Strukturen. Die Funktion dieser Strukturen ist noch weitgehend unbekannt.

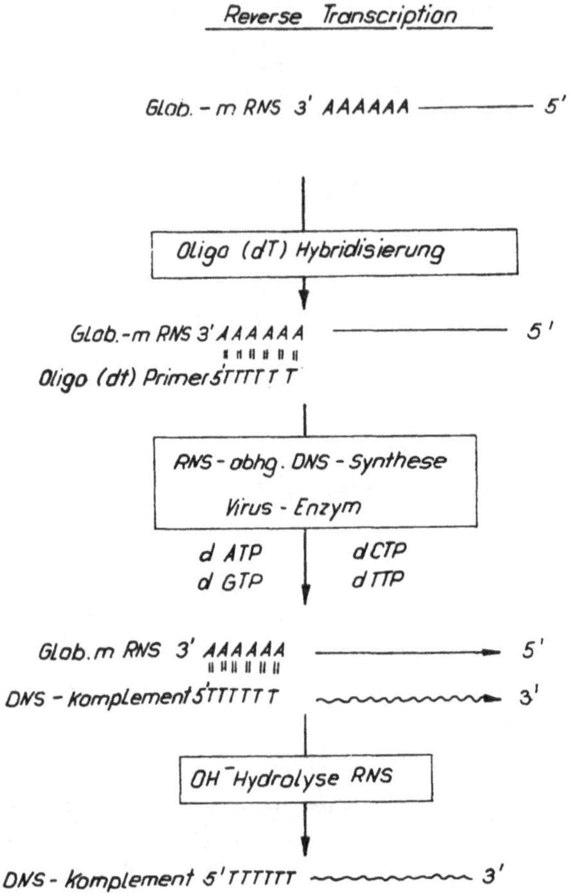

Abb. 3. Umgekehrte Transkription mit mRNS als Matrize. Schema nach [3]

Eine allen drei genannten Gruppen von Proteinen gemeinsame spezifische Funktion besteht in der Fähigkeit, mit Nukleinsäuren oder Abschnitten in Nukleinsäuren (DNS und RNS) zu reagieren, wodurch sich Nukleinsäure-Protein-Komplexe von geringerer und höherer Spezifität und unterschiedlicher Festigkeit bilden. Im Fall geringerer Spezifität kombiniert ein Protein mit vielen Nukleinsäure-Abschnitten unterschiedlicher Basensequenz, im Fall höherer Spezifität geht ein Proteinmolekül nur mit einem Nukleinsäure-Abschnitt ihm eigentümlicher Basensequenz einen Komplex ein. Eine solche Art von Proteinen kommt in einer Zelle jeweils nur in wenigen Ausfertigungen pro Eiweißspezies vor. Zu ihnen gehört z. B. der Repressor des Laktose-Operons von *E. coli*.

Die Polymerasen, Enzyme, die DNS- bzw. RNS-Bausteine zum jeweiligen Nukleinsäuretyp verknüpfen, gehören zur Gruppe von Eiweißen mit geringerer Spezifität.

Die genetische Information in der DNS ist in zwei Klassen organisiert, in Genen für die Bildung primärer[1]) und sekundärer[2]) Genprodukte, Struktur- oder informative Gene (hierzu gehören auch die sogenannten Regulatorgene, deren sekundäre Genprodukte Repressoren sind) und in Genomabschnitten für die spezifische Wechselwirkung mit Proteinen (Regulationsgene: Promotor, Operator).

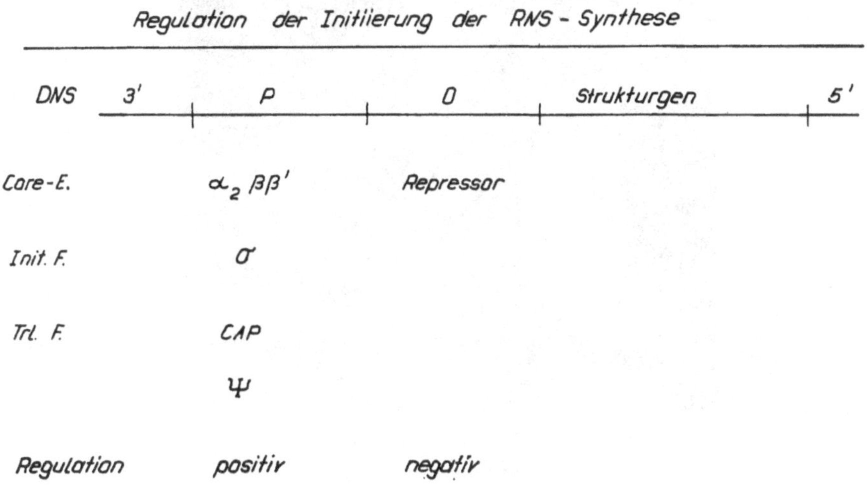

Abb. 4. Regulation der Initiierung der RNS-Synthese.
P = Promotor; O = Operator; α, β, bzw. β' = verschiedene Polypeptidketten des Enzyms; σ = spezifischer Proteinfaktor der Initiierung; ψ = Proteinfaktor zur Auswahl von Genabschnitten der rRNS; CAP = cyklisches Adenosinmonophosphat-Bindungs-Protein

Ein bedeutender Teil der DNS tierischer und pflanzlicher Zellen enthält Abschnitte mit sich wiederholenden (repititiven) Basensequenzen, deren Funktion noch unbekannt ist. Man rechnet sie dem nichtinformativen Teil der DNS zu. Die Selektivität des Prozesses, die Auswahl bestimmter Gene erfolgt durch Regulation der Initiierung (Abb. 4) (möglicherweise auch durch Beendigung) der RNS-Synthese. Hierbei wirken „spezifische“ und „unspezifische“ Eiweiße untereinander und mit bestimmten Basensequenzen der Nukleinsäuren komplex zusammen.

Diese Beziehungen sollen am Beispiel der Transkription (RNS-Synthese), einer Etappe der Genexpression, erläutert werden.

Abbildung 4 zeigt die Qualität der Regulation: die relativ unspezifische positive Regulation wirkt RNS-Synthese verstärkend. Die dazu gehörigen Genabschnitte sind der Promotor, an den sich die RNS-Polymerase, aus verschiedenen Proteinuntereinheiten $\alpha_2\beta\beta'$ bestehend, nur fest genug binden kann, wenn zusätzlich ein Initiatorfaktor σ vorhanden ist. Eine Diskriminierung bei der RNS-Synthese zwischen den beiden DNS-

[1]) Primäre Genprodukte sind die drei Typen von RNS-Molekülen (r-, t-, mRNS), die zur Proteinsynthese notwendig sind

[2]) Zu den sekundären Genprodukten gehören alle Proteine

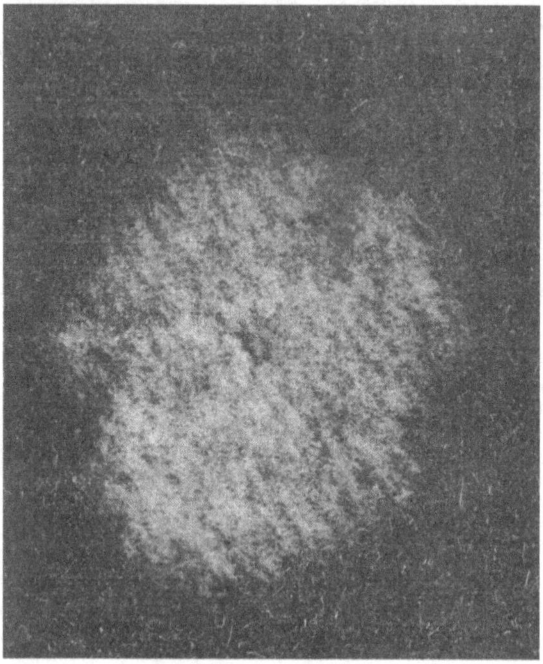

Abb. 5a. Retikulozyten-Ribosom [5].
Negativkontrastierung

Abb. 5b. Modell eines Retikulozyten-Ribosoms [6]
weiße Kugeln = ribosomale Eiweißmoleküle; schwarze Schlaufen doppel- und einsträngige ribosomale RNS

Strängen als auch zwischen den Genen für rRNS und mRNS erfolgt nur durch die Mitwirkung weiterer Eiweißfaktoren, CAP bzw. ψ. Spezifisch ist die negative Regulation durch Proteinrepressoren. Sie binden sich jeweils an bestimmte Operatorgenabschnitte, wodurch eine Unterdrückung der RNS-Synthese der abhängigen Strukturgene erfolgt. Bei positiver wie negativer Regulation wirken niedermolekulare Verbindungen (Substrate, Reaktionsprodukte, zyklisches AMP) als Effektoren.

Unsere Kenntnisse über den Mechanismus der Proteinsynthese und das Wesen ihrer Regulation zeigen, daß hier ähnliche Prinzipien wirksam sind: Eine Fülle von Proteinfaktoren und Enzymen, die hochkoordiniert mit Nukleinsäuren und niedermolekularen Verbindungen zusammenwirken, um die Information der Basensequenz der mRNS in die komplexere der Aminosäuresequenz der Eiweiße umzusetzen. Hierfür sind charakteristische zelluläre Strukturen oder Organellen (Ribosomen) unabdingbare Voraussetzungen. Nur sie ermöglichen durch räumliche Fixierung (Trägerbindung) der verschiedenen Reaktionspartner die Bildung der Polypeptidketten.

These

„Die Wechselwirkungen von Eiweißen mit Eiweißen, Nukleinsäuren, Lipidstoffen und Kohlehydraten sind die Grundlage zur Ausbildung von Strukturen (z. B. der verschiedenen zellulären Membrantypen, Ribosomen, Chromosomen und anderer), wodurch komplexe zelluläre Kompartmentierungs- und Reaktionssysteme mit spezifischen Leistungen entstehen.“

Wir möchten als Beispiel hier nur die Ribosomen nennen [5, 6]. Ribosomen sind ein aus drei verschiedenen rRNS- und etwa 70 verschiedenen Proteinmolekülen organisiertes hochkomplexes, relativ stabiles Reaktionssystem mit einer einheitlichen morphologischen Substruktur (Abb. 5a, 5b). Es existieren 2 verschieden große Untereinheiten,

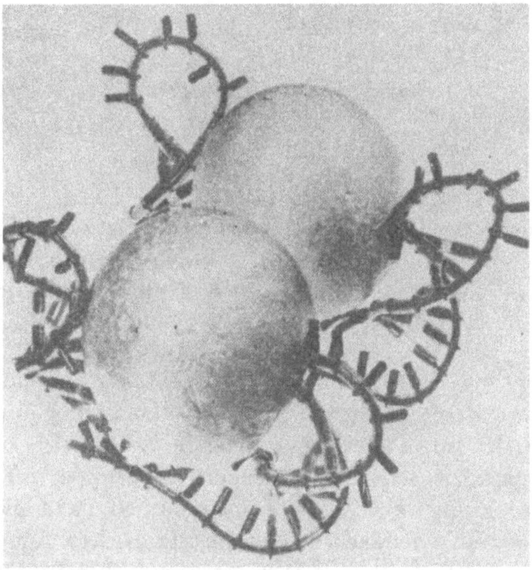

Abb. 6. Protein- und RNS-Wechselwirkungen. Ausschnitte aus Abb. 5b

die sich mit mRNS als Bote der genetischen Information zur aktiven Protein-synthetisierenden Einheit verbinden. Die Ribosomenstruktur bildet sich durch mindestens 3 Typen von Wechselwirkungen (Abb. 6): Zwischen Nukleinsäuren und Nukleinsäuren, Proteinen und Proteinen, Nukleinsäuren und Proteinen. Die in den Wechselwirkungen zum Ausdruck kommenden chemischen Bindungstypen sind nichtkovalenter Art. Die enzymatische, kovalente Verknüpfung von Aminosäuren zur linearen Peptidkette ist außerdem mit spezifischen molekularen und supramolekularen Bewegungen des gesamten Systems (Ribosom, mRNS, Aminosäure-tRNS und Polypeptidkette) verknüpft.

These

„Die Wechselwirkungen von Proteinen mit Nukleinsäuren regulieren Replikation, Transkription und Translation des genetischen Materials und sind Schlüsselprozesse für Vermehrung, Wachstum, Differenzierung und Alterung komplexer Systeme."

Einer der am besten untersuchten komplexen biologischen Prozesse ist die Entwicklung (Differenzierung und Reifung) der roten Blutzelle. Hier sind die zellulären Entwicklungsstadien morphologisch und z. T. auch biochemisch gut charakterisiert [7]. Wir kennen das Zeitmuster, die biologische Kinetik der makromolekularen Synthesen

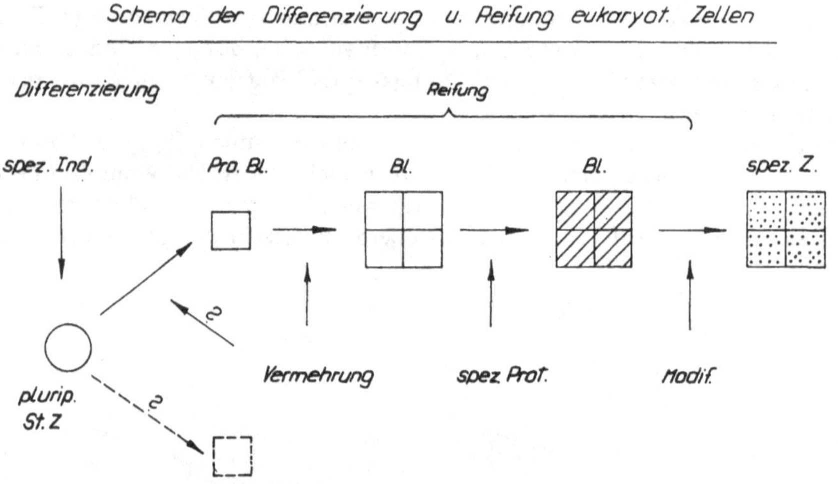

Abb. 7. Schema der Differenzierung und Reifung eukaryotischer Zellen.
plurip. St. Z. = pluripotente Stammzelle; ProBl. = Problast; Bl. = Blast; spez. Z. = differenzierte Zelle; spez. Ind. = spezifischer Induktor (z. B. Erythropoetin); spez. Prot. = spezifische Proteinsynthese; Modif. = Modifikation

und ihren hormonellen Auslösemechanismus. Wir können uns ein Bild über die Beziehungen von Wachstum, Zellvermehrung und Differenzierung einerseits und Differenzierung, Reifung und Alterung andererseits machen.

Der Differenzierungsprozeß einer spezifischen Zellgruppe auf jedem Stadium der ontogenetischen Entwicklung läuft sehr wahrscheinlich nach gleichen Prinzipien ab (Abb. 7). Ein Induktor, ein chemisches oder physikalisches Agens, wirkt direkt oder indirekt auf eine noch zur Teilung und Differenzierung befähigte Zelle und führt dort zur Auslösung der Synthese einer begrenzten Anzahl charakterisitischer Proteine und zur Unterdrückung der Synthese anderer. Hiermit ist eine begrenzte Vermehrung der Zellzahl verknüpft. Die neuen Zellen haben einerseits eine von anderen Zellen unterschiedenes Muster von Genprodukten und charakteristische Funktion. Jede Zelle, differenziert oder undifferenziert, besitzt aber andererseits eine Grundausstattung funktionell gleichartiger Eiweiße. Dies ist die Ursache dafür, daß alle Zellen in Struktur und Funktion einander ähnlich sind.

In der erythroiden Differenzierung wird eine primär multipotente Stammzelle des Knochenmarks, die sich in einem Erhaltungsprozeß mit niedriger Teilungsrate befindet, zu einer gegenüber einem hormonellen Induktor (Erythropoetin) kompetenten Stammzelle. Beide Stammzelltypen können bisher voneinander nur funktionell, nicht morphologisch unterschieden werden. Das Hormon Erythropoetin, eines der ältesten bekannten, dessen Chemie, komplizierter Bildungsweg und Wirkungsmechanismus erst gegenwärtig aufgeklärt werden, ruft in der kompetenten Stammzelle die Synthese einer Gruppe von mRNS-Arten für bestimmte Proteinsynthesen hervor. Damit wird die kompetente Stammzelle zur Mutterzelle der erythroiden Reihe, zum Proerythroblasten. Dieser Zelltyp ist nicht mehr in einen anderen umwandelbar. Er ist differenziert. Der Proerythroblast wird durch Teilungen begrenzt vermehrt, wobei die Zellen jeder Teilungsstufe unterscheidbare Reifungsveränderungen zeigen.

Für alle Differenzierungs- und Reifungsprozesse tierischer Zellen ist eine Dissoziation zwischen RNS-Synthese und Auftreten der für die jeweilige Zellgruppe typischen Proteine charakteristisch. Sie sind Ausdruck einer zusätzlichen, nach der RNS-Synthese eingreifenden Regulation.

Zeitlich über Stunden und Tage von der RNS-Synthese getrennt, beginnt in den erythroiden Zellen (poly- und orthochromatischen Erythroblasten) die Massensynthese einer Gruppe zelltypischer Proteine, in unserem Fall des Hämoglobins. Außer dem Globin erfolgt auch die Synthese der roten Farbstoffkomponente, wofür gleichfalls spezifische Enzyme notwendig sind. Wir haben es mit einer Kaskade von Protein- und Enzyminduktionen zu tun. Das Hämoglobin und die anderen mit der Hämoglobinsynthese verbundenen Proteine sind der Beitrag der roten Blutzelle zur Arbeitsteilung des multizellulären Organismus.

Charakteristisch für die Reifung dieses Zelltyps ist die schrittweise Abschaltung aller Makromolekülsynthesen: zuerst der RNS-, dann der DNS- und letztlich der Proteinsynthese. Die Abschaltung der Makromolekülsynthesen determiniert Altern und Tod der Zelle, typische biologische Kennzeichen differenzierter Zellen. Hieraus wird deutlich, daß für zelluläre Differenzierungs- und Reifungsprozesse sowohl die Regulation der Einschaltung als auch der Abschaltung von Synthesen einschließlich der Regulation der Abbauprozesse von großer Bedeutung sind [8].

These

„Molekulare Prozesse sind im Prinzip reversibel, komplexe, d. h. biologische Prozeßabläufe dagegen irreversibel. In komplexen Systemen existiert ein ‚point of no return‘, an dem die neue Qualität von Teilprozessen nicht oder nur begrenzt rückgängig zu machen ist. (Die Beziehungen zwischen Reversibilität und Irreversibilität in biologischen Prozeßabläufen unterschiedlicher Komplexität sind von großem theoretischen und praktischen Interesse.) Eine wesentliche Ursache der Irreversibilität liegt in der Nicht-Eindeutigkeit durch Momente der Zufälligkeit in den Einzelprozessen.“

Während die oben dargestellten komplexen biologischen Prozesse richtungsdeterminiert irreversibel verlaufen, sind Teilprozesse reversibel. Reaktionen auf molekularer Ebene wie die Denaturierung eines Eiweißes oder einer Nukleinsäure sind bekanntlich reversibel. Alle katalytischen Prozesse können unter Beachtung der thermodynamischen Bedingungen gleichfalls im Prinzip nach beiden Richtungen verlaufen. Unter biologi-

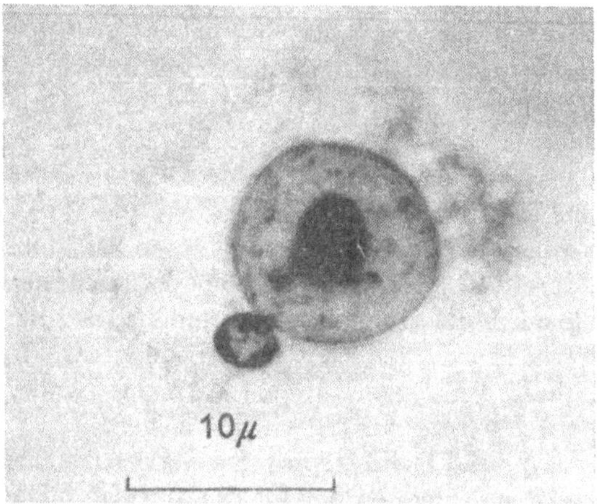

Abb. 8a. Pyknotischer Kern eines Vogelerythrozyten in einer HeLa-Zelle

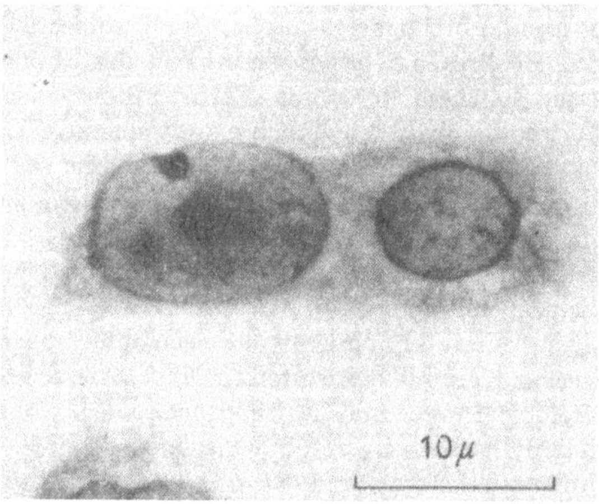

Abb. 8b. Reaktivierung eines pyknotischen Kerns

schen Bedingungen erfolgt eine Auswahl, eine Einschränkung der potentiellen Möglichkeiten und des Spielraumes, die Bevorzugung einer Richtung eines Reaktionstyps. Und doch können auch Teilabschnitte komplexer Prozeßabläufe, d. h. eine begrenzte Anzahl molekularer Ereignisse noch reversibel gestaltet werden, z. B. die Abschaltung aller Makromolekülsynthesen in einem Erythrozytenkern und die damit verbundene Kernpyknose. Abbildungen 8a, 8b zeigen das Schlüsselexperiment von HARRIS [9]. Isolierte kleine pyknotische, funktionell tote Kerne aus Vogelerythrozyten wurden unter

Mithilfe inaktivierter Viren in HeLa-Zellen transplantiert. Hier schwellen die Kerne, ihr Kernplasma lockert sich auf, und die Kerne werden funktionell voll aktiv. Wahrscheinlich fehlen dem Erythrozytenzytoplasma bestimmte Faktoren zur Aufrechterhaltung der funktionellen Kernstruktur. Hierbei handelt es sich möglicherweise um spezifische Eiweißfaktoren, wie die Untersuchung der Ursachen der Abschaltung der Proteinsynthese während der Retikulozytenreifung ergab. Nicht die Ribosomen und die mRNS sind der limitierende Faktor, sondern einer der Proteinfaktoren für die Initiierung der Proteinsynthese.

Die Erweiterung unserer Kenntnisse über die molekularen Teilschritte dieser komplexen Prozesse, welche Schritte unter bestimmten biologischen Aspekten begrenzend sind, wo der Umschlag der Reversibilität in die Irreversibilität erfolgt, ist für zukünftige Konzeptionen über die Beeinflußbarkeit von Teilprozessen, z. B. Teilschritten des Alterns von Zellorganellen und Zellen von außerordentlich großer Bedeutung.

These

„Die Universalität des genetischen Codes führt zu der Aussage, daß mit nur 64 Codewörtern als Bedeutung für 20 verschiedene Eiweißbausteine und für Regulationsprinzipien der Nukleinsäure- und Eiweißsynthese die Hervorbringung aller biologischen Makromoleküle, Organellen, Zellen, Organe und Organismen möglich ist. Die Kombination einer relativ geringen Anzahl von Elementen ist die Quelle einer unausschöpfbaren Lebensvielfalt und Mannigfaltigkeit. Dieses Prinzip wird auf verschiedenen Stufen der Hierarchie lebender Systeme realisiert und ist die Grundlage der biologischen Individualität bis hin zum Menschen. Beispiele sind: Nukleinsäure- und Eiweißbausteine, Austausch und Rekombination des genetischen Materials, Isoenzyme, mit dem möglichen Resultat eines fast astronomisch hohen Maßes individueller Unterschiedlichkeit im Enzym- und Proteinprofil. Bei Fehlen einer uniformierenden natürlichen Selektion wird weitestgehende Individualität erreicht (Mensch) und zur Grundlage neuer biologisch-sozialer Prinzipien der Evolution. Die Universalität des genetischen Codes weist auf die materielle Einheit der Welt und die Gesetzmäßigkeit in der Evolution. Auf allen Organisationsebenen der lebenden Materie entsteht eine Vielfalt von Strukturen und Funktionen durch Kombination einer begrenzten Anzahl von Bausteinen. In der Hierarchie der Strukturebenen nimmt die Vielfalt von der niederen zur höheren Ebene zu.“

Zum genetischen Code soll hier nur noch einmal betont werden, daß 4 Bausteine in Dreierkombinationen und linearer Anordnung einen ausreichenden Zeichenvorrat für alle genetischen Informationen liefern.

20 Aminosäuren in einer biologisch sinnvollen, genetisch determinierten linearen Anordnung von durchschnittlich 100 Aminosäuren (oder etwas mehr) reichen aus, die gesamte Vielfalt der Lebensfunktionen zu realisieren.

Der Aufbau der Polypeptidkette, die unterschiedlich reaktiven Gruppen der 20 Aminosäuren ermöglichen in der dreidimensionalen Anordnung einer räumlich gefalteten Polypeptidkette eine solche Vielfalt von Kontakt-, Bindungs-, Reaktionsstellen, daß damit ein wesentlicher Teil aller Grundvoraussetzungen der Struktur- und Funktionsvielfalt gegeben ist.

Obwohl wir die in Frage kommenden reaktiven Gruppen und ihre Bindungstypen kennen, können wir die entstehenden Raummuster bisher nur an wenigen Beispielen empirisch beschreiben.

Auf der Ebene der Eiweiße und Nukleinsäuren sehen wir, daß das Prinzip der Linearität bei der Verknüpfung von Bausteinen durch die diesen Makromolekülen innewohnenden dreidimensionalen Struktureigenschaften überlagert wird, wodurch eine neue Qualität entsteht.

Die molekularbiologischen Erkenntnisse geben wesentliche Einsichten in das Zustandekommen der biologischen Individualität. Die biologische Individualität entsteht durch qualitative und quantitative Unterschiede des individuellen Proteinmusters in Wechselwirkung mit den anderen Stoffen der Zelle.

In der Basensequenz der DNS als Vererbungssubstanz sind die Rezepte (Gene) für die Bildung aller Proteine, die ein Individuum im Laufe seiner Entwicklung und Existenz bilden kann, chemisch festgehalten (codiert). Die mögliche Anzahl verschiedener Pro-

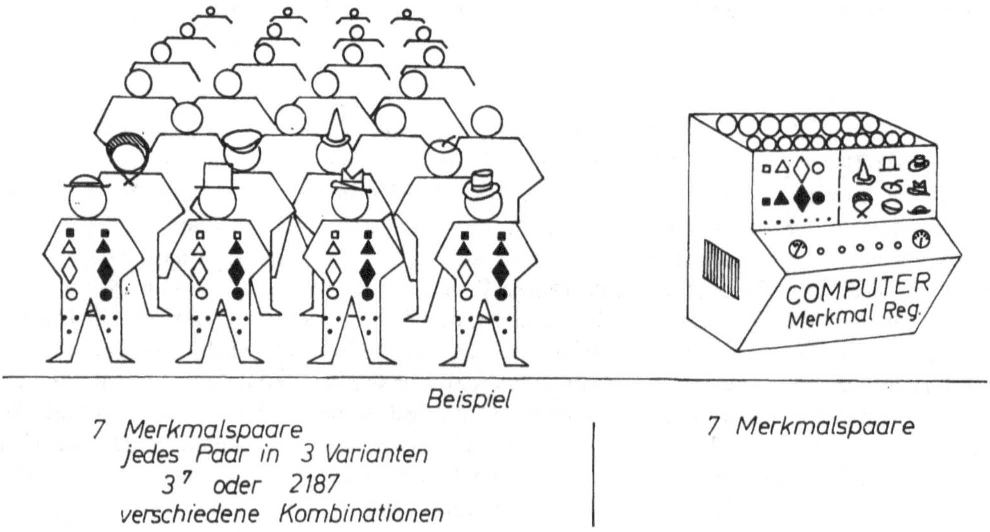

Abb. 9. Schema des genetischen Polymorphismus beim Menschen

teine in einer Zelle entspricht der Zahl der Gene. Ihre Gesamtzahl ist beim Menschen zwar unbekannt, doch kann an Hand des DNS-Gehalts einer Zelle und der durchschnittlichen Größe eines Proteins angenommen werden, daß es mehr als 100000 verschiedene Gene gibt [10]. Ein großer Teil besitzt Bedeutung in der Regulation der Ablesung der DNS zur Erzeugung von primären und sekundären Genprodukten. Mehr als 50000 Gene dienen beim Menschen der Ausbildung des charakteristischen Proteinmusters der Zelle. Jedes dieser Gene kann mutieren, so daß in einer Bevölkerung mehrere verschiedene Ausfertigungen einer betrachteten Proteinart vorkommen können.

An Hand von epidemiologischen Studien kann man eine erste Schätzung der Heterozygotie vornehmen [11]. Untersuchungen an 20 Enzymen zeigten eine große Unterschiedlichkeit der Heterozygotie von 2 bis 51%, im Durchschnitt 16%. Unter der Annahme, daß dies für sämtliche Proteine zutrifft, könnte ein Mensch demnach in jeweils 8000 Genloci 2 unterschiedliche Allele aufweisen, die jeweils die Synthese eines strukturell veränderten Proteins verursachen. Daraus resultiert ein fast astronomisch hohes Maß individueller Unterschiedlichkeit im Enzym- bzw. Proteinprofil der Individuen der menschlichen Population (Abb. 9).

Die Vielfalt wird noch dadurch gesteigert, daß die meisten Proteine aus mehreren Untereinheiten bestehen, so z. B. die LDH aus 4 Polypeptidketten [12]. Die phänotypische Heterogenität von 5 LDH-Isoenzymen entsteht durch eine unterschiedliche molekulare Anordnung zweier verschiedener Polypeptidketten, deren quantitative Unterschiede ihre relative Organspezifität verursacht (Abb. 2, S. 157). Obwohl alle Isoenzyme genau die gleiche Reaktion mit genau dem gleichen Substrat katalysieren, besitzen sie etwas unterschiedliche Strukturen, auf Grund deren sie bei den organspezifisch unterschiedlichen Sauerstoff-Partialdrücken optimal funktionieren, sie sind also an ihre Umgebung angepaßt. Weitere Beispiele für die Entstehung von Vielfalt und Individualität durch Kombination von Bausteinen ließen sich aus der Immunologie ableiten.

These

„Genetische Konstanz und Variabilität sind eine Grundlage der Existenz und Evolution lebender Systeme. Mutationen gehören zum Wesen des Lebensprozesses und sind nicht ausschließlich Konsequenz äußerer Faktoren. Die Strukturen der DNS-Polymerasen regulieren den Grad der Genauigkeit der Replikation und damit die Häufigkeit des Auftretens spontaner Mutationen. Spezifische Reparatursysteme können Schädigungen am genetischen Material in einem hohen Ausmaß beheben. Auf diese Weise erreichen die Organismen ein Optimum zwischen Konstanz und Variabilität als günstigste Voraussetzung für die Evolution."

Offenbar führt die absolute Genauigkeit oder Fehlerlosigkeit der Replikation in eine biologische Sackgasse. Für Leben und Überleben in der Evolution sind gewisse Fehlerraten und daher zufällige Veränderungen Voraussetzung. Anders ist es nicht zu verstehen, daß es gelingt, auf dem Wege von Mutationen im Strukturgen der DNS-Polymerase Varianten dieses Enzyms zu erhalten, die die DNS-Synthese wesentlich fehlerfreier durchführen als der Wildtyp. Mutanten mit genauerer Replikation sind im natürlichen Selektionsprozeß benachteiligt.

Wir konnten jetzt zeigen, daß auch die Wirkung von Antibiotika und Antimetaboliten der DNS-Synthese von der mutationsbedingten Struktur der DNS-Polymerase abhängt. Das Enzym verestert die Nukleotide nicht blind nur entsprechend der vorausgegangenen Basenpaarung miteinander, sondern vermag auch aktiv bei der Auswahl der Nukleotide mitzuwirken [13].

Die experimentellen Daten zwingen zu dem Schluß, daß der Zufall für die Existenz und Entwicklung des Lebens notwendig ist. Er tritt nicht nur als störendes, sondern auch als konstruktives Element auf, er ist gewissermaßen (in den genannten Strukturen) berücksichtigt in dem Sinne, daß er eine Basis für die Entstehung vielfältiger Möglichkeiten der Entwicklung liefert. In der Selektion wird das Ergebnis der zufälligen Veränderungen bewertet, für gut befunden oder für schlecht, oder es ist für das System zunächst anscheinend ohne besondere Bedeutung. Diese kann aber auch noch später im Organismus oder in späteren Generationen nachträglich auftreten.

Wir glauben, daß es ein besonderes Verdienst der Molekularbiologie ist, die engen dialektischen Beziehungen zwischen Notwendigkeit und Zufall deutlich gemacht zu haben.

In der folgenden These machen wir einige Aussagen darüber, was Proteine „können".

Diese Seite der Molekularbiologie wird gelegentlich etwas vernachlässigt, wenn Probleme der Genetik behandelt werden oder im Vordergrund stehen. Da die eigentlichen Lebensprozesse aber von den Proteinen vollzogen werden, erscheint es unbedingt gerechtfertigt, hier darauf einzugehen.

These

„Die Ergebnisse der Biochemie gestatten die Aussage, daß Leben an die universelle Fähigkeit der Eiweiße zur Wechselwirkung mit nieder- und hochmolekularen Verbindungen geknüpft ist. Dabei werden besondere Raummuster nichtkovalenter Bindungen hoher Spezifität und z. T. ausgeprägter Festigkeit gebildet. Die Wechselwirkungen führen zur Stoffwandlung, Strukturbildung und in letzter Konsequenz zur Reproduktion der lebenden Materie, und sie sind die Grundlage aller biologischen Funktionen der Eiweiße: Katalyse, Auswahl von Reaktionspartnern, Transport, Komplexbildung, Immunabwehr, Regulation als Aktivatoren und Hemmstoffe im Stoffwechsel und bei der Biopolymersynthese. Wechselwirkungen von biologischen Makromolekülen mit nieder- und hochmolekularen Verbindungen sind ein Ausdruck und ein Entwicklungsschritt in der Fähigkeit der Materie zur Widerspiegelung der objektiven Realität."

Die Ausbildung von räumlichen Strukturen, die sich den linearen überordnen, stellt für die Nukleinsäuren die Voraussetzung für Stabilität, Wechselwirkung mit Proteinen und intrazelluläre Verteilung dar. Bei den Proteinen führen räumliche Strukturen zu aktiven Zentren des Makromoleküls und damit zur Eigenschaft der enzymatischen Katalyse oder anderer hochspezifischer Funktionen. Die Besonderheiten der Eiweißkatalyse bestehen in

- der selektiven Auswahl der umzusetzenden Stoffe (Substratspezifität)
- der Stoffwandlung bei relativ niedrigen Temperaturen (kalte Chemie)
- der Umsetzung (Synthese und Abbau) hochpolymerer Verbindungen
- der Fähigkeit zur komplexen Regulation
- der Bildung großer strukturierter Reaktionssysteme.

Vor allem eine Seite der Proteinforschung ist jetzt volkswirtschaftlich wichtig geworden, nämlich die industrielle Nutzung der Proteine als natürliche oder (später) künstliche Katalysatoren, die in einer kalten (billigen) Chemie Verwendung finden können. Weitere Aspekte der Nutzung liegen auf medizinischem und landwirtschaftlichem Gebiet, denn infolge der hohen Spezifität der Proteine wird es möglich werden, biologisch aktive Verbindungen zu erhalten, die eine ausgewählte biochemische Reaktion in einem gewünschten Sinne beeinflussen. Damit wäre eine neue Klasse selektiver Medikamente usw. geschaffen. Wir möchten auch darauf hinweisen, daß es mit genetischen Methoden z. B. bei Mikroorganismen gelingt, Eigenschaften von Proteinen zu verändern, z. B. so, daß sie andere Temperatur- oder pH-Charakteristika oder quantitativ und qualitativ veränderte Reaktionen zeigen.

Uns scheint, daß gerade der Aspekt der ungeheuren Reaktionsvielfalt eines Eiweißmoleküls theoretisch und philosophisch noch nicht voll ausgeschöpft worden ist. Auf der einen Seite völlige Determiniertheit der Primärsequenz der Bausteine, also der Primärstruktur, auf der anderen Seite eine gewisse Unbestimmtheit. Sie äußert sich in der Austauschbarkeit vieler Bausteine bei Erhaltung der Grundfunktion, aber auch in der Variabilität der Funktionen in Abhängigkeit vom Milieu.

These

„Die Prozesse der objektiven Realität und ihre Strukturen gehorchen bestimmten Gesetzen. Sie sind notwendige oder allgemeinnotwendige (Notwendigkeit, aber auch den Zufall als wesentlich einschließende), charakteristische, wesentliche Zusammenhänge, durch die Ereignisse und/oder Dinge miteinander verknüpft sind. Die Gesetze stellen das Bleibende, Beständige, das Invariante im Wandel der Erscheinungen dar.

Wissenschaftliche Tätigkeit ist auf Gesetzeserkenntnis und -nutzung gerichtet. Besonders im Experiment gelingt es dem Menschen, die wesentlichen, oft verborgenen Zusammenhänge in den Prozessen aufzuspüren. Die Gesetzeserkenntnis hat die Wiederkehr, die Reproduzierbarkeit feststellbarer oder meßbarer Ereignisse und die Fähigkeit des Menschen zur theoretischen Verallgemeinerung der Beobachtungen und Annahmen zur Grundlage. Das entwicklungsbedingte Auftreten neuer Prozesse und Strukturen, z. B. in der Entstehung des Lebens, ist unmittelbar mit neuen Gesetzen verbunden. Auch auf den verschiedenen Stufen der biologischen Organisation wirken unterschiedliche Gesetze, deren allgemeinste auf der molekularen Ebene des Lebens existieren. Die Erkenntnisse der Molekularbiologie sind daher eine wesentliche Grundlage einer allgemeinen Theorie des Lebens.“

Literatur

[1] Engels, F.: In Ludwig Feuerbach und der Ausgang der klassischen deutschen Philosophie, Marx-Engels-Werke Bd. **21**, S. 294–295, Dietz Verlag Berlin 1962.

[2] Rapoport, S., und S. Rosenthal: Ergebnisse d. exp. Medizin, **13** (1973), 81.

[3] Ross, J., H. Avio, E. Scolnick and P. Leder: Proc. Nat. Acad. Sci. (USA) **69** (1972), 264.

[4] Khorana, H. G.: Biochem. J. **109** (1968), 709.

[5] Rosenthal, S., I. Uerlings, H. David, und S. Prehn: Acta biol. med. germ. **23** (1969), 723

[6] Cox, R. A.: Biochem. J. **114** (1969), 753.

[7] Rapoport, S.: Fol. Haem. **89**, 2 (1968), 105.

[8] Rapoport, S., S. Rosenthal, T. Schewe und M. Schulze: In Yoshikawa and Rapoport: Cellular and Molecular Biology of Erythrocytes; The Metabolism of the Reticulocyte, University of Tokyo Press, 1974

[9] Harris, H.: J. Cell. Sci. **2** (1967), 23.

[10] Harris, H.: The Principles of Human Biochemical Genetics. North-Holland Publishing Comp., Amsterdam—London 1970, p. 225.

[11] Harris, H., und R. C. Lewontin: Amer. J. Hum. Genet. **19** (1967), 681.

[12] Markert, C. L.: Science **140** (1963), 1329.

[13] Presber, W., C. Schroeder und H. A. Rosenthal: studia biophysica **31/32** (1972), 481.

[14] Goodman, N. C., and S. Spiegelman: Proc. Nat. Acad. Sci. (USA) **68** (1971), 2203.

Zur Dialektik von Notwendigkeit und Zufall in der Molekularbiologie[1])

K. Fuchs-Kittowski, S. M. Rapoport, H. A. Rosenthal und G. Wintgen

1. Dialektik und moderne Naturwissenschaften

Unser wissenschaftlich begründetes dialektisch-materialistisches Weltbild wird wesentlich mitbestimmt durch die Erkenntnisse der modernen Naturwissenschaften. Sie bestätigen und bereichern es, und die These von Marx und Engels über die prinzipielle Einheit von Natur- und Gesellschaftswissenschaften wird immer mehr zu einer für die gesellschaftliche Praxis und die wissenschaftliche Forschung bedeutsamen Tatsache. Unter den modernen Naturwissenschaften nimmt die Molekularbiologie[2]) einen wichtigen Platz ein, versucht sie doch, auf die Fragen nach dem Wesen und auch nach der Entstehung und Entwicklung des Lebens neue, weiterführende und grundlegende Antworten zu geben. Ihre Ergebnisse führen in zunehmendem Maße zur technologischen Beherrschung biologischer Systeme und haben weitgehende Auswirkungen in der Medizin, in bestimmten Zweigen der chemischen Industrie, in der Landwirtschaft u. ä. Dadurch wird eine Vielzahl erkenntnistheoretischer Probleme aufgeworfen, und alte philosophische Fragen werden in neuer Form gestellt. Dies hat in den sozialistischen Ländern, wie es sich u. a. auf wissenschaftlichen Tagungen der Akademien und auf Kongressen[3]) gezeigt hat, zu einer fruchtbaren Zusammenarbeit von Naturwissenschaftlern und Philosophen geführt.

Besonders aktuell für das Verständnis des Lebens ist die Frage nach der Determiniertheit, nach der Dialektik von Notwendigkeit und Zufall, Struktur und Funktion, Konstanz und Variabilität, Teil und Ganzem u. a. in molekularbiologischen Prozessen. Weiterhin treten Fragen nach der speziellen Qualität des Lebens, dem Prozeß der Entstehung von Neuem und den Gesetzen der Evolution auf. Zur Erfassung solcher Probleme der modernen Naturwissenschaft wird die des Mystizismus entkleidete Dialektik, wie F. Engels voraussah, „... die einzige ihr in höchster Instanz angemeßne Denkmethode“[4]). Der Gebrauch fester Kategorien reicht nicht mehr aus[5]), weil die moderne

[1]) Deutsche Zeitschrift für Philosophie **20**, 418—443, 1972 (gekürzt veröffentlicht auch in: Einheit **27**, 350—359, 1972 unter dem Titel: „Molekularbiologie, Dialektik und Weltanschauung“)

[2]) L. Läsker, H. A. Rosenthal: Molekularbiologie — ihre Errungenschaften und Perspektiven. In: Einheit, **21**, Heft 1 und 2, 1966

[3]) Vgl.: Diskussion über philosophische, soziale und ethische Probleme der Humangenetik, veranstaltet von der Redaktion der Zeitschrift „Woprossy filossofii“ und vom Institut für Medizinische Genetik der Akademie der Medizinischen Wissenschaften der UdSSR. Bericht in: Sowjetwissenschaft, Gesellschaftswissenschaftliche Beiträge, Heft 1 und 2, 1971; Philosophische und ethische Probleme der modernen Genetik. Hrsg. von E. Geissler, H. Ley. Berlin 1972

[4]) F. Engels: Dialektik der Natur. In: K. Marx, F. Engels: Werke, **20**, Berlin 1962, 482

[5]) Ebenda: 476

Naturwissenschaft immer tiefer in das Wesen der Materie eindringt und damit ihre innere Widersprüchlichkeit, die sie zur Selbstbewegung und Entwicklung befähigt, also ihre objektive Dialektik, immer deutlicher hervortreten läßt. So hob auch schon W. I. LENIN in bezug auf die Physik hervor, daß sie im Begriff sei, „... den dialektischen Materialismus zu gebären"[1]).

Die materialistische Dialektik wird notwendig für die Wissenschaft, weil sie in wachsendem Maße vor der Aufgabe steht, nicht nur Fakten anzuhäufen, sondern Gesetzmäßigkeiten aufzudecken, auf deren Grundlage Voraussagen möglich sind und die Forderungen der gesellschaftlichen Praxis erfüllt werden können. Der Naturwissenschaftler bedarf hier der Dialektik als systematisierendes und ordnendes Prinzip, als Theorie und Methode, um den theoretischen Gesamtzusammenhang herzustellen. Das starre metaphysische Entweder-Oder verhindert die adäquate Deutung der experimentellen Ergebnisse. Während die Metaphysik nur These oder Antithese gelten lassen will und der Relativismus durch sein Sowohl-Als-Auch, indem er beides gelten läßt, ebenfalls zu keiner echten Lösung gelangt, gestattet die Dialektik als philosophische Methode der wissenschaftlichen Erkenntnis[2]), die verschiedenen, sich widersprechenden Seiten eines Prozesses in ihrer Einheit, in ihrer gegenseitigen Durchdringung zu sehen.

Die materialistische Dialektik ist Ergebnis der Verallgemeinerung der Erkenntnisse der Wissenschaft, die besagen, daß die Materie sich in ständiger Veränderung und Entwicklung befindet. Sie ist die Wissenschaft von den allgemeinsten Beziehungen und den Gesetzen der Entwicklung in Natur, in der Gesellschaft und im individuellen und gesellschaftlichen Erkenntnisprozeß. In allen drei Bereichen gibt es dialektische Beziehungen, die in ihren konkreten Erscheinungsformen verschieden sein können, ihrem Wesen nach jedoch insofern gleich sind, als es sich stets um allgemeine Beziehungen und Gesetze der Entwicklung handelt. Demzufolge muß man zwischen einer objektiven Dialektik in Natur und Gesellschaft und der subjektiven Dialektik als deren Widerspiegelung im menschlichen Denken unterscheiden. Das gesamte theoretische Gebäude des Marxismus-Leninismus ist eine Einheit. Angriffe gegen irgendeinen seiner Teile, also auch gegen die Naturdialektik, werden zu Angriffen gegen den Marxismus-Leninismus als Ganzes. Dies machte LENIN in seiner Auseinandersetzung mit dem Positivismus und Empiriokritizismus wiederholt deutlich. Er zeigte am Beispiel der Physik, wie der Fortschritt der Wissenschaft unter dem Einfluß idealistischer und metaphysischer Konzeptionen zu einer weltanschaulichen und methodologischen Krise in den Naturwissenschaften führt.

Gegenwärtig ist die Leugnung der Dialektik in der Natur ein entscheidender Punkt in der ideologischen Auseinandersetzung mit Auffassungen, die sich gegen die wissenschaftliche Weltanschauung der Arbeiterklasse richten. Dabei steht die Frage im Zentrum, ob es unabhängig vom Denken und der Tätigkeit des Menschen in der Natur objektive Widersprüche und Entwicklung, „Naturgeschichte", gibt. Diejenigen, die den Geist als eigentliche Triebkraft der Entwicklung ansehen, gehen davon aus, daß es in der Natur selbst keine echten Widersprüche gibt. Eine solche Position wurde zeitweilig z. B. von G. LUKÁCS[3]) und wird gegenwärtig von J.-P. SARTRE[4]) eingenommen. Während diese

[1]) W. I. LENIN: Materialismus und Empiriokritizismus. In: W. I. LENIN: Werke, **14**, Berlin 1962, 316

[2]) K. HAGER: Die entwickelte sozialistische Gesellschaft. Berlin 1971, 11

[3]) G. LUKÁCS: Geschichte und Klassenbewußtsein. Berlin 1923

[4]) J.-P. SARTRE: Existentialismus und Marxismus. Frankfurt/Main 1965

Autoren bekanntlich keine Naturwissenschaftler sind, ist in jüngster Zeit auch Nobelpreisträger J. MONOD, ein bedeutender Forscher auf dem Gebiet der Molekularbiologie, mit der These aufgetreten, daß es keine Dialektik in der Natur gäbe.

MONOD hat für die biologischen Wissenschaften einen außerordentlichen Beitrag geleistet. Zusammen mit F. JACOB hat er zwei wesentliche molekularbiologische Prozesse aufgeklärt. Erstens wurde gezeigt, daß bei der Ausprägung der Erbeigenschaften die genetische Information von dem primären molekularen Träger DNS (Desoxyribonukleinsäure) mittels eines sekundären molekularen Informationsträgers Boten-RNS (Ribonukleinsäure) für die Eiweißsynthese übertragen wird. Zweitens konnte am Beispiel des Auftretens und Verschwindens von Milchzucker abbauenden Enzymen des Darmbakteriums *Escherichia coli* gezeigt werden, daß die Gene, die hierfür die notwendige Information tragen, auf einem bestimmten Abschnitt der DNS in einer Gengruppe (Operon) vereinigt sind. Es wurde erkannt, wie das „Ablesen“ der Information entsprechend dem Umwelteinfluß „Gegenwart oder Abwesenheit von Milchzucker“ reguliert wird und daß dafür wieder andere Abschnitte der DNS, sogenannte Regulatorgene mit den von ihnen determinierten Repressoren, verantwortlich sind. Die grundsätzliche Bedeutung dieser Entdeckung besteht darin, daß sie erkläret, wie wechselnde Umwelteinflüsse Leistungen eines Organismus entsprechend den genetisch vorgegebenen Rahmenbedingungen verändern können. Besonders wichtig ist dies für das Verständis der Anpassungsfähigkeit einer Zelle an sich verändernde Milieufaktoren und für das Verständnis der Zelldifferenzierung während der Embryonalentwicklung.

Wenn wir uns im folgenden mit MONODs philosophischen Auffassungen auseinandersetzen, dann geht es nicht um eine Kritik an den inzwischen tausendfach gesicherten wissenschaftlichen Ergebnissen, sondern um eine Kritik an den von MONOD an diese Errungenschaften der modernen Forschung geknüpften Spekulationen und Angriffen gegen den Marxismus-Leninismus. MONOD wirft ENGELS vor, daß er die Dialektik der Natur erst nachträglich als Anhängsel zum Marxismus entworfen habe, um ihn durch den Nachweis der Universalität und Objektivität der Dialektik zu einer allgemeinen Heilslehre ausbauen zu können. MONOD nennt das Vorgehen von ENGELS eine „animistische Projektion“, durch die menschliche Vorstellungen in die Natur projiziert werden[1]). Er behauptet damit, daß der Marxismus eine Spielart des Idealismus sei.

Die Entdeckungen der Molekularbiologie über die Struktur und Funktion der DNS als Träger der Erbinformationen, über den genetischen Code als chemische Verschlüsselung der Erbinformation in den Nukleinsäuren, über die Eiweißsynthese und der dabei erfolgenden Übersetzung der genetischen Information in die Struktur der Eiweißmoleküle, über einen molekularen Mechanismus für die Regulation der Ausprägung der genetischen Potenzen stehen im Brennpunkt der Diskussionen über die Dialektik in der Biologie, weil hier die Konstanz des Lebensgeschehens deutlich hervortritt. Nach der Aufklärung dieser für das Leben wichtigen Invarianz steht die Molekularbiologie vor der großen Aufgabe, die Fragen der Konstanz *und* Variabilität, der Wechselbeziehungen zwischen Eiweißen und Nukleinsäuren und die Frage der Entwicklung zu lösen, wie dies z. B. durch die Arbeiten des Nobelpreisträgers M. EIGEN am Max-Planck-Institut für Physikalische Chemie in Göttingen erfolgreich begonnen wurde. Die zuvor genannten Entdeckungen erklären die materiellen Prozesse, welche der Aufrechterhaltung der

[1]) J. MONOD: Zufall und Notwendigkeit. Philosophische Fragen der modernen Biologie. München 1971, 46f.

spezifischen Qualität der Lebensprozesse des Individuums und seiner Nachkommen dienen. Sie erklären den notwendigen relativen Konservatismus des Lebens, sie zeigen, wie sich Lebensprozesse gegenüber vielfältigen, verschiedenen Umwelteinflüssen ihre wesentliche Qualität erhalten. Die einseitige Betrachtung aber dieser Konstanz und der strengen Determiniertheit in biologischen Systemen ist eine der Quellen, die MONOD zur Leugnung der objektiven Dialektik überhaupt führen. Es führt aber in eine weltanschauliche bzw. erkenntnistheoretische Krise, wollte man bei der Betrachtung der Konstanz einerseits und des blinden Zufalls andererseits verharren. Zur Überwindung dieser Position ist es u. E. erforderlich, die Variabilität und die Rolle des objektiven Zufalls in die Gesetzmäßigkeit der Evolution einzubeziehen und dabei die Unhaltbarkeit einer undialektischen Vorstellung von Konstanz einerseits und reinem blinden Zufall in der Evolution andererseits nachzuweisen.

2. Zur Dialektik von Notwendigkeit und Zufall — Entwicklungsdenken als weltanschauliche Position

Die dialektisch-materialistische Determinismuskonzeption muß sich erstens vom mechanischen Determinismus bzw. Prädeterminismus abgrenzen, weil hier nur notwendige Zusammenhänge anerkannt und der objektive Charakter des Zufalls geleugnet werden. Zweitens muß sie sich vom Indeterminismus abgrenzen, weil dieser die objektive Notwendigkeit übersieht. Ein Verständnis der Evolution ist von jeder dieser einseitigen Auffassungen her völlig unmöglich. Die sehr wichtige Frage nach den Beziehungen zwischen der Determiniertheit biologischer Prozesse und der Entstehung neuer Qualitäten in der Evolution verlangt die Überwindung dieser zwei extremen Auffassungen, verlangt das Verständnis der dialektischen Einheit von Notwendigkeit und Zufall im objektiv Möglichen[1]). Diese Einheit ist Ausdruck der inneren Widersprüchlichkeit der Materie, die sie zur Selbstbewegung befähigt. Wenn alles notwendig ist, alles präformiert ist, entsteht nichts wirklich Neues; wenn alles dem reinen, blinden Zufall unterliegt, bleibt die Entstehung des Neuen wegen der sehr großen Unwahrscheinlichkeit letztlich ebenfalls unerklärlich.

a) Nach der Konzeption des mechanischen Determinismus ist alles prädeterminiert, also fehlt überhaupt die Möglichkeit der Entstehung von grundsätzlich Neuem. Höhere Bewegungsformen der Materie werden auf niedere reduziert, denn es gibt im Prinzip keine qualitativen Unterschiede. Entsprechend dem Materiebegriff der klassischen Physik wird die Entwicklung der Welt wie der Ablauf einer aufgezogenen Maschine verstanden, die nach Gesetzen funktioniert, die *alle* Aspekte eines Prozesses, auch die unwesentlichen, bestimmen. Diese Konzeption führt zwangsläufig zum Fatalismus; denn alles, was heute geschieht, ist durch das Gestern bestimmt, und da wir am Gestern nichts mehr verändern können, ist auch das Morgen eindeutig festgelegt. Die Klassiker des Marxismus-Leninismus haben sich scharf gegen ein solches Weltbild gewandt und im Detail nachgewiesen, daß insbesondere gesellschaftliche Prozesse einer solchen Art der Determiniertheit nicht unterliegen. Die Quantenphysik konnte die prinzipielle

[1]) K. FUCHS-KITTOWSKI: Probleme des Determinismus und der Kybernetik in der molekularen Biologie. Tatsachen und Hypothesen über das Verhältnis des technischen Automaten zum lebenden Organismus. Jena 1969

Beschränktheit eines mechanischen Weltbildes auch für das Verständnis der Naturvorgänge eindeutig nachweisen. Das schließt nicht aus, daß für viele Teilbereiche und Teilprozesse der objektiven Realität zumindest in erster Näherung eine weitgehende Determiniertheit, so z. B. für die Konstanz der Vererbung oder in Bereichen, in denen die Gesetze der klassischen Physik gelten, zutrifft.

b) Nach der Konzeption des Indeterminismus entsteht alles Neue spontan auf Grund reiner Zufälligkeit. Zwischen den verschiedenen Bewegungsformen der Materie wird eine unüberbrückbare Kluft angenommen, die nur durch unwahrscheinliche Zufälle, durch einen „gelungenen Wurf im Würfelspiel" übersprungen wird. Da eine solche Vorstellung, wie schon oft berechnet wurde, zur höchsten Unwahrscheinlichkeit jeder Entwicklung führt (das Klappern von Affen auf Schreibmaschinen bringt auch nach sehr langer Zeit nur sehr unwahrscheinlich ein Gedicht zustande; das Schütteln von 100 Eiweißbausteinen im Reagenzglas bringt kaum ein funktionierendes Eiweißmolekül hervor), mündet sie letzten Endes in der Annahme von Wundern oder eines geistig determinierenden Prinzips wie z. B. Elan vital oder Entelechie. Der Indeterminismus sieht nicht die das Wirken des Zufalls begrenzenden Bedingungen und Ebenen und verabsolutiert ihn. Nach dieser Konzeption gibt es keine objektiven Gesetzmäßigkeiten der Entwicklung in Natur, Gesellschaft und im Denken. Die von der Wissenschaft aufgedeckten Gesetzmäßigkeiten der Entwicklung beruhen auf subjektiven Vorstellungen oder auf dem Prinzip einer bloßen Denkökonomie.

Es zeigt sich somit deutlich, daß der Prozeß der Höherentwicklung, des Entstehens von Neuem nicht völlig erklärt werden kann, wenn der Zufall absolut von der Notwendigkeit getrennt wird. Dies ist der Standpunkt Monods; er ist der Auffassung, daß der reine Zufall, nichts als der Zufall, die absolut blinde Freiheit die Grundlage des wunderbaren Gebäudes der Evolution ist. Wenn der Fortschritt zu einer weiteren Entwicklungsstufe auf einer nicht erfaßbaren Spontaneität beruht, wird man letztlich ebenfalls, da der Mensch seine Geschichte und seine Zukunft nicht verstehen kann, zu einer pessimistischen Weltanschauung geführt. Diese Konsequenz wird uns besonders in den weltanschaulichen Schlußfolgerungen, die Monod aus dem hier wiedergegebenen Ansatz zieht, deutlich gemacht. Monod kommt als Atheist, der gleichzeitig aber auch die Existenz objektiver, allgemeiner Gesetzmäßigkeiten für die Entstehung des Lebens und seiner Evolution leugnet, folgerichtig zu existentialistischen Auffassungen: Wir hätten endlich zur Kenntnis zu nehmen, daß der Mensch allein sei.

c) Die dialektisch-materialistische Entwicklungstheorie muß das Entstehen von Neuem, das Vergehen des Alten erklären und die Entwicklung als Selbstbewegung verständlich machen. Dazu bedarf es einer dialektisch-materialistischen Determinismuskonzeption, die von der Einheit von Notwendigkeit und Zufall ausgeht, davon, daß die objektiven Gesetzmäßigkeiten nicht unbedingt alle Aspekte eines Prozesses genau festlegen, so daß Raum bleibt für verschiedene Möglichkeiten. Dadurch überwindet man die völlige Determiniertheit (absolute Sicherheit) und den Indeterminismus (hohe Unwahrscheinlichkeit des Ereignisses) und gelangt zu der richtigen Feststellung, daß Entwicklungsstufen mit einer bestimmten Wahrscheinlichkeit erreicht werden. Wir möchten betonen, daß hier der Begriff der Wahrscheinlichkeit nicht das Ergebnis unserer mangelnden Kenntnisse ist, der später durch wachsendes Wissen verdrängt werden kann zugunsten wiederum einer völligen Determiniertheit, sondern daß er Ausdruck innerer Widersprüche der Materie ist. Die Kategorie der Möglichkeit ist damit bei der Formulierung wissenschaftlicher Gesetze unentbehrlich. *Das Wahrscheinlichkeitsgesetz gibt an, welche Prozesse möglich sind, die Verwirklichung ist im Einzelfall zufällig.* Für das Verständnis der Entstehung von Neuem muß gesagt werden, daß der Zufall nicht nur als störendes, sondern auch als aufbauendes Moment eine Wirkung besitzt und daher nicht nur als entfernter, unwesentlicher Zusammenhang auftritt[1]). Dies wird leider häufig übersehen.

Nach eben einem solchen Typ von Gesetzen muß sich die Evolution der Lebewesen vollzogen haben. Für einen bestimmten evolutionären Prozeß gibt das Gesetz die Wahrscheinlichkeit an, mit der sich eine erbliche Veränderung in einem Teil der Population mittels Selektion durchsetzt. Dabei ist zufällig, nämlich in bezug auf die Mutation selbst, welche Individuen davon betroffen sind und daher bei Vorhandensein einer bestimmten Umwelt selektiert werden können. Auf Grund der Beziehungen zwischen Mutation und Selektion erhält der Entwicklungsprozeß einen gesetzmäßigen Charakter.

Die DARWINsche Entwicklungstheorie ist der gelungene Versuch, ausgehend von der Existenz objektiver Möglichkeiten (eine dialektische Denkweise, die sich später auch in der Quantenphysik als besonders fruchtbar erwies) und gestützt auf den Begriff der Selektion, die Entwicklung der Lebewesen nachzuweisen und verständlich zu machen. Es ist in diesem Zusammenhang wichtig und gerade gegenüber MONOD zu betonen, daß sich das Verständnis der Klassiker des Marxismus-Leninismus für die dialektischen Beziehungen zwischen Notwendigkeit und Zufall nicht nur auf HEGEL, sondern eben gerade auch auf die Erkentnisse DARWINS stützte. Der Zufall ist objektiv und nicht nur als Erscheinungsform eines letzten Endes doch allein notwendigen Prozesses zu verstehen.

Heute wissen wir, daß auf Grund äußerer und insbesondere innerer Ursachen bei der Übertragung der Erbinformation sowohl Fehlablesungen als auch andere schwerwiegende Veränderungen an der DNS auftreten; durch diese Veränderungen bzw. Mutationen werden immer neue Möglichkeiten der Entwicklung geschaffen. Progressive Evolution beruht also auf der Verwirklichung immer neuer Möglichkeiten mit der Auslese der geeignetsten Varianten für die Produktion hoher Nachkommensraten unter bestimmten Umweltbedingungen. Das ist es, was schon DARWIN deutlich machte, obwohl er die Ursachen der Variabilität selbst noch nicht kannte. Daß durch die Selektion das Element der Notwendigkeit in den Evolutionsprozeß hineingetragen wird, führt vor allem auch Nobelpreisträger M. EIGEN in seinem durchaus kritischen Vorwort zur deutschsprachigen Ausgabe des erwähnten Buches von MONOD aus[2]). EIGEN, der sehr aufschlußreiche Untersuchungen zu physikalisch-chemischen Prozessen der Primärevolution (Entstehung des Lebens) durchgeführt hat, wendet sich, wie auch schon OPARIN[3]), gegen die Verabsolutierung des Zufalls und betont die Einheit von Notwendigkeit und Zufall in der Evolution.

Die Ergebnisse der modernen Naturwissenschaft verallgemeinernd, ergibt sich für das Entwicklungsdenken als weltanschauliche Position: Die Materie birgt in ihren Bewegungsformen unendliche Entwicklungsmöglichkeiten in sich. Jede einzelne Bewe-

[1]) K. FUCHS-KITTOWSKI: Probleme des Determinismus und der Kybernetik in der molekularen Biologie, 185f.; H. HÖRZ: Der dialektische Determinismus in Natur und Gesellschaft. Berlin 1969, 156f.

[2]) Vgl.: J. MONOD: Zufall und Notwendigkeit. München 1971

[3]) A. I. OPARIN: Das Leben. Jena 1963

gungsform für sich hat nur begrenzte Möglichkeiten einer weitergehenden Entwicklung. Diese Begrenzung wird jedoch durch die innere Widersprüchlichkeit der Materie gesprengt; das führt zu einer höheren Stufe der Entwicklung der Materie mit neuen Gesetzmäßigkeiten und grundsätzlich neuen Möglichkeiten der weiteren Entwicklung[1]), wie sich dies bei den Übergängen von der rein physikalisch-chemischen zur biologischen und von der biologischen zur gesellschaftlichen Bewegungsform der Materie zeigt. Nur eine solche Konzeption, die weder der Annahme einer starren Notwendigkeit, noch einer „reinen" „blinden" Zufälligkeit folgt, sondern die Einheit von Notwendigkeit und Zufall im objektiv Möglichen sieht, kann die reale Entwicklung in Natur und Gesellschaft wirklich verständlich machen und damit auch die Grundlage für eine optimistische Weltanschauung bieten. Sie orientiert die Tätigkeit des Menschen darauf, die Widersprüche zu lösen, die objektivrealen Möglichkeiten zur Veränderung der Welt richtig einzuschätzen und damit eine Höherentwicklung der menschlichen Gesellschaft zu erreichen.

Monod[2]) unternimmt den Versuch, den dialektischen Materialismus auf der Grundlage molekularbiologischer Erkenntnisse zu „widerlegen". Für seine Konzeption ist in der Tat eine offene Feindseligkeit gegen den Marxismus-Leninismus charakteristisch. Der Marxismus wäre bisher nur revidiert worden, zur Rettung des „wirklichen Sozialismus" käme es aber nun darauf an, ihn überhaupt aufzugeben. Nach Monod handelt es sich beim Marxismus-Leninismus um eine Ideologie des „Animismus", die zu alten Mythen zurückführe. Zu dieser absurden These gelangt er dadurch, daß er dem Marxismus-Leninismus im wesentlichen die Auffassung des Prädeterminismus unterschiebt, die er dann vor allem von der Position des reinen Zufalls bzw. Indeterminismus aus angreift. Für jeden wirklichen Kenner der marxistisch-leninistischen Philosophie ist jedoch von vornherein klar, daß weder der mechanische Determinismus noch der Indeterminismus, sondern allein die Auffassung von der Einheit von Notwendigkeit und Zufall der wirklichen Position des Marxismus-Leninismus entspricht[3]). Monod hat zwei zentrale Argumente gegen die objektive Dialektik in der Biosphäre, zu denen er durch die Verabsolutierung bestimmter Seiten der Ergebnisse der Molekularbiologie gelangt:

- den Konservatismus, die Konstanz der Übertragung der Erbinformation;
- die Zufälligkeit der Mutationen.

3. Zum Konservatismus bei der Übertragung der Erbinformation

Entsprechend den Erkenntnissen der Molekularbiologie[4]) über die Speicherung, Reproduktion, Übertragung und Übersetzung der Erbinformation auf molekularem Niveau liegt als Grundlage der Lebensvorgänge ein dreistufiger Prozeß vor: DNS $\rightarrow$ RNS $\rightarrow$ Eiweiß (Funktion, Stoffwechsel).

Monod stellt fest, daß der Informationsfluß von der DNS über die RNS zur Eiweiß-

[1]) K. Fuchs: Moderne Physik und marxistisch-leninistische Philosophie. In: DZfPh. Sonderheft 1965

[2]) J. Monod: Zufall und Notwendigkeit. München 1971

[3]) Vgl.: K. Fuchs-Kittowski: Probleme des Determinismus und der Kybernetik in der molekularen Biologie. Jena 1969; H. Hörz: Der dialektische Determinismus in Natur und Gesellschaft. Berlin 1966

[4]) E. Geissler: Desoxyribonukleinsäure — Schlüssel des Lebens. Berlin 1970

synthese vollkommen konservativ, in sich geschlossen und keinerlei Instruktionen, gleich welcher Art, aus der Außenwelt zugänglich sei. Daraus folge, daß das Prinzip des dialektischen Widerspruchs nicht realisiert würde und damit im Grunde alles mechanistisch und nicht dialektisch oder, wie er sagt, „cartesianisch und nicht hegelianisch" ablaufe. In der Tat gibt es bis heute keinen Beweis für eine Umkehrung des Informationsflusses vom Eiweiß auf die DNS, d. h. etwa einer spezifischen Programmierung der DNS oder RNS durch eine Eiweißmatrize. (Damit entfällt auch jede Annahme einer unmittelbaren gerichteten umweltadäquaten Veränderung der Erbinformationen und damit einer Vererbung erworbener Eigenschaften.) Wir müssen davon ausgehen, daß in der ontogenetischen Entwicklung sehr viel präformiert ist, ja präformiert sein muß, sonst hätten wir weit mehr Mißgeburten als Normalgeburten, oder es würde überhaupt nicht zu Geburten kommen. Aus den Keimzellen des Menschen entstehen im Normalfall immer wieder leistungsfähige Menschen. Daraus eine Widerlegung der Dialektik zu konstruieren, erscheint uns widersinnig, da die These von der Universalität der Dialektik keineswegs impliziert, daß es nicht Bereiche in der objektiven Realität geben kann, wo der Konservatismus überwiegt, wo man in erster Näherung von dialektischen Beziehungen abstrahieren kann. Aber auch hier könnte es sich bei tieferer Betrachtung durchaus zeigen, daß die Ontogenese nicht absolut präformiert ist und der Einfluß von Wechselwirkungen zwischen Eiweißen untereinander und mit höheren Struktureinheiten sowie mit Stoffwechselprodukten in diesem Entwicklungsprozeß untersucht werden muß.

Bei der Bewältigung dieser Problematik gibt es echte erkenntnistheoretische Schwierigkeiten. Nicht nur theoretische Argumente, sondern auch bestimmte Beobachtungen zwingen uns dazu, weiter zu fragen, nach neuen Denkmodellen zu suchen; denn auf der Basis der absoluten Präformation bleibt die Bildung von Antikörpern nicht voll erklärbar, und auch die Entstehung von Tumoren wirft ähnliche Fragen auf. Man kann in dieser Situation nur den Schluß ziehen, daß wir eine Reihe neuer Erkenntnisse zu erwarten haben. Dazu sind neue theoretische Ansätze erforderlich. Während Monod hier nicht weitergeht, werden von Eigen neue Gedanken entwickelt[1]). In bezug auf die immunbiologischen Prozesse wäre eine mögliche Hypothese, daß diese statt durch einen instruktiven durch einen selektiven Lernprozeß auf molekularem Niveau zustande kommen. So könnte man vermuten, daß es in immunkompetenten Zellen eines Warmblüters zu zufälligen Zusammenlagerungen vorcodierter Teilprogramme kommt, die dann im Organismus durch Antigene direkt oder indirekt einer Selektion unterzogen werden[2]). Wenn die Einzelwissenschaften gezwungen sind, nach neuen Denkmodellen zu suchen, bedarf es gerade in einer solchen Situation der dialektisch-materialistischen Philosophie, weil sich sonst manche, auch hervorragende Wissenschaftler an überlebten philosophischen Konzeptionen orientieren.

4. Zur Rolle des Zufalls in der Evolution

Unmittelbar nachdem Monod den Konservatismus in der Ontogenese so hervorgehoben hat, zeigt er dann selbst, wie in Wirklichkeit in der Evolution dieser Konservatismus durch mikroskopische und zufällige Veränderungen überwunden wird. Er

[1]) Diskussion über Modell und Erkenntnis in: Nova Acta Leopoldina, **33**. Biologische Modelle. Leipzig 1968

[2]) K. Fuchs-Kittowski: Teleonomische Mechanismen des Zellstoffwechsels. In: Biologie in der Schule, Heft 6 und 7, 1965

zeigt, wie der Zufall eine Grundlage der Evolution ist. In der Tat kann ohne die Existenz des objektiven Zufalls nichts wirklich Neues in der Natur entstehen. Da er diese richtige Erkenntnis jedoch verabsolutiert, den Zufall von der Notwendigkeit völlig trennt, gewinnt er hieraus sein zweites Argument gegen die Dialektik.

Man kann nachweisen, daß mit einer bestimmten Wahrscheinlichkeit bei der Verknüpfung von Nukleinsäurebausteinen im Prozeß der identischen Verdopplung der DNS Fehler auftreten. Dies ist eine innere Ursache für plötzlich auftretende sprunghafte Veränderungen von Erbeigenschaften. Weitere Ursachen von Mutationen sind in den Wechselwirkungen von Faktoren, aber auch der äußeren Umwelt (Strahlen, mutagene chemische Verbindungen) mit dem Eiweiß-Nukleinsäure-System zu suchen.

Schon der sowjetische Genetiker NAWASCHIN betrachtete sehr dialektisch Mutationen nicht als etwas lebenden Systemen von außen Aufgezwungenes, sondern als einen zum Wesen des Lebens gehörenden Prozeß, der sich in der lebenden Zelle vollzieht. Jetzt ist gesichert, daß die Struktur des die DNS synthetisierenden Enzyms, die durch erbliche Veränderungen selbst variiert werden kann, die Zufallsrate der Mutationen beeinflußt. Bisher jedoch wurde allein äußeren Faktoren bei der Betrachtung der Entwicklung Gewicht beigemessen. Offenbar muß man aber auch im Mutationsprozeß das Element des Möglichen und nicht nur des rein Zufälligen in Betracht ziehen. So können Häufigkeit und Lokalisation genetischer Veränderungen vom Organismus in gewissen Grenzen reguliert und ein Optimum in der Evolution herausgebildet werden.

In der biologischen Bewegungsform der Materie gibt es in der Tat eine Entwicklung von der Unordnung zur Ordnung, von primitiven Organisationsformen zu besonders hochentwickelten Organisationsformen. Diese Entwicklung hat eine außerordentlich intensive Wechselwirkung des lebenden Systems mit seiner Umwelt zur Voraussetzung, bestimmt ist sie jedoch wahrscheinlich nicht so sehr durch äußere Einflüsse, denn äußere Ursachen würden eher zur Unordnung als zu einer Ordnung führen. Die Höherentwicklung ist mehr bestimmt durch das innere Wesen des lebenden Systems selbst, durch spezifisch biologische Gesetze[1]).

Damit wird nicht nur auf die äußeren, sondern besonders auf die inneren Widersprüche, auf die innere Dynamik des Organismus orientiert, die nach der Konzeption des dialektischen Materialismus die entscheidenden Triebkräfte jeder Entwicklung sind. Akzeptiert man dies, so braucht man, um die Dialektik des Lebens zu beweisen, nicht wie LYSSENKO, Kronzeuge MONODS für die „widerlegte" Dialektik, ständig nach einer direkten und gerichteten Einflußnahme der Umwelt zu suchen.

Die Zufälligkeit derartiger molekularer Ereignisse wäre jedoch für sich allein genommen nicht ausreichend für das Zustandekommen veränderter erblicher Eigenschaften in einem beträchtlichen oder überwiegenden Teil einer Population. Hierzu bedarf es eines weiteren Faktors, der sehr komplexer Art ist, nämlich der Auslese (Selektion) der am besten durch die erbliche Veränderung an eine sich wandelnde Umwelt angepaßten Lebewesen. In dem bereits erwähnten Vorwort sagt M. EIGEN: „Hier wird aber auch die Begrenzung der Rolle des Zufalls in der Evolution sichtbar. Die zufällige Mutation ist einem Ausleseprozeß unterworfen, und dieser trifft keineswegs eine ‚willkürliche' Entscheidung. Der Selektion liegt vielmehr ein physikalisch klar formulierbares Bewertungsprinzip zugrunde ... Wir sehen also, daß nur die Entstehung der individuellen

[1]) K. FUCHS-KITTOWSKI: Probleme des Determinismus und der Kybernetik in der molekularen Biologie, 315

Form dem Zufall unterworfen ist. Ihre Selektion — in Konkurrenz zu anderen Formen — jedoch bedeutet eine Einschränkung bzw. Reduzierung des Zufalls; denn sie erfolgt nach streng formulierbaren Kriterien, die im Einzelfall zwar — wie in der Thermodynamik — Schwankungen zulassen, in der großen Zahl aber Gesetz, als *Notwendigkeit* bedeuten ... Was ich sagen will, ist, daß die ‚Notwendigkeit' gleichberechtigt neben den ‚Zufall' tritt, sobald für ein Ereignis eine Wahrscheinlichkeitsverteilung existiert und diese sich — wie in der Physik makroskopischer Systeme — durch große Zahlen beschreiben läßt ... So sehr die individuelle Form ihren Ursprung dem Zufall verdankt, so sehr ist der Prozeß der Auslese und Evolution unabwendbare Notwendigkeit. Nicht mehr! Also keine geheimnisvolle inhärente ‚Vitaleigenschaft' der Materie, die schließlich auch noch den Gang der Geschichte bestimmen soll! Aber auch nicht weniger — nicht nur Zufall!"[1])

Die Ergebnisse der Molekularbiologie bestätigen also, wie auch kaum anders zu erwarten war, daß es in der Natur objektiv dialektisch zugeht. Der theoretische Ansatz von MONOD, von dem aus er zu weittragenden weltanschaulichen Konsequenzen gelangte, ist damit ganz offensichtlich widerlegt.

Zur Dialektik von Struktur und Funktion (Prozeß)

Die großen Fortschritte der Biologie in den letzten Jahrzehnten basieren auf der immer exakteren Zuordnung von biologischen Strukturen zu den von ihnen verursachten oder ermöglichten biologischen Prozessen. Es gelang der Biochemie und Molekularbiologie, alle wesentlichen Lebensäußerungen und Lebenserscheinungen auf zwei Grundtypen von Makromolekülen, die Nukleinsäuren und Eiweiße, und auf die zwischen ihnen selbst und zwischen ihnen und dem System als Ganzem, unter Einschluß der Umwelt, herrschenden Wechselwirkungen zurückzuführen. Die Wechselbeziehungen sind chemischer und physikalischer Natur. Während sie in ihrer Gesamtorganisation die Spezifik des Lebens hervorbringen, sind die einzelnen Wechselwirkungen sämtlich einer genauen qualitativen und quantitativen physikalisch-chemischen Analyse sowie der mathematischen Modellierung zugänglich und werden damit zunehmend durch den Menschen beherrschbar.

Von F. ENGELS wurde der außerordentlich enge Zusammenhang von Physik, Chemie und Biologie, auf dem die Erfolge der modernen Biologie beruhen, wie folgt reflektiert: „Die Physiologie ist allerdings die Physik und besonders die Chemie des lebenden Körpers, aber damit hört sie auch auf, speziell Chemie zu sein, beschränkt einerseits ihren Umkreis, aber erhebt sich auch darin zu einer höheren Potenz"[2]).

Heute ist klar, daß alle Eigenschaften einer Zelle oder eines Gesamtorganismus auf der Aktivität der Eiweißmoleküle beruhen, eine Tatsache, die von ENGELS auf der Grundlage seines tiefen Verständnisses der Biologie seiner Zeit genial vorausgesehen worden war. Die besondere Bedeutung der Eiweiße liegt in ihren katalytischen (Stoffwechselreaktionen beschleunigenden) und strukturgebenden Eigenschaften. Eiweiße sind Makromoleküle, die aus vielen Aminosäuren 20 verschiedener Arten bestehen, und die Funktionsfähigkeit des Eiweißmoleküls wird wesentlich durch die Reihenfolge dieser Bau-

[1]) Siehe: Vorwort zu J. MONOD: Zufall und Notwendigkeit. München 1971
[2]) F. ENGELS: Dialektik der Natur. In: K. MARX, F. ENGELS: Werke, 20, 520

steine und ihrer Verknüpfung zum hochpolymeren Molekül bedingt. Damit ist eine Trennung zwischen Struktur und Funktion auf der Ebene solcher Makromoleküle nicht mehr zulässig. Die Struktur läßt sich hier von der Funktion nicht mehr trennen, der Gegensatz von Struktur und Funktion ist entsprechend den Erkenntnissen der Molekularbiologie auf der Ebene der Elementarprozesse aufgehoben, die Struktur ist selbst Funktion, Aktivität, Prozeß. Man kann jedoch auch auf dieser Ebene keine *absolute* Gleichsetzung vornehmen, da hinsichtlich der Entstehung dieser Moleküle die Struktur das Primat hat und sich die Funktion ergibt.

Da Eiweiße nicht aus sich selbst heraus entstehen, sondern vielmehr entsprechend einer genetischen Vorschrift oder chemischen Anweisung, die in den Nukleinsäuren enthalten ist, als Übersetzung und Verarbeitung dieser Information an bestimmten Zellorganellen erst entstehen, hat hier die durch andere Makromoleküle (DNS) vorgegebene Struktur gegenüber der Funktion das Primat. Rein äußerlich gesehen, erscheint es daher verständlich, daß bestimmte Ergebnisse der Molekularbiologie auf philosophischer Ebene zur Unterstützung strukturalistischer Konzeptionen herangezogen werden.

Der Strukturalismus, eine gegenwärtig besonders in Frankreich aktivierte philosophische Strömung, geht aus vom Primat der Struktur, erkennt eine einfache Entfaltung verschiedener Strukturen in der Zeit an, aber im wesentlichen nur im Zusammenstoß mit äußeren Bedingungen. Im Gegensatz zur dialektischen Betrachtung der Struktur und Funktion in ihrer tiefen Einheit wird diese ignoriert und einseitig die Unveränderlichkeit, die Invarianz der Struktur hervorgehoben. Wie L. Sève deutlich macht, bringt J. Monod „die strukturalistischen Ideen und Thesen" in recht klarer Form zum Ausdruck. Nach Sève sind in Wirklichkeit „alle strukturalistischen Hauptideen gerade nicht der Wissenschaft, mit der sich J. Monod befaßt, entnommen — weder der Biochemie der Zelle noch der modernen Biologie schlechthin. Er hat sie von außen entlehnt, und zwar nicht nur den Arbeiten der Strukturalisten der 60er Jahre, sondern auch solchen Quellen wie der cartesianischen Philosophie"[1]).

Der dialektische Materialismus erfaßt die Einheit von Struktur und Prozeß bzw. Funktion, indem er die Triebkraft aller Prozesse aufdeckt — den dialektischen Widerspruch. Er ist das Bindeglied zwischen Struktur und Prozeß, der relativen Unveränderlichkeit und der Gesetzmäßigkeit der Evolution.

Betrachten wir nun die andere außerordentlich interessante Gruppe von Makromolekülen, die Nukleinsäuren (DNS und RNS). Sie bestehen aus vielen Tausenden miteinander verknüpfter Bausteinen, von denen es vier verschiedene Arten gibt. In der Reihenfolge dieser Bausteine ist die Vorschrift für die Reihenfolge der Verknüpfung der Aminosäuren bei der Eiweißsynthese verschlüsselt, und zwar so, daß jeweils drei Nukleinsäurebausteine eine Aminosäure kennzeichnen.[2])

Die Funktion der Nukleinsäuren besteht also wesentlich darin, daß sie, unter Mitwirkung von Eiweißen, Informationen speichern, abgeben und in ein anderes System übertragen. Dies ist jedoch nur die eine Seite. Die andere Seite besteht darin, daß sie, wiederum unter maßgeblicher Beteiligung von Eiweißen, den Informationsgehalt, lies:

[1]) L. Sève: Über den Strukturalismus. Zu einem Aspekt des ideologischen Lebens in Frankreich. In: Probleme des Friedens und des Sozialismus. Heft 5 und 6, 1971

[2]) Vgl.: L. Läsker, H. A. Rosenthal: Molekularbiologie — ihre Errungenschaften und Perspektiven. In: Einheit, Heft 1 und 2, 1966; W. Elsasser: The physical Foundation of Biology

ihre Bausteinsequenz, bei ihrer Selbstvermehrung auf die neu entstehenden Nukleinsäuremoleküle getreu übertragen, so daß alle durch diesen Replikationsprozeß entstehenden Nukleinsäuremoleküle den gleichen Informationsgehalt aufweisen. Dies ist genau das Verhalten, welches bei der Vererbung gefordert ist.

Die Struktur dieser Nukleinsäuremoleküle entspricht den genannten Funktionen in vollkommener Weise. Sequenzen von Bausteinen sind gleichzeitig Information für die Eiweißsynthese sowie für die eigene ständige Verdoppelung (bzw. Replikation). Diesen beiden Funktionen entspricht ein und dieselbe Struktur. Auch hier ist, wie bei den Eiweißen, eine metaphysische Trennung von Struktur und Funktion nicht mehr möglich. Da die Struktur der Nukleinsäuren durch nichts anderes als durch sie selbst vorgegeben ist, entfällt hier auch das Primat der Struktur, so daß die Einheit von Struktur und Funktion vollständig realisiert wird.

Wichtig ist weiterhin folgender Gedanke: Es besteht ein enger Zusammenhang zwischen der grundlegenden Strukturiertheit der Materie und dem Begriff der Information als universeller Eigenschaft von Systemen. Aus der Strukturiertheit der Materie folgt, daß von vornherein den Variationsmöglichkeiten Schranken gesetzt sind. Genauso wie wir an Stelle von beliebig kleinen Elementarteilchen und Energiemengen feste Quanten setzen müssen und an Stelle von beliebigen Orten eines Elektrons solche, die durch Quantenzahlen gegeben sind, ist von beliebigen Konfigurationen eines Moleküls nur eine kleine Anzahl genügend stabil, um höhere Strukturen zu bilden. An Stelle unendlich vieler räumlicher Anordnungen von Nukleinsäuren und Eiweißen ist nur eine sehr begrenzte Zahl durch die ihnen innewohnenden Beziehungen mit der Stabilität lebender Systeme vereinbar. Somit ergibt sich auf jeder Entwicklungsstufe der Materie durch die für sie eigentümlichen Strukturen eine natürliche Auslese der Möglichkeiten, die auf einer niedrigeren Organisationsstufe noch denkbar sind. Damit wächst aber auch der Informationsgehalt. So ist auch die Gabe, Information aufzunehmen und weiterzugeben, zwar beim Menschen auf das höchste vervollkommnet, aber in ihren Elementen schon auf den niedersten Stufen der Organisation der Materie vorhanden.

Während wir bisher die Einheit von Struktur und Funktion für jede der beiden Stoffklassen, Nukleinsäuren und Eiweiße, getrennt diskutiert haben, ergibt sich bei Betrachtung ihres Zusammenwirkens in lebenden Systemen eine gewisse Polarisierung. Hier kann man davon ausgehen, daß die Nukleinsäuren mit ihrem Informationsgehalt die Struktur der Eiweiße vorgeben, während diese selbst alle entscheidenden Funktionen (Stoffwechsel) des Lebens ausführen. Mit gewissen Einschränkungen ist es daher vielleicht berechtigt, die Nukleinsäuren als Struktur- und Invarianzprinzip, die Eiweiße als Funktions- und Teleonomieprinzip anzusehen.

Für das Verständnis des Lebenden ist es nun eine wichtige Erkenntnis, daß in jedem auch noch so einfachen lebenden System die (Nukleinsäure-)Struktur und die (Eiweiß-)-Funktion durch vielfältige Rückkopplungen miteinander verknüpft sind und diese Verknüpfung schon in einem sehr frühen Stadium der Entwicklung lebender Systeme aufgetreten sein muß. Diese Erkenntnis steht gegen ein Grundpostulat MONODS, wonach jede philosophische Betrachtung der Evolution unvermeidlich eine Annahme darüber voraussetze, „welcher der beiden für die Lebewesen charakteristischen Eigenschaften (Invarianz und Teleonomie) die ursächliche und zeitliche Priorität zukommt“[1]). Indem MONOD sich eindeutig für das Primat der Invarianz entscheidet, wobei er der Mehrzahl

[1]) J. MONOD: Zufall und Notwendigkeit, 35

der großen philosophischen Systeme vorwirft, daß sie sich irrtümlicherweise von der entgegengesetzten Hypothese hätten leiten lassen, nach der „die Invarianz, die Ontogenese und die Evolution ... Äußerungen eines ursprünglichen teleonomischen Prinzips“[1]) seien, stellt er faktisch die Behauptung eines Primats der Nukleinsäuren bei der Lebensentstehung auf. Ob Nukleinsäure oder Eiweiß zuerst vorhanden waren, ist die alte undialektische Frage nach dem Primat von Huhn oder Ei im neuen Gewand. Wir müssen aber im Gegensatz hierzu feststellen, daß erst das Miteinander-in-Beziehung-Treten von Proteinen und Nukleinsäuren den Ursprung des Lebens bedeutet hat, wozu beide vorhanden gewesen sein müssen, und daher die Frage, was zuerst da war, relativ bedeutungslos, ja sogar sinnlos ist. Sie wäre nur berechtigt, wenn die mechanistische Kausalität das einzige Ordnungsprinzip in einer sonst ungeordneten Welt darstellte. M. EIGEN[2]) vertritt u. E. zu Recht die Auffassung, daß sich für die Betrachtung der Zelle diese Frage aufhebt, weil Funktion nur in der durch die Information organisierten Struktur möglich ist, Information aber nur über die realisierte Funktion ihre Bedeutung erhält. Dieses System ist mit einem linearen Kreisprozeß vergleichbar, bei dem zwar vorausgesetzt werden muß, daß er irgendwann einmal ein nichtkreisförmiger mit einem Startpunkt war, daß aber nach Schließung dieses Kreises die Frage nach dem Startpunkt bedeutungslos geworden ist. Auch in dieser Komplexität bedingen Struktur und Funktion einander.

6. Information und Evolution

Eine grundsätzliche Schwäche der philosophischen Gedanken MONODS besteht darin, daß die Spezifik der verschiedenen Bewegungsformen der Materie unberücksichtigt und die Probleme des Übergangs und der Entwicklung dieser Bewegungsformen entweder auf den reinen Zufall zurückgeführt oder, noch einfacher, gar nicht abgehandelt werden. So ergibt sich, daß MONOD zur Frage der Entstehung des Lebens oder seiner Frühformen wie auch zur Frage des Übergangs von der Biosphäre zur menschlichen Gesellschaft kaum Stellung nimmt.

Eine wichtige Erkenntnis der Molekularbiologie besteht darin, daß die Evolution der Lebewesen mit der Evolution ihrer genetischen Information verbunden ist. Die Information als Einheit von Träger, Struktur und Bedeutung war nicht von Anfang an da, der Informationsgehalt der Lebewesen war zu Beginn geringer und wurde im Verlauf der Evolution immer größer. Das Verständnis der Evolution erfordert also heute eine Theorie der Informationsentstehung bzw. -vermehrung, die sich jedoch erst in den Anfängen befindet.

Während wir in den vorangegangenen Abschnitten gewisse Möglichkeiten angedeutet haben, wie sich auf dem Niveau des bereits entstandenen Lebens Veränderungen und Gewinne von Informationsgehalten haben ergeben können, scheint uns diese Frage für das entstehende Leben jedoch von anderer Art zu sein. Hier geht es nicht mehr um Modifikationen, sondern um die Entstehung der Qualität „Information“ überhaupt, und es tauchen u. a. solche Probleme auf wie: Von welchem Augenblick an repräsentiert ein Nukleinsäuremolekül Information? Welche Bedeutung hat die dialektische Einheit von Notwendigkeit und Zufall bei der Entstehung der genetischen Information?

[1]) Ebenda, 37

[2]) Vgl.: M. EIGEN: Selforganization of Matter and the Evolution of Biological Macromolecules. In: Die Naturwissenschaften. Heft 10, 1971

Frühere Theorien der Entstehung des Lebens auf der Erde haben entweder die Qualität Information und daher auch das Problem ihrer Beteiligung an diesem Prozeß ungenügend oder gar nicht gesehen oder sie in einem idealistischen Sinne, etwa als vorgegebenen Bauplan oder Materie gewordene Idee, betrachtet. In jüngster Zeit ist Nobelpreisträger M. EIGEN mit einer umfassenden physikalisch-chemischen Theorie über die Entstehung und Entwicklung präbiotischer Wechselwirkungen zwischen Nukleinsäuren und Eiweißen hervorgetreten[1]), deren Hauptanliegen es ist, den evolutionären Charakter, die innere, die Entwicklung vorantreibende Dynamik dieser elementaren Wechselwirkungen zwischen Makromolekülarten aufzuzeigen. Damit ist naturwissenschaftlich (theoretisch und experimentell konkret) eine Lücke geschlossen worden, auf die aus strukturwissenschaftlicher und erkenntnistheoretischer Sicht z. B. durch I. I. SCHMALHAUSEN, W. M. ELSASSER und K. FUCHS-KITTOWSKI bereits hingewiesen worden war[2]).

Uns scheint besonders bedeutungsvoll, daß eine naturwissenschaftliche qualitative und quantitative Analyse der Nukleinsäure-Eiweiß-Wechselwirkungen, die eine Voraussetzung für die Entstehung des Lebens waren und es wirklich hervorgebracht haben, besonders geeignet ist, an einem wesentlichen Objekt die Dialektik der Evolution darzutun und auch für dieses in tiefstes Dunkel gehüllte evolutionäre Ereignis die Beziehungen von Zufall und Notwendigkeit aufzudecken. Es ist erstaunlich, daß J. MONOD, der als einer der ersten Naturwissenschaftler gewisse Wechselwirkungen zwischen Eiweißen und Nukleinsäuren, wenn auch nicht physikalisch-chemisch, so doch biologisch erfolgreich analysiert hat, eben auf die tiefere Analyse dieser Wechselwirkungen von vornherein verzichtet hat. Man muß sich deutlich machen, daß MONOD an der Entdeckung der Repressoren maßgeblich beteiligt war, jener Eiweißmoleküle, die in Abhängigkeit von Umweltfaktoren die Aktivität von Genen ein- und ausschalten können, daß er die Aufklärung der Nukleinsäure-Eiweiß-Wechselwirkungen im Prozeß der Informationsübertragung bei der Eiweißsynthese außerordentlich stimuliert hat, um zu begreifen, wie unberechtigt es war, an dieser Stelle aufzugeben. Es ist sehr wahrscheinlich, daß er auf Grund seiner undialektischen Haltung dazu geführt worden ist. Im Grunde hielt er den Schlüssel in der Hand.

Sicherlich kann man davon ausgehen, daß in der wäßrigen Phase eines Urozeans, ohne die Mitwirkung von Eiweißkatalysatoren Nukleinsäurebausteine entstanden sind. Diese besitzen kein hohes Molekulargewicht und ihre Entstehung auf nicht-enzymatischem Wege ist genauso problematisch oder unproblematisch wie die anderer organischer Kohlenstoffverbindungen. Schwierig zu verstehen ist die Entstehung von Nukleinsäurefäden, die aus Vielfachen dieser Bausteine zusammengesetzt sind. Versuche im Reagenzglas haben ergeben, daß dieser Prozeß durch Vorgabe eines „template“ (Matrize) in Gang kommt und beschleunigt werden kann. Es wirken dann die sterischen Vorteile von Wasserstoffbrückenbindungen zwischen komplementären chemischen Körpern. M. EIGEN konnte zeigen, daß dieser Vorgang automatisch weiterläuft, wenn die ersten drei unabhängigen Wasserstoffbrückenbindungen des Reißverschlußsystems in Gang

[1]) Siehe: Ebenda

[2]) Siehe: I. I. SCHMALHAUSEN: Naturliche Auslese und Information. In: Sowjetwissenschaft. Naturwissenschaftliche Beiträge, Heft 9, 1960; W. ELSASSER: The Physical Foundation of Biology. Oxford 1958; K. FUCHS-KITTOWSKI: Probleme des Determinismus und der Kybernetik in der modernen Biologie. Jena 1969; K. FUCHS-KITTOWSKI: Information, ihre Speicherung und Verarbeitung in biomolekularen Systemen. In: Philosophische und ethische Probleme der modernen Genetik. Berlin 1972

gesetzt worden sind. Danach erscheint die Synthese eines Nukleinsäure-Doppelstrang-Fadens bei Vorhandensein wenigstens einer Matrize nicht so problematisch wie die Entstehung der Matrize selbst.

In diesem Stadium der Entwicklung dürfen wir wahrscheinlich das Problem der Erhaltung einer Struktur in bezug auf ihre Umwelt noch nicht so sehr vom Standpunkt ihrer Vermehrungsfähigkeit, sondern wohl zu einem nicht unwesentlichen Teil auch vom Standpunkt ihrer Stabilität und der Wahrscheinlichkeit ihres Zustandekommens aus betrachten.

Wahrscheinlich war im Urozean genügend Gelegenheit zur Bildung zunächst einsträngiger Nukleinsäuremoleküle gegeben und von Anfang an wurde deren Stabilisierung in Wechselwirkung mit einfachen Eiweißen erreicht. Wir möchten betonen, daß der Begriff genetische Information im heute gebrauchten Sinne auf diese Gebilde noch nicht oder höchstens eingeschränkt angewendet werden kann, weil eine Bedeutung für ein System noch fehlt. Heute ist genetische Information funktionell zu verstehen. Sie enthält die Vorschrift für ihre identische Replikation und für die Eiweißsynthese. Die Replikation ist, sobald der komplementäre Nukleinsäure-Doppelstrang-Faden entstanden war, gegeben. Die Beziehung zur Eiweißsynthese fehlte aber zunächst noch. Es ist außerordentlich schwierig zu verstehen, wie die Vorschrift für die Eiweißsynthese sich herausgebildet haben mag. Aber sicherlich geht man nicht fehl in der Annahme, daß die erste Codierung gerade für diejenigen Proteine erfolgte, die mit den Nukleinsäuren in ununterbrochener Wechselwirkung existierten. Man könnte sich vorstellen, daß eine verhältnismäßig unspezifische Wechselwirkung auf dem Phosphorsäure-Zucker-Rückgrat des Nukleinsäurefadens gefolgt war von einer spezifischen Wechselwirkung auf der gegenüberliegenden Seite, dort nämlich, wo in bestimmter Weise die komplementären Basen einander zugekehrt sind. Hier haben sich Oligopeptide und später auch Polypeptide, die zufällig entstanden, mit bestimmten Nukleotidsequenzen verknüpft, und über eine lange Zeit war die Erkennung und Bindung bestimmter Nukleotidsequenzen durch bestimmte Aminosäuresequenzen ein Spiel im großen Experimentierfeld der Natur. In diesem Durchspielen von passenden Nukleotidsequenzen mit Aminosäuren ist vielleicht auch der Ursprung für den genetischen Code gelegt worden. Für das Verständnis der Evolution kann die Antwort auf die Frage, ob die Information Produkt reinen Zufalls oder gesetzmäßig entstanden sei, nur lauten, daß die Wirkung des Zufalls schrittweise eingeschränkt worden ist. Zufällig entstehen ganz verschiedene Sequenzen, von denen einige in unterschiedlicher Qualität die gleiche oder eine ähnliche Funktion erfüllen. Hier tritt sofort das Element der Selektion und damit auch das Element der Notwendigkeit auf.

Im Verlaufe der Entwicklung haben sich später hochspezialisierte Erkennungsleistungen herausgebildet. Nukleinsäurepolymerasen erkennen Anfang und Ende der zu kopierenden Strecke an Hand spezifischer Nukleotidsequenzen. Repressoren erkennen ebenfalls spezifische Nukleotidsequenzen. Ribosomale Proteine gehen mit der ribosomalen RNS besonders strukturierte Wechselwirkungen ein, und die dabei geschaffenen Gebilde ermöglichen die Proteinsynthese. Ein erster Höhepunkt dieser Entwicklung war der selbstinstruktive, autokatalytische, komplementäre Nukleinsäure-Doppelstrang in Wechselwirkung mit Eiweißen, der eine hohe Replikationsrate aufwies. Ein weiterer Höhepunkt war die Synthese spezifisch wechselwirkender Proteine unmittelbar an solchen stabilen Nukleotidsequenzen. Dies ist der Schritt der Nutzung des Systems als Information für die Proteinsynthese. Die räumliche Trennung, wie sie uns heute begegnet, zwischen der DNS und dem Proteinsyntheseapparat, ist sicher später gekommen.

Dies ist die eigentliche Geburtsstunde der genetischen Information, da jetzt die Nukleotidsequenz ein Eiweiß hervorbringt. Nicht ausgeschlossen ist natürlich, daß die Nutzung von Nukleotidsequenzen für die Polymerasesynthese bereits von Anfang an probiert wurde, daß Polymerase und die zugehörige Nukleotidsequenz von vornherein die entscheidende Wechselwirkung darstellten. In diesem Falle wäre die Entstehung genetischer Informationen synchron mit der Entstehung von Nukleinsäuren und Polypeptiden anzusehen. Die Entstehung der genetischen Information ist nicht an die Entstehung der Zelle gebunden. So haben sich wesentliche Voraussetzungen des Lebens, also auch die Information, als Prinzip bereits vorher entwickelt. Die reine Zufälligkeit bei der Entstehung der präbiotischen Etappen des späteren Lebens wurde von vornherein durch die Entwicklung von Wechselwirkungen zwischen Nukleinsäuren und Eiweißen im Sinne von Stabilisierung, Rückkopplung und Replikation eingeschränkt. Hierbei haben die Eiweiße mit einem hohen Ausmaß an Erkennungs- und Katalysekapazität und die Nukleinsäuren mit der spezifischen Selbstinstruktion sich gegenseitig ergänzt. Keine der Makromolekülarten konnte gleichzeitig Instruktion und katalytische Replikation der Information gewährleisten. Ein folgender Schritt in der Entwicklung ist die Kompartmentierung dieser Systeme, die aber im Prinzip früher von Oparin bereits am Beispiel der Koazervatbildung gedacht worden ist[1]).

Die Zufallsrate der makromolekularen Bewegung wurde weiter dadurch eingeschränkt, daß der örtlich begrenzte Vorrat an freien Nukleotiden infolge der katalytischen Konzentrierungsarbeit der Eiweiße bevorzugt durch jene Nukleinsäuremoleküle verbraucht wurde, die sich gegenüber anderen schneller und intensiver replizieren konnten. Hier wurden Vermehrungstendenzen mit Verbrauchstendenzen, Molekülgrößen mit Bausteinkonzentrationen in Beziehung gesetzt und das allgemeine Spiel des absoluten „reinen Zufalls“ eingeschränkt auf ein Spiel nach Regeln, bei dem stets derjenige (Nukleinsäure-Protein-Komplex) gewann, der die größte Menge Unordnung aus seiner Umgebung in die größte Menge Ordnung seiner eigenen Replikation verwandeln konnte.

Eine uneingeschränkte Zufälligkeit bei der Entstehung funktionsfähiger Nukleinsäure-Eiweißkomplexe ist auch auf Grund der Tatsache sehr unwahrscheinlich, daß das Durchprobieren aller theoretisch denkbaren Makromoleküle zur Auffindung eben der funktionstüchtigen Struktur eine astronomisch hohe Zahl verschiedener Makromoleküle verlangen würde, nämlich 10^{130}, die weder im Sonnensystem noch in dem sonst uns bekannten Weltraum Platz haben würden. Infolgedessen hat entweder ein „Glückstreffer“ in einem sehr frühen Stadium dieser „Versuche“ eben die richtigen Makromoleküle hervorgebracht, oder sie haben sich gesetzmäßig Schritt für Schritt entwickelt und jeder Schritt schloß den Zufall sowie Rückkopplung und Prüfung des Erreichten ein und schuf gleichzeitig damit die Bedingungen für den nächsten Schritt. Wir sind der Auffassung, daß letzteres, weil auf den Gesetzen der Physik und Chemie beruhend, der Weg war, auf dem sich die Anfänge der Entstehung genetischer Informationen und damit des Lebens vollzogen haben.

Nach Monod ist die Wahrscheinlichkeit für diesen Glückstreffer der Entstehung und Evolution des Lebens fast gleich Null. „Unsere Losnummer kam beim Glücksspiel heraus. Ist es da verwunderlich, daß wir unser Dasein als sonderbar empfinden — wie

[1]) A. I. Oparin: Die Entstehung des Lebens auf der Erde. Berlin 1957

jemand, der im Glücksspiel eine Milliarde gewonnen hat?"[1]) Anders ausgedrückt heißt dies, daß es keine rationale Begründung für die Entstehung und Entwicklung lebender Systeme und dann natürlich auch nicht für die menschliche Gesellschaft gibt. So kann man wohl den Ausspruch von François Mauriac verstehen: „Was dieser Professor sagt, ist noch viel unglaublicher als das, was wir armen Christen glauben"[2]).

Die Vorstellung vom absoluten Zufall, wie sie Monod entwickelt, führt daher letztlich zur Schöpfungsvorstellung. Diesen Schluß zieht dann auch J. Haas, der, bezugnehmend auf die erwähnte Behauptung Monods, schreibt: „Die einleuchtendste Ursache für die Verwirklichung einer planmäßigen (teleonomen) Struktur und Leistung, wenn diese auf Grund vorliegender Bedingungen als im höchsten Maße unwahrscheinlich erscheinen, ist das Wirken eines intellektbegabten Wesens. In diesem Sinne spricht die so unvorstellbar kleine a priori-Wahrscheinlichkeit bei der Entstehung und Evolution der Biosphäre für das Wirken eines Wesens mit höchster Intellektualität, welches man im herkömmlichen Sprachgebrauch als ‚Schöpfer' bezeichnet"[3]).

Monod selbst meint allerdings, mit seinen Vorstellungen nicht nur den Marxismus, sondern auch die Religion überwunden zu haben. Die Behauptung, daß die Entstehung des Lebens und des Menschen dem absoluten Zufall geschuldet sei, führt ihn zu der Annahme, daß das Leben durch ein einziges Ereignis im Universum aufgetaucht sei. Daraus leitet Monod den Versuch ab, den Existentialismus naturwissenschaftlich zu stützen. Der Mensch sei in ein stummes, ihm gegenüber gleichgültiges und fremdes Universum geworfen, ohne daß es einen Werfer gäbe. Der Mensch müsse diese Einsicht nicht nur als objektive Wahrheit der Wissenschaft, sondern auch als Wahrheit des eigenen Lebens annehmen, und zwar gegen das eigene Bedürfnis nach totaler Erklärung und absoluter Rettung.

Als objektive Wahrheit der Wissenschaft können wir jedoch nur erkennen, daß die Entstehung des Lebens an eine Reihe physikalisch eindeutig begründbarer Eigenschaften gebunden ist, daß die Vorbedingungen zur Ausbildung dieser Eigenschaften sich schrittweise herausgebildet haben, so daß, wie M. Eigen hervorhebt, „... der Ursprung des Lebens sich ebensowenig wie die Evolution der Arten als einmalig vollzogener Schöpfungsakt darstellen läßt"[4]). Als Wahrheit für unser eigenes Leben nehmen wir daraus nicht die Hoffnung auf totale Erklärung oder absolute Rettung, sondern die Gewißheit der Existenz von für den Menschen prinzipiell erkennbaren und im Prozeß seiner weiteren Entwicklung immer besser beherrschbaren Gesetzmäßigkeiten in allen Bereichen der objektiven Realität.

7. Evolution als Optimierungsprozeß

Monod behauptet, daß Engels auf Grund der Naturdialektik dazu geführt worden sei, zwei der größten Entdeckungen seiner Zeit, nämlich den zweiten Hauptsatz der Thermodynamik und die Darwinsche Erklärung der Evolution durch die Selektion, zu verwerfen. Diese Behauptung ist eine Fälschung. Engels hat diese fundamentalen

[1]) J. Monod: Zufall und Notwendigkeit, 178/179

[2]) Zitiert bei: Ebenda, 171

[3]) J. Haas: Monods Zufall und Notwendigkeit. In: Stimmen der Zeit, Heft 1, 1972

[4]) M. Eigen: Selforganization of Matter and the Evolution of Biological Macromolecules. In: Die Naturwissenschaften, Heft 10, 1971, 522

Errungenschaften der Physik und der Biologie nicht abgelehnt, sondern im Gegenteil tiefer verstanden als seine Zeitgenossen. Seine kritischen Bemerkungen in der „Dialektik der Natur" wenden sich gegen das Wirken des platten „reinen" Zufalls sowohl beim zweiten Hauptsatz wie beim Selektionsprinzip und führen uns dazu, in beiden Fällen die Dialektik von Zufall und Notwendigkeit zu beachten. Wir können in bezug auf den zweiten Hauptsatz der Thermodynamik auf eine Arbeit von H.-J. TREDER[1]) verweisen. Der Autor hebt das Genie ENGELS' und die Tiefe seiner Einsichten in die Entwicklung der Physik hervor, der zehn Jahre vor jedem anderen die logische Notwendigkeit der rein statistischen Natur des zweiten Hauptsatzes der Thermodynamik aufgedeckt hat, während führende Thermodynamiker wie PLANCK noch 1895 dazu neigten, den zweiten Hauptsatz der Thermodynamik für ein *absolut* gültiges Naturgesetz zu halten und aus diesem Grunde der Atomistik damals skeptisch gegenüberstanden.

Der zweite Hauptsatz der Thermodynamik sagt aus, daß in jedem abgeschlossenen System die möglichen Prozesse so ablaufen, daß die Entropie zunimmt oder wenigstens nicht abnimmt. Die Entropie ist dabei eine Größe, die ein Maß für die im System herrschende Unordnung angibt. So hat z. B. ein mit Gas gefülltes Gefäß, in dem alle Gasmoleküle in einer Ecke konzentriert sind, eine geringere Entropie als das gleiche Gefäß, bei dem die Moleküle regellos über den ganzen zur Verfügung stehenden Raum verteilt sind. Sich selbst überlassen, geht deshalb das Gefäß nach dem zweiten Hauptsatz vom ersten in den zweiten Zustand über, aber niemals umgekehrt. Der zweite Hauptsatz läßt sich auch als Maximalprinzip formulieren: In jedem abgeschlossenen System strebt die Entropie einem Maximum zu.

Die Selektion bedeutet das Überleben des am besten an die Umwelt angepaßten Organismus oder der am besten angepaßten Art. Die Lebewesen mit einer größeren Fortpflanzungsrate (Zahl der zur Fortpflanzung kommenden Nachkommen pro Lebewesen und pro Zeiteinheit) sind gegenüber den Lebewesen mit geringerer Fortpflanzungsrate im Vorteil, und sie setzen sich durch. Der Vererbungsmechanismus mit seinen zufälligen Veränderungen (Mutationen) läßt immer neue Lebewesen entstehen, die von ihren Vorfahren in günstiger und ungünstiger Richtung abweichen. Beides, Wirken des Zufalls und Selektion, erklärt die Evolution, die Höherentwicklung der Lebewesen zu immer höherer Organisation.

Beide Prinzipien, der zweite Hauptsatz der Thermodynamik und das Selektionsprinzip der Evolution machen eine Aussage über die Richtung der Prozesse: In rein physikalischen Prozessen nimmt die Ordnung ab, in biologischen Prozessen nimmt die Ordnung zu. Darin wurde von vielen Wissenschaftlern und Philosophen der grundsätzliche Unterschied zwischen Physik und Biologie gesehen, und die Vitalisten gingen soweit zu behaupten, daß es in den Lebewesen eine besondere Lebenskraft gebe mit der Fähigkeit, den zweiten Hauptsatz außer Kraft zu setzen.

In der Tat handelt es sich aber bei Lebewesen um energetisch offene Systeme, die auswählen und konzentrieren können. Wenn man das Planetensystem, speziell das System Erde—Sonne als abgeschlossenes System betrachtet (was mit großer Annäherung für sehr lange Zeiten zulässig ist), so gilt für dieses System der zweite Hauptsatz, obwohl die Ordnung in den einzelnen Lebewesen und in der ganzen Biosphäre zunimmt. Diese selbst ist kein abgeschlossenes System, und die irreversible Thermodynamik, die

[1]) H.-J. TREDER: FRIEDRICH ENGELS' Kritik an der absoluten Gültigkeit des zweiten Hauptsatzes der Thermodynamik. In: Spektrum, Heft 2, 1971

Thermodynamik der offenen Systeme wurde erst in den letzten Jahrzehnten entwickelt, gerade auch im Hinblick auf ein tieferes biophysikalisches Verständnis der Lebensprozesse.

Die Evolution läßt sich in zweifacher Weise als Optimierungsprozeß deuten, wobei das Selektionsprinzip an die Stelle der Institution tritt, die das Optimalitätskriterium festlegt, ohne die der Begriff der Optimalität nicht definiert ist.

Wenn wir die oben angegebene Beschreibung des Selektionsprinzips wieder aufnehmen, so können wir in grober Vereinfachung der reichen, formen- und farbenfrohen Tier- und Pflanzenwelt formulieren: Auf Grund des Selektionsprinzips entwickelt sich das Leben in der jeweils gegebenen Umwelt so, daß sich unter den vorhandenen und entstehenden Biosystemen diejenigen durchsetzen und folglich heute anzutreffen sind, die die größte Fortpflanzungsrate haben. Hierbei kann unter einem Biosystem eine Art, aber auch eine Gemeinschaft von Arten gemeint sein. Es ist auch zu beachten, daß eine Art der anderen als Nahrung dienen kann. Schließlich muß noch die Möglichkeit der aktiven Veränderung der gegebenen Umwelt berücksichtigt werden, die schon im Tierreich auftritt (z. B. Termiten oder Biber), aber für den Menschen, da bewußt vollzogen, typisch ist.

Von C. F. v. Weizsäcker[1]) wurde ein anderes Optimalitätsprinzip aufgestellt, das sich aus dem Selektionsprinzip ergibt und das Einwände von Lecomte de Noüy und van der Waerden gegen den Darwinismus entkräftet. van der Waerden berechnet, daß das Entstehen eines so komplizierten Organes wie etwa des Säugetierauges durch eine große Zahl von einzelnen Zufallsschritten unverhältnismäßig mehr Zeit benötigen muß als die 4 Milliarden Jahre, die bestenfalls auf der Erde zur Entstehung und Entwicklung des Lebens zur Verfügung gestanden haben. Es sei deshalb anzunehmen, daß es ein uns noch unbekanntes prinzipiell anders als die Selektion funktionierendes biologisches Prinzip geben muß. Weizsäcker entgegnet: Die Grundvoraussetzung der Gleichwahrscheinlichkeit aller möglichen Kombinationen und die Unabhängigkeit der einzelnen Schritte voneinander, die van der Waerden benutzt, ist unberechtigt. Stellen wir uns alle möglichen Wege vor, die die Natur einschlagen kann, um im Laufe der Evolution bis zum Auge zu gelangen. Die Zahl der möglichen Wege ist unübersehbar groß. Die Wissenschaftler können bis heute nicht einmal einen einzigen solchen Weg angeben! Eins aber ist sicher: Unter allen möglichen Wegen hat die Natur einen Weg ausgewählt, der ein Minimum an Zeit verlangte; denn das Lebewesen, das zuerst mit einem vollkommenen Auge ausgestattet war, ist allen Lebewesen, die einen längeren Weg eingeschlagen haben, überlegen: Das Lebewesen, das zuerst ans Ziel gelangt ist, ist das heute existierende und hat die anderen überlebt.

Das Weizsäckersche Optimalitätsprinzip läßt sich etwa wie folgt formulieren: Auf Grund des Selektionsprinzips hat sich ein heute bestehendes Biosystem auf dem schnellsten unter den gegebenen Umweltbedingungen möglichen Wege entwickelt. Unter dieses Prinzip fallen auch Lebewesen, wie die Blaualgen, die sich seit Milliarden von Jahren nicht mehr verändert haben, das Prinzip verlangt nur, daß die Entwicklung bis zu der ersten in der heutigen Form existierenden Blaualge auf dem kürzesten Weg geschehen ist. In diesem Zusammenhang ist es bemerkenswert, daß das Tintenfischauge, das entwicklungsgeschichtlich einen ganz anderen Weg gegangen ist als das Säugetierauge, zum

[1]) C. F. von Weizsäcker: Über das Verhältnis von Physik und Biologie. In: Wissenschaftliche Welt, Heft 5, 1966, 15/16; C. F. von Weizsäcker: Die Einheit der Natur. München 1971, 286

gleichen Konstruktionsplan geführt hat. Das ist neben dem Bestehen der beiden Optimalitätsprinzipien ein Beweis dafür, daß Gesetzmäßigkeiten die Evolution bestimmen.

Wie M. EIGEN[1]) in seiner jüngsten Arbeit deutlich werden läßt, ist DARWINS Prinzip kein der Biosphäre allein angehörendes nicht rückführbares Phänomen, sondern erweist sich als ein an bestimmte physikalische Voraussetzungen gebundenes Optimialitätsprinzip. Er geht dabei von der Thermodynamik der offenen Systeme aus. PRIGOGINE und GLANSDORFF[2]) haben gezeigt, daß es offene Systeme gibt, bei denen die Entropie in der Nähe eines Fließgleichgewichtes abnimmt. Das trifft insbesondere für offene Systeme zu, in denen sich autokatalytische Reaktionen abspielen. Da die Entropie abnimmt, ist das Fließgleichgewicht nicht stabil, das System strebt dabei auf Kosten seiner Umgebung einem Zustand mit geringerer Entropie, also höherer Ordnung zu. Im Gegensatz zur Thermodynamik der geschlossenen Systeme strebt also hier nicht die Entropie, sondern die Organisation einem Maximum zu.

Auf Grund dieser Theorie lassen sich Begriffe wie Selektionsspannung und Selektionswert physikalisch objektivieren und quantitativ formulieren. Damit erscheint das DARWINsche Prinzip als ein an bestimmte physikalische Bedingungen gebundenes ableitbares Optimalitätsprinzip. „Jedes durch Mutation und Selektion erhaltene System ist hinsichtlich seiner individuellen Struktur unbestimmt, trotzdem ist der resultierende Vorgang der Evolution zwangsläufig — also Gesetz. Das Auftreten einer Mutation mit selektivem Vorteil entspricht einer Instabilität, die mit Hilfe des Prinzips von PRIGOGINE und GLANSDORFF für stationäre, irreversible thermodynamische Prozesse als solche erklärt werden kann. Der Optimierungsvorgang der Evolution ist somit im Prinzip unausweichlich, hinsichtlich der Auswahl der individuellen Route jedoch nicht determiniert“[3]).

Durch die quantitative Formulierung des Selektionswertes und auf Grund der Evolution als Optimierungsprozesse werden Fragen der Evolution von konkurrierenden und kooperierenden Arten auch der Behandlung durch die Spieltheorie, der mathematischen Theorie vom optimalen Verhalten in Konfliktsituationen zugänglich. EIGEN spricht in seiner Arbeit von der Spieltheorie als einem „Schlüssel zu weiterer Verallgemeinerung der Evolutionstheorie“[4]). Nach BREMERMANN[5]) können die Evolutionsprozesse als optimale Prozesse mit Hilfe der Theorie der optimalen Steuerung von Prozessen behandelt werden, die sich ebenso wie die Spieltheorie zu einer mathematisch weit ausgebauten Theorie entwickelt hat.

Die Darlegungen führen u. a. zu zwei Fragen: 1. zu der Frage nach den Beziehungen zwischen Physik, Chemie und Biologie und 2. zu der Frage nach der, wie MONOD es nennt, „anthropozentrischen Illusion“. Biochemie, Molekularbiologie und Kybernetik machen endgültig klar, daß es keine Kluft zwischen nicht lebender und lebender Natur

[1]) M. EIGEN: Selforganization of Matter and the Evolution of Biological Macromulecules. In: Die Naturwissenschaften, Heft 10, 1971

[2]) P. GLANSDORFF, J. PRIGOGINE: Thermodynamic Theory of Structure, Stability and Fluctuations. London 1971

[3]) Siehe: M. EIGEN: In: Die Naturwissenschaften, Heft 10, 1971, 521

[4]) Ebenda: 518

[5]) H. BREMERMANN: On the Dynamics and Trajectories of Evolution Processes. Wien/Heidelberg/New York 1972. Zum Problem der biologischen Evolution als Optimierungsprozeß vgl.: H. BREMERMANN: Optimization through Evolution and Recombination. In: Selforganizing Systems 1962. Washington 1962

gibt. Das bedeutet jedoch nicht, daß die Lebensprozesse gegenüber den „rein“ physikalisch-chemischen Prozessen keine Spezifik besitzen. Die Prinzipien der Physik und Chemie äußern sich in den Lebensprozessen in einer besonderen, für diese spezifischen Art und Weise. Dies wird besonders deutlich bei dem für die Theorie der Informationserzeugung charakteristischen, von EIGEN entwickelten, physikalisch ableitbaren Wertkonzept, das den Optimierungsprozeß der Evolution beherrscht.

Die moderne Wissenschaftsentwicklung zeigt die außerordentlich enge Verbindung von Physik, Chemie und Biologie. Die biologische Bewegungsform der Materie läßt sich als physikalisch-chemische Bewegung erklären, jedoch, und das ist das Entscheidende, auf einer neuen höheren Ebene der Komplexität (des gesamten Niveaus der Organisation) des Systems, einer stärkeren inneren Determination und damit qualitativ unterschieden von der einfachen physikalisch-chemischen Bewegung der Materie. Die biologischen Gesetzmäßigkeiten widersprechen nicht den einfachen Gesetzen des Verhaltens auf niederer Ebene, lassen sich jedoch auch nicht auf diese reduzieren, da sie gegenüber den einfacheren physikalisch-chemischen Gesetzen integralen Charakter tragen, sie umfassen diese, sie schränken die Vielzahl der Möglichkeiten der physikalisch-chemischen Bewegungsform der Materie ein, woraus sich neue Möglichkeiten der weiteren Entwicklung ergeben. Ein dialektisch-materialistisches Verständnis der engen Beziehungen zwischen Physik, Chemie und Biologie steht sowohl dem Vitalismus als auch dem Mechanizismus entgegen: Es muß jedoch auch hinausgehen über die Konzeption der verallgemeinerten Komplementarität, derzufolge biologische Gesetze als Ergänzung physikalisch-chemischer Gesetze zu verstehen sind. Spezifische Struktur, Ganzheit, Komplexität und Variabilität sind für das lebende System charakteristisch; sind nicht etwas Zusätzliches, sondern etwas, das den „rein“ physikochemischen Prozeß modifiziert. Damit wird das Dilemma des reinen Mechanismus oder Vitalismus überwunden.

MONOD unterscheidet zwischen Vitalisten wie BERGSON, die zur Erklärung der Lebensprozesse ein geistiges Prinzip (élan vital) einführen, und „wissenschaftlichen Vitalisten“, zu denen er z. B. DRIESCH, BOHR und ELSASSER rechnet, die einen die physikalisch-chemischen Prozesse ergänzenden rein biologischen Prozeß annehmen[1]). Während im ersten Falle die belebte Materie in direktem Gegensatz zur unbelebten Materie steht, sind es im zweiten, entsprechend dem Komplementaritätsprinzip zwei sich gleichzeitig ausschließende und ergänzende Seiten der Materie. Weiter gibt es nach MONOD die „Animisten“, zu denen er TEILHARD DE CHARDIN und zu Unrecht auch die Vertreter des dialektischen Materialismus rechnet. Nach MONOD projizieren die Animisten ihr menschliches Wesen in die ganze belebte und unbelebte Natur, deren einziges und von vornherein gegebenes Ziel die Hervorbringung des Menschen sei. Mit seiner Kampfansage gegen die, wie er sagt, „anthropozentrische Illusion“ wendet sich J. MONOD zunächst zu Recht gegen die teleologische Entwicklungskonzeption von TEILHARD DE CHARDIN,

[1]) Wenn hier im einzelnen auch nicht darauf eingegangen werden kann, so sei doch vermerkt, daß u. E. auch die Gleichsetzung von H. DRIESCHS Auffassungen mit denen von N. BOHR und W. ELSASSER nicht gerechtfertigt ist. Wenn durch die Konzeption der verallgemeinerten Komplementarität das Problem des Mechanismus-Vitalismus-Streites auch nicht wirklich gelöst wird, so ist die Position selbst jedoch kein Vitalismus im Sinne DRIESCHS. Sie geht ja gerade von der Erkenntnis der Fehlerhaftigkeit des Vitalismus, aber auch des Mechanizismus aus. W. ELSASSER grenzt sich deutlich von DRIESCHS Anahme eines nichtphysikalischen Prinzips, das die Materie kontrolliert, solange sie lebend ist, ab. (Vgl.: W. M. ELSASSER: Atom and Organism, a New Approach to Theoretical Biology. Princeton 1966)

für den alle Entwicklung ausgerichtet ist auf die Hervorbringung des Menschen und über die menschliche Gemeinschaft zum Punkte Omega[1]).

Nach einer durchaus richtigen, der Bedeutung[2]) des Teilhardismus für das katholische Denken jedoch nicht voll gerecht werdenden Kritik an den idealistischen Auffassungen von Pater TEILHARD DE CHARDIN behauptet MONOD aber, daß dies die zentrale Idee des „Progressismus" des 19. Jahrhunderts sei, die man auch bei SPENCER und bei MARX und ENGELS finde. MONOD wendet sich gegen die Dialektik der Natur, weil, wie er meint, durch sie der Mensch ungerechtfertigt stark in den Mittelpunkt gerückt wird. „Ursache, dieser Fehler ist ganz gewiß die anthropozentrische Illusion. Die heliozentrische Theorie, der Trägheitsbegriff, der Objektivitätsgrundsatz — das alles konnte nicht ausreichen, um das alte Trugbild zu zerstreuen, weit davon entfernt, die Illusion verschwinden zu lassen, schien die Evolutionstheorie ihr neue Realität zu verleihen, indem sie den Menschen nun nicht mehr zum Mittelpunkt, dafür aber zum seit jeher erwarteten natürlichen Erben des gesamten Universums machte. Endlich konnte Gott sterben, weil an seine Stelle diese neue grandiose Täuschung trat. Von nun an ist es die höchste Absicht der Wissenschaft, gestützt auf wenige Grundsätze, eine einheitliche Theorie zu formulieren, die die gesamte Wirklichkeit einschließlich der Biosphäre und des Menschen erklärt. Von dieser erhebenden Gewißheit nährt sich der wissenschaftliche Fortschrittsglaube des 19. Jahrhunderts. Diese einheitliche Theorie glaubten die materialistischen Dialektiker tatsächlich schon formuliert zu haben"[3]).

MONOD hat recht, wenn er sich gegen die Auffassung wendet, daß alle Entwicklung darauf gerichtet sei, den Menschen hervorzubringen. Er hat jedoch unrecht, wenn er eine solche präformistische oder teleologische Konzeption dem dialektischen Materialismus unterstellt. So schrieb MARX 1861 an LASSALLE: „Sehr bedeutend ist DARWINS Schrift ..., hier (ist) zuerst der ‚Teleologie' in der Naturwissenschaft nicht nur der Todesstoß gegeben, sondern der rationelle Sinn derselben empirisch auseinandergelegt"[4]). Auch ENGELS wußte, daß die objektive Zufälligkeit im Lebensgeschehen mit teleologischen Konzeptionen unvereinbar ist.

Man kann daher auch nicht aus den Bemerkungen: „In Wahrheit aber ist es die Natur der Materie, zur Entwicklung denkender Wesen fortzuschreiten, und dies geschieht daher auch notwendig immer, wo die Bedingungen (nicht notwendig überall und immer dieselben) dazu vorhanden"[5]), wie auch nicht aus der von MONOD angeführten ähnlichen Textstelle[6]) eine anthropozentrische teleologische Position, den Gedanken einer schematischen Wiederholung der Hervorbringung des Menschen als einzigen Zweck, als „Bestimmung", als höchstes Ziel der Entwicklung der Materie herauslesen.

J. MONOD wendet sich gegen die Dialektik der Natur, weil durch sie, wie er meint, menschliche Vorstellungen in die Natur projiziert würden.

Nach der Auffassung des dialektischen Materialismus ist jedoch, wie wir einleitend schon ausgeführt haben, die Dialektik des Denkens die Widerspiegelung der in der Wirklichkeit objektiv existierenden dialektischen Verhältnisse und Beziehungen. Es gehört

[1]) P. TEILHARD DE CHARDIN: Der Mensch im Kosmos. Berlin 1959

[2]) Beiträge von O. KLOHR und H. TREBS zur Deutung von TEILHARD in: P. THEILHARD DE CHARDIN: Der Mensch im Kosmos

[3]) J. MONOD: Zufall und Notwendigkeit, 54/55

[4]) MARX an F. LASALLE. 16. Januar 1861. In: K. MARX, F. ENGELS: Werke, **30**, 578

[5]) F. ENGELS: Dialektik der Natur. In: K. MARX, F. ENGELS: Werke, **20**, 479

[6]) Ebenda: 327

zu den größten erkenntnistheoretischen Leistungen des dialektischen Materialismus, auf die Fähigkeit des menschlichen Gehirns zur subjektiven Widerspiegelung der objektiven Realität nachdrücklich hingewiesen und deutlich gemacht zu haben, daß diese Fähigkeit zur Informationsaufnahme und -verarbeitung selbst sich aus niederen Formen entwickelt hat und damit zumindest teilweise den Gesetzen der biologischen Anpassung unterworfen war. Damit wurde verständlich, daß ein materielles Substrat, das sich durch verschiedene Stufen der Auseinandersetzung von Lebewesen mit der Umwelt zur höchsten Leistungsform des Gehirns entwickelt hat, komplizierteste Entwicklungsprozesse und dialektische Wechselwirkungen der Materie aufzudecken in der Lage ist.

In diesem Zusammenhang möchten wir an die Hypothese W. I. Lenins erinnern, wonach Widerspiegelung möglicherweise eine allgemeine Eigenschaft der Materie ist[1]). Gerade die Ergebnisse der Molekularbiologie über Erkennungsleistungen von makromolekularen Systemen und Regulationsvorgängen im Zellstoffwechsel oder der Kybernetik bei Untersuchungen über Informationserzeugung und -verarbeitung weisen nachdrücklich auf die Berechtigung solcher Annahmen hin. Der entscheidende Beweis für die Tatsache der Widerspiegelung der objektiven Dialektik im menschlichen Denken liegt natürlich in der zunehmenden Beherrschung natürlicher und gesellschaftlicher Prozesse, in den Resultaten der Laboratorien und der Industrie.

Hinsichtlich des Vorwurfs einer animistischen Projektion muß also festgestellt werden, daß Monod den prinzipiellen Unterschied zwischen der materialistischen Dialektik von Marx und Engels und der idealistischen Dialektik Hegels nicht erfaßt hat. So sieht er auch nicht den Unterschied zwischen der dialektisch-materialistischen Entwicklungskonzeption und der teleologischen, mystifizierten Entwicklungskonzeption von Teilhard de Chardin, sondern behandelt beide gleich.

Für Teilhard de Chardin ist in der Tat das höchste Ziel der Evolution die Hervorbringung des Menschen und damit des Bewußtseins, wobei auch auf niederen Entwicklungsstufen, wenn auch nur in Keimform, schon Bewußtsein vorliegen soll[2]).

Wenn vom dialektischen Materialismus als Hypothese formuliert wird, daß möglicherweise die Widerspiegelung eine allgemeine Eigenschaft der Materie sei, dann wird davon ausgegangen, daß sich diese Eigenschaft im Zuge ihrer Entwicklung, in dialektischer Einheit von Notwendigkeit und Zufall, schrittweise, über qualitative Sprünge zu immer höheren Formen der Widerspiegelung, bis zu ihrer höchsten Stufe, der ideellen Widerspiegelung, entwickelt hat. Auch hier liegt weder ein völlig prädeterminierter noch völlig indeterminierter Prozeß vor.

Die Evolution als Optimierungsprozeß ist gerade ein Ausdruck der gesetzmäßigen Entwicklung der Materie zu höherer Organisation bei Unbestimmtheit der Realisierung im Einzelprozeß. Sie bedeutet weder den Prädeterminismus noch den Indeterminismus. Wie eingangs schon festgestellt wurde, kennt Monod nur die absolute Notwendigkeit einerseits und den absoluten Zufall andererseits, aber nicht die Einheit von Notwendigkeit und Zufall in der objektiven Möglichkeit. Auf einer solchen Grundlage ist es ihm nicht möglich, den gesetzmäßigen Übergang von einer Bewegungsform der Materie in eine andere zu erfassen, denn wenn es gesetzmäßig, im Sinne von absolut notwendig wäre, dann müßte in der Tat alles schon auf die Entwicklung des Menschen hin angelegt ge-

[1]) W. I. Lenin: Materialismus und Empiriokritizismus. In: W. I. Lenin: Werke, **14**, 37f.

[2]) K. Fuchs-Kittowski: Information, ihre Speicherung und Verarbeitung in biomolekularen Systemen. In: Philosophische Probleme der modernen Genetik. Berlin 1972

wesen sein. MONOD hebt dagegen die absolute Einmaligkeit der Entstehung des Menschen als Art hervor, die einem absoluten Zufall zu danken sei.

Aus der Annahme der absoluten Einmaligkeit der Entstehung des Menschen zieht MONOD folgenden pessimistischen existentialistischen Schluß: „Der Mensch muß endlich aus seinem jahrtausendealten Traum erwachen und seine totale Einsamkeit, seine radikale Fremdheit entdecken. Er weiß jetzt, daß er wie ein Zigeuner am Rande des Universums umherzieht, in dem er leben muß. In einem Universum, das taub für seine Musik, indifferent gegenüber seinen Hoffnungen, seinen Leiden und seinen Verbrechen ist"[1]).

Für KARL MARX dagegen führt die Entwicklung des Menschen nicht zur Vereinzelung und Vereinsamung, sondern er sieht in der kommunistischen Gesellschaft die Form des Zusammenlebens der Menschen, wo die Freiheit des einzelnen die Bedingung der Freiheit aller ist. Der Begriff der Freiheit ist dabei aber gerade nicht mit dem Begriff des Indeterminismus gleichgesetzt, sondern beinhaltet im Gegenteil eine verstärkte Determinierung, eine Selbstdeterminierung, die aus dem gesellschaftlichen Wesen des Menschen, Mensch unter Menschen zu sein, hervorgeht, wobei, wie beim Übergang von einer Gesellschaftsformation zu einer anderen deutlich wird, die innere Determiniertheit sich erst schrittweise ausbildet und zu ihrer vollen Entfaltung das gesellschaftliche Eigentum an den Produktionsmitteln zur Voraussetzung hat.

8. Wissenschaftliche Voraussicht und gesellschaftliche Entwicklung. Zur Einheit von Marxismus-Leninismus und Wissenschaft

In seiner Arbeit über MARX hob LENIN hervor, daß die Verdienste von MARX und ENGELS darin bestehen, daß sie die Arbeiterklasse zu Selbsterkenntnis und Selbstbewußtsein erzogen und an die Stelle von Träumereien die Wissenschaft gesetzt haben. LENIN schrieb: „MARX, der den philosophischen Materialismus vertiefte und entwickelte, ührte ihn zu Ende und dehnte dessen Erkenntnis der Natur auf die Erkenntnis der menschlichen Gesellschaft aus. Der historische Materialismus von MARX war eine gewaltige Errungenschaft des wissenschaftlichen Denkens. Das Chaos und die Willkür, die bis dahin in den Anschauungen über Geschichte und Politik geherrscht hatten, wurden durch eine erstaunlich einheitliche und harmonische wissenschaftliche Theorie abgelöst, die zeigt, wie sich aus einer Form des gesellschaftlichen Lebens als Folge des Wachsens der Produktivkräfte eine andere, höhere Form entwickelt — aus dem Feudalismus zum Beispiel der Kapitalismus hervorgeht"[2]).

Während sich die Theorie und die wissenschaftlichen Voraussagen des Marxismus-Leninismus über die gesellschaftliche Entwicklung unserer Epoche in einer mehr als 130jährigen Praxis des Klassenkampfes glänzend bestätigt haben, gelangt MONOD aus der dargestellten Interpretation bestimmter Ergebnisse der Molekularbiologie, speziell durch Betrachtung des Lactose-Operons[3]) des Darmbakteriums *Escherichia coli*, zur Ablehnung der marxistisch-leninistischen Gesellschaftstheorie. Er schreibt: „Die marxistischen Gesellschaften bekennen sich noch immer zur materialistischen und dialektischen Religion der Geschichte. Ihre moralische Verfassung ist anscheinend solider

[1]) J. MONOD: Zufall und Notwendigkeit, 197f.

[2]) W. I. LENIN: Drei Quellen und drei Bestandteile des Marxismus. In: W. I. LENIN: Werke, 19, Berlin 1962, 5

[3]) Abschnitt auf der DNS, der die Verwertung von Milchzucker durch den Organismus steuert.

als jene der liberalen Gesellschaften, aber auch verletztlicher — vielleicht gerade wegen der Strenge, die bisher ihre Stärke ausgemacht hat. Ungeachtet dessen lassen sich alle diese im Animismus verwurzelten Systeme nicht mit der objektiven Erkenntnis und der Wahrheit vereinbaren; sie stehen der Wissenschaft gleichgültig und schließlich sogar feindselig gegenüber; sie wollen sich die Wissenschaft zunutze machen, aber sie wollen sie nicht respektieren und ihr dienen"[1]).

Nachdem wir im vorausgegangenen Abschnitt gezeigt haben, daß die naturphilosophischen Auffassungen MONODS von Grund auf falsch sind, ist es eigentlich von vornherein klar, daß die auf ihnen fußenden gesellschaftsphilosophischen Auffassungen nicht richtig sein können. Um aber die Einheit von marxistisch-leninistischer Philosophie und Wissenschaft auch in diesem Zusammenhang deutlich herauszustellen, soll hier auf die Fragen der Determiniertheit gesellschaftlicher Prozesse und der „Ethik der Erkenntnis" kurz eingegangen werden.

Während z. B. für SCHOPENHAUER die Geschichte eine chaotische Ansammlung von Fakten ist, ist sie für HEGEL ein einheitlicher geistiger Sinnzusammenhang. MONOD unterstellt MARX und ENGELS die Vorstellung HEGELS. MARX sieht aber in der Geschichte weder ein Chaos noch die Realisierung eines vorgegebenen Sinns. Die einander gesetzmäßig sich ablösenden Gesellschaftsformationen sind nicht im Sinne einer durchgehenden Teleologie zu verstehen, es gibt keinen „Sinn des Universums". Alle wirklichen Ziele und Zwecke gehen zurück auf den Menschen, der durch seine Tätigkeit sich selbst und die Welt verändert und in der sozialistischen Gesellschaft die Gesetzmäßigkeiten seines gesellschaftlichen Lebens immer besser beherrschen lernt. Das Schicksal des Menschen ist in der Tat nicht unvermeidbar und nicht seit allen Zeiten beschlossen, es steht nirgendwo geschrieben. Gerade dadurch, daß KARL MARX nicht von der Annahme eines allgemeinen, dem Menschen vorgegebenen Sinns der Welt ausgeht, wird die Geschichte zu einer Folge immer neuer Möglichkeiten, zu verstehen nur von einer materialistischen Philosophie der Widersprüche, der revolutionären Veränderung, die bewußt auf den Vorsatz lückenloser Deduktion aus einem vorgegebenen Prinzip verzichtet.

MONOD unterstellt dem Marxismus eine teleologische bzw. präformistische Entwicklungskonzeption; nach ihr vollziehe sich die Entwicklung auch der Gesellschaft in einer ununterbrochenen Kontinuität. Nicht das erste Mal versuchten Kritiker des Marxismus-Leninismus, die Gesetzmäßigkeit mit eindeutiger Vorausbestimmung gleichzusetzen. Immer wieder unterstellen sie uns eine fatalistische Konzeption von der geschichtlichen Entwicklung als einem Prozeß, in dem sich irgendein vorgegebner Plan verwirkliche. So schreibt MONOD: „Von PLATO bis HEGEL und MARX bieten die großen philosophischen Systeme alle eine gesellschaftliche Ontogenese ... Für MARX wie für HEGEL läuft die Geschichte nach einem immanenten, notwendigen und positiven Plan ab"[2]). Dem setzen MONOD wie auch andere Vertreter solcher Auffassungen die These von der voluntaristisch verstandenen schöpferischen Rolle des Subjekts, die Leugnung jeglicher historischen Notwendigkeit entgegen.

In Wirklichkeit schmälern aber gesellschaftliche Gesetze als allgemein-notwendige Zusammenhänge[3]) im Sinne des dialektischen Determinismus in keiner Weise die Aktivität des Subjekts, sondern ihre Beherrschung ist Grundbedingung für die Entfaltung

[1]) J. MONOD: Zufall und Notwendigkeit, 209

[2]) Ebenda: 206

[3]) Vgl.: K. FUCHS-KITTOWSKI: Probleme des Determinismus und der Kybernetik in der molekularen Biologie

der menschlichen Freiheit. Die Aktivität des Subjekts ist also nicht mit Willkür gleichzusetzen. Im Verlaufe der Geschichte werden die Verhältnisse, unter denen die Menschen tätig sind, immer mehr durch ihr Tun, durch ihr Wesen, Menschen unter Menschen zu sein, bestimmt. Die Menschen können aber die Verhältnisse nicht nach Belieben wählen. Es sind die Verhältnisse der *jeweiligen* Epoche, welche die Entwicklungs*möglichkeiten* bestimmen. Die allgemeine historische Notwendigkeit anzuerkennen und damit die allgemeine Richtung der gesellschaftlichen Entwicklung, heißt nicht, die Vielfalt der Möglichkeiten zu negieren[1]). Die Philosophie vor MARX verharrte auf Grund der Klassenschranken weitgehend in der Betrachtung, sie hatte daher auch kein oder nur ein abstraktes Verhältnis zur Zukunft. Die Philosophie der Arbeiterklasse dagegen stellt die Frage nach den objektiv realen Möglichkeiten zur Veränderung der Welt im Interesse der Menschen[2]).

MONOD versucht, einen „wirklichen Sozialismus" auf der „Ethik der Erkenntnis" zu begründen und greift den wissenschaftlichen Sozialismus von MARX und ENGELS weiterhin dadurch an, daß er ihm eine „totale Verwirrung von Wert- und Erkenntniskategorien" vorwirft. Die in der Naturwissenschaft wichtige methodische Trennung von Tatsachen- und Werturteil kann überall dort und speziell im gesellschaftlichen Bereich nicht aufrechterhalten werden, wo der Mensch einen Wert, ein Ziel erreichen will. Auch M. EIGEN „schaudert ... bei dem Gedanken einer Dogmatisierung des Objektivitätspostulats, die über die Forderung nach ständiger geistiger Auseinandersetzung hinausgeht"[3]), zurück. Das eigentliche Ziel der Wissenschaft, dem Wohle des Menschen zu dienen, könnte dabei verlorengehen, denn die Ziele naturwissenschaftlicher Forschung und die Garantie der sinnvollen Anwendung ihrer Ergebnisse ergeben sich nicht aus der Naturwissenschaft selbst.

Es muß weiter ganz entschieden deutlich gemacht werden (hier folgen wir einem Hinweis von KLAUS FUCHS), daß, wenn man, wie MONOD, das „reine" Wissen zum höchsten Wert erhebt, die Frage nach den Entscheidungskriterien der Wahrheit beantwortet werden muß. Damit tritt das „reine", „objektive" Wissen in eine enge Beziehung zum Ziel des Handelns und verliert so die Position des höchsten, allseitigen Wertes. Für den Marxismus-Leninismus ist das Entscheidungskriterium der Wahrheit nicht abstrakt, sondern es ist die umfassende theoretisch und empirisch gestützte Praxis. Diese Frage kann nicht von Philosophen beantwortet werden, die die Welt nur zu interpretieren versuchen, sondern nur von Philosophen, die gewillt sind, die Welt zu verändern. Der Marxismus-Leninismus ist nicht abseits von der Heerstraße der Wissenschaft und der menschlichen Kultur entstanden, er vereint höchste Wissenschaftlichkeit und Menschlichkeit. Da die Arbeiterklasse an keiner Mystifizierung und Erkenntnisschranke interessiert ist, vielmehr ihre Interessen mit dem historischen Entwicklungsprozeß des gesetzmäßigen Übergangs vom Kapitalismus zum Sozialismus übereinstimmen, fördern die sozialistischen Staaten die Entwicklung der Wissenschaften, nimmt der Marxismus-Leninismus alle weiterführenden Ergebnisse der Natur-, Struktur- und Gesellschaftswissenschaften in sich auf, um sie für den Fortschritt der gesellschaftlichen Entwicklung zu verallgemeinern und zu nutzen.

[1]) G. J. GLESERMAN: LENIN und die Probleme der wissenschaftlichen Voraussicht. In: Sowjetwissenschaft. Gesellschaftswissenschaftliche Beiträge, Heft 3/4, 1970

[2]) Siehe: K. FUCHS-KITTOWSKI: Probleme des Determinismus und der Kybernetik in der molekularen Biologie

[3]) Siehe: Vorwort zu J. MONOD: Zufall und Notwendigkeit, XVI

Selbstorganisation und Evolution[1])

K. FUCHS-KITTOWSKI und H. A. ROSENTHAL

Unter den modernen Naturwissenschaften nimmt die Molekularbiologie einen wichtigen Platz ein, versucht sie doch, auf Fragen nach dem Wesen, nach der Entstehung und Entwicklung des Lebens neue grundlegende Antworten zu geben.

Zuvor betrachtete man die lebende Zelle primär unter biologischen Gesichtspunkten: als Mikroorganismus oder im Zellverband. Man bemühte sich, ihre Beziehungen zu höheren Formen des Lebens aufzudecken. Dabei blieb jedoch die Hälfte des Problems im Dunkeln. Man konnte dazu verleitet werden, sich die Zelle ohne Vorformen zu denken und damit die Bedingtheit aller Erscheinungen im historischen Zusammenhang unbeachtet zu lassen. Der wissenschaftliche Fortschritt hat es nun ermöglicht, unsere Aufmerksamkeit auf die Ursprünge des Lebens zu lenken. Es wurde immer deutlicher, daß wir die Zelle nur als etwas in der Entwicklung Entstandenes verstehen können. Biochemie und Molekularbiologie leisten somit den seit DARWIN wichtigsten Beitrag für den Entwicklungsgedanken.

Wir beginnen jetzt zu verstehen. wie Leben entstanden ist. Dies wird besonders deutlich angesichts der beeindruckenden Arbeit zur Theorie der Primärevolution, die soeben von Nobelpreisträger MANFRED EIGEN vorgelegt wurde [1]. Sie bietet eine exakte physikalisch-mathematische Grundlage der DARWINschen Evolutionstheorie; die bisherigen Erkenntnisse anderer Forscher, wie die des Pioniers auf diesem Gebiet, OPARIN [2], die von SCHRAMM [3] u. a.[2]) lassen sich zwangslos einordnen.

EIGEN formuliert eine Theorie der Selbstorganisation der Materie und begründet, wie Information als Werteigenschaft in einem sich reproduzierenden Materiesystem entstehen kann. Wie er zeigt, erlaubt ein physikalisch eindeutig definierbarer Selektionswert die Selbstbewertung des Systems und entscheidet über die Erhaltung und weitere Evolution eines durch Zufall entstandenen Informationsgehaltes.

Dialektisches Denken erforderlich

Mit der von EIGEN behandelten Problematik werden insbesondere Fragen berührt, die für eine dialektisch-materialistische Entwicklungskonzeption und damit in engem Zusammenhang für eine dialektisch-materialistische Determinismuskonzeption von grundsätzlicher Bedeutung sind.

[1]) Wissenschaft und Fortschritt **22**, 308–313, 1972

[2]) Erinnert sei auch an die Arbeiten von VOLTERRA [4] und LOTKA [5], die zu den klassischen Untersuchungen im Rahmen einer allgemeinen Systemtheorie gehören. Diese Forscher zeigten zuerst,

Fast zur gleichen Zeit erschien die deutsche Übersetzung eines Buches von Nobelpreisträger Jacques Monod, „Zufall und Notwendigkeit“ [6][1]), in dem dieser zu fast den gleichen philosophischen Fragen Stellung nimmt — allerdings von entgegengesetzter Position[2]). Monod hat zwei zentrale Argumente gegen die objektive Dialektik in der Biosphäre, zu denen er durch Verabsolutieren bestimmter Seiten der Ergebnisse der Molekularbiologie gelangt: einerseits den Konservatismus (die Konstanz, mit der die Erbinformation übertragen wird), andererseits die Zufälligkeit der Mutation.

Eine Ursache für eine solche Haltung sehen wir in einigen Entwicklungsproblemen der modernen Biologie. „Als die moderne Physik sich herausbildete, gab es kaum einen Physiker, der sich nicht gezwungen fühlte, philosophische Grundfragen zu erörtern. Eine analoge Situation besteht heute in der Biologie, die sich in einer revolutionären Phase befindet; wiederum wird es zum zwingenden Bedürfnis, philosophische Fragen im Lichte der vertieften Erkenntnisse neu zu durchdenken und zu präzisieren... Wodurch ist die Revolution in der Biologie gekennzeichnet? In erster Linie — und hier ist eine weitgehende Analogie zur Physik gegeben — ist sie dadurch bestimmt, daß die elementaren Grundlagen der biologischen Prozesse der Analyse und Synthese zugänglich wurden. Die uralten Probleme, was Leben sei, worin seine Spezifik bestehe, wie seine Bestimmtheit zustande komme, durch welche Mechanismen die Qualität des Neuen entstehen könne, sind heute durch die modernen Methoden der Molekularbiologie unmittelbare Forschungsgegenstände geworden.“ [7]

Die Entdeckungen der Molekularbiologie über die Struktur und Funktion der DNS als Träger der Erbinformation, über den genetischen Code und darüber, wie die Realisierung der genetischen Potenzen reguliert wird, lassen den relativen Konservatismus im Lebensgeschehen deutlich hervortreten. Sie erklären, wie die spezifische Qualität der Lebensprozesse eines Individuums bei seinen Nachkommen erhalten bleibt. Dadurch, daß Monod diese Konstanz und strenge Determiniertheit einseitig betrachtet, kommt er dazu, die objektive Dialektik — im Lebensgeschehen und überhaupt — zu leugnen. Aber die Molekularbiologie steht jetzt, nachdem sie diese für das Leben wichtige Invarianz aufgeklärt hat, vor der großen Aufgabe, das Verhältnis von Konstanz *und* Variabilität, die Wechselbeziehungen von Eiweißen und Nukleinsäuren in der Entwicklung zu klären, wie dies z. B. durch die Arbeiten von M. Eigen erfolgreich begonnen wurde.

Es führt sicherlich zu einer weltanschaulichen Krise, wollte man dabei verharren, einerseits nur die Konstanz, andererseits nur den blinden reinen Zufall zu betrachten. Im Gegenteil, es kommt darauf an, die Variabilität *und* den objektiven Zufall in die Gesetzmäßigkeit der Evolution einzubeziehen.

Dialektisch denkende Molekularbiologen haben z. B. stets dazu aufgefordert, das sog. zentrale Dogma der Molekularbiologie nicht dogmatisch zu betrachten, und darauf hingewiesen, daß Eiweiße und Nukleinsäuren in vielfältiger Weise einander bedingen und Wechselwirkungen eingehen. Für sie war es daher keine erschütternde Überraschung, daß auch eine RNS-gesteuerte DNS-Synthese existiert (eine Entdeckung, die die Grundaussage hinsichtlich der informationellen Beziehung zwischen Nukleinsäure und Protein nicht berührt), sondern einige von ihnen haben eine solche Entdeckung sogar vorher-

daß es möglich ist, experimentell nachprüfbare mathematische Modelle für solche Erscheinungen wie den „Kampf ums Dasein“ zu entwickeln.

[1]) R. Piper & Co. Verlag, München 1971; 238 S., 17 Abb.

[2]) Vgl.: K. Fuchs-Kittowski, S. M. Rapoport, H. A. Rosenthal und G. Wintgen, Molekularbiologie, Dialektik und Weltanschauung, Einheit **27**, 1972, 3, 350

gesehen und zielstrebig verfolgt [8, 9]. Auch M. Eigens dialektische Haltung zeigt sich daran, wie er dieses allgemein bekannte Schema (bezüglich der rezenten Lebewesen) behandelt. Er stellt nicht, wie sonst häufig anzutreffen, einseitig die Hauptrichtung des Informationsflusses dar, sondern gibt durch eine Vielzahl von Pfeilen an, in welch vielfältiger Weise Eiweiße und Nukleinsäuren miteinander wechselwirken (Abb. 1). Damit zeigt er, daß bei den rezenten Lebewesen grundsätzlich Vererbung wie Synthese von Eiweißen und Nukleinsäuren durch ein System von Rückkoppelungen bewirkt werden.

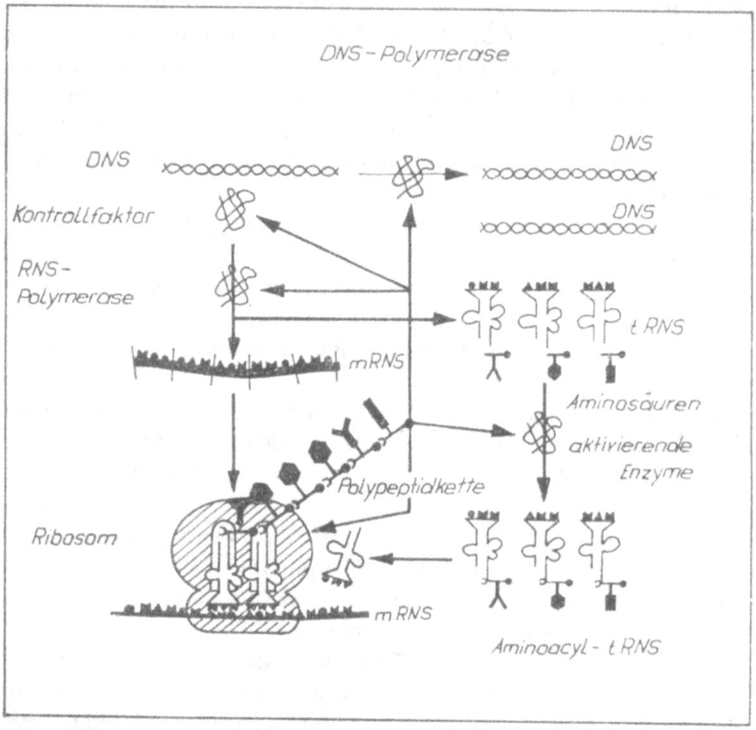

Abb. 1. Eigens Interpretation der Wechselwirkungen von Nukleinsäuren und Eiweißen (nach [1], S. 466)

Die Theorie der Selbstorganisation der Materie von M. Eigen leistet einen wichtigen Beitrag, die Gesetzmäßigkeit der Evolution zu verstehen. In dieser Theorie spielt der Zufall eine wichtige Rolle, jedoch nicht im Sinn eines absoluten Zufalls, sondern in dialektischer Einheit mit der Notwendigkeit. Es wird deutlich, daß der Zufallsstart nicht so gedeutet werden darf, als ob das erste Lebewesen durch eine rein zufällige Kombination seiner Bausteine entstanden sei. Es zeigt sich vielmehr, daß das, was man im metaphysischen Denken Zufall einerseits und Notwendigkeit andererseits nennt, in der Selbstorganisation der Materie zusammenwirkt.

Die dialektisch-materialistische Determinismuskonzeption grenzt sich vom mechanischen Determinismus bzw. Prädeterminismus ab, der nur notwendige Zusammenhänge anerkennt und den objektiven Charakter des Zufalls leugnet. Ebenso tritt sie dem Indeterminismus entgegen, weil dieser die objektive Notwendigkeit übersieht. Ein Verständnis der Evolution ist von jeder dieser einseitigen Auffassungen her völlig unmöglich. Die sehr wichtige Frage nach den Beziehungen zwischen der Determiniertheit biologischer Prozesse und der Entstehung neuer Qualitäten in der Evolution verlangt, diese extremen Auffassungen zu überwinden, erfordert das Verständnis der dialektischen Einheit von Notwendigkeit und Zufall im objektiv Möglichen.

Diese Einheit ist Ausdruck der inneren Widersprüchlichkeit der Materie, die diese zur Selbstbewegung befähigt. Wenn alles notwendig, alles präformiert ist, kann nichts wirklich Neues entstehen; wenn alles dem absoluten, blinden Zufall unterliegt, bleibt die Entstehung des Neuen wegen der sehr großen Unwahrscheinlichkeit letztlich ebenfalls unerklärlich.

Der Prozeß der Höherentwicklung, des Entstehens von Neuem, kann also nicht völlig erklärt werden, wenn der Zufall absolut von der Notwendigkeit getrennt wird. J. Monod ist jedoch der Auffassung, der reine Zufall, nichts als der Zufall, die absolute, blinde Freiheit wäre die Grundlage des wunderbaren Gebäudes der Evolution. Der Fortschritt zu einer weiteren Entwicklungsstufe beruht somit nach Monod auf einer nicht erfaßbaren Spontaneität. Das bedeutet, daß der Mensch weder seine Geschichte noch seine Zukunft verstehen kann. Monod schreibt: „Die These, die ich hier vortrage, besagt, daß die Biosphäre keine prognostizierbare Klasse von Objekten oder Erscheinungen enthält, sondern selber ein besonderes Ereignis darstellt, das gewiß mit den fundamentalen Prinzipien vereinbar, aus ihnen aber *nicht ableitbar* ist, das seinem Wesen nach also unvorhersehbar ist.“ ([6], S. 57)

In dieser These steckt der zentrale Punkt der Auseinandersetzung, denn während Vertreter des dialektischen Materialismus sowie dialektisch und materialistisch denkende Naturwissenschaftler die Gesetzmäßigkeit der Evolution betonen und sich bemühen, diese aufzuklären, besteht der zentrale Gedanke bei J. Monod in der These, das Leben sei durch eine Reihe höchst unwahrscheinlicher Ereignisse hervorgebracht worden.

Notwendigkeit und Zufall in der biologischen Evolution

In der biologischen Bewegungsform der Materie gibt es eine Entwicklung von der Unordnung zur Ordnung, von primitiven zu besonders hochentwickelten Organisationsformen. Diese Entwicklung hat eine außerordentlich intensive Wechselwirkung des lebenden Systems mit seiner Umwelt zur Voraussetzung. Sie ist jedoch sicherlich nicht so sehr durch äußere Einflüsse bestimmt, weil diese eher zur Unordnung als zu einer Ordnung führen, sondern vor allem durch das innere Wesen des lebenden Systems selbst. Damit wird nicht nur auf die äußeren, sondern vor allem auf die inneren Widersprüche orientiert, die nach der Konzeption des dialektischen Materialismus die entscheidenden Triebkräfte jeder Entwicklung sind. Akzeptiert man dies, so braucht man nicht, um die Dialektik des Lebens zu beweisen, wie Lysenko (Kronzeuge Monods für die „widerlegte“ Dialektik), ständig nach einer direkten und gerichteten Einflußnahme der Umwelt zu suchen.

Es ist wichtig festzustellen, daß ohne die Existenz des objektiven Zufalls nichts Neues in der Natur entstehen könnte. Monod aber verabsolutiert den Zufall, indem er ihn völlig von der Notwendigkeit trennt. Dem steht jedoch entgegen, daß durch die Selektion das Element der Notwendigkeit in den Evolutionsprozeß hineingetragen wird. Offenbar muß man aber auch im Mutationsprozeß selbst die Einheit von Notwendigkeit und Zufall im objektiv Möglichen in Betracht ziehen.

Schon der sowjetische Biologe Navašin (1857—1930) betrachtete sehr dialektisch

Mutationen nicht als etwas dem lebenden System von außen Aufgezwungenes, sondern als zum Wesen des Lebens gehörende Prozesse, die sich in der lebenden Zelle vollziehen. Ob Mutationen durch Wechselwirkungen von Faktoren der äußeren Umwelt (Strahlung, mutagene chemische Verbindungen u. a.) mit dem Eiweiß-Nukleinsäure-System oder durch Kopierfehler bei der Replikation der DNS durch innere Ursachen zustande kommen, — heute ist gesichert, daß die Struktur des die DNS synthetisierenden Enzyms die Zufallsrate der Mutationen beeinflußt (vgl. [10, 11, 12]). So kann der Organismus Häufigkeit und Lokalisation genetischer Veränderungen in gewissen Grenzen regulieren.

Die Zufälligkeit derartiger molekularer Ereignisse wäre jedoch, für sich allein genommen, nicht ausreichend für das Zustandekommen veränderter erblicher Eigenschaften in einem beträchtlichen oder überwiegenden Teil einer Population. Hierzu bedarf es eines weiteren Faktors, der sehr komplexer Art ist, nämlich eben der Selektion der durch die erbliche Veränderung am besten an eine sich wandelnde Umwelt angepaßten Lebewesen. In einem durchaus kritischen Vorwort zur deutschsprachigen Ausgabe des Buches von Monod stellt Eigen dazu fest: „Hier wird aber auch die Begrenzung der Rolle des Zufalls in der Evolution sichtbar. Die zufällige Mutation ist einem Ausleseprozeß unterworfen, und dieser trifft keineswegs eine „willkürliche" Entscheidung. Der Selektion liegt vielmehr ein physikalisch klar formulierbares *Bewertungsprinzip* zugrunde ... Wir sehen also, daß nur die Entstehung der individuellen Form dem Zufall unterworfen ist. Ihre Selektion — in Konkurrenz zu anderen Formen — jedoch bedeutet eine Einschränkung bzw. Reduzierung des Zufalls; denn sie erfolgt nach streng formulierbaren Kriterien, die im Einzelfall zwar — wie in der Thermodynamik — Schwankungen zulassen, in der großen Zahl aber Gesetz, also *Notwendigkeit* bedeuten ... Was ich sagen will, ist daß die ‚Notwendigkeit' gleichberechtigt neben den ‚Zufall' tritt, sobald für ein Ereignis eine Wahrscheinlichkeitsverteilung existiert und diese sich — wie in der Physik makroskopischer Systeme — durch *große Zahlen* beschreiben läßt ... So sehr die individuelle Form ihren Ursprung dem Zufall verdankt, so sehr ist der Prozeß der Auslese und Evolution unabwendbare Notwendigkeit. Nicht mehr! Also keine geheimnisvolle inhärente ‚Vitaleigenschaft' der Materie, die schließlich auch noch den Gang der Geschichte bestimmen soll! Aber auch nicht weniger — nicht *nur* Zufall!" ([13], S. XIII—XV)

Die Ergebnisse der Molekularbiologie bestätigen also, daß es in der Natur objektiv dialektisch zugeht. Monods Trennung zwischen Notwendigkeit und Zufall, von der aus er zu weittragenden weltanschaulichen Konsequenzen gelangte, ist damit widerlegt.

Information und Selektion

Eigen macht deutlich, daß man, um die Evolution erklären zu können, die Beziehungen zwischen Information und Selektion sehen muß.

Um zu verstehen, wie Information entsteht, ist es erforderlich, einen elementaren Darwinismus auf molekularem Niveau anzunehmen (vgl. [14], S. 321). Information entsteht durch Selektion. Das für lebende Systeme charakteristische Selektionsverhalten tritt bereits auf molekularem Niveau, als eine speziellen Reaktionssystemen inhärente Materieeigenschaft in Erscheinung. Das Selektionsprinzip ist also kein der Biosphäre allein angehörendes, nicht rückführbares Phänomen. Es läßt sich jedoch auch nicht ohne Einschränkungen auf die nicht lebende Materie übertragen. Selektion ist keine allgemeine, der Materie stets zukommende Eigenschaft, sondern tritt nur in bestimmten Systemen unter bestimmten Bedingungen auf. Die Systeme müssen zu Wachstum und

Selbstvermehrung fähig sein; vor allem dürfen sie nicht den Zustand des chemischen Gleichgewichts erreichen, was dadurch verhindert wird, daß dem System ständig freie Energie zugeführt wird. Sind diese Bedingungen erfüllt, so ist auch präbiotische Materie zur Selbstorganisation fähig.

Eigen geht aus von der Thermodynamik offener Systeme. Von wesentlichem Einfluß auf seine Überlegungen war die von Prigogine auf stationäre Zustände erweiterte thermodynamische Theorie irreversibler Prozesse. Prigogine und Glansdorff [15] konnten zeigen, daß es offene Systeme gibt, bei denen die Entropie in der Nähe eines Fließgleichgewichtes abnimmt, insbesondere dann, wenn sich in ihnen autokatalytische Reaktionen abspielen.

Da die Entropie abnimmt, ist das Fließgleichgewicht nicht stabil. Das System strebt auf Kosten seiner Umgebung einem Zustand mit geringerer Entropie, also höherer Ordnung, zu. Im Gegensatz zur Thermodynamik der geschlossenen Systeme strebt also hier nicht die Entropie, sondern die Organisation einem Maximum zu.

Auf Grund dieser Theorie lassen sich Begriffe wie Selektionsspannung und Selektionswert physikalisch objektivieren und quantitativ formulieren. Damit erscheint das Darwinsche Prinzip als ein an bestimmte physikalische Bedingungen gebundenes, daraus ableitbares Optimalitätsprinzip. Eigen hebt hervor: „Jedes durch Mutation und Selektion erhaltene System ist hinsichtlich seiner individuellen Struktur unbestimmt, trotzdem ist der resultierende Vorgang der Evolution zwangsläufig — also Gesetz. Das Auftreten einer Mutation mit selektivem Vorteil entspricht einer Instabilität, die mit Hilfe des Prinzips von Prigogine und Glansdorff für stationäre, irreversible thermodynamische Prozesse als solche erklärt werden kann. Der Optimierungsvorgang der Evolution ist somit im Prinzip unausweichlich, hinsichtlich der Auswahl der individuellen Route jedoch nicht determiniert." [(1], S. 521)

Durch die quantitative Formulierung des Selektionswertes und das Verständnis der Evolution als Optimierungsprozeß werden Fragen der Evolution von konkurrierenden und kooperierenden Arten auch der Behandlung durch die Spieltheorie, der mathematischen Theorie vom optimalen Verhalten in Konfliktsituationen, zugänglich. Eigen spricht in seiner Arbeit von der Spieltheorie als einem „Schlüssel zu jeder weiteren Verallgemeinerung der Evolutionstheorie" ([1], S. 518)

Materie mit bestimmten Eigenschaften kann selektiert werden; einzelne zufällig entstandene Informationsträger bleiben erhalten, Information von geringerem Selektionswert stirbt aus. Wenn sich daher spezifische und unspezifische Wechselwirkungen in makromolekularen Systemen mit einem solchen Selektionsmechanismus verbinden, vollzieht sich in bevorzugten Systemen ein Prozeß der Informationsvermehrung.

So ist es möglich, den Prozeß der Entwicklung (Informationsvermehrung) in Übereinstimmung mit dem zweiten Hauptsatz der Thermodynamik zu erklären ([14], S. 316). Voraussetzung dafür ist jedoch, die mechanistische Determinismuskonzeption zu überwinden und die Existenz probabilistischer Gesetze, das Entsthen immer neuer Möglichkeiten anzuerkennen.

Information und Evolution

Eine wichtige Erkenntnis der Molekularbiologie besteht darin, daß die Evolution der Lebewesen mit der Evolution ihrer genetischen Information verbunden ist. Der Informationsgehalt der Lebewesen war zu Beginn geringer und wurde im Verlauf der Evolution immer größer. Das Verständnis der Evolution erfordert also heute eine Theorie der Informationsentstehung bzw. -vermehrung, die sich jedoch erst in den Anfängen befindet.

In den vorangegangenen Abschnitten haben wir gewisse Möglichkeiten angedeutet, wie Lebewesen Informationsgehalte verändern, Informationsgewinne erzielen können. Für das *entstehende* Leben jedoch handelt es sich um ein Problem von anderer Art. Hier geht es nicht mehr um Modifikationen, sondern um die Entstehung von Information überhaupt. Von wann ab ist eine Nukleinsäure Träger von Information?

Mit der hier diskutierten Arbeit legt Eigen eine umfassende physikalisch-chemische Theorie über die Entstehung und Entwicklung präbiotischer Wechselwirkungen zwischen Nukleinsäuren und Eiweißen vor, deren Hauptanliegen es ist, den evolutionären Charakter, die innere, die Entwicklung vorantreibende Dynamik dieser elementaren Wechselwirkungen zwischen Makromolekülarten zu zeigen. Damit ist ein wesentlicher Schritt getan, naturwissenschaftlich (theoretisch und experimentell konkret) eine Lücke zu schließen, auf die aus strukturwissenschaftlicher und erkenntnistheoretischer Sicht — z. B. durch I. I. Schmalhausen [16], W. M. Elsasser [17] und K. Fuchs-Kittowski [14] — verschiedentlich bereits hingewiesen worden war.

Für das Verständnis des Lebenden ist es nun eine wichtige Erkenntnis, daß in jedem auch noch so einfachen lebenden System die (Nukleinsäure-)Struktur und die (Eiweiß-)-Funktion durch vielfältige Rückkopplungen miteinander verknüpft sind. Schon in einem sehr frühen Stadium der Entwicklung lebender Systeme muß diese Verknüpfung aufgetreten sein.

Diese Erkenntnis steht gegen ein Grundpostulat Monods, wonach jedes philosphische Betrachten der Evolution unvermeidlich eine Annahme darüber voraussetzte, ,,welcher der beiden für die Lebewesen charakteristischen Eigenschaften (Invarianz und Teleonomie) die ursächliche und zeitliche Priorität zukommt.“ ([6], S. 35). Indem Monod sich eindeutig für das Primat der Invarianz entscheidet (wobei er der Mehrzahl der großen philosophischen Systeme vorwirft, daß sie sich irrtümlich von der entgegengesetzten Hypothese hätte leiten lassen, nach der ,,die Invarianz, die Ontogenese und die Evolution ... Äußerungen eines ursprünglichen teleonomischen Prinzips“ ([6], S. 37) seien), behauptet er faktisch, den Nukleinsäuren komme bei der Entstehung des Lebens das Primat zu.

Ob Nukleinsäure oder Eiweiß zuerst vorhanden waren, ist die alte undialektische Frage nach dem Primat von Huhn oder Ei im neuen Gewand. Wir müssen aber im Gegensatz hierzu feststellen, daß erst das Miteinander-in-Beziehung-Treten von Proteinen und Nukleinsäuren den Ursprung des Lebens bedeutet hat, wozu beide vorhanden gewesen sein müssen, so daß die Frage, was zuerst da war, relativ bedeutungslos, ja sogar sinnlos ist. Sie wäre nur berechtigt, wenn die mechanistische Kausalität das einzige Ordnungsprinzip in einer sonst ungeordneten Welt wäre. Eigen [1] vertritt u. E. ganz zu Recht die Ansicht, daß sich für die Betrachtung der Zelle diese Frage aufhebt, weil Funktion nur in der durch die Information organisierten Struktur möglich ist, Information aber nur über die realisierte Funktion ihre Bedeutung erhält. Dieses System ist mit einem linearen Kreisprozeß vergleichbar, bei dem zwar vorausgesetzt werden muß, daß er irgendwann einmal ein nicht kreisförmiger mit einem Startpunkt war, daß aber nach dem Schließen dieses Kreises die Frage nach dem Startpunkt bedeutungslos geworden ist. Auch in dieser Komplexität bedingen Struktur und Funktion einander.

Wie kann das Leben entstanden sein?

Frühere Theorien der Entstehung des Lebens auf der Erde haben entweder die Qualität Information und daher auch das Problem ihrer Beteiligung an diesem Prozeß ungenügend bzw. gar nicht gesehen oder sie in einem idealistischen Sinn, etwa als „vorgegebenen Bauplan“ oder „Materie gewordene Idee“, betrachtet.

Eine naturwissenschaftliche qualitative und quantitative Analyse der Nukleinsäure-Eiweiß-Wechselwirkungen, die eine Voraussetzung für die Entstehung des Lebens gewesen sein und schließlich Leben hervorgebracht haben dürften, ist besonders geeignet, die objektive Dialektik der Natur darzutun und auch für dieses — für unser aller Existenz grundlegende, bisher aber in tiefstes Dunkel gehüllte — evolutionäre Ereignis die Beziehungen von Zufall und Notwendigkeit aufzudecken. Es ist erstaunlich, daß Monod, der als einer der ersten Naturwissenschaftler gewisse Wechselwirkungen zwischen Eiweißen und Nukleinsäure — wenn auch nicht physikalisch-chemisch, so doch biologisch — erfolgreich analysiert hat, eben auf die tiefere Analyse dieser Wechselwirkungen von vornherein verzichtet hat.

Diesen Entwicklungsprozeß kann man sich etwa folgendermaßen vorstellen:

Sicherlich darf man davon ausgehen, daß in der wäßrigen Phase eines Urozeans zunächst ohne die Mitwirkung von Eiweiß*katalysatoren* Nukleotide entstanden sind. Ihre Entstehung auf nichtenzymatischem Weg ist genauso problematisch oder unproblematisch wie die anderer organischer Verbindungen.

Ähnlich wie von den Polypeptiden bekannt, können sich Nukleinsäurefäden, die aus Vielfachen dieser Bausteine zusammengesetzt sind, ebenfalls ohne Eiweißkatalysatoren im Urozean gebildet haben. Damit schließlich sind Moleküle vorhanden, die als instruktive „templates“ für die Bildung komplementärer Doppelstränge fungieren können, wobei sich Wasserstoffbrückenbindungen zwischen sterisch komplementären chemischen Körpern bilden.

In diesem Stadium der Entwicklung kann sich die frappierende Stabilität der Nukleinsäurestruktur wohl kaum — wie uns gewohnt — in ihrer Vermehrungsfähigkeit, sondern wohl in erster Linie in der Wahrscheinlichkeit ihres Zustandekommens manifestiert haben.

Offenbar war jedenfalls im Urozean genügend Gelegenheit zur Bildung von einsträngigen und doppelsträngigen Nukleinsäuremolekülen gegeben. Wegen deren sauren Charakters dürften sich vorhandene — zunächst ebenfalls entstandene — basische Polypeptide an sie angelagert und sie so stabilisiert haben. Wir möchten betonen, daß der Begriff „genetische Information“ im heute gebrauchten Sinn auf diese Gebilde noch nicht oder höchstens sehr eingeschränkt angewendet werden kann, weil eine Bedeutung für ein System noch fehlt. Information kann nämlich nur als Einheit von Träger, Struktur und Bedeutung verstanden werden. Genetische Information ist funktionell zu verstehen: Die Nukleinsäure enthält die Vorschrift sowohl für ihre eigen identische Replikation als auch für die Eiweißsynthese. Sobald der komplementäre Nukleinsäure-Doppelstrang-Faden entstanden war, war Replikation möglich, aber die Beziehung zur Eiweißsynthese fehlte zunächst noch. Trotzdem war der selbstinstruktive, autokatalytische, komplementäre Nukleinsäure-Doppelstrang (in Wechselwirkung mit Eiweißen), der eine hohe Replikationsrate aufwies, ein erster Höhepunkt dieser Entwicklung.

Es ist außerordentlich schwierig zu verstehen, wie die Vorschrift für die Eiweißsynthese sich herausgebildet haben mag. Aber sicherlich geht man nicht fehl in der Annahme, daß gerade die Synthese derjenigen Proteine zuerst codiert wurde, die schon mit den Nukleinsäuren in ununterbrochener Wechselwirkung existierten. Über lange Zeit hinweg war das Erkennen und Binden bestimmter Nukleotidsequenzen durch bestimmte Aminosäuresequenzen ein bloßes „Spiel im großen Experimentierfeld der Natur".

In diesem „Spiel" dürften sich allmählich die bekannten hochspezialisierten Erkennungsleistungen herausgebildet haben: Nukleinsäurepolymerasen erkennen Anfang und Ende der zu kopierenden Nukleinsäurestrecke an Hand spezifischer Nukleotidsequenzen. Repressoren erkennen ebenfalls spezifische Nukleotidsequenzen. Ribosomale Proteine gehen mit der ribosomalen RNS besonders strukturierte Wechselwirkungen ein, und die dabei geschaffenen Gebilde ermöglichen die Proteinsynthese.

Die Synthese spezifisch wechselwirkender Proteine unmittelbar an stabilen Nukleotidsequenzen war also ein weiterer Höhepunkt der präbiotischen Evolution: der Schritt, das System als Information für die Proteinsynthese zu nutzen. Dies ist die eigentliche Geburtsstunde der genetischen Information, da jetzt die Nukleotidsequenz ein Eiweiß hervorbringt. Die räumliche Trennung zwischen der DNS und dem Proteinsyntheseapparat, wie sie uns heute begegnet, ist wahrscheinlich später entstanden.

Zufall und Notwendigkeit in der präbiotischen Evolution

Wie sich zeigt, lassen sich die zunächst für die Evolution der Lebewesen entwickelten Gedanken sinnvoll auf die präbiotischen Prozesse anwenden. Die reine Zufälligkeit bei der Entstehung der präbiotischen Etappen des späteren Lebens wurde von vornherein durch sich entwickelnde Wechselwirkungen zwischen Nukleinsäuren und Eiweißen — im Sinn von Stabilisierung, Replikation und Rückkopplung — eingeschränkt. Hierbei haben die Eiweiße mit ihrer hohen Erkennungs- und Katalysekapazität und die Nukleinsäuren mit der spezifischen Selbstinstruktion sich gegenseitig ergänzt. Keine der Makromolekülarten konnte allein das leisten, was die Wechselwirkung beider hervorbrachte.

Die Zufallsrate der makromolekularen Bewegung wurde weiter dadurch eingeschränkt, daß der örtlich begrenzte Vorrat an freien Nukleotiden infolge der katalytischen Konzentrierungsarbeit der Eiweiße bevorzugt den mit ihnen verbundenen Nukleinsäuremolekülen zur Verfügung stand, wodurch sich diese gegenüber anderen schneller und intensiver replizieren konnten. Das allgemeine Spiel des absoluten „reinen Zufalls" wurde eingeschränkt auf ein Spiel nach Regeln, bei dem stets derjenige (Nukleinsäure-Protein-Komplex) gewann, der die größte Menge Unordnung aus seiner Umgebung in die größte Menge Ordnung seiner eigenen Replikation verwandeln konnte.

Ein solches Spiel nach Regeln führt z. B. — wie Eigen als Gedankenexperiment zeigt — im Fall der zufälligen Herausbildung stabiler RNS-Strukturen mit partiellen Doppelstrangabschnitten zur Form eines Kleeblattes, wie wir sie von der tRNS her tatsächlich kennen. Bereits zu Beginn des „Würfelspiels" erreichen diejenigen „Spieler" Vorteile, die ihre Nukleotidsequenzen in Form von Schleifen mit Basenpaarung legen können.

Eine uneingeschränkte Zufälligkeit bei der Entstehung funktionsfähiger Nukleinsäure-Eiweiß-Komplexe ist auch auf Grund der Tatsache sehr unwahrscheinlich, daß das Durchprobieren aller theoretisch denkbaren Makromoleküle eine so hohe Zahl verschiedener Moleküle verlangen würde, daß sie weder im Sonnensystem noch in dem sonst uns bekannten Weltraum Platz haben würden. Infolgedessen müßte entweder ein „Glückstreffer“ in einem sehr frühen Stadium dieser Versuche gerade die „richtigen“ Makromoleküle hervorgebracht haben, oder die Makromoleküle haben sich gesetzmäßig Schritt für Schritt entwickelt, und jeder Schritt schloß sowohl den Zufall als auch Rückkopplung und Prüfen des Erreichten ein und schuf gleichzeitig damit die Bedingungen für den nächsten Schritt. Wir sind mit EIGEN der Auffassung, daß letzteres, weil auf den Gesetzen der Physik und Chemie beruhend, der Weg gewesen sein muß, auf dem sich die Anfänge der Entstehung genetischer Information und damit des Lebens vollzogen haben.

MONOD hingegen hat sich für die erstgenannte Variante entschieden. Da aber die Wahrscheinlichkeit für diesen „Glückstreffer“ fast gleich Null ist, kann er sich nur auf den absoluten Zufall berufen: „Unsere ‚Losnummer‘ kam beim Glücksspiel heraus. Ist es da verwunderlich, daß wir unser Dasein als sonderbar empfinden — wie jemand, der im Glücksspiel eine Milliarde gewonnen hat?“ ([6], S. 179) Wenn das zuträfe, ließe sich die Entstehung und Entwicklung lebender Systeme und darüber hinaus letztlich auch die der menschlichen Gesellschaft tatsächlich nicht rational begründen. Man kann dann im Grunde nur zu außerweltlichen Kräften Zuflucht nehmen.

MONOD selbst meint allerdings, mit seinen Vorstellungen nicht nur den Marxismus, sondern auch die Religion überwunden zu haben. Er leitet daraus den Versuch ab, den Existentialismus naturwissenschaftlich zu stützen. Der Mensch sei in ein stummes, ihm gegenüber gleichgültiges und fremdes Universum geworfen, ohne daß es einen Werfer gäbe. Der Mensch müsse diese Einsicht nicht nur als objektive Wahrheit der Wissenschaft, sondern auch als Wahrheit des eigenen Lebens annehmen, und zwar gegen das Bedürfnis nach totaler Erklärung und absoluter Rettung.

Als objektive Wahrheit der Wissenschaft können wir jedoch nur erkennen, daß die Entstehung des Lebens an eine Reihe physikalisch eindeutig begründbarer Eigenschaften gebunden ist und daß diese Eigenschaften sich schrittweise herausgebildet haben, so daß, wie EIGEN hervorhebt, „... der ‚Ursprung des Lebens‘ sich ebensowenig wie die Evolution der Arten als einmalig vollzogener Schöpfungskraft darstellen läßt“ ([1], S. 522). Als Wahrheit für unser eigenes Leben nehmen wir daraus zwar nicht die Hoffnung auf totale Erklärung oder absolute Rettung, aber die Gewißheit der Existenz von für den Menschen prinzipiell erkennbaren und im Prozeß seiner weiteren Entwicklung immer besser beherrschbaren Gesetzmäßigkeiten in allen Bereichen der objektiven Realität.

Eigens Hyperzyklus und die innere Widersprüchlichkeit der Materie

Die bereits erwähnte Wechselwirkung von Nukleinsäuren und Eiweißen hat in EIGENS Theorie einen zentralen Platz. Er geht davon aus, daß die Entstehung zum Leben führender Strukturen an besondere Bedingungen des Selektionsmechanismus geknüpft ist, die weder von den Nukleinsäuren noch von den Proteinen allein befriedigend erfüllt werden können. Erst in der Kopplung beider Systeme können die Vorteile beider Stoffklassen für eine stabile Selektion genutzt werden: Nukleinsäuren liefern komplementäre Instruktion zur Selbstproduktion, Proteine dagegen eine enorme funktionelle und recognitive Verschiedenheit und Spezifität. Vermittels der katalytischen Aktivität der Eiweiße können Informationsträger zu größeren Einheiten verbunden werden. Andererseits vermögen Eiweiße allein den Vorteil einer „Mutation“ nicht zu nutzen, weil sie völlig uninstruktiv sind. Am Beispiel des von EIGEN entwickelten selbst-

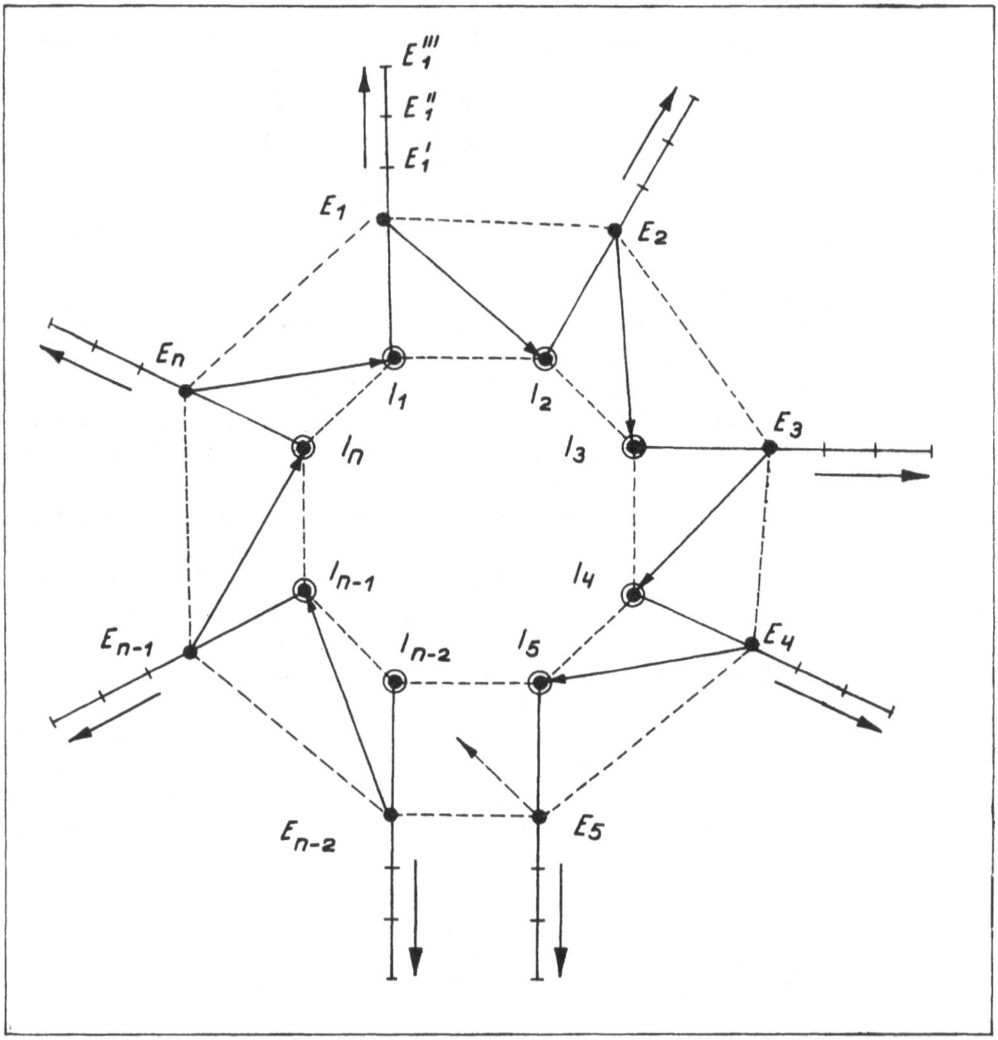

Abb. 2. Der selbstinstruktive katalytische Hyperzyklus. Die I_i repräsentieren Informationsträger, d. h. komplementäre RNS-Einzelstränge. Jeder kleine Kreis steht für die selbstinduktive Eigenschaft des I_i-Kollektivs mit den beiden komplementären Strängen. Die von den I_i codierten E_i repräsentieren die katalytische Funktion. Jeder E_i-Zweig kann verschiedene Funktionen einschließen (z. B. Polymerisation, Translation, Kontrolle), deren eine die Kopplung zum Informationsträger $I_i \pm 1$ herstellt (z. B. Steigern der Bildung von $I_i \pm 1$ durch spezifisches Erkennen). Der Kreis mit allen Kopplungen muß sich schließen, d. h., es muß ein E_n existieren, das die Bildung von I_1 bewirkt. Der Hyperzyklus wird durch ein System nichtlinearer Differentialgleichungen beschrieben. (Abb. und Text nach [1], S. 504)

instruktiven katalytischen Hyperkreises — dem Modell eines evolutionsfähigen Systems (Abb. 2) — wollen wir darstellen, wie tief er den Gedanken der Wechselwirkungen zwischen Nukleinsäuren und Proteinen weiterentwicklet hat. Von hier aus ist der Übergang zum zellulären Leben auf dem von Oparin am Beispiel der Koazervatbildung gedachten Weg nur noch ein Schritt.

Der Hyperkreis besteht aus verschiedenen RNS-Molekülen und den von ihnen codierten Proteinen, wobei alle Elemente dadurch gegenseitig voneinander abhängen, daß die Information zur Replikation eines RNS-Moleküls mindestens teilweise von einem anderen RNS-Molekül getragen wird. Dadurch ergibt sich im Kreis ein innerer Zusammenhang, der auch eine zeitliche Aufeinanderfolge der Synthese sowie ihre geregelte Hemmung und Aktivierung ermöglicht.

Hier finden wir die gleiche Grundhaltung wieder, die EIGEN in der Frage der Eiweiß-Nukleinsäure-Wechselwirkungen einnimmt. Wir haben den Eindruck, daß das in Abbildung 1 gezeigte Wechselwirkungsschema eine Art Spezialfall wiedergibt, der sich für das rezente Leben durchgesetzt hat, während der Hyperzyklus noch allgemeiner die dialektische Wechselwirkung der Makromoleküle für die Entstehung und Entwicklung großer Informations- und Syntheseeinheiten deutlich werden läßt.

Das dynamische Zusammenwirken verschiedener Makromolekülarten mit unterschiedlichen Eigenschaften in diesem Hyperkreis zeigt uns, daß neue Erkenntnisse auch in der Biologie nicht auf der Grundlage des mechanischen Materiebegriffs gewonnen werden können, bei dem zwar allenfalls Wechselwirkungen zwischen sich nicht verändernden Teilen gestattet sind, neue Eigenschaften des Systems aber nicht auftreten dürfen. Tiefere Einsichten in die Entwicklungsprozesse lassen sich nur gewinnen, wenn man vom dialektisch-materialistischen Begreifen der Materie ausgeht und die inneren Zusammenhänge zwischen den Teilen eines Systems sowie die dadurch existierenden Widersprüche zum Ausgangspunkt der Untersuchung macht. Die von EIGEN vorgenommene Kopplung zwischen den Teilen zu einem einerseits widersprüchlichen, andererseits sich ergänzenden System ist ein gutes Beispiel dafür. EIGEN zeigt, in welcher Weise die selbstinstruktiven Fähigkeiten der Nukleinsäuren mit den katalytischen Eigenschaften der Proteine gekoppelt werden müssen. Mit dieser Verkopplung wurden die Voraussetzungen für Leben und weitere Evolution geschaffen.

Phänomene wie Ordnung, Organisation, Zielgerichtetheit usw. gehörten nicht zum Gegenstand der klassischen Wissenschaften von der Natur. Die Kybernetik hat materielle und gedankliche Modelle hervorgebracht, mit denen solche Eigenschaften erfaßt werden können. Wendet man diese in der Biologie an, so gilt es jedoch einen entscheidenden Unterschied zwischen technisch-kybernetischen Systemen und den lebenden bzw. zum Leben unmittelbar hinführenden Systemen zu beachten (vgl. [14], S. 145 ff. und 301 ff.). Die technischen selbstorganisierenden Systeme, die z. B. ASHBY [18] im Auge hat, können nicht von allein selbstorganisierend sein. Ihre Veränderung hat nicht ihre Ursache in der Menge innerer Zustände, sondern wird allein durch die Umwelt, durch die auf das System wirkenden Inputs, ausgelöst. Eine solche Maschine ist daher nicht aus sich selbst heraus auf der Grundlage ihrer inneren Widersprüchlichkeit selbstorganisierend, sondern muß mit einer anderen Maschine verbunden sein.

Entwicklung aber gründet sich auf die innere Widersprüchlichkeit der Materie, die sie zur Selbstbewegung und Selbstorganisation befähigt. An technisch-kybernetischen Systemen orientierte Modellvorstellungen müssen daher noch erweitert und vertieft werden, denn sie geben noch keinen Hinweis, wie das Problem der natürlichen progressiven Differentiation und Entwicklung gelöst werden kann. Sobald EIGEN von Selbstorganisation der Materie allgemein spricht, muß er über den an den Möglichkeiten technischer Systeme orientierten Begriff der Selbstorganisation hinausgehen.

Das Entscheidende ist: Hier entsteht Information durch einen *selbstselektiven* Vorgang. Die Selbstorganisation erfolgt nicht bzw. nicht allein durch Aufnahme schon vorhandener

Informationen aus der Außenwelt, sondern dadurch, daß biologische und präbiotische makromolekulare Systeme entstehen und sich identisch vermehren, wobei durch Optimierung des Selektionswertes in gegenseitiger Konkurrenz Information vermehrt wird.

LENIN charakterisierte bekanntlich zwei unterschiedliche Entwicklungskonzeptionen. Er sagte: „Mit dem ‚Entwicklungsprinzip' sind im 20. Jahrhundert (ja auch am Ende des 19. Jahrhunderts) alle einverstanden. — Ja, aber dieses oberflächliche, nicht durchdachte, zufällige, philisterhafte ‚Einverständnis' ist ein Einverständnis *solcher* Art, daß dadurch die Wahrheit erstickt und banalisiert wird" ([19], S. 241—242). Es ist daher zu unterscheiden zwischen dem Verständnis der „... Entwicklung als Abnahme und Zunahme, als Wiederholung, *und* Entwicklung als Einheit der Gegensätze ... Bei der ersten Konzeption der Bewegung bleibt die *Selbst*bewegung, ihre *treibende* Kraft, ihre Quelle, ihr Motiv im Dunkel (oder diese Quelle wird nach außen verlegt — Gott, Subjekt etc.). Bei der zweiten Konzeption richtet sich die Hauptaufmerksamkeit gerade auf die Erkenntnis der *Quelle* der „*Selbst*"bewegung ... Nur die zweite liefert ... den Schlüssel zu den ‚Sprüngen', zum ‚Abbrechen der Allmählichkeit', zum ... Entstehen des Neuen." ([19], S. 339)

Hier wird deutlich, wie sich LENIN klar von einer Konzeption abgrenzt, die MONOD als animistisch bezeichnet und dem Marxismus unterschiebt.

Wir können festhalten, daß uns die Arbeit von EIGEN einen wichtigen Schritt im Verstehen dieser Selbstbewegung der Materie vorangebracht hat. Er zeigt, daß die Materie strukturiert existiert und daß bestimmte Strukturpläne auf natürlichem Weg entstehen können. Der philosophisch wichtige Schluß ist: So wenig, wie es eines ersten Bewegers bedurfte, so wenig bedarf man eines ersten Planers, der für die Materie die Strukturpläne entwirft.

Physik, Chemie und Biologie

EIGEN selbst stellt am Schluß seiner Arbeit fest, daß sie wissenschaftlichen Entwicklungen die Lücke zwischen Physik, Chemie und Biologie geschlossen haben. In der Tat: Biochemie, Molekularbiologie und Kybernetik machen endgültig klar, daß es keine Kluft zwischen nicht lebender und lebender Natur gibt. Das bedeutet jedoch nicht, die Lebensprozesse besäßen gegenüber den „rein" physikalisch-chemischen Prozessen keine Spezifik. Die Prinzipien der Physik und Chemie äußern sich in den Lebensprozessen in einer besonderen, für diese spezifische Art und Weise. Dies wird besonders deutlich bei dem für die Theorie der Informationserzeugung charakteristischen, von EIGEN entwickelten, physikalisch ableitbaren Wertkonzept für den Optimierungsprozeß der Evolution. Die biologische Bewegungsform der Materie läßt sich als physikalisch-chemische Bewegung erklären, jedoch — und das ist das Entscheidende — auf einer neuen höheren Ebene der Komplexität (des gesamten Niveaus der Organisation) des Systems, einer stärkeren inneren Determination und damit qualitativ unterschieden von der einfachen physikalisch-chemischen Bewegung der Materie. Die biologischen Gesetzmäßigkeiten widersprechen nicht den einfachen Gesetzen des Verhaltens auf niederer Ebene, lassen sich jedoch auch nicht auf diese reduzieren, da sie gegenüber den einfacheren physikalisch-chemischen Gesetzen integralen Charakter tragen. Sie umfassen diese, sie schränken die Vielzahl der Möglichkeiten der physikalisch-chemischen Bewegungsform der Materie ein, woraus sich neue Möglichkeiten der weiteren Entwicklung ergeben.

Ein dialektisch-materialistisches Verständnis der engen Beziehungen zwischen Physik,

Chemie und Biologie steht sowohl dem Vitalismus als auch dem Mechanizismus entgegen. Es muß jedoch auch hinausgehen über die Konzeption der verallgemeinerten Komplementarität, derzufolge biologische Gesetze als Ergänzung physikalisch-chemischer Gesetze zu verstehen sind. Spezifische Struktur, Ganzheit, Komplexität und Variabilität sind für das lebende System charakteristisch; sie sind nicht etwa Zusätzliches, sondern etwas, das den „rein" physikalischen Prozeß modifiziert.

Literatur

[1] Eigen, M.: Selforganization of Matter and the Evolution of Biological Macromolecules. Naturwiss. Heft 10, 1971.

[2] Oparin, A. I.: Die Entstehung des Lebens auf der Erde. Berlin 1957.

[3] Schramm, G. in: S. W. Fox, Ed. The Origins of Prebiological Systems. New York 1965.

[4] Volterra, V.: Leçons sur la Théorie Mathematique de la Lutte pour la Vie. Paris 1921.

[5] Lotka, A. J.: Elements of Mathematical Biology. New York 1956.

[6] Monod, J.: Zufall und Notwendigkeit. München 1971.

[7] Rapoport, S. M. und H. Ley: Geleitwort zu K. Fuchs-Kittowski: Probleme des Determinismus und der Kybernetik in der molekularen Biologie. Jena 1976.

[8] Baltimore, D.: Nature **226**, 1209, 1970.

[9] Mizutani, S., und H. M. Temin: Nature **226**, 1211, 1970.

[10] Drake, J. W.: Genetics, Suppl. **73**, 45–64, 1973.

[11] Presber, W., D. H. Krüger, C. Schroeder, H. A. Rosenthal: IV. Kühlungsborner Koll. Philos. u. eth. Probl. Biowiss.: Information. Berlin 1976.

[12] Presber, W., C. Schroeder, D. H. Krüger: J. Theor. Biol. **59** 353–360, 1976.

[13] Eigen, M.: Vorrede zu J. Monod Zufall und Notwendigkeit. München 1971.

[14] Fuchs-Kittowski, K.: Probleme des Determinismus und der Kybernetik in der molekularen Biologie. Jena 1976.

[15] Glansdorff, P. und J. Prigogine: Thermodynamic Theory of Structure, Stability and Fluctuation. London 1971.

[16] Schmalhausen, I. I.: Natürliche Auslese und Information. Sowjetwiss., Naturwiss. Beiträge, Heft 9, 1960.

[17] Elsasser, W. M.: The Physical Foundation of Biology. London u. a. 1958.

[18] Ashby, W. R.: Design for a Brain. London 1960.

[19] Lenin, W. I.: Aus dem philosophischen Nachlaß. Berlin 1949.

Überlegungen zu den molekularbiologischen Grundlagen der Widerspiegelung[1])

S. Rosenthal, K. Fuchs-Kittowski, H. A. Rosenthal und S. M. Rapoport

1. Widerspiegelung, eine allgemeine Eigenschaft der Materie

In seiner Auseinandersetzung mit dem Machismus formulierte W. I. Lenin im Anschluß an eine konzentrierte Darlegung der Beziehung zwischen Sein und Bewußtsein und der Fähigkeit des menschlichen Gehirns zur bewußten Widerspiegelung der objektiven Realität die Hypothese „... in den ‚Grundsteinen des Gebäudes der Materie' kann man ... die Existenz einer Fähigkeit, die der Empfindung ähnlich ist, annehmen".[2]) Die in dieser Formulierung enthaltene Vermutung, daß die Fähigkeit zur Widerspiegelung der objektiven Realität eine allgemeine Eigenschaft der Materie ist, wird von den Fortschritten der biologischen Wissenschaft bestätigt. Die Widerspiegelung als eine spezifische Form der Wechselwirkung (oder einer Klasse von Wechselwirkungen) ist organisierende Eigenschaft der Materie und hat ihre Grundlage schon in der unbelebten Natur.

In einer schwierigen Klassenkampfsituation, in der Auseinandersetzung mit revisionistischen Strömungen in der Arbeiterklasse nach der gescheiterten Revolution von 1905 und in Auseinandersetzungen mit neuen Erkenntnissen der Naturwissenschaft seiner Zeit leistete Lenin Entscheidendes zur Weiterentwicklung der dialektisch-materialistischen Erkenntnistheorie; er knüpfte hierbei an materialistische Traditionen in der Erkenntnistheorie und an Grundgedanken von Marx und Engels an. Durch die von ihm entwickelte Widerspiegelungstheorie wurde die Erkenntnistheorie auf eine feste materialistische Grundlage gestellt. Lenin arbeitete weiterhin besonders den dialektischen Charakter der Erkenntnis heraus und machte deutlich, daß sie nicht als etwas Fertiges und Unveränderliches angesehen werden kann. Er präzisierte damit den Gedanken von der Erkenntnis als Prozeß, vom Wesen der Erkenntnis als adäquate Widerspiegelung der objektiven Realität und formulierte die Hypothese von der Widerspiegelung, die möglicherweise der gesamten Materie zukomme.

Die erkenntnistheoretischen Überlegungen Lenins sind auch heute, gerade in Anbetracht der Angriffe J. Monods, besonders aktuell. Monod spricht über den angeblichen „erkenntnistheoretischen Zusammenbruch des dialektischen Materialismus", ohne überhaupt die weiterführenden Gedanken von Lenin zur Kenntnis zu nehmen, wenn er unter Hinweis auf die Tatsache der Informationsverarbeitung im Gehirn schreibt: „Unhaltbarer als je erscheint uns heute also die These von dem bloßen Reflex, von dem vollkommenen Spiegelbild, das nicht einmal seitenverkehrt ist."[3])

[1]) Deutsche Zeitschrift für Philosophie **24**, 674–685, 1976

[2]) W. I. Lenin: Materialismus und Empiriokritizismus. In: W. I. Lenin: Werke, **14**, Berlin 1962, 37

[3]) J. Monod: Zufall und Notwendigkeit, Philosophische Fragen der modernen Biologie. München 1971

Die aktive Rolle des Subjekts im Erkenntnisprozeß wird bekanntlich von MARX schon im ersten Satz der ersten seiner berühmten FEUERBACHthesen betont, in dem er hervorhebt: „Der Hauptmangel alles bisherigen Materialismus (den FEUERBACHschen mit eingerechnet) ist, daß der Gegenstand, die Wirklichkeit, Sinnlichkeit nur unter der Form des *Objekts oder der Anschauung* gefaßt wird; nicht aber als *sinnlich menschliche Tätigkeit, Praxis,* nicht subjetiv. Daher die *tätige* Seite abstrakt im Gegensatz zu dem Materialismus von dem Idealismus — der natürlich die wirkliche, sinnliche Tätigkeit als solche nicht kennt — entwickelt."[1])

Auch wenn vielleicht einige Autoren an einem vereinfachten Widerspiegelungsbegriff festhalten, so ist dies sicher nicht der Standpunkt der Klassiker des Marxismus-Leninismus. Man darf in der Tat Widerspiegelung nicht als einfache Kopie der existierenden Gegenstände und Prozesse außerhalb der aktiven, praktisch verändernden Tätigkeit des Subjekts betrachten. Der Widerspiegelungsinhalt kann aber andererseits nur Werkzeug zur Umgestaltung sein, wenn er tatsächlich Widerspiegelung der Wirklichkeit ist.

Wir haben davon auszugehen, daß sich mit der Herausbildung des höheren Nervensystems im Verlaufe der Evolution die Fähigkeit zur psychischen Widerspiegelung entwickelte. In engem Zusammenhang mit der Ausbildung des Gehirns vervollkommnete sich diese Fähigkeit und führte zur Entstehung und Entwicklung des Bewußtseins als der höchsten Form der psychischen Widerspiegelung. Im Zusammenhang mit der Diskussion um die Entstehung des Bewußtseins äußerte LENIN unter Bezugnahme auf die in der Philosophiegeschichte bekannte Diskussion zwischen D'ALEMBERT und DIDEROT über die Empfindsamkeit des Spinetts die Hypothese, daß die Empfindung in ihrer entwickelten Form nur mit einer hohen Organisationsform der Materie verbunden sein kann, daß aber die Materie im ganzen eine Eigenschaft besitzen müsse, die ihrem Wesen nach mit der Empfindung verwandt sei, die Eigenschaft der Widerspiegelung[2]).

Bisher wurde das Problem der Entstehung und Entwicklung des menschlichen Bewußtseins im Rahmen der marxistisch-leninistischen Philosphie vorwiegend unter dem Aspekt seiner gesellschaftlichen Bedingtheit und Bestimmtheit diskutiert und die Frage seiner natürlichen Grundlagen und Entwicklung weniger untersucht. Seitens der Naturwissenschaft ist unseres Wissens diese Hypothese bisher kaum weiter verfolgt worden. Sie gewinnt aber gerade heute, da man sich den Ursprüngen des Lebens und vor allem auch den Problemen der Entstehung des Bewußtseins zuwendet, immer größere Bedeutung. Das Begreifen der Entstehung des Bewußtseins verlangt das Studium der Entwicklung der verschiedenen Stufen der biologischen Widerspiegelungsformen, die letztlich wiederum aus allgemeinen Eigenschaften der Materie ableitbar sein müssen.

Das Verständnis einer verallgemeinerten Kategorie der Widerspiegelung bietet auch einen möglichen Rahmen, in dem das Problem des Wesens der Information vom Standpunkt der materialistischen Beantwortung der Grundfrage der Philosophie und des Entwicklungsprinzips sinnvoll diskutiert werden kann.

[1]) K. MARX: Thesen über FEUERBACH. In: K. MARX, F. ENGELS: Werke, 3, Berlin 1962, 5

[2]) Vgl.: W. I. LENIN: Materialismus und Empiriokritizismus. A. a. O. 85; T. PAWLOW hebt hervor, daß Widerspiegelung mit der Empfindung eben nur verwandt, aber nicht identisch ist. Vgl.: T. PAWLOW: Die Widerspiegelungstheorie. Berlin 1973, 9

2. Die Selbstorganisation der Materie, der dialektische Widerspruch von Innen und Außen als allgemeine Voraussetzung für Widerspiegelungsprozesse und die Evolution der Widerspiegelungsprozesse

Die Selbstorganisation der Materie führt zur Bildung von gegenüber ihrer Umwelt relativ selbständigen Systemen, die Eigengesetzlichkeiten entwickeln, und schafft damit einen dialektischen Widerspruch zwischen Innen und Außen. Die Evolution von Sternen führt zu Verbindungen, in denen sich Atome und Moleküle derart anordnen, daß eine Phasentrennung und dadurch eine unterschiedliche Topologie und Selbstdifferenzierung entstehen. In der Evolution der biologischen Materie bildet sich eine stabile Differenzierung in spezifische Strukturen bis hin zu Organen für eine Auseinandersetzung der Systeme mit der Umwelt und für die Widerspiegelung der inneren Struktur der Systeme aus. Diese Differenzierung ist an die Entwicklung von großen Speichern und von vielfältigen Koordinierungs- und Integrationssystemen sowie an eine Zunahme der Strukturierung gebunden. Grundlage hierfür ist die Thermodynamik offener Systeme, durch die multiple Zustände und Oszillationen als Ausdruck komplexer Reaktionen in Abhängigkeit von Umwelteinflüssen auftreten.

Die Selbständigkeit der Systeme nimmt in dem Maße zu, wie sich die Elemente des Systems differenzieren und dadurch informationelle Beziehungen im Gesamtsystem integriert werden. Je größer die innere Strukturierung des Systems ist, desto größer sind die Umweltbereiche, aus denen Einflüsse vom System verarbeitet und damit im Prinzip auch beherrscht werden können. In der Evolution wird unter Beibehaltung und auf der Grundlage erreichter Stufen von Widerspiegelungen eine Vielzahl neuer Widerspiegelungssysteme entwickelt, und das Widerspiegelungsvermögen wird selbst zum Evolutionsfaktor.

Wie oben ausgeführt, entwickelte Lenin Vorstellungen einer Evolution der Widerspiegelung. Es ist gerade dieser Aspekt, daß nämlich Widerspiegelung objektiver Realität im menschlichen Gehirn Vorstufen und Elemente schon auf dem Niveau einfacherer Systeme besessen haben muß, der uns besonders interessiert. Die geistige Tätigkeit des Menschen hat — von sozialen Faktoren abgesehen, die nicht Gegenstand dieser Arbeit sind — in den molekularen Widerspiegelungsprozessen eine Grundlage. Sie weist den höchsten Grad an Komplexität in den Widerspiegelungsprozessen auf, aber ihre Elemente haben schon vor dem Auftreten des Menschen existiert. Nach unserer Ansicht ist es heute, da die biochemische, biophysikalische und molekularbiologische Analyse der Gehirntätigkeit auf dem internationalen Forschungsprogramm steht, wichtig zu betonen, daß sowohl einfachere biologische Systeme als auch präbiontische und biontische molekulare Systeme zur Widerspiegelung der objektiven Realität und im komplexeren Zusammenhang zur Informationsverarbeitung befähigt sind. In komplexeren Systemen existieren weniger komplexe Widerspiegelungssysteme, deren kooperatives Wirken komplexere und kompliziertere Widerspiegelungen zustande bringen. Widerspiegelung ist also nicht schlagartig, nicht absolut zufällig einmal und nur einmal entstanden, genausowenig, wie „Leben" plötzlich entstanden ist. Wie sehr wir auch menschliche Denkfähigkeit und Erkenntnisfähigkeit als höchste Form der Widerspiegelung einschätzen mögen, sie ist in allen Teilen materiellen Ursprungs und von der Entwicklung makromolekularer, biologischer und sozialer Strukturen abhängig.

Ein Ergebnis der Entwicklung relativ selbständiger biologischer Systeme mit Eigengesetzlichkeit ist die Entstehung eines Widerspruchs zwischen Innen und Außen. In dem

Maße, wie makromolekulare präbiontische Systeme entstehen, treten auch derartige Widersprüche auf, weil bereits ein geordnet funktionierendes Replikationssystem oder ein Transkriptions- und Translationssystem, ein Protein-Nukleinsäure-Komplex sich in ein Innen und Außen differenziert. Es erscheint die Aussage gerechtfertigt, daß dieser ständige Widerspruch durch Widerspiegelung in gewisser Weise überwunden, wenn auch nicht aufgehoben wird. Je mehr sich das Innere differenziert, desto intensiver werden der erwähnte Widerspruch und die Widerspiegelung.

Von evolutionärem Interesse ist die differenzierte Strukturierung der nächsten Umgebung der lebenden Einheit „Zelle“. So besitzen die Bakterienzellen eine kompliziert gebaute Zellbegrenzung, in der einzelne Strukturen und Komponenten der Zellumhüllung nicht als mehr oder weniger selbständig funktionierende Teile zu betrachten sind. Vielmehr sind

- zytoplasmatische Membran
- periplasmatischer Raum
- Mureinschicht
- äußere Membran
- teilweise zusätzlich vorhandene Strukturen wie Kapsel, Schleimhülle etc.

strukturell und funktionell eng miteinander verbunden und bilden ein äußerst komplexes, dynamisches System[1]). Diese Strukturierung wird durch die Zelle bestimmt. Im Gegensatz zur Bakterienzelle springt bei der tierischen Zelle eine morphologische Vielfalt der zytoplasmatischen Organellen als Ausdruck der funktionellen Differenzierung des Zytoplasmas ins Auge. Die tierische Zelle zeigt das interessante Phänomen, daß die äußere Strukturierung der nächsten Umgebung der Prokaryontenzelle in der Phylogenese gewissermaßen nach innen verlagert worden ist. Es tritt eine extreme Differenzierung in innere Strukturräume ein, die abgegrenzte Organellen darstellen, wobei auf Grund charakteristischer Enzymmuster der Ursprung dieser Organellen von der prokaryontischen Zellmembranstruktur z. T. ableitbar ist.

Die Frage des „Innen“ und „Außen“ ist vielschichtig. Zunächst wird darunter eine topologische dreidimensionale (räumliche) Struktur oder Zuordnung verstanden. In biologischen Systemen entbehrt eine solche Topologie nicht einer Dynamik, ausgenommen vielleicht Außenskelette von Wirbellosen. Biologische Strukturen verhalten sich nicht statisch. In der Bezeichnung „Innen und Außen“ kommt auch ein wertendes Element des Betrachters zum Ausdruck. Weniger topologisch ist vielleicht die Bezeichnung „systemfremd“. Hierbei wird von einer konkreten räumlichen Struktur weitgehend abstrahiert und daher auch von einem topologischen Innen und Außen, und es entsteht ein Spielraum, in welchem ein gegebenes Element „Innen“ und „Außen“ zur gleichen Zeit oder nahezu zur gleichen Zeit sein kann, je nach struktureller, funktioneller (räumlich-zeitlicher) Verknüpfung. Bei allen Abstraktionen sollte jedoch nicht vergessen werden, daß die biologischen Systeme aus konkreten chemischen Strukturen bestehen, die auch eine solche fast „makroskopische“ Strukturierung besitzen, auch wenn diese nur durch das Elektronenmikroskop oder indirekt durch die Röntgenstrukturanalyse sichtbar wird.

[1]) Vgl.: J. W. Costerten, J. M. Ingram, K. J. Cheng: Structure and function of the cell envelope of gram-negative bacterica. In: Bacteriological Reviews 38, 87—110, 1974

3. Der Zusammenhang von Widerspiegelung und Aktion—Reaktion sowie von Widerspiegelung und Information

Ausdruck der materiellen Einheit der Welt ist, daß schon die allgemeine Wechselwirkung, in der strukturelle und funktionelle Komplementarität auftritt, erste Keime der Spiegelung enthält. Widerspiegelung entwickelt sich aus spezifischen Formen der Wechselwirkung. Wir gehen davon aus, daß die philosophische Kategorie der Widerspiegelung unter verschiedenen Gesichtspunkten umfassender ist als die einfachere Kategorie Aktion—Reaktion. Widerspiegelung ist eine wesentliche Eigenschaft von Systemen. Information und Widerspiegelung sind nicht identisch; Information entwickelt sich aus Widerspiegelung.

Für Natur- und Gesellschaftswissenschaftler ist die Frage nach den qualitativen Unterschieden zwischen den Begriffen
— Aktion—Reaktion
— Widerspiegelung
— Information
gleichermaßen von großem Interesse. Diese Frage hat zwei Aspekte: den definitorischen und den des inneren Zusammenhangs oder der Abgrenzung des Wesens der Widerspiegelung nach unten zu den elementaren Wechselwirkungen wie Aktion—Reaktion und nach oben in den Beziehungen zur Information, zum Gedächtnis etc.

Die Frage nach der Abgrenzung kann auch anders gestellt werden. Wann geht die einfachere Beziehung Aktion—Reaktion in Widerspiegelung über? Wo finden wir die ersten Widerspiegelungselemente? Erste Widerspiegelungselemente treten vielleicht schon in der physikalischen Ebene auf. Schon in der nichtlebenden Natur unterliegt jeder Körper im Prozeß der Wechselwirkungen unterschiedlichen Einflüssen. Die Dinge und Erscheinungen gehen von einem Zustand in einen anderen über und verändern ihre Struktur. Soweit solche Veränderungen direkt auf den äußeren Einwirkungen beruhen, haben wir es mit einfachen unmittelbaren Antwortreaktionen zu tun, nur mit Antworten auf äußere Einwirkungen. Das allgemeine Aktion—Reaktion-Prinzip hat universellen Charakter, gibt aber nur den äußeren Zusammenhang von Einflüssen und Wirkungen wieder. Hier werden zwei Bestandteile eines Systems relativ gleichberechtigt in Wechselbeziehungen betrachtet. Die Herausbildung von Elementen der Widerspiegelung gibt zunächst — auch evolutionär gesehen — keine aktive Beziehung zweier Komponenten, die in Wechselwirkung treten, wieder. Widerspiegelung ist als ein Teil des allgemeinen Prinzips Aktion—Reaktion daher nicht von vornherein teleonomisch.

In einer bestimmten Klasse von Prozessen biologischer Systeme ist außer einer solchen Wirkung oder Antwortreaktion auch noch eine weitere Komponente zu berücksichtigen. Das zweite Objekt erfährt unmittelbar und mittelbar eine Strukturveränderung von relativer Dauer, die Merkmale des einwirkenden Objektes enthält und für das weitere Verhalten des Systems nutzbar ist. Diese Strukturveränderung kann auch noch nach dem Abklingen der äußeren Wirkung bestehen bleiben, und zwar so, daß bei wiederholter Wechselwirkung eine veränderte Reaktion resultiert, die in die Richtung einer verbesserten Anpassung führen kann. Damit erweist sich die Widerspiegelung als eine entscheidende Grundlage der Höherentwicklung. Die Widerspiegelung geht von einem System und seiner Umwelt aus. Einerseits betrifft sie in einem gewissen Grade Teilkomponenten eines Systems, in welchem vorrangig ein Bestandteil in seiner Reaktion auf die Umwelt betroffen ist, wodurch der Blick gerade auf diese innere Struktur-Funktionsänderung im Prozeß der Widerspiegelung gelenkt wird, die dadurch als etwas Selektives, Spezifisches in Erscheinung tritt. Andererseits verbindet Widerspiegelung auf qualitativ neuartige Weise Glieder (Bestandteile) eines Systems, gibt sie damit neuartige Systemeigenschaften wieder.

Sprechen wir von Widerspiegelung, so wird damit die Fähigkeit von Systemen charakterisiert, äußere Einwirkungen durch innere Strukturveränderungen zu „reproduzieren" und auf sie entsprechend den inneren Systembedingungen spezifisch zu reagieren. Widerspiegelung verlangt demnach ein System, das in Wechselwirkung mit einer Umwelt steht und das eine bestimmte hohe Organisation aufweist. Die Qualität der Widerspiegelungsphänomene leitet sich aus der Struktur-Funktions-Organisation des Systems ab.

Es ist Aufgabe der dialektisch-materialistischen Philosophie, in den nächsttieferen Organisationsebenen nach den Keimen der höheren zu suchen. Die biologischen Systeme zeigen vier Entwicklungsstufen der Wechselwirkung bzw. drei Grundklassen der Widerspiegelung (2., 3. und 4.):

1. Die reine Wechselwirkung ohne Verwandlung der wechselwirkenden Partner als allgemeine Grundlage und Grenzfall;
2. Die Wechselwirkung mit Verwandlung der Partner;
3. Die Erkennung, Aufnahme und Verwertung von Umweltzuständen als Signale;
4. Die Interpretation, Aufnahme und Verarbeitung von syntaktischen Informationen.

Auch die einfachsten Lebewesen benötigen diese Wechselwirkungen und Widerspiegelungen. Die Wechselwirkungen mit Verwandlung der Partner bilden die molekularen Grundlagen der Widerspiegelungsprozesse (siehe Abschnitt 5).

Jeder Widerspiegelungsprozeß ist mit Signalübertragung verbunden, d. h. mit der Übertragung einer bestimmten Struktur von einem Gegenstand auf einen anderen, so daß im Empfänger eine Antwort erzeugt wird und damit eine bestimmte Eigenschaft des einwirkenden Objekts aufgenommen bzw. auf dieses geschlossen werden kann. Äußere Signale werden von der Zelle (Organismus) aufgenommen, verarbeitet, kurz- oder langfristig gespeichert und systemeigen beantwortet. Sie können verschieden typisiert werden: nach der Strukturebene, nach der Zeit oder nach anderen Einteilungsprinzipien (physikalische, chemische und biologische Signale oder Faktoren). In jedem Falle, in dem Systemadäquatheit existiert, wird der äußere Faktor direkt oder indirekt in einen inneren verwandelt. Unabhängig von der Eingangspforte des Signals oder seiner Qualität (Energie, Stoff) oder seiner Komplexität ist sein Wirksamwerden an Zelleistungen gebunden. Das ist die Quelle des Individuellen der an die Aktivität des Empfängers geknüpften Widerspiegelung.

Da in jedem Signal und Systemverhalten Momente des Zufälligen existieren, weisen auch die Widerspiegelungsphänomene unterschiedliche Züge auf. Widerspiegelung als komplexe Funktion komplexer Systeme unterliegt den Gesetzen der Wahrscheinlichkeit. Auf der anderen Seite zeigen Widerspiegelungsprozesse Züge stärkster Individualisierung. Ein und dasselbe Signal kann in verschiedenen Organismen ganz unterschiedliche Arten von Reaktionen auslösen, aber auch zwei Individuen der gleichen Art werden auf dasselbe Signal hin noch geringe Unterschiede in ihrem Verhalten aufweisen. Zwei Bakterienzellen einer Art können auch durch die raffiniertesten Methoden wahrscheinlich nicht dazu gebracht werden, sich vollständig gleich zu verhalten. Es gibt also auch individuelle Widerspiegelungsvarianten. Dies ist als nicht voll objektivierbare Widerspiegelung zu kennezichnen. Je weniger komplex das biologische System ist, z. B. auf der subzellulären und letztlich molekularen Ebene, um so mehr werden diese indivuellen (auf struktureller Vielfalt beruhenden) Unterschiede verschwinden. Aber auch hier könnte man, allerdings mit noch empfindlicheren Methoden, Unterschiede in der Reaktion einer Population von Molekülen nachweisen.

Betrachtet man Widerspiegelungsprozesse in einem komplexen biologischen System, so ist es schwierig, Widerspiegelung ohne Information zu finden. Diese „Identität" erklärt sich aus der Entwicklung der biologischen Systeme, die sich in der Evolution in Richtung der Ausbildung von Informationsprozessen optimiert haben, wobei primär informationsverarbeitende Prozesse als Steuerung von Systemen existieren. Hieraus resultiert die Frage: wann geht Widerspiegelung in Information über? Vermutlich dann, wenn der Empfänger eines Signals ein System darstellt, in welchem dieses Signal einer mehrstufigen Verarbeitung unterliegt. Es wird also ein Signal durch eine höhere Qualität des Struktur-Funktionsverhaltens des Empfängers zur Information und der Empfänger in die Lage versetzt, das Signal — die Information — zu „nutzen". Das Signal — die Information — wird demnach umgesetzt in eine teleonomische Verhaltensweise des empfangenden Systems. Das setzt eine relativ hohe Differenziertheit des Systems voraus. Es müssen mindestens mehrere Reaktionsmöglichkeiten (Freiheitsgrade) für das System gegeben sein, unter denen eine Entscheidung getroffen wird. Signal ist nicht a priori Information. Wenn es durch das widerspiegelnde System eine Bedeutung erhält, entsteht eine Information. Die Bedeutung besteht in der funktionellen Potenz der Struktur, mehrere Reaktionsmöglichkeiten zu besitzen. Das System kann durch eine weitere Strukturveränderung eine Interpretation des Signals vornehmen, wodurch die Antwortreaktion gesteuert wird. Es können verschiedene Interpretationen stattfinden und daher unterschiedliche Verhaltensweisen auftreten. Damit wird deutlich, daß ein Signal erst in bezug auf einen Empfänger als Information angesprochen werden kann, d. h. dann, wenn Struktur-Funktionsveränderungen bewertet werden. Das Verständnis der Information als Widerspiegelung bzw. als der objektivierbare Widerspiegelungsinhalt geht davon aus, daß Information letztlich nur in bezug auf einen Empfänger zu verstehen ist.

Es gibt verschiedene Arten von Informationsverarbeitung auf den verschiedenen Ebenen der lebenden Materie: die Verarbeitung von reinen ungerichteten Signalen und von syntaktischen Informationen. Die Beziehungen zwischen Außen und Innen führen in den biologischen Systemen zur Differenzierung in zwei Grundklassen der Widerspiegelung bzw. des Sender-Empfänger-Verhältnisses mit

— mehr starrem, konservativem Verhalten (genetischer Apparat: Verarbeitung von syntaktischen Informationen) und
— mehr flexiblem, dynamischem Charakter (Stoffwechsel: Verarbeitung von reinen, ungerichteten Signalen) mit aufgesetztem Informationscharakter.

Auch innere Prozesse werden in der Zelle widergespiegelt. So ist für die Existenz von Lebewesen der Besitz einer völlig aufeinander abgestimmten Beziehung zwischen genetischer Information und Eiweißsyntheseapparat essentiell. Dieser biologische Automatismus ähnelt stark dem Prinzip des technischen Automaten als Informationstransformator oder -interpret, wenn man davon absieht, daß der biologische Automatismus auf Grund der Möglichkeit, gewisse innere Veränderungen zu erleiden, zur Evolution befähigt ist.

In den Beziehungen zwischen biologischem System und seiner Umgebung entwickeln sich demnach charakteristische Typen von Sender-Empfänger-Beziehungen. Die physikalischen, chemischen und biologischen Faktoren bzw. Signale sind für den Empfänger nicht speziell zugeschnitten; hingegen ist der Empfänger auf eine breite, jedoch begrenzte Skala von Signalen eingestellt. Auf der Grundlage einer großen Strukturpotenz ist er in der Lage, spezifisch zu reagieren. Auch hier muß zwischen Sender und Empfänger eine gewisse Übereinstimmung bestehen (Systemadäquatheit).

Bestimmte Signale werden ignoriert oder unterdrückt (Systemblindheit). Man hat die Aktivität des Empfängers, seine Reaktion auf die Informationsquelle entsprechend seiner Systemspezifik und Umweltsituation zu berücksichtigen. Dies führt zu der Einsicht, daß Widerspiegelungsquelle bzw. -objekt und Widerspiegelungsinhalt nicht völlig miteinander zu identifizieren sind. In einem komplexen System erfolgt durch Information eine Präzisierung bzw. Weiterentwicklung der Widerspiegelungsfunktion.

4. Die Hierarchie der Strukturierung der Widerspiegelung und der Zeitbegriff

Entsprechend der komplexen Strukturierung der biologischen Materie ist die Widerspiegelung komplexer Natur. Da jede Widerspiegelung eine Potenz zur Strukturierung voraussetzt, verlangt sie eine räumliche und zeitliche Ausdehnung der materiellen Träger. Jede Strukturierung enthält daher als integralen Bestandteil die Zeit. Durch Widerspiegelung wird die Kategorie Zeit für die Daseinsweise des Systems selbst relevant. Wir unterscheiden beim Zeitbegriff Zeitkonstanten der Systeme und zugehörende Signalzeiten (externe und interne Relaxationszeiten usw.).

Jede Strukturebene der biologischen Materie (die Ebene der Makromoleküle, die Ebene der räumlichen Strukturen mit vektoriellen Eigenschaften, die Lebewesen, die eine differenzierte Hierarchie des Gedächtnisses entwickeln) besitzt spezifische Qualitäten der Widerspiegelung und damit charakteristische Zeitkonstanten. Die Zeitkonstanten biologischer Systeme integrieren auf den verschiedenen Ebenen der lebenden Materie das zeitliche Verhalten elementarer und zunehmend komplexer Prozesse. Auf der molekularen Ebene entsprechen die Zeitkonstanten der elementaren Prozesse den Gesetzen der Physik und Chemie. So ist Erkennung, Aufnahme und Verwertung von Signalen durch biologische Systeme, z. B. von Lichtsignalen, nur möglich, weil Lebewesen dazu befähigt sind, physikalische Bewegungsformen der Materie mit Umwandlungszeiten von 10^{-24} bis 10^{-16} sec, also physikalische Energie, in chemische und biochemische Energieformen umzuwandeln und damit in biologisch adäquate Strukturen und Funktionen zu bringen. Diese Energietransformation, die u. U. für chemische Umwandlungen im Bereich von 10^{-12} bis 10^{-7} sec (z. B. Protenenübertragungen 10^{-11} bis 10^{-7} sec, Elektronenübertragungen 10^{-10} sec, Bildung von Protein-Substrat-Komplexen 10^{-8} sec, Veränderungen der Sekundär- und Tertiärstruktur von Proteinen 10^{-7} sec) erfolgen kann[1]), ist eine wichtige Grundlage der Widerspiegelung in biologischen Systemen. Das Nichtverständnis dieser Umwandlungsprozesse als Widerspiegelung der Umwelt an spezifischen biochemisch-biologischen Strukturen hat Delbrück nach bisher unbekannten Gesetzen der Physik, also nach einer prinzipiell neuen Physik Ausschau halten lassen[2]). Das Ergebnis

[1]) Vgl.: M. Eigen: Wasserstoffbrückensysteme als Medien chemischen Stofftransports. In: Jahrbuch 1963 der Max-Planck-Gesellschaft zur Förderung der Wissenschaften

[2]) Vgl.: G. S. Stent: Warten auf das Paradoxon. Einleitung. In: Phagen und die Entwicklung der Molekularbiologie. Hrsg. von J. Cairns, G. S. Stent, J. D. Watson. Berlin 1972

solcher Bemühungen ist stets nur die Auffindung dieser spezifischen biologischen Strukturen und Systeme, die jener schnellen Energiewandlung fähig sind, ohne daß eine neue Physik benötigt wird. Jedoch war das Eingreifen der Physiker in die Diskussion um Vererbung, Leben und Information äußerst fruchtbar, was am Beispiel von SCHRÖDINGER[1]) besonders augenfällig wird.

Während die Zeitkonstanten elementarer biochemischer Reaktionen, wie z. B. die Ausbildung von Enzym-Substratkomplexen 10^{-8} bis 10^{-6} sec beträgt, liegt der Durchsatz von Substraten (Metaboliten) in Stoffwechselketten im Sekunden- und Minutenbereich. In diesen Bereich gehören auch die Eigenzeiten solcher im Prinzip schon komplexer Reaktionen, die noch als biologische Elementarprozesse angesprochen werden können, wie die kovalente Verknüpfung von Nukleotid- und Aminosäurebausteinen. Diese betragen zwischen 10^{-3} und 10^{0} sec.

Charakteristisch sind die Relaxationszeiten komplexer biochemischer Systeme (z. B. von Stoffwechselketten), d. h. die Zeiträume, in denen das System nach Auslenkung oder Störung in die Ausgangsgleichgewichtslage zurückkehrt. Für die Glykolyse ist die Relaxationszeit um zwei Größenordnungen langsamer als die Durchsatzrate der Metabolite. Am Verhalten der intrazellulären Konzentrationen der Glykolysemetaboliten kann die Art und Weise, wie die Einstellung eines gestörten Stoffwechselgleichgewichts in der Zelle erfolgt, demonstriert werden. Hierbei können Oszillationen der Metabolitenkonzentration um das neue Gleichgewicht auftreten, deren Zeitkonstanten, verglichen mit denen einer Enzymreaktion, mit etwa 100 sec relativ lang sind[2]). Hierin kommen zusätzliche Systemfaktoren zum Ausdruck, die die Dynamik der Systeme kennzeichnen. Elementarprozesse mit kurzen Zeitkonstanten sind mit solchen mit langen Zeitkonstanten gekoppelt. Auf der subzellulären, zellulären und organismischen Ebene treten zunehmend längere Zeitkonstanten auf, die charakteristisch für die komplexen biologischen Strukturen sind. Solche „biologischen" Zeiträume kennen wir z. B. als Zeitkonstanten für Zellteilungsprozesse, biologische Halbwertzeiten für die Existenz von Zellorganellen, Zellen und Organismen, Zeiträume für biologische Entwicklungsperioden usw. Biologische Zeitkonstanten beinhalten aber auch die Evolution, die Generationsfolge und ihre Geschichte, so daß auch erdgeschichtliche Zeiträume auftreten. Lebensprozesse besitzen Historizität, voraufgegangene Ereignisse spiegeln sich in späteren wider. Lebewesen konservieren über sehr lange Zeiträume frühere Ereignisse, obwohl die biologischen Systeme ungleich dynamischer sind als alle anderen Systeme und ständigen Struktur-Funktionsveränderungen unterliegen.

Widerspiegelung der objektiven Realität erfolgt immer und allein durch die dem biologischen System eigenen Struktur- und Funktionsmechanismen; sie wird gleichsam durch die strukturellen und funktionellen Eigenschaften des Systems „gebrochen" oder „transformiert", sofern es sich um ein lebendes System handelt. Durch den Zeitbegriff erfolgt demnach eine Spezifizierung der Widerspiegelung durch Abgrenzung zu Widerspiegelungsprozessen in unteren und höheren Strukturebenen.

[1]) Vgl.: E. SCHRÖDINGER: Was ist Leben? Die lebende Zelle mit den Augen des Physikers betrachtet. München 1951

[2]) Vgl.: Ch. SCHEWE: Verhalten des 1,3 DPG-Spiegels in Erythrozyten unter verschiedenen metabolischen Bedingungen. Diss. Berlin 1973

5. Die elementaren Grundlagen der Widerspiegelung in der biologischen Materie und die zentrale Rolle der Eiweiße in der Widerspiegelung

Die biologischen Makromoleküle sind dadurch gekennzeichnet, daß sie eine Vielzahl von Strukturen bilden, die auch (und nicht nur bei Zellen) ein Innen und ein Außen unterscheiden lassen. Die Vielfalt der Strukturen ergibt sich aus der großen Zahl und dem geringeren Energieniveau der Bindungen (Wechselwirkungen) der biologischen Makromoleküle mit nieder- und hochmolekularen Verbindungen. Als spezifische Eigenschaften finden wir bei ihnen Selektivität und Allosterie. Makromoleküle sind imstande, auf Signale in Abhängigkeit von ihrer eigenen Geschichte (Historizität) zu reagieren. Sie weisen auch die Eigenschaft der Histerese und damit unterschiedliche Wege für Hin- und Rückreaktionen auf. Es zeigen sich erste Elemente des biologischen Gedächtnisses. Makromoleküle können demnach mehr als nur wechselwirken, sie vermögen auf der Grundlage komplementärer Wechselwirkungen zu erkennen und zu selektionieren — sie besitzen daher ein elementares Widerspiegelungsvermögen.

Die Ergebnisse der Biochemie gestatten die Aussage, daß die Widerspiegelung an die universelle Fähigkeit der Eiweiße geknüpft ist, spezifische Typen von Wechselwirkungen mit nieder- und hochmolekularen Verbindungen einzugehen. Dabei werden besondere Raummuster nichtkovalenter Bindungen hoher Spezifität und z. T. ausgeprägter Festigkeit gebildet. Diese spezifischen Typen von Wechselwirkungen führen zur Stoff- und Energiewandlung, Strukturbildung und in letzter Konsequenz zur Reproduktion der lebenden Materie und sind damit Faktor und Gegenstand aller biologischen Funktionen der lebenden Systeme und damit auch der der Informationsverarbeitung, einschließlich solcher komplexer Funktionen wie sie Denken, Gedächtnis, Lernen etc. darstellen.

Die Wechselwirkungen von Eiweißen mit Eiweißen, Nukleinsäuren, Lipiden und Kohlenhydraten sind die Grundlage für die Ausbildung von Strukturen, wodurch komplexe zelluläre Kompartmentierungs- und Reaktionssysteme mit spezifischen Leistungen entstehen. So führen Wechselwirkungen von Eiweißen mit den Lipiden zur Ausbildung von Membranstrukturen, die auf einer höheren Stufe ein differenziertes Innen und Außen bilden. Diese Strukturen zeigen vektorielle Eigenschaften, wobei die Außenseite und die Innenseite der Membranen unterschiedliche Funktionen aufweisen. Die Bildung von nichtkovalenten Verbindungen zwischen Eiweißen und Nukleinsäuren ist die Grundlage für die Ausbildung eines über Generationen hinweg stabilen, jedoch nicht unveränderlichen Speichers genetischer Information. Wechselwirkungen zwischen Eiweißen und Nukleinsäuren bilden elementare Grundlagen der Interpretation oder genetischer Informationen.

Als Beispiel zur Erläuterung dieser Thesen haben wir die Enzyme gewählt.

1. Enzyme vermitteln die Stoffwandlung unter Bedingungen, in denen sich normalerweise aus energetischen Gründen keine Stoffwandlungsprozesse vollziehen können; dies ist eine Rahmenbedingung für die Ausbildung lebender Systeme.

2. Enzyme zeigen ein hohes Maß an Komplementarität für ihre Substrate, d. h. auswählende Eigenschaft für eine chemische Struktur (Substratspezifität). — Bestimmte Enzyme entwickeln ein höheres Maß an Widerspiegelung in der Evolution, d. h., sie besitzen einen größeren Beziehungsreichtum, der auch die Grundlage allosterischer Eigenschaften darstellt. Sie unterscheiden sich von anderen Enzymen, die einen gerin-

geren Grad von Regelfunktionen besitzen. Enzyme erwerben, über ihre Substrate und Metabolite zu Enzymketten und komplizierten funktionellen Einheiten zusammengeschaltet, neue Eigenschaften, wie die der Oszillation und anderer komplexer zeitlicher Reaktionen.

Das Studium dieser Makromoleküle ermöglicht es nach unserer Meinung, ein tieferes Verständnis von den elementaren Widerspiegelungseigenschaften einfacher Systeme zu gewinnen, die wesentliche Grundzüge der lebenden Materie darstellen. Die biochemische Forschung hat wenigstens für einige wenige einfache Modelle so viele Daten und Fakten akkumuliert, daß uns die der Komplementarität in der Wechselwirkung der Partner zugrunde liegenden Struktur- und Funktionsbeziehungen auf molekularer Ebene bekannt sind.

Aus der dreidimensionalen Strukturanalyse von 30 Eiweißen (davon 21 Enzymen) mit ihren Substraten, Produkten und Inhibitoren lassen sich folgende allgemeine Schlußfolgerungen ableiten:

1. Die meisten Enzyme, aber nicht alle Eiweiße, zeigen definierte dreidimensionale molekulare Strukturen, die in gewissen Grenzen unabhängig von Milieuunterschieden sind.

2. In der dreidimensionalen Anordnung der gefalteten Polypeptidkette sind die Seitenketten der Aminosäuren derart angeordnet, daß — mit einer zulässigen Vereinfachung gesprochen — ein hydrophiles Exterieur und ein hydrophobes Interieur entstehen. Diese verschiedenen Innen und Außen bilden sich schon während der Biosynthese der Polypeptidkette aus.

3. Der Bindungsort für das Substrat und das katalytische Zentrum liegen in einer Grube oder Spalte des Enzyms. Die hydrolytischen Enzyme haben ausgedehnte Bindungsregionen für ihre Substrate. Das hydrophobe Interieur ist für die Aktivierung einer (oder weniger) geladener Gruppen, für die Bindung oder für den katalytischen Prozeß von Bedeutung. Die Aktivierung dieser Gruppen tritt ein, wenn durch Bildung des Enzym-Substrat-Komplexes sich die Umgebung dieser Gruppen verändert.

4. Bei der Bindung eines Substrats an das Enzym erfolgt eine Änderung der räumlichen Anordnung von Teilabschnitten des Substrats. Das Substrat wird an die Bindungsstelle angepaßt.

5. Das Enzym muß flexibel sein a) um das Substrat zu „fangen", b) damit die katalytischen Gruppen wirksam werden, c) damit die Produkte freigesetzt werden. Modifikationen am Eiweißmolekül, weit vom katalytischen Zentrum entfernt, können die Enzymaktivität (Bindung, Katalyse) beeinflussen. Bei Bindung von Substratanaloga werden kleine Veränderungen in den Positionen vieler Atome beobachtet. Diese Veränderungen sind geringer als am katalytischen Zentrum. Ihre Wirkung ist möglicherweise nicht zu vernachlässigen, jedoch verstehen wir sie bisher noch nicht.

6. Die eigentliche strukturelle Komplementarität zwischen Enzym und Substrat $E + S \rightarrow ES \rightleftharpoons ES^{+} \rightleftharpoons P + E$ (PAULING[1]), modifiziert von LIPSCOMB[2]) und LUMRY[3])) ist in dem freien Enzym noch nicht voll ausgebildet, jedoch vorgebildet. Sie entsteht im

[1]) Vgl.: L. PAULING in: Chemical Engineering News. 24, 1946, 1375

[2]) Vgl.: W. N. LIPSCOMB: Three-dimensional structures and chemical mechanism of enzymes. In: Chemical Society Reviews. 1, 1972, 313—336

[3]) Vgl.: R. LUMRY: Conformational mechanism for free energy transduction in protein systems: old ideas and new facts. In: Annals of the New York Academy of Sciences. 227, 1974, 46—73

Bindungsprozeß des Substrats durch Attraktion des Enzyms. Die komplementäre molekulare Konfiguration steht demnach zwischen den reagierenden Partnern und den Reaktionsprodukten. Beim Übergang in diese, den aktivierten Enzym-Substrat-Komplex, kommt es zu einer Abnahme seiner freien Energie, damit zu einer Abnahme der Energie zur Aktivierung der Reaktion und als Folge zu einer Zunahme der Geschwindigkeit in der Einstellung des chemischen Gleichgewichts.

Wir möchten zwei weitere Beispiele für molekulare bzw. chemische Komplementarität anführen:

1. Die Substratbindungsregion des Verdauungsenzyms Chymotrypsin, das Peptidbindungen in Eiweißen spaltet, ist der Peptidsequenz eines Abschnitts des Substrats (hier Substratanalogon) direkt komplementär. Die Bindung erfolgt über drei Wasserstoffbrücken. Auf Grund der gleichen chemischen Natur von Enzym und Substrat ist dieser Typ von Komplementarität eigentlich nicht verwunderlich. (Wir kennen die „Nutzung“ dieses Prinzips „homologe Komplementarität“ bei der Ausbildung der helikalen Anordnung innerhalb einer Polypeptidkette, der Zusammenlagerung zweier Polypeptidketten, der strengen räumlichen Komplementarität der Basenpaarungen zwischen den zwei DNS-Molekülen in einer doppelsträngigen DNS, in DNS-RNS-Hybriden usw., aber auch bei der Ausbildung der Sekundär- und Tertiärstruktur in einsträngigen RNS-Molekülen).

2. Das Prinzip heterologer komplementärer Wasserstoffbrücken liegt einem anderen bekannten biologischen Regelmechanismus zugrunde, nämlich der Reprimierung oder Dereprimierung des Laktoseoperons durch den Lac-Repressor. Das „Besondere“ an diesem Beispiel ist, daß sich Wasserstoffbrücken zwischen chemisch verschiedenen Partnern, einem doppelsträngigen DNS-Abschnitt und einem Eiweiß, ausbilden. Auf Grund der hohen Affinität der Partner zueinander (Bindungskonstanten von 10^{13}) ist diese Bindung von großer Festigkeit und dadurch auch hoch selektiv.

Komplementarität wurde bisher als Synonym für die Ausbildung von chemischen Bindungen gebraucht. Es handelt sich aber nicht um schlechterdings jede Art möglicher chemischer Wechselwirkung, sondern um solche, die *stabil* genug sind, um im Bereich normaler Temperaturen die Ausbildung differenzierter, höchstspezifischer Strukturen zuzulassen; doch müssen diese Strukturen *labil* genug sein, sich sehr schnell veränderten Bedingungen anzupassen. H-Brückensysteme zeigen für biologische Vorgänge die wichtige Eigenschaft der Ausbildung fließender Strukturen[1]). Die Ausbildung der Selektivität der Substratbindung in der Evolution — die Substratspezifität — die kein anderer chemischer Katalysator aufweist, kombiniert mit der katalytischen Funktion, verlangt demnach ein so großes Molekül, wie es die Enzyme sind.

Die eingangs erwähnte Stabilität der molekularen räumlichen Struktur ist dynamisch; sie muß ausreichend flexibel sein, um sich dem Substrat mindestens partiell anzupassen, wobei auch dessen Raumstruktur veränderlich ist. Hierdurch wird ein Ort (eine Atomgruppe, eine Bindung) aus energetischen Gründen bevorzugt und in der Evolution selektioniert, an der die katalytische Reaktion beginnt, wobei diese selbst wieder über mehrere Teilschritte verlaufen kann. Aus energetischen Gründen und Daten über z. B. die unterschiedliche Stabilität von Substraten im gebundenen Zustand und im aktivierten Komplex des Enzyms sowie aus Röntgenstrukturanalysen ergibt sich, daß das Enzymprotein in der Lage sein muß, den Veränderungen in der Geometrie des Substrates während des

[1]) Vgl.: M. Eigen: Wasserstoffbrückensysteme als Medien chemischen Strofftransports. A. a. O.

Bindungsprozesses (bond re-arrangement process) zu folgen. Dieses Konzept der aktiven Komplementarität entspricht völlig einem molekularen Widerspiegelungsverhalten.

Der Bindungsprozeß von Substrat an das Enzym führt zur Freisetzung von freier Energie. Im Falle des sehr einfachen Peptidbindungen spaltenden Enzyms Chymotrypsin wird diese Energie als Wärme frei. Bei komplizierteren Enzymen bzw. Proteinen (Hb) wird ein Teil dieser Energie in der Proteinkonformation transformiert, in gewissem Sinne gespeichert und übertragen. Möglicherweise sind in vielen synthetischen Reaktionen Proteine und Substrate in der Art gekoppelt, so daß die freie Energie sich mit Leichtigkeit zwischen den verschiedenen Partnern bewegt, ausgetauscht werden kann. In einer Reihe aufeinander folgender elementarer Schritte liefert sozusagen die veränderliche Proteinkonformation die Energie für schwierige chemische Veränderungen des Substrats.

Auch hier kann von Komplementarität gesprochen werden. Komplementarität steckt demnach in der plastischen räumlichen Geometrie verschiedener chemischer Strukturen, ihrer Bindungsmuster bzw. ihrer Energiezustände, ist die Grundlage für die Katalyse, den beschleunigten Übergang in einen anderen, qualitativ unterscheidbaren stabilen Energiezustand. Die in der Evolution zunehmende Komplexität in der Beeinflußbarkeit eines Enzyms durch Liganden erhöht die Widerspiegelungsfähigkeit des Proteins und damit das Vermögen des Proteins, freie Energie in „Arbeit“ zu verwandeln, mit anderen Worten, die Effektivität des Verbrauches an freier Energie zu erhöhen. Die dazu notwendige Zunahme der Komplexität erniedrigt die Produktion an irreversibler Entropie. Im Resultat entsteht dadurch ein höherer Ordnungsgrad bzw. eine höhere Organisiertheit. Die Erweiterung der Potenz zur Strukturierung biologischer Systeme ist die Grundlage für die Entstehung immer neuer und komplizierterer Widerspiegelungsprozesse. In der Aufklärung ihrer Elementareinheiten, deren eine hier dargestellt wurde, liegt der Schlüssel für das prinzipielle Verständnis der Widerspiegelung als einer grundlegenden Eigenschaft der Materie. In ihrer am höchsten entwickelten Form, deren Basis das menschliche Gehirn ist, führt sie zur Erkennung der Mannigfaltigkeit der Welt und ihrer Gesetze und zur Erkennung ihrer selbst.

Zur Dialektik von Kontinuität und Diskontinuität und zum Problem der Zeit in der Biologie[1])

K. Fuchs-Kittowski, S. Rosenthal und S. M. Rapoport

François Jacob schreibt [1]: „Heute stellt die Zeit für den Biologen wesentlich mehr dar als nur einen einfachen physikalischen Parameter. Sie ist untrennbar mit der Entstehung der belebten Welt und ihrer Evolution verbunden. Die Vorstellungen von Ursprung, Kontinuität, Unbeständigkeit und Zufälligkeit sind unauflösbar mit der Vorstellung von Zeit verbunden."

Mit diesen Worten führt er uns unmittelbar in die Thematik unseres Vortrages ein. Die beiden Problemkreise, die wir berühren, wurden von Immanuel Kant in seinen beiden ersten Antinomien behandelt [2]. Hier wurde erstmalig der Widerspruch, der sich in der damaligen Zeit zwischen der Kontinuumsphysik Newtons und dem Substanzdenken der Chemie im naturwissenschaftlichen Denken auftrat, deutlich formuliert. Diese Antinomien stellten die Anfänge eines dialektischen Verständnisses von Endlichkeit und Unendlichkeit sowie Einfachheit und Zusammengesetztheit (Komplexität) von Zeit und Raum dar. Dieser dialektische Gedanke wurde in der weiteren Entwicklung der klassischen deutschen Philosophie, ihrer materialistischen Umstülpung durch den dialektischen Materialismus sowie durch die Erkenntnisse der modernen Naturwissenschaften weiter vertieft.

1. Zur Dialektik von Kontinuität und Diskontinuität

Die Begriffe Kontinuität und Diskontinuität lassen sich auf die Bewegung und auf Raum und Zeit, also auf die Daseinsweise und die Existenzformen der Materie beziehen. Überall in der objektiven Realität tritt uns eine Mannigfaltigkeit von diskret Geschiedenem und auch kontinuierlich Zusammenhängendem, d. h. den Übergängen, entgegen. Es ist die Aufgabe dialektischen Denkens, zwischen dem diskret Geschiedenen noch einen Übergang und im Kontinuum noch diskrete Strukturen aufzudecken. Während uns die Diskontinuität in der relativ selbständigen Existenz der materiellen Systeme, im sprunghaften Übergang von einem Zustand in einen anderen entgegentritt, kommt die Kontinuität in dem durchgängigen Zusammenhang aller Dinge und Erscheinungen, dem fließenden Übergang zwischen verschiedenen Qualitätsstufen der Materie bzw. Entwicklungsstadien des lebenden Organismus zum Ausdruck. Da die Kontinuität Ausdruck des durchgängigen Zusammenhangs ist, steht die Frage, ob Kontinuität oder

[1]) Philosophische und ethische Probleme der Molekularbiologie, V. Kühlungsborner Kolloquium, Oktober 1976. Akademie-Verlag Berlin, 1977

Diskretheit oder weder das Eine noch das Andere, sondern etwas Drittes Grundprinzip der Natur ist, in engem Zusammenhang mit der Diskussion um eine dialektisch-materialistische Determinismuskonzeption. Diejenigen, die mit einem probabilistischen Grundprinzip der objektiven Realität nicht zufrieden waren, haben deshalb auch immer zugleich versucht, am Kontinuumsdenken festzuhalten. Obwohl die Annahme diskreter Einheiten, wie der digitale Rechenautomat zeigt, den strengen Determinismus nicht von vornherein ausschließt, läßt sie aber doch die Möglichkeit für die Existenz des objektiven Zufalls zu. Die Herausbildung des heutigen physikalischen und davon beeinflußten philosophischen Weltbildes ist durch den harten Widerstreit zunächst als gegensätzlich und miteinander unvereinbar angesehener Vorstellungen über den kontinuierlichen oder diskontinuierlichen strukturellen Aufbau der Materie gekennzeichnet. Da die Annahme der Kontinuität und der Diskontinuität, der Diskretheit, sich beide als fruchtbare und weitgehend zutreffende Arbeitshypothese erwiesen, wurden beide gegensätzliche Standpunkte in der Geschichte der Philosophie wie auch in den Einzelwissenschaften eingenommen und als Grundprinzipien der Natur vertreten. Die Annahme einer diskontinuierlichen Struktur der Materie ist der wesentliche Inhalt der von LEUKIPP und DEMOKRIT begründeten Atomistik. Gegensätzliche Auffassungen wurden von ARISTOTELES vertreten, der den Gedanken einer unendlichen Teilbarkeit bzw. einer kontinuierlichen Struktur der Materie entwickelte[1]). Vorwiegend diskontinuierliche Vorstellungen bestimmten später die Substanzauffassung der Chemie und die Mechanik. Eine vorwiegend kontinuierliche Auffassung entsteht auf der Grundlage der FARADAY-MAXWELLschen Theorie des Elektromagnetismus und gipfelt in den Bemühungen ALBERT EINSTEINS um eine einheitliche Feldtheorie. Der Widerstreit der diskontinuierlichen und kontinuierlichen Denkmodelle, die im makroskopischen Bereich jedes für sich in der Lage ist, Teilbereiche der objektiven Realität richtig zu beschreiben, führt im mikroskopischen Bereich, auf der Grundlage des BOHRschen Korrespondenzprinzips, zu der entscheidenden Erkenntnis des einheitlich kontinuierlichen und diskontinuierlichen Wesens der bewegten Materie.

Auf der Grundlage probabilistischer Gesetzmäßigkeiten gestattet die Quantenmechanik die widerspruchsfreie Beschreibung dieser scheinbar widersinnigen Beobachtungen. Das Abbild der bewegten Materie in dem Denkmodell der Quantenphysik ist weder rein kontinuierlich (Welle) noch rein diskontinuierlich (Teilchenstrom), sondern ein Drittes. Aus der Sicht der Quantenmechanik ist die NEWTONsche Mechanik, die von diskreten, genau meßbaren Materieteilchen ausgeht, nur ein idealer Grenzfall. Die probabilistischen Gesetze der Quantenmechanik „entarten" in die dynamischen Gesetze der NEWTONschen Mechanik. Wir erreichen wieder das Ideal der NEWTONschen Physik, die Stetigkeit aller Naturereignisse.

Auch EINSTEIN hält an der Kontinuumsphysik fest. Es ist ein grundlegendes Prinzip seiner Theorie, daß sich endlich benachbarte Raumzeitpunkte in gleichem Zustand befinden. Ja, EINSTEIN geht noch weit über NEWTON hinaus, indem er die Fernwirkkräfte, die sich mit dem Kontinuitätsprinzip schwer vereinbaren lassen, durch die Nahwirkung der Gravitäten ersetzt.

[1]) Wie SCHARF im Einleitungsvortrag ausführte, ist für ARISTOTELES „Zeit" — da das eine schon verflossen ist und das andere noch bevorsteht — in unserer unmittelbaren Erfahrung aus lauter aufeinanderfolgenden „jetzt" zusammengesetzt. Aber in Wirklichkeit könne die Zeit nicht wie Punkte aus lauter „jetzt" aneinandergereiht sein.

Bei der bekannten Kontroverse zwischen EINSTEIN und BOHR hält EINSTEIN an dem Ideal vollständiger Beschreibung der Naturvorgänge im Sinne der klassischen Physik fest, die Quantenphysik sei daher noch unvollständig. Die Konsequenz, die K. FUCHS aus dieser Kontroverse zieht, ist, wie er hervorhebt „der Schlußfolgerung, die EINSTEIN gezogen hatte und ... auch verschiedene Marxisten ..., genau entgegengesetzt. Solange wir eine Theorie besitzen, die nur eindeutige Aussagen über die Naturprozesse macht, solange sind wir immer noch an der Oberfläche der Erscheinungen und solange kann die Theorie nicht vollständig sein. Erst wenn wir in den widersprüchlichen Charakter der Materie eindringen, erst dann können wir sagen, „ja", jetzt haben wir wirklich zumindest einen Zipfel des Charakters der Materie erfaßt, mit all den verschiedenen Möglichkeiten, die sich aus ihrem widersprüchlichen Charakter ergeben" [4].

Grundlage für eine solche Haltung kann nur die Auffassung sein, daß die Materie in ihrer Widersprüchlichkeit unerschöpfliche Möglichkeiten in sich birgt und ihre Entwicklung keineswegs erschöpft ist. Die Gesetze, die die Kategorie der Möglichkeiten enthalten, widerspiegeln diese Natur der Materie und bedürfen daher keiner weiteren Erklärung durch Rückführung auf andere Gesetze. Eine Erklärung ist daher eher notwendig für die Gesetze, die nur die Kategorie der Notwendigkeit enthalten, damit nur die Kontinuität der Entwicklung zum Ausdruck bringen und somit einen „degenerierten" Zustand (einen Endzustand in der Entwicklung) der Materie widerspiegeln.

Diese Erkenntnis ist auch für die Biologie wichtig: Mann kann u. E. methodisch aus der geschilderten Entwicklung im Denken der Physik für ein dialektisches Verständnis von Kontinuität und Diskontinuität der Qualität Leben und speziell der Entwicklungsprozesse in der lebenden Natur lernen.

Das Verständnis der Entstehung von wirklich Neuem setzt die Objektivität des Zufalls voraus; denn nur wenn Raum ist für die Kategorie des objektiven Zufalls und der objektiven Möglichkeit, ist die Voraussetzung dafür gegeben, daß auch Prozesse mit Informationsvermehrung auftreten können, daß überhaupt Diskontinuität oder etwas Unerwartetes und wirklich Neues in der objektiven Realität auftreten kann. Die Entstehung von Neuem ist eng verbunden mit der Zeit.

Wir vertreten daher die Auffassung, daß die Materie mit ihrer inneren Widersprüchlichkeit unerschöpfliche Möglichkeiten in sich birgt und ihre Entwicklung keineswegs erschöpft ist. Damit ist auch deutlich eine Aussage hinsichtlich der Endlichkeit und Unendlichkeit in Raum und Zeit gemacht. Wenn man bei einer „schlechten Unendlichkeitsvorstellung", wie sie ENGELS [5] in Anlehnung an HEGEL bezeichnet, bleibt, müßten alle Möglichkeiten schon verwirklicht sein und diese müßten sich nur noch ins so gedachte Unendliche unendlichmal wiederholen. Die Unmöglichkeit einer solchen Unendlichkeitsvorstellung liegt auf der Hand, auch wenn sie als eine Art „sekularisierte" Gottesvorstellung [6] verbreitet ist.

2. Zeit eine — Existenzform der Materie

Nichts kann außerhalb von Raum und Zeit existieren. Raum, Zeit und Materie bilden einen unauflösbaren Zusammenhang; Raum und Zeit sind inhärente Eigenschaften, unabdingbare Attribute der Materie. Da alle Materie bewegt ist, sind Raum und Zeit veränderlich.

a) Raum fassen wir als physikalisch konkrete Vermittlung von Wirkungen auf. Die oft noch zu findende Formulierung, Raum ist die Abstraktion von allen Abständen. Entfernungen, Ausdehnungen, weil Körper einen Platz im Raum einnehmen müssen, ist aus dieser Sicht zu vereinfacht.

b) Zeit als eine Existenzform der Materie drückt physikalisch die Endlichkeit der Ausbreitung von Wirkungen aus. Zeit ist aber nicht als einfache Abstraktion aus dem Nacheinander der Dinge und Erscheinungen, als Dauer[1]), zu verstehen, sondern — da sich Strukturen bilden — entstehen charakteristische Zeiten, die an die Existenzbedingungen dieser Strukturen direkt, d. h. objektiv, geknüpft sind. Entsprechend der komplexen Strukturierung der Lebensprozesse bilden sich Zeithierarchien.

Hat die Zeit eine Richtung — eine Qualität?

Da Materie sich bewegt, bzw. genauer gesagt, entwickelt, und zwar nicht nur die Erde, die Lebewesen und der Mensch, sondern auch der Kosmos (auch hier gibt es nicht nur Wiederholung), ist die Frage nach der Richtung bzw. Qualität der Zeit mit der Unerschöpflichkeit der Entwicklungsmöglichkeiten der Materie verknüpft.

Aus der Einheit der durch die Naturgesetze gegebenen Möglichkeiten und ihren konkreten Wirkungsbedingungen ergibt sich die Richtung der Zeit. Damit wird eine nur subjektive Auffassung der Zeitrichtung überwunden [7].

In der Kategorie der Möglichkeit liegt der Widerspruch der noch nicht verwirklichten Wirklichkeit. Daraus ergibt sich, daß im Verlauf der konkreten Bewegungs- und Entwicklungsprozesse sich durch Abnahme des Unbestimmten, des noch Möglichen, eine Zunahme des Verwirklichten vollzieht. Daraus ergeben sich die Zeitmodi Vergangenheit, Gegenwart, Zukunft. In der konkreten Anwendung auf das Objekt — das gilt sowohl für das physikalische als auch das biologische Objekt — wird die Zeitrichtung unidirektionell. Diese Zeitausrichtung ist mit Evolution (Höherentwicklung der Lebensprozesse) verbunden. Die wesentliche Qualität der Zeit im biologischen System ist demnach die „Einseitigkeit ihrer Richtung".

3. Zeitcharakteristika

Jede Strukturebene der biologischen Materie (die Ebene der Makromoleküle, die Ebene der räumlichen Strukturen mit vektoriellen Eigenschaften, die Lebewesen, die eine differenzierte Hierarchie des Gedächtnisses entwickeln) besitzt spezifische Qualitäten der Widerspiegelung und damit charakteristische Zeiten. Diese integrieren auf den verschiedenen Ebenen der lebenden Materie das zeitliche Verhalten elementarer und zunehmend komplexer Prozesse. Auf der molekularen Ebene entsprechen die charakteristischen Zeiten der elementaren Prozesse den Gesetzen der Physik und Chemie. So ist die Erkennung, Aufnahme und Verwertung von Signalen durch biologische Systeme, z. B. von Lichtsignalen, nur möglich, weil Lebewesen dazu befähigt sind, physikalische Bewegungsformen der Materie mit Umwandlungszeiten von 10^{-24} bis 10^{-16} sec., also physikalische Energie, in chemische und biochemische Energieformen umzuwandeln und damit in biologisch adäquate Strukturen und Funktionen zu bringen. Diese Energie-

[1]) NEWTON schrieb: „Die absolut wahre, mathematische Zeit verfließt an sich und vermöge ihrer Natur gleichförmig und ohne Beziehung auf irgend einen äußeren Gegenstand. Sie wird mit dem Namen Dauer belegt. Die relative, scheinbare, gewöhnliche Zeit ist ein fühlbares und äußerliches, entweder genaues oder ungleiches Maß der Dauer, dessen man sich gewöhnlich statt der wahren Zeit bedient ..." (NEWTON, I., Mathematische Prinzipien der Naturlehre, 25)

transformation, die für chemische Umwandlungen im Bereich von 10^{-2} bis 10^{-7} sec. (z. B. Protonenübergang 10^{-11} bis 10^{-7} sec., Elektronenübertragungen 10^{-10} sec., Bildung von Protein-Substrat-Komplexen 10^{-8} sec., Veränderungen der Sekundär- und Tertiärstruktur von Proteinen 10^{-7} sec.) erfolgen kann, ist eine wichtige Grundlage der Widerspiegelung in biologischen Systemen.

Während die Zeiten elementarer biochemischer Reaktionen, wie z. B. die Ausbildung von Enzym-Substratkomplexen 10^{-8} bis 10^{-6} sec. beträgt, liegt der Durchsatz von Substraten (Metaboliten) in Stoffwechselketten im Sekunden- und Minutenbereich. In diesen Bereich gehören auch die Eigenzeiten solcher im Prinzip schon komplexer Reaktionen, die noch als biologische Elementarprozesse angesprochen werden können, wie die kovalente Verknüpfung von Nukleotid- und Aminosäurebausteinen. Diese betragen zwischen 10^{-3} und 1 sec.

Charakteristisch sind die Relaxationszeiten komplexer biochemischer Systeme (z. B. von Stoffwechselketten), d. h. die Zeiträume, in denen das System nach Auslenkung oder Störung in die Ausgangsgleichgewichtslage zurückkehrt, oder auch die Periodendauer von Oszillationen, wie sie z. B. in der Glykolyse beobachtet werden. Sie sind mit etwa 100 sec. relativ lang.

In Stoffwechselsystemen sind kurz- und langzeitige Prozesse miteinander gekoppelt. Auf der subzellulären, zellulären und organismischen Ebene treten zunehmend längere charakteristische Zeiten auf. Solche „biologischen" Zeiträume kennen wir z. B. als Zeitkonstanten für Zellteilungsprozesse, biologische Halbwertzeiten für die Existenz von Zellorganellen, Zellen und Organismen, Zeiträume für biologische Entwicklungsperioden usw.

Das Entstehen längerer Zeiten hat eine wesentliche Konsequenz für die Beherrschbarkeit der Elemente und Prozesse und der tiefer liegenden Systemebenen. Damit entsteht die Möglichkeit, daß Informationen über das Auftreten und den Verlauf von Regulationen, auch hinsichtlich von Korrekturen, im System erfaßt und verwertet werden können.

Biologische Zeiten sind selbst auch Ausdruck der Evolution, der Generationsfolge und ihrer Geschichte, so daß auch erdgeschichtliche Zeiträume auftreten. Lebensprozesse besitzen Historizität, voraufgegangene Ereignisse spiegeln sich in späteren wider. Lebewesen konservieren über sehr lange Zeiträume frühere Ereignisse, obwohl die biologischen Systeme ungleich dynamischer sind als alle anderen Systeme und ständigen Struktur-Funktionsveränderungen unterliegen.

4. Die Rolle von Zeithierarchien biologischer Prozesse für Erkenntnistheorie und Methodologie der Molekularbiologie[1])

Wir haben im letzten Kühlungsborner Kolloquium darauf hingewiesen, daß die Struktur-Funktionshierarchie der lebenden Materie die Zeit als integralen Bestandteil mit enthält. Durch Widerspiegelung wird die Kategorie Zeit für die Daseinsweise des Systems selbst relevant. Jede Strukturebene der biologischen Materie besitzt spezifische

[1]) R. Heinrich und T. Rapoport haben mit ihren theoretischen Untersuchungen zur Dynamik metabolischer Prozesse in der Zelle, besonders der Glykolyse, zur Definition des Begriffs „Zeithierarchie" beigetragen [10]

Qualitäten der Widerspiegelung und damit charakteristische Zeiten [8, 9]. Die verschiedenen Zeiten sind in Zeithierarchien organisiert.

Durch die Analyse der Zeit erfolgt eine Spezifizierung der Widerspiegelung und damit eine bessere Charakterisierung der Strukturebenen, ihres Zusammenhanges und ihrer Abgrenzung in höhere und niedere. Die elementaren Prozesse weisen schnellere Zeitkonstanten auf als komplexe.

In einem komplexen Prozeß haben nicht alle Zeiten der Teilschritte die gleiche Wertigkeit für die Spezifik des zeitlichen Verhaltens des übergeordneten komplexen Prozesses. Es ist ein allgemeines methodisches Prinzip, daß zum Verständnis des Wesens eines Systems (Teilsystems) Zusammenhang und Wechselwirkung aller Partner nicht gleich wichtig sind. Bei der Analyse bzw. Darstellung komplexer Prozesse müssen daher nicht alle Zeiten der Teilschritte berücksichtigt werden, es sind nicht alle Variablen eines Systems zu berücksichtigen, sondern nur die „*wesentlichen*".

Als unwesentlich für die Dynamik erweisen sich im allgemeinen die sehr schnellen Prozesse. In speziellen Situationen können die sehr schnellen Prozesse eine *plötzliche*, d. h. unstetige Qualitätsänderung des Zustandes herbeiführen. Solche Zustandsänderungen sind Gegenstand der in jüngster Zeit stark diskutierten Katastrophentheorie.

Für das Verständnis bzw. die Darstellung des essentiellen Zusammenhanges kann die Anzahl der Variablen reduziert werden.

Aber wie wird die Zahl der Variablen reduziert?

Es gibt bei der Relaxation eines Systems zu einem neuen stationären Zustand verschiedene Zeitepochen. Eine „Epoche" wird durch die Gruppe von Prozessen festgelegt, die in diesem Zeitintervall aktiv sind. Die Wahl der Zeitepochen ist, da die betrachtete Strukturebene des Objektes die Länge der Zeitepoche wesentlich bedingt und auch die Bedingungen ihrer Veränderlichkeit objektiv sind, nicht willkürlich, subjektiv.

Schnelle Prozesse erreichen nach kurzer Zeit ein neues „steady state", sehr langsame Prozesse bleiben quasi konstant. Es lassen sich daher in einem vorgegebenen Zeitintervall essentielle Veränderungen (Bewegungen) finden, die die Dynamik des Systems in dieser Epoche und ihre charakteristischen Zeiten bedingen.

Die Einordnung der verschiedenen Zeiten in eine Zeithierachie bedingt, daß die schnellen Variablen durch steady state Approximation für die Dynamik des Systems in der essentiellen Zeitepoche ohne Bedeutung sind. Damit kann eine Reduktion der Variablenzahl erfolgen, da schnelle reversible Prozesse, die miteinander verbunden sind, zu einer Variablen zusammengefaßt werden können, die nach außen als essentielle Gruppenvariable wirkt. Das Auffinden solcher Gruppeneigenschaften (Gruppenvariablen) ist ein entscheidender Schritt zu einer echten Reduktion auf das Wesentliche (ohne in eine zu große Vereinfachung zu verfallen) mit ausreichendem Spielraum im Grenzbereich.

Die Bildung von Zeithierarchien hat zwei wesentliche Konsequenzen: 1. *methodologische* und 2. *biologische*. Die methodologischen Konsequenzen für den Forscher sind ganz entscheidend. Es bedeutet, daß zur Beschreibung komplexer biologischer Systeme, entgegen einer Vielzahl anderer Ansichten, nicht eine vollständige Beschreibung der zugrunde liegenden Elementarprozesse erforderlich ist. Wenn eine solche durch die objektiv bestehende Zeithierarchie objektiv mögliche Vereinfachung nicht möglich wäre, hätte z. B. W. Elsasser mit seinem „Prinzip der endlichen Klassen" recht [11], das aussagt: Klassen von Organismen sind unendlich klein, verglichen mit der Zahl mikroskopischer Konfigurationen, die die Glieder der Klasse annehmen können. Er ist der

Meinung, daß es unmöglich sei, die Verteilung der immensen Zahl von Verbindungen zu studieren, wenn man nur über eine große Zahl von Individuen verfügt. ELSASSER formuliert damit eine Eigengesetzlichkeit des Lebens auf der Grundlage einer nicht völligen Erkennbarkeit des strukturellen (und funktionellen) Aufbaus des biologischen Systems und eine damit verbundene Unmöglichkeit der Abbildung auf ein technisches Modell.

Die wesentlichen biologischen Konsequenzen der Zeithierarchien sind

— die dynamische Stabilisierung komplexer biologischer Systeme durch die objektive Reduktion der Variablenzahl
— die Verkürzung der Zeit für die Evolution biologischer Systeme.

Es gibt Untersuchungen, die belegen, daß im allgemeinen die dynamische Stabilität von Systemen sinkt, je größer die Systeme sind, d. h. je mehr gleichwertige Variablen sie enthalten. Dagegen steht die erstaunliche Stabilität der biologischen Systeme, die historisch eine Vielzahl von idealistischen Spekulationen veranlaßt hat.

Da innerhalb einer Zeithierarchie eine Verringerung der Zahl der dynamischen Variablen erfolgt, führt die hierarchische Struktur-Funktions- bzw. Zeitorganisation der biologischen Systeme zu einer Verringerung der Zahl der Variablen und damit zu einer Stabilisierung des Systems.

Zeithierarchie und Verkürzung des Zeitfaktors in der Evolution.

Die enge Beziehung zwischen Zeithierarchie und Evolution ist dadurch gegeben, daß das zeitliche Verhalten von biologischen Systemen in erster Linie Ausdruck der Eigenschaften von Enzymen bzw. Eiweißen in ihrer Wechselwirkung mit hoch- und niedermolekularen Substraten und Faktoren ist. Zeitliches Verhalten biologischer Systeme unterliegt der Vererbung und Selektion. Wenn vom Standpunkt der Stabilisierung, z. B. der Glykolyse, die kinetischen Parameter der Gleichgewichtsenzyme unwichtig sind, so unterliegen sie auch nicht einer strengen Selektion.

Die evolutionäre Konsequenz besteht darin, daß nicht die Eigenschaften aller Prozesse in der Evolution optimiert werden mußten. Die dynamischen Eigenschaften der sehr schnellen Prozesse sind objektiv nicht relevant. Die Evolution konnte daher schneller ablaufen als von verschiedenen Autoren angenommen wird. Hiermit wird allen Bedenken, daß die Erdzeit von 3 Milliarden Jahren für die Entstehung und Evolution der lebenden Materie nicht ausgereicht hätte, nicht nur durch den Fakt der Evolution selbst, sondern auch durch unser vertieftes Verständnis der Wechselwirkungen und Zeitzusammenhänge jegliche Grundlage entzogen.

Je weiter untergliedert ein System und je größer die Teilselbständigkeit der Systemelemente ist, desto größer ist die Wahrscheinlichkeit, daß Regulationssysteme relativ unabhängig voneinander existieren, die sowohl zeitlich nebeneinander als auch nacheinander reagieren und damit eine schnelle Anpassungsfähigkeit des Gesamtorganismus ermöglichen und die Stabilität des Gesamtsystems erhöhen. Auch hierdurch wird der Zeitbedarf in der Evolution verkürzt. Damit gibt es eine Reihe von naturwissenschaftlichen Parametern zur Überwindung des Streits über den Zeitfaktor in der Evolution. An diesem waren vor allem LECOMTE DE NOÜY [13], VAN DER WAERDEN [14] und v. WEIZSÄCKER [15] beteiligt. Erstere waren Vertreter der zeitlichen Unwahrscheinlichkeit der Evolution. Letzterer führte die „Minimalzeit“ als neues ergänzendes Optimalitätskriterium zum DARWINschen Grundkriterium ein.

5. Einheit von Kontinuität und Diskontinuität in der Phylo- und Ontogenese

Es entspricht dem mechanistischen Denken und dem extremen Rationalismus, daß der Sprung unvorstellbar erscheint. So schrieb schon LEIBNIZ [21]: „Nichts geschieht plötzlich, und einer von meinen größten und bewährtesten Grundsätzen lautet, daß die Natur niemals Sprünge macht.“ Er nennt dieses Prinzip „continus“.

Die kontinuierliche Welt ist bis ins Unendliche teilbar und kann daher auch noch auf kleinstem Raum durch Kombination eine unendliche Verschiedenheit realisieren. Dadurch ist immer noch eine Grundlage für das Nachfolgende gegeben, denn im kleinsten Raum und in der kleinsten Zeit ist ja noch alles enthalten. So läßt sich generell die Entwicklung der Lebewesen in Phylo- und Ontogenese als Präformation erklären. Epigenese erscheint aus dieser Sicht als eine völlig überflüssige Annahme.

JACOB schreibt: „Die moderne Biologie will die Eigenschaften des Organismus aus der Struktur der ihn aufbauenden Moleküle erklären. In diesem Sinne entspricht sie einem neuen Zeitalter des Mechanismus. Das Programm ist ein den elektronischen Rechenautomaten entliehenes Modell. In Wirklichkeit unterscheiden sich diese beiden Arten von Programmen in vielerlei Hinsicht ...“ [1b].

Eine mechanistische Biologie setzt ständig, wie die klassische Theorie der Automaten, die Existenz eines Isomorphismus voraus, eine Eins-zu-eins-Übereinstimmung zwischen den physikalischen Größen, welche die Zustände des Systems zu verschiedenen Zeitpunkten beschreiben. In anderen Worten, die mechanistische Biologie, nach welcher der strenge Determinismus im lebenden System uneingeschränkt gilt, setzt ständig die Kontinuität der Information voraus. Dies zwingt z. B. den Biologen, auch zu einer Zeit, in der die strukturellen Eigenschaften des erwachsenen Organismus noch nicht offenkundig sind, schon die Existenz einer äquivalenten Information vorauszusetzen, von der die Struktur nach dem Vorbild des Automaten reproduziert werden kann. Früher sprach man von einem Homunkulus, der in der Keimzelle vorhanden sei. Die Ontogenese ist dann in der Tat nur eine reine Offenbarung (siehe auch [11]). Eine Theorie, in der die Antithesen Präformation oder Epigenese dialektisch vereinigt werden können, verlangt die Überwindung der mechanischen Determinismuskonzeption, die Vorstellung einer reinen Kontinuität der Information und die Einbeziehung von Diskontinuität, so daß auch während der Ontogenese Prozesse mit Informationsvermehrung stattfinden können.

Das Prinzip der Einheit von Kontinuität und Diskontinuität wird auf der biologischen Ebene des Lebenden in der Einheit von Universalität und Einmaligkeit deutlich. Es ist ein realer Widerspruch lebender Systeme, daß sie weitgehend einheitliche Züge und doch eine einmalige und nicht wiederholbare Existenz haben. Gerade darin, daß Einmaligkeit und Universalität für das Lebende von gleicher Bedeutung sind, zeigt sich, daß sich der Lebensprozeß als kontinuierlicher und diskreter Prozeß vollzieht, was in ihm selbst angelegt ist. Die Einheit von Kontinuität und Diskontinuität hat ihre Grundlage im Prozeß der Selbstreduplikation der informationstragenden Makromoleküle, die zur gleichen Zeit universell als auch einmalig sind.

Höherentwicklung bedeutet das Auftreten eines neuen Informationsgehaltes innerhalb einer Klasse von Systemen. Ist alles informativ prädeterminiert, herrscht Kontinuität der Information, so tritt nichts grundsätzlich Neues auf. Nach dem entgegengesetzten

Extrem entsteht alles Neue aus einer unerklärlichen Spontaneität, es herrscht absolute Diskontinuität.

Bei den Zelldifferenzierungsprozessen sind miteinander verknüpft ein starkes Element prädeterminierter Zeitabläufe von Genexpressionsprogrammen (zur Sicherung der Kontinuität des Lebenden), aber auch Elemente der Zufälligkeit (die wir bis jetzt zum Teil nur an ihren negativen Folgen erkennen (z. B. teratogene Einflüsse)). Es ist nicht anzunehmen, daß sich in einem Individuum allein nur eine neue genetische Kombination ausprägt. Ihre Expression wird wahrscheinlich auch zufällig modifiziert, wodurch eine wirklich unikale Individualität entsteht.

6. Endlichkeit und Unendlichkeit der Zeit und unser Verhältnis zu Vergangenheit, Gegenwart und Zukunft

Läßt sich ein solches Verständnis der Evolution auch auf das Universum als Ganzes übertragen, gibt es überhaupt eine Entwicklung des Kosmos und wie sieht sie aus, gibt es hier nur Offenbarung bzw. ständige Wiederholung dessen, was schon vorhanden ist, oder eine reine Schöpfung zu einem Zeitpunkt Null?

Die mechanistischen Vorstellungen von Raum und Zeit und die damit verbundenen Vorstellungen zwingen uns zu der Annahme eines ewigen Kreislaufes. Ein kosmologisches Modell mit der Zeit Null wird uns, wie wir meinen, nicht zu den theologischen Vorstellungen einer Schöpfung der Welt (durch eine Gottheit) zurückführen, wird uns jedoch helfen, mechanistische Vorstellungen wie idealistische Schlußfolgerungen [6b] über die objektive Realität zu überwinden, speziell über die Zeit; dies gilt für die Zeit der Naturgeschichte wie auch für unsere eigene menschliche Zeit.

M. Eigen [16] folgert gegen Monod: Es war nicht der absolute Zufall, es war ein Spiel nach Regeln, denn 10^{130} Proteine hätten auch bei dichtester Packung im Weltall nicht Raum, sondern etwa 10^{103} bei 20 Milliarden Lichtjahren Durchmesser. Diese Art der Argumentation hat nun andererseits die Frage aufgeworfen, ob es berechtigt sei, von einer Ausdehnung des Weltalls zu sprechen. Würde damit nicht die Endlichkeit der Welt in Raum und Zeit postuliert?

Aus der kosmologischen Hypothese zur Erklärung der Rotverschiebung der entfernten Sternenwelten ergibt sich mit Hilfe der Gesetze der Relativitätstheorie, daß die Welt endlich sei und etwa vor dreitausend Milliarden Jahren begonnen habe, als die gesamte Masse und der gesamte Raum des Universums in einem Punkt vereinigt gewesen sei.

Die kosmologische Hypothese ist eine aus der praktischen Erfahrung der Astronomie gewonnene wissenschaftliche Erkenntnis, und damit eine relative Wahrheit, die nicht einfach dogmatisch verworfen werden kann. Es ist nicht richtig, wenn einige Kritiker die Voraussetzungen, die kosmologische Hypothese, verwerfen, anstatt den Fehlschluß zu kritisieren, der ganz offensichtlich auf der Verabsolutierung einer relativen Wahrheit beruht.

Das philosophische kritische Denken fehlt, wenn sich der Physiker selbst nicht Rechenschaft darüber gibt, was er eigentlich meint, wenn er sagt, das Weltmodell hat einen Anfang, oder das Weltmodell bricht zusammen, daher verschwindet hier die Zeit; ob er damit wirklich etwas Physikalisches meint, oder ob er damit nicht vielmehr eine nicht genau formulierte Aussage über den Zusammenbruch seiner Zeitdefinition macht [17], bleibt unklar.

Die Existenzbedingungen der Materie, wie sie objektiv gegeben sind, liegen natürlich völlig außerhalb unserer praktischen Erfahrungen, auf deren Grundlage unsere Theorien gebildet wurden. Unsere Erfahrung auf diesem Gebiet geht im Verhältnis nicht sehr weit zurück und ist vor allem beschränkt auf einen sehr kleinen Ausschnitt des Universums. Daher muß man bei Schlußfolgerungen, die sich über 3 Milliarden Jahre und auf das ganze Universum beziehen, sicher sehr vorsichtig sein. Denn ehe wir eine Schöpfung der Welt kritiklos annehmen, ist doch wohl eher anzunehmen, daß wir hier die Grenze der Gültigkeit unserer Theorien überschritten haben.

Die These von einer Schöpfung der Welt bzw. von einem Anfang der Zeit ist auch von den meisten Wissenschaftlern nicht einfach hingenommen worden. Es wurde z. B. die Möglichkeit diskutiert, ob nicht gewisse Größen, die wir heute als Naturkonstanten ansehen, sich in Wirklichkeit langsam verändern. Das würde bedeuten, daß unsere Theorien in einer uns heute noch nicht bekannten Weise modifziert werden müßten, wenn wir sie auf sehr lange Zeitspannen anwenden wollen.

Bei der umfangreichen Diskussion über die Richtung der Zeit geht es insbesondere um die Klärung der Geschichtlichkeit der makroskopischen Körper und des Kosmos auf der Grundlage physikalischer Gesetze. Die Frage nach der Geschichte bzw. der Entwicklung der Natur war von jeher von großem philosophischen Interesse und hat gerade gegenwärtig in der erneuten Diskussion über die Dialektik der Natur wieder an Bedeutung gewonnen. Die Frage nach der Gerichtetheit der Zeit, die in der unbelebten Natur auch im Zusammenhang mit der Zunahme der Unordnung, in der lebenden Natur jedoch im Zusammenhang mit der Zunahme der Ordnung diskutiert wird, ist damit auch eng verbunden mit der Diskussion über die spezifische Qualität lebender Systeme.

Wie Treder deutlich gemacht hat, kann man die Zeitrichtung nicht mit dem vom 2. Hauptsatz der Thermodynamik ausgesagten Prozeßablauf in Richtung auf ein Entropiemaximum in Verbindung bringen. Die Zeitdefinition des 2. Hauptsatzes versagt nicht nur für Elementarprozesse, sondern im Prinzip auch für beliebig große kosmische Bereiche.

Die kosmologische Theorie der Zeit erklärt die Gerichtetheit auf der Grundlage des Fakts eines expandierenden Weltalls. Für uns ist es hier besonders wichtig, daß der Entropiesatz aus physikalischen Gründen nicht der „Satz der Geschichtlichkeit der Natur" ist, wodurch sich auch die Frage vom angeblichen Wärmetod des Weltalls klärt [19].

Die Unerschöpflichkeit der Materie und damit ihre Unendlichkeit in Raum und Zeit äußert sich nicht darin, daß sich dasselbe auf einer unendlichen Zahl grundlegender Verknüpfungsmöglichkeiten basierende Spiel in unendlichen Kombinationen fortsetzt (Kontinuität), sondern darin, daß in einem Prozeß der Entfaltung von auf einer bestimmten Stufe der Entwicklung der Materie gegebener beschränkter Möglichkeiten Voraussetzungen für qualitativ neue Bewegungsformen der Materie (Diskontinuität) mit neuen Gesetzmäßigkeiten geschaffen werden (siehe auch [20]). Abstrahiert man nicht von allem, was die Zeit erfüllt, sowie von ihrem Erleben, so wird u. E. deutlich, daß die Zeit nicht einfach das Nacheinander der Dinge und Erscheinungen ist, die Dauer.

Die Vergangenheit ist unserem Einfluß entzogen, die Gegenwart kann und muß Bereich unserer aktiven verändernden Tätigkeit sein, da die Zukunft nicht voll in der Gegenwart enthalten, sondern offen ist.

Die Philosophie vor Marx verharrte auf Grund der Klassenschranken in der Betrachtung und kannte die praktisch verändernde Tätigkeit nicht. Sie hatte daher auch kein echtes Verhältnis zur Zukunft, sondern nur zum Gewordenen. Fassen wir unsere Erkenntnis als Wissen vom Vergangenen auf, dann liegt alles fest, es ist immer nur eine Möglichkeit verwirklicht worden. Ist aber Erkenntnis Wissen vom Werden, vom Wesen der Materie in ihrer Widersprüchlichkeit, so wird man immer verschiedene Entwicklungsmöglichkeiten zu berücksichtigen haben. Konservatives Denken beschränkt sich auf die Interpretation der Welt, nimmt die Dinge wie sie sind und hilft diese zu verewigen. Die Philosophie der Revolution dagegen stellt die Frage nach den Möglichkeiten zur Veränderung der Welt zum Neuen und Guten.

Der Gedanke der offenen Zukunft, der Wirklichkeit mit immer neuen Entwicklungsmöglichkeiten, ist daher grundlegend für die marxistisch-leninistische Philosophie.

Literatur

[1] Jacob, F.: Die Logik des Lebenden. S. Fischer Verlag GmBH Frankfurt a/M 1972, 1a S. 145, 1b S. 17.

[2] Kant, I.: Kritik der reinen Vernunft, Ed. K. Vorländer, Verlag Otto Hendel H. a. d. S. 1899 S. 376f., 382f.

[3] Scharf, J.-H.: Das Zeitproblem in der Biologie. Nova acta Leopoldina 1977.

[4] Fuchs, K.: Moderne Physik und marxistisch-leninistische Philosophie. Sonderheft 1965 DZfPh.

[5] Engels, F.: Herrn Eugen Dührings Umwälzung der Wissenschaft. Dietz Verlag Berlin 1953, 54–62.

[6] von Weizsäcker, C. F.: Die Tragweite der Wissenschaft. S. Hirzel Verlag Stuttgart 1971 S. 180; [6b] S. 163, 189.

[7] Griese, A.: Philosophische Betrachtungen über die Richtung der Zeit in Struktur und Prozeß zur Publikation vorgesehen.

[8] Rosenthal, S., K. Fuchs-Kittowski, H. A. Rosenthal, S. M. Rapoport: Überlegungen zu den molekularbiologischen Grundlagen der Widerspiegelung in: Information / Philosophische und ethische Probleme der Biowissenschaften IV. Kühlungsborner Kolloquium Akademie-Verlag. Berlin 1976.

[9] Rosenthal, S. Fuchs-Kittowski, H. A. Rosenthal und S. M. Rapoport: Überlegungen zu den molekularbiologischen Grundlagen der Widerspiegelung in: Deutsche Zeitschrift für Philosophie 24 Jhg. Heft 6 1976.

[10] Heinrich, R., and T. A. Rapoport: The Regulatory Principles of the Glycolysis of Erythrocytes in Vivo and in Vitro Symp. Biol. 11, pp. (1974), 173–212.

[11] Elsasser, W. M.: The Physical Foundation of Biology. Pergamon Press London. New York 1958.

[12] Elsasser, W. M.: The Chief Abstractions of Biology. North Holland American Elsevier New York 1975.

[13] Lecomte du Noüy, P.: L'homme devant la science. Paris 1939.

[14] van der Waerden, v. Weizsäcker u. a.: Round-Table-Gespräch über Struktur und Funktion in: Struktur und Funktion Nova Acta Leopoldina Nr. 194 Bd. 35 Leipzig 1970.

[15] Weizsäcker, v. C. F.: Gedanken über das Verhältnis der Biologie zur Physik. in: Wissenschaftliche Welt Nr. 4 1966.

[16] Eigen, M.: Selforganization of Matter and the Evolution of Biological Macromolecules. Naturwissenschaften Heft 10/1971.

[17] Treder, H. J.: Gibt es eine universelle Zeit? Wiss. Z. Humboldt-Univ. Ges.-Sprachw. R. XIII (1964).

[18] Treder, H.-J.: Gibt es physikalische Grenzen der Raum-Zeit-Struktur der Naturgesetze? Wiss. Z. Humboldt-Univ. Berlin Math. Nat. R. XXII (1973). 1

[19] LÖTHER, R.: Entropie und Evolution. Wiss. Z. Humboldt-Univ. Berlin Math. Nat. R. XXII (1973) 1.
[20] FUCHS, K.: Über die Kategorie der Möglichkeit und die Entwicklungsstufen der Materie. DZPh Heft 4, 1972.
[21] LEIBNIZ, G. W.: Hauptwerke, S. 127, Kröner-Verlag Stuttgart
[22] WINTGEN, G.: Die Kategorie Zeit in der Wissenschaft, in: Probleme der Methodologie der Wissenschaft" 1. Bilaterale Konferenz DDR-UdSSR Potsdam 1976.
[23] JIRI ZEMAN: (Herausgeber) Time in Science and Philosophy/An International Study of Some Current Problems. Academia Publishing House of the Czechoslovak Academy of Sciences Prague 1971.

Molekularbiologische Argumente zur Einheit von Kontinuität und Diskontinuität in der Phylogenese und Ontogenese[1])

S. Rosenthal

Nach der Arbeitshypothese des Mechanizismus wird versucht, biologische Erscheinungen durch Reduktion auf einfache Mechanismen im Sinne allein notwendiger Kausalzusammenhänge bzw. Elementarreaktionen zu erklären. Dieses Herangehen war zeitweilig fruchtbar, jedoch wird heute immer deutlicher, daß eine moderne synthetische Theorie der Evolution sich um ein tieferes Verständnis der Beziehungen zwischen Gen und Merkmal, der Dialektik von Notwendigkeit und Zufall, von Kontinuität und Diskontinuität, von Konstanz und Variabilität und anderen Zusammenhängen bemühen muß.

1. Die Mutation ist wahrscheinlich das deutlichste Beispiel für Diskontinuität im Lebensprozeß. Wie wir schon mehrfach dargestellt haben, sind Mutationen im Sinne spontan auftretender Erbänderungen tatsächlich das Ergebnis vielfältiger Wechselwirkungen der zahlreichen an der Replikation des genetischen Materials beteiligten Faktoren, natürliche Äußerungen der molekularen Prozesse und nicht allein als ein dem Leben von außen aufgezwungenes Ereignis aufzufassen. An ihrem Zustandekommen sind sowohl zufällige als auch notwendige Prozesse der Replikation in ihrer Einheit beteiligt. Die Möglichkeit der Isolierung von Mutanten mit um Größenordnungen genauerer oder ungenauerer Replikation des genetischen Programms deutet darauf hin, daß die Mutationsraten variabel sind, vielleicht auch in Reaktionen auf sich verändernde Umweltfaktoren evolutionär variiert werden können, und daß Konstanz und Variabilität lebender Systeme ein innerer Widerspruch sind, der ständig neu entsteht und ständig gelöst wird. Es kann also festgestellt werden, daß das Element der Notwendigkeit in evolutionären Prozessen einerseits durch die Selektion gegeben ist, andererseits aber auch dadurch ins Spiel kommt, daß die Mutationen selbst nicht absolut zufällig, völlig diskontinuierlich auftreten [1].

Schon aus der Prokaryontengenetik bei *E. coli* und dem Phagen Lambda ist bekannt, daß Mutationsereignisse keineswegs vom Phänotyp her nur in einer veränderten Aminosäuresequenz von Proteinen in Erscheinung treten müssen, sondern sich auch in einer veränderten Wechselwirkung an sich normaler Proteine mit einer veränderten Basensequenz der DNA äußern können, wenn z. B. in den Promotor- und Operatorregionen der DNA Mutationen erfolgen, wodurch die Regulation der Transkription betroffen ist. Das bedeutet, daß jede Basenänderung im genetischen Material, die in der Replikation bzw. Genexpression zu veränderten Wechselwirkungen von DNA und RNA mit Proteinen

[1]) Philosophische und ethische Probleme der Molekularbiologie, V. Kühlungsborner Kolloquium, Oktober 1976. Akademie-Verlag Berlin, 1977

bzw. Enzymen führt, natürlich auch Mutationsereignisse sind. Die vertiefte Analyse der komplexen Expression der genetischen Information in Eukaryonten liefert zusätzliche Anhaltspunkte für eine breitere Fassung des Mutationsbegriffs. Aus ihnen kann man den Schluß ziehen, daß bei Eukaryonten wahrscheinlich nur ein Teil der Mutationen im klassischen Sinne als veränderte Aminosäuresequenz eines Proteins erfaßt werden kann. Diese Vermutung wird belegt durch die in den letzten beiden Jahren erfolgte Analyse der genetischen Ursachen der β-Thalassämie. Bei dieser Gruppe von Gendefekten kann einerseits die Information für β-Globin fehlen, bei anderen Typen wurde zwar eine normale β-Globinkette nachgewiesen, jedoch in geringerer Menge. Es scheint, daß beim letzteren Typ irgendwo im sogenannten „nichtinformativen" Abschnitt der Transkriptionseinheit für β-Globin eine Mutation besteht. Dieser „Fehler" stört offenbar in irgendeiner Weise eine normale Expression der Information, entweder schon auf der Ebene der DNA, d. h. der Transkription, oder auf der Ebene der RNA im Posttranskriptionsprozeß.

2. Die Evolutionserscheinungen lassen sich ohne vitalistische Kräfte auf der Grundlage von Mutation, Rekombination und Selektion erklären. Eine der interessantesten Fragen ist in diesem Zusammenhang die nach den molekularen Grundlagen der Informationsvermehrung in der Evolution. Die biochemischen Prozesse der Rekombination von Genmaterial liefern die Grundlage für eine zunächst nur quantitative Vermehrung der Informationsträger. Rekombinationsfehler führen wahrscheinlich in der Evolution zu Duplikationen von DNA-Abschnitten (Genen, Gengruppen und vielleicht auch ganzen Chromosomen, die die Voraussetzung für eine verstärkte Entstehung von Diversität durch Mutationsprozesse bilden.

Jedem Molekularbiologen, der sich für evolutionäre Fragen interessiert, ist das klassische Beispiel für die Entstehung verschiedener Globine in der Phylogenese geläufig, so daß hier auf eine detaillierte Darstellung der Rolle von Genduplikationen in der Evolution von Eiweißen verzichtet werden kann. Ein weiteres Beispiel für die Entstehung völlig neuer Information ist die Aufnahme von viraler Nukleinsäure (Information) in das zelluläre Genom von Pro- und Eukaryonten. Alle diese Prozesse sind diskret, z. T. zufällig. Die nachfolgenden Schritte verwandeln die zufälligen Ereignisse in notwendige. Durch Zusammenwirken weiterer innerer und äußerer Fakten werden diese „Fehler" zu Determinanten in der Entwicklung.

3. Auch in den ontogenetischen Differenzierungsprozessen vielzelliger Organismen finden wir eine Verschränkung von Kontinuität und Diskretheit, Stabilem und Variablem. Die molekularbiologische Grundlage der ontogenetischen Entwicklung ist die „Zelldifferenzierung" [2, 3]. Hierunter wird ein hierarchisches System von Genexpressionen verstanden, die zu einem spezifischen, stabilen Struktur- und Funktionsmuster von Zellgruppen in vielzelligen Organismen führen, wobei Gruppen von Zellen durch gegenseitige Beeinflussung schrittweise eine unterschiedliche, im Gesamtprozeß irreversible (stabile) Ausprägung ihrer an sich genetisch gleichen Information erleiden. Hierbei wird ein Optimum an Arbeitsteilung der Zellen erreicht, woraus sich die größere dynamische Stabilität vielzelliger Organismen erklärt. Der molekulare Mechanismus bestünde demnach in der Art und Weise, wie und wann und in welcher Kombination Teile der genetischen Information der Zelle abgerufen und realisiert werden. Hierbei wird davon ausgegangen, daß Genexpressionsprogramme verschiedener Komplexität als grundlegende Phänomene in allen Organisationsklassen bestehen. In der Evolution werden elementare Schritte der Replikation und Genexpression mit zufälligen, unge-

richtet entstandenen Elementen der Regulation der Elementarprozesse selektioniert und weiterentwickelt. Daher gestatten alle Organismenklassen, bestimmte Elemente der Differenzierung und ihrer Regulation zu studieren und auch zu verallgemeinern.

In der Evolution hat der Prozeß der Genexpression bei Eukaryonten gegenüber Prokaryonten qualitativ neue Züge erhalten.

— Er ist wesentlich komplexer als bei Prokaryonten.
— Die grundlegenden molekularen Mechanismen sind topologisch und zeitlich getrennt, wodurch ihr Verflechtungsgrad und Geregeltsein zunimmt.
  Das Anwachsen der inneren Strukturierung der Zelle (Kompartmentierung) ist eine wesentliche Prämisse für Differenzierungsprozesse bzw. ist Bestandteil der Differenzierung.

Charakteristisch für Zelldifferenzierungsprozesse multizellulärer Organismen ist die schrittweise Einschränkung der Omnipotenz der Zygote, Zellen aller Organ- bzw. Gewebetypen des Organismus zu bilden. In der Embryonalentwicklung entstehen Stammzellen (die selbst im adulten bzw. alternden Organismus existieren und sich erhalten) mit der Fähigkeit, einige wenige Gewebstypen zu bilden. Aus diesen gehen schließlich Zellen eines definitiven Zelltyps hervor.

Die auf dem Niveau von einzelnen Zellen oder Gruppen benachbarter Zellen ablaufenden Differenzierungsprozesse unterliegen in hohem Maße der Kontrolle

— der sie unmittelbar umgebenden Zellen und
— übergeordneter biologischer Organisationsformen (Gewebe, Organ, Organsystem, Organismus)

durch körpereigene hoch- und niedermolekulare Faktoren. Die interzelluläre Verknüpfung von Differenzierungsprogrammen zu den koordinierten Leistungen von Geweben, Organen durch integrative Systeme wie Hormone. Immunkörper, nervale Informationsübertragungen, sind Charakteristika der eukaryontischen Systeme. Die Komplexität interzellulärer Integrationssysteme und die zum größten Teil noch unerforschten Zell-Zell-Wechselwirkungen „heben" die Spezialisierung und damit die Einschränkung der funktionellen biologischen Kapazität (Potenz) der Einzelzelle in einer höheren Flexibilität bzw. Anpassungsfähigkeit und Stabilität des Gesamtorganismus auf. Ausdruck hierfür sind die Zunahme der biologischen Zeitkonstanten der höher differenzierten biologischen Systeme und die Entwicklung der Widerspiegelungseigenschaften.

Die Genexpressionsprogramme der ontogenetischen Entwicklung sind in einer strengen Zeithierarchie organisiert und sichern damit u. a. die Kontinuität des Lebenden. Das heißt nicht, daß sie unbeeinflußbar wären. Die Prädeterminierung dieser Prozesse erfährt eine zusätzliche Sicherung durch Stabilisierung der „Umwelt" des Föten in der Embryonalperiode. In diesem Zusammenhang möchte ich darauf verweisen, daß die Stabilisierung der inneren „Umwelt" des vielzelligen Organismus — des inneren extrazellulären Milieus — offenbar ein wesentliches Optimalitätscharakteristikum in der Evolution der höheren Tiere darstellt.

Die Elemente des Zufälligen greifen in der Differenzierung in zwei Ebenen an:

— „Primäre" Veränderungen des genetischen Materials somatischer Zellen führen, wenn sie während der Prägung klonaler Urzellen erfolgen, zu stabilen, in allen Nachfolgezellen der Gewebe und Organe des Organismus nachweisbaren, d. h. vererbbaren, sogenannten klonalen Veränderungen, jedoch zu keinen Mutationen in den Keimzellen.

— Abrufung und Expression genetischer Informationen können direkt oder indirekt, kurz- oder langfristig „epigenetisch“ beeinflußt werden. So erkennen wir erste Ansätze für neue Folgen von biochemischen Prozessen, z. B. von gruppenübertragenden Reaktionen; unter ihnen spielt die Methylgruppenübertragung eine Schlüsselrolle, die die Transkription und posttranskriptionelle Prozesse beeinflußt.

4. Die hier diskutierten Beziehungen zwischen Kontinuität und Diskontinuität stehen in einem engen Verhältnis zu den Begriffen reversibel und irreversibel.

Ein Prozeß ist reversibel, wenn verschiedene Strukturordnungen unter Berücksichtigung der thermodynamischen Bedingungen ineinander übergehen und sich wiederholen. Alle „molekularen Prozesse sind im Prinzip reversibel, komplexe, d. h. biologische Prozeßabläufe dagegen irreversibel. In komplexen Systemen existiert ein „point of no return“, an dem die neue Qualität von Teilprozessen nicht oder nur begrenzt rückgängig zu machen ist“ [4].

Da Zeit verläuft, Zeit nicht wiederholbar ist, Raum- bzw. Struktur- und damit Funktionszustände in einen Zeitablauf gestellt sind und zu einem gegebenen Zeitabschnitt nicht alle in einem System möglichen Wechselwirkungen realisiert werden (wenn das System nur hinreichend groß ist), „erfolgt unter den gegebenen biologischen Bedingungen eine Auswahl, eine Einschränkung der potentiellen Möglichkeiten und des Spielraums, die Bevorzugung einer Richtung eines Reaktionstyps. Eine weitere wesentliche Ursache der Irreversibilität liegt in der Nicht-Eindeutigkeit durch Momente der Zufälligkeit in den Einzelprozessen“ [4].

Literatur

[1] Presber, W., D. H. Krüger, C. Schroeder, und H. A. Rosenthal: „Einschränkung des Zufalls bei der Entstehung von Mutationen im Verlaufe der Evolution“. In: IV. Kühlungsborner Kolloquium 1974, Information, Philosophische und ethische Probleme der Biowissenschaften. Akademie-Verlag, Berlin 1976, S. 71.

[2] Rosenthal, S., M. Luckner, und L. Nover: In Bericht über die 2. Diskussionsveranstaltung der HFR 1 und 3 „Differenzierungs- und Entwicklungsprogramme“ Oktober 1974, S. 62 (als Manuskript gedruckt).

[3] Rosenthal, S.: Thesen über ein theoretisches Konzept, den Stand und die Perspektiven einer Forschung zu den molekularbiologischen Grundlagen der Differenzierung von Eukaryonten; 3. Diskussions- und Fortbildungsveranstaltung „Zelldifferenzierung — Molekularbiologische Grundlagen und Perspektiven ihrer Anwendung in Medizin, Tier- und Pflanzenproduktion“. Mai 1976 Reinhardsbrunn, Biochem. Gesellschaft der DDR.

[4] Rosenthal, S., S. M. Rapoport, H. A. Rosenthal, und K. Fuchs-Kittowski: „Zu einigen aus den Erkenntnissen der Molekularbiologie ableitbaren theoretischen Verallgemeinerungen“. In: III. Kühlungsborner Kolloquium 1972, Philosophische und ethische Probleme der Molekularbiologie. Akademie-Verlag, Berlin 1974, S. 19.

„Naturphilosophie. Organische Welt“

(Kommentar zu F. ENGELS „Anti-DÜHRING“)[1])

S. M. RAPOPORT

FRIEDRICH ENGELS hat im Schlußteil seiner Kritik der Naturphilosophie Ansichten und Vermutungen über Wesen wie Entwicklung des Lebens geäußert, welche seit Ende 1876, da er den „Anti-DÜHRING“ zu schreiben begann, voll gerechtfertigt wurden.

Kein Sachkundiger widerspricht heute mehr der DARWINschen Theorie. Was DARWINS Berufung auf MALTHUS betrifft, so wird heute von einem Sach- wie Biologiegeschichtekenner vom Range Sir GAVIN DE BEER's die Auffassung vertreten, daß MALTHUS' Einfluß auf DARWIN von diesem selbst überschätzt wurde.[2])

Daß und wie die DARWINsche Evolution im Widerspiel von Mutation (sprunghafte Erbänderung) und Selektion (Auslese) unter den Populationen („Bevölkerungen“) von Organismen eines bestimmten Gebietes erfolgt, konnte die Vererbungswissenschaft erforschen, wobei andersartige als die schon aufgefundenen Mechanismen nicht auszuschließen sind. Die „Ursachen der wiederholten individuellen Veränderungen“ (S. 59) werden deutlicher. Das Wort „Kampf ums Dasein“ („struggle for life“ ist die etwas weniger kriegerisch klingende Originalfassung) wird von der modernen Abstammungslehre durchaus im Sinne des ENGELSschen Kommentars (S. 57f.) verstanden.

Die Anpassungstheorie (S. 60) konnte im Sinne des kybernetischen „feed-back“-Begriffs (der Rück-Koppelung) ein übriges Mal die Unrichtigkeit der durch ENGELS zurückgewiesenen Zweckbegriffs-Anschuldigungen DÜHRINGS (gegen DARWIN) dartun.

Die Lebensentstehungslehre ist endgültig aus dem spekulativen in das theoretisch-experimentelle Stadium seit A. I. OPARINS und G. B. S. HALDANES Arbeiten aus den zwanziger Jahren dieses Jahrhunderts getreten, denen OPARINS der Sache gewidmetes Lebenswerk über die „Biopoese“, den Lebensursprung, folgte. Die Entstehung stoffwechselnder Eiweißsysteme — ganz im Sinne von ENGELS (S. 55, 64ff.) — wurde plausibel rekonstruiert, wobei ENGELS zu Recht hervorhob, daß sich dieser Prozeß „auf chemischem Wege vollzogen haben muß“ (S. 68).

Gezeigt wurde, wie aus Gasen der ursprünglichen Erdatmosphäre unter Einwirkung von Ultraviolettstrahlen — die beim damaligen Fehlen der Ozonschicht ungehindert einfallen konnten — Aminosäuren, also Eiweißbausteine, entstanden; wie diese — in die Urmeere durch Regen niedergeschlagen — sich dort allmählich konzentrieren und infolge wechselseitiger Durchdringung in Tröpfchen-, in „Mikrosphären-“ (S. Fox), in

[1]) Kommentar zum Abschnitt „Naturphilosophie. Organische Welt“ des „Anti-DÜHRING“ in: FRIEDRICH ENGELS, Herrn EUGEN DÜHRINGS Umwälzung der Wissenschaft, Herausgeber W. HOLLITSCHER, Verlag Marxistische Blätter, Frankfurt/Main 1971, 324—327

[2]) “How DARWIN came by his theory of natural selection”, New Scientist, 23. Januar 1964, 218

„Koazervat“-Gestalt (H. BUNGENBERG DE YONG) formieren konnten; wie es unter diesen Eiweißkoazervaten zunächst durch „vorbiologische Auslese“ zu stoffwechselnden Systemen, darauf zur Entstehung zuerst von organischen Verbindungen, also sich pflanzlich ernährender Vororganismen und Organismen kam; worauf dann durch die Sauerstoffausscheidung der assimilierenden Pflanzen die atmosphärische Ozonschicht in der sich mit Sauerstoff anreichernden sekundären, aus der ursprünglich entstandenen, Erdatmosphäre zustandekommen konnte, durch welche nunmehr das Ultraviolettlicht wirksam abgeschirmt und damit die Wiederholung des geschilderten Lebensentstehungsprozesses durch das Zusammenwirken von Ozonschicht, neuartig-sekundärer Luft und schließlich Fraß etwa doch neu entstehender organischer Verbindungen durch die bereits zur Entwicklung gekommenen Organismen hoher Stoffwechselintensität abgeschnitten wurde. Natürlich ist manche Modifizierung dieses Ansatzes zu erwarten und wohl auch nötig.

Offen ist z. B. zur Zeit die Diskussion über die Ozonschichtbildung. Sicher bedarf die Rolle des im interstellaren Raum nachgewiesenen Fomaldehyds — einer einfachen organischen Verbindung — für die Lebensentstehung auf Planeten anderer Sonnensysteme näherer Diskussion. Vor allem muß der Bedeutung der makromolekularen DNS und RNS (der Desoxyribonukleinsäure und Ribonukleinsäure), die Träger der Erbdispositionen sind, im Zuge des Lebensentstehungsprozesses volle Berücksichtigung finden.

Bei ENGELS werden die Begriffe „Protoplasma“ und „Eiweißkörper“ in der damals üblichen Weise verwendet (S. 64/65). Aus heutiger Sicht sind Eiweißkörper hochmolekulare Stoffe, deren Grundbausteine zwanzig verschiedene Aminosäuren sind. Daneben kommen in zusammengesetzten Eiweißkörpern andere organische und anorganische Bausteine vor.

Ein großer Teil der Eiweißkörper oder Proteine hat katalytische Eigenschaften. Solche Eiweiße werden als Enzyme oder Fermente bezeichnet. Andere haben Stütz- und Schutzfunktionen innerhalb und außerhalb der Zellen. Die Eiweiße bilden den größten Anteil der organischen Verbindungen aller Organismen.

Tausende verschiedener Eiweißkörper sind bekannt, und Hunderte von ihnen sind in reiner Form gewonnen worden. Schrittweise gelang die Aufklärung der Reihenfolge der Verknüpfung der Aminosäuren, welche die Grundlage für die besonderen Eigenschaften, d. h. die Spezifität der Eiweiße darstellt. Mehr als ein Dutzend Eiweiße sind jetzt in ihrer chemischen Zusammensetzung und räumlichen Struktur aufgeklärt.

Auch die höchste Aufgabe, die von ENGELS vorausgesehen war, Eiweiße aus ihren Bausteinen auf chemischen Wege zu synthetisieren (S. 70), ist mit Erfolg in Angriff genommen worden. Insulin, das Hormon der Bauspeicheldrüse, und Ribonuklease, ein Enzym, wurden im Reagenzglas vollsynthetisch gewonnen.

Der Begriff Protoplasma hat mir der fortschreitenden Kenntnis des komplexen Aufbaues von Zellen einen Wandel durchgemacht. Jede Zelle besteht aus Kern mit Kernmembran und einem Zytoplasma, das von einer Plasmamembran begrenzt wird. Innerhalb des Zytoplasma ist eine Reihe von Strukturen enthalten, die man als Organellen (Kleinstorgane) bezeichnet. Zu ihnen gehören die Mitochondrien, die für die Atmung verantwortlich sind und sich, als Untersysteme der Zelle, durch Teilung reproduzieren; Ribosomen, welche bei der Eiweißsynthese eine Rolle spielen; verschiedene Systeme von Bläschen und Membranen, die speziellen Zwecken dienen; und bei Pflanzenzellen Chloroplasten, an denen die Photosynthese vor sich geht.

Nach Abtrennung aller Zellteilchen bleibt eine „Grundsubstanz" der Zelle, das Hyaloplasma. Es stellt eine Salzlösung dar, die eine Vielzahl von gelösten Eiweißstoffen, vor allem Enzyme enthält. Diese Gliederung ist für Zellen mit ausgebildetem Kern kennzeichnend (Eukaryoten). Bei Bakterien sind Kern und Kernmembran nicht ausgeprägt (Protokaryoten).

Die von E. Haeckel angenommenen „Protamöben" (S. 66) sind Phantasieprodukte. Die niedrigsten bekannten Lebewesen sind Bakterien, die keinen voll ausgebildeten Kern haben. Noch einfacher sind Viren aufgebaut, die aus Nukleinsäuren und Eiweiß bestehen, die zum Stoffwechsel einer Wirtszelle bedürfen, durch die es zur Virusvermehrung kommt. Das „Programm" für die Eigenvermehrung ist in der Nukleinsäure enthalten.

Der Begriff Protoplasma kann als umfassender Begriff für die Gesamtheit der Bestandteile einer Zelle, die für ihre Funktion notwendig sind, verwendet werden. Häufig wird er aber in einem eingeschränkten Sinne gleichbedeutend mit dem Zytoplasma gebraucht. Das Protoplasma ist ein äußerst heterogenes System, das aus verschiedenen Zellorganellen und Hyaloplasma besteht, verschiedenartige Eiweiße, Nukleinsäuren, fettartige Stoffe, Kohlenhydrate und Salze enthält.

Gewisse Formulierungen von Engels (S. 64/65) drücken die bereits gekennzeichnete Unbestimmtheit des damaligen Begriffs der „Eiweißstoffe" aus. Wird an seine Stelle das Protoplasma in seiner modernen Auffassung gesetzt, so bleibt der Grundgedanke völlig richtig, aber allein nicht ausreichend, denn auch dann bleibt neben dem Aspekt der ständigen Erneuerung als eine wesentliche Grundbedingung des Lebens die Fähigkeit zur Vererbung, ohne die keine spezifische Form des Lebens bestehen könnte.

Damit ist es auch klar, daß Nukleinsäuren und Eiweiße gleichermaßen für das Leben notwendig sind. Gleichzeitig sind aber auch weitere Bestandteile, so Wasser und eine Reihe weiterer niedermolekularer anorganischer und organischer Stoffe für den Stoffwechsel notwendig.

Zum Verständnis des Lebens sind aber nicht allein stoffliche und energetische Zusammenhänge ausreichend. Informations- und Regulationsbeziehungen stellen wesentliche Grundlagen der Lebensvorgänge dar. Daraus würde sich eine kompliziertere und differenziertere Definition des Lebens ergeben: Sein Wesen liegt in der spezifischen Ordnung und Organisation der physikalisch-chemischen Vorgänge vermittels Steuerung und Regelung des Stoff- und Energiewechsels durch Nukleinsäuren und Eiweiße, in Verbindung mit der Erhaltung und Erneuerung der molekularen Struktur der Zelle, der Vermehrung sowie der Fähigkeit, Information auszutauschen und sie in der Phylo- und Ontogenese (der Stammes- wie Individualgeschichte) zu vermehren.

Mit genauer Kenntnis der lebenden Systeme gelangt man auch zur Einsicht in Formen des Lebens, welchen nur ein Teil der soeben definierten Merkmale zukommen. So zeigen Viren die grundlegende Fähigkeit, ihre eigene Vererbung und Vermehrung zu sichern, aber keinen eigenen Stoffwechsel. Die kernlosen roten Blutzellen von Mensch und Säugetieren hingegen haben die Fähigkeit des Stoffwechsels und der Erhaltung ihrer Form, nicht aber die Fähigkeit der Vererbung und Vermehrung.

In jüngster Zeit ist es gelungen, die Prozesse von Vererbung und Vermehrung bei Viren genauer zu erforschen und im Experiment nachzuvollziehen. Man konnte in einem zellfreien System, also ohne Wirtszelle, die zugegebene Nukleinsäure eines Virus allein mit Hilfe von entsprechenden Enzymen zur Vermehrung bringen. Damit ist ein großer Schritt auf dem Wege der Erzeugung des Lebens „im Reagenzglas" erfolgt.

Sachregister

Kolibri 360 GmbH
Ferdinand-Jühlke-Straße 7
99095 Erfurt, Deutschland
produktsicherheit@kolibri360.de